U0233260

大型水轮发电机组稳定性研究丛书

水轮发电机组振动研究

李启章 于纪幸 张强 任绍成
姜明利 李金伟 陈柳 李海玲 孙铭君 著

中国水利水电出版社
www.waterpub.com.cn
·北京·

内 容 提 要

本书以水轮发电机组振动诊断为中心展开讨论，主要包括水轮发电机组中的激振力、机组及其部件的振动特性，振动诊断需要的相关专业知识（简介），振动诊断技术和实例分析等内容。

本书可供从事水力发电行业的研究人员、技术人员，以及大专院校相关专业师生参考。

图书在版编目（CIP）数据

水轮发电机组振动研究 / 李启章等著. -- 北京 : 中国水利水电出版社, 2019.6
（大型水轮发电机组稳定性研究丛书）
ISBN 978-7-5170-7785-5

Ⅰ. ①水… Ⅱ. ①李… Ⅲ. ①水轮发电机－发电机组－振动－研究 Ⅳ. ①TM312

中国版本图书馆CIP数据核字(2019)第131404号

书　名	大型水轮发电机组稳定性研究丛书 **水轮发电机组振动研究** SHUILUN FADIAN JIZU ZHENDONG YANJIU
作　者	李启章　于纪幸　张　强　任绍成　姜明利 李金伟　陈　柳　李海玲　孙铭君　著
出版发行	中国水利水电出版社 （北京市海淀区玉渊潭南路1号D座　100038） 网址：www.waterpub.com.cn E-mail：sales@waterpub.com.cn 电话：（010）68367658（营销中心）
经　售	北京科水图书销售中心（零售） 电话：（010）88383994、63202643、68545874 全国各地新华书店和相关出版物销售网点
排　版	北京时代澄宇科技有限公司
印　刷	北京印匠彩色印刷有限公司
规　格	184mm×260mm　16开本　18.5印张　439千字
版　次	2019年6月第1版　2019年6月第1次印刷
印　数	0001—1500册
定　价	**128.00**元

前 言

根据中国水利水电科学研究院、中南勘测设计研究院和中国水利水电出版社共同讨论确定的《大型水轮发电机组稳定性研究丛书》出版计划，本书为丛书的第二本《水轮发电机组振动研究》。

“安全第一，预防为主”，这是电力工业生产的金科玉律。水轮发电机组的振动稳定性问题是涉及和影响水电站安全生产的重要因素之一。深入分析水轮发电机组振动的机理能够更好保证机组运行的可靠性，有效避免或者减轻振动故障对机组可能产生的危害，对机组安全稳定运行意义重大，《水轮发电机组振动研究》就是讨论和研究这方面问题的专著。

该书比较全面地讨论和介绍了与水轮发电机组振动相关的各种系统性和规律性的激振力（例如不平衡激振力、水力激振力、电磁激振力等）、机组的主要振动部件及其振动特性，它们与相关的机械振动学及其他相关专业知识共同构成一个比较完整的系统，为认识、研究、诊断和解决水轮发电机组的这类振动问题提供了方便。

由于种种原因，机械缺陷的产生是不可避免的，由此引起的振动也是不可避免的，而且这种振动的产生具有很强的随机性。该书设专门章节讨论了机械缺陷引起的振动，列举了许多有代表性的实例及其诊断和处理方法，这对在水电站现场工作的相关人员会有较大和直接的参考、借鉴价值。

书中还对几个比较少见的、疑难的振动现象进行了分析，并列举了一些诊断实例。这些例子虽然少见，但所采用的分析、推理和诊断方法还是通用的。

该书还讨论和介绍了与水轮发电机组振动相关的几个问题，例如水轮机转轮叶片裂纹问题、噪声问题、振动标准的使用等，这些也是在水电站现场会经常遇到的。

关于振动问题的诊断，该书也特别强调：专业人员已有知识的深度和广度，实践经验的丰富程度，对研究对象的了解程度和对已有知识的灵活运用及其综合分析能力，是关键所在。

《水轮发电机组振动研究》的编写由中国水利水电科学研究院和中南勘测设计研究院共同完成。本书由于纪幸、张强任编委会主任，任绍成、李金伟任编委会副主任，李启章、于纪幸、张强完成了大纲的拟定及全书的统稿和最终定稿工作。本书第1章、第2章由李启章执笔，第3章、第4章由李启章、姜明利执笔，第5章、第6章由陈柳、李海玲执笔，第7章至第11章由任绍成、李金伟、孙铭君执笔，第12章由李启章执笔。撰写过程中，全体作者以高度的责任心、科学严谨的态度，收集资料，深入分析，历经四年，终成此书。

中国水利水电科学研究院数十年来在水轮发电机组振动领域获得了丰富的研究成果，有关专家学者一直活跃在水电站核心机电设备研究领域，第一作者李启章教授自20世纪60年代以来，一直从事水电站机组振动稳定性相关的研究、试验及故障诊断工作，参与处理了大量水电站机组振动故障，本书大量案例源于上述工程实践。

本书内容密切联系实际，对水电站机组振动故障分析、诊断及故障处理具有重要指导和参考作用，有利于提高电站安全稳定运行水平。

编委会

2019年4月

目　录

第1章　概　　述

水轮发电机组在运行过程中，将会产生相应的机械振动。当机械振动在一定的数值内时是被允许的，当超过一定值时振动就是不被允许的，这个定值由相关振动标准来规定。所谓“振动问题”，通常就是指振动超过允许值的情况和由偶然原因引起的异常振动情况。

水轮发电机机组振动研究的最终目的是：在可以预防的情况下，把振动控制在允许的范围内；对于已经出现的振动问题，需要进行分析诊断，在此基础上采用适当的方法予以处理。而要实现这些目的，就必须掌握振动产生的规律和特性，这些规律和特性既是进行振动预防需要关注的地方，也是进行振动诊断的依据，是振动研究的出发点和落脚点，也是本书希望达到的目的。

一个振动问题的产生，需要具备两方面的基本条件：一是要有激振力；二是振动体对激振力的响应。不同的机械设备、不同的振动体，可能产生不同的激振力，对激振力的响应也不相同。水轮发电机组振动问题研究就是针对水轮发电机组的，故必须和水轮发电机组的实际密切相结合。

本书不研究相关的机械振动理论，也不研究水轮机或发电机本身涉及的理论和技术，包括不进行振动体的理论计算和研究，仅仅是利用已有的振动理论、相关专业理论和技术对水轮发电机组遇到的振动问题进行分析和诊断。

从内容上说，本书可分成两部分：其中第1～6章讨论了水轮发电机组中的激振力和振动特性，第7～13章讨论了水轮发电机组振动问题的诊断及其他相关问题。

1.1　振动和振动稳定性

1.1.1　定义

（1）振动。振动是指质点或物体在其平衡位置附近作的往复运动。

（2）稳定性。稳定性是指物体受扰动后恢复到原来平衡位置的能力和可能性：能恢复的称为稳定的，不能恢复的就是不稳定的。稳定性在物理学、力学和数学上都有严格的定义和表达方式。但在一般工程和日常生活中，稳定性则具有更广泛的含义，以适应不同的场合和不同的目的与要求。

（3）水轮发电机组的振动稳定性。在讨论水轮发电机组的振动问题时，“振动稳定性”泛指机组代表性振动部件的机械振动幅值是否超过规定值：没有超过，就是振动稳定性及格、良好或优秀；超过的就是振动稳定性不好或不够好。从这个意义上说，所谓“振动稳定性”问题本质上就是对“振动幅值及其与规定允许值的相对关系”的评价。

（4）水轮发电机组中的不稳定振动。共振、自激振动等是水轮发电机组中真正符合物理学、力学定义的不稳定振动。

共振就是在激振力幅值不变的情况下，振幅逐渐增大，直到激振力与振动系统的阻尼力相等为止的过程和结果。激振力与阻尼力达到平衡后，振动进入稳定的共振状态。

自激振动的情况与共振有所不同，其表现为激发和维持振动的稳恒能量在每个振动周期输入系统并逐步累加的过程。随着能量的逐步累加，振动幅值越来越大，当输入系统的最大能量与系统的相应阻尼相等时，幅值达到最大，系统进入稳定的自激振动状态。

无论是共振还是自激振动，从开始出现到达到稳定状态，持续的时间都很短。

因此，在有阻尼的情况下，共振、自激振动的所谓“不稳定特性”是指：①它们的激发过程中振动幅值逐渐增大的表现；②激发过程的最终结果与静态响应结果不成比例，或产生所谓动力响应。理论上，只有在无阻尼的情况下，振动系统的振动才会无限制地增大，最后以系统的崩溃告终。然而无阻尼的情况在自然界或工程界是不存在的。故由共振而使振动幅值达到无穷大的情况也是不存在的。所谓共振的稳定性问题，实际上就是机组振动的动力响应问题。

1.1.2　机械振动研究的两个重要内容

机械振动问题研究有两个基本内容：一是激振力及其特性；二是振动体的振动特性或动力响应特性。

在实际工作中，“振动问题是什么引起的和怎么引起的”是最受关注的问题，其本质就是要回答激振力的来源、作用机理以及振动体的动力响应问题。

理论和经验已经表明，水轮发电机组上的激振力有两个“先天的”来源：一是水力激振力，来自水轮机的压力脉动；二是机械不平衡力，由转动部分的材质不均匀和结构上的不对称产生。水轮发电机组中还有一个“后天的”激振力来源：它由机组的机械缺陷引起，它们由机组零部件制造、安装调整偏差或运行过程中的损耗造成。它的出现是随机性的，它所引起的振动问题常常是诊断的重点和难点。

水轮发电机组或其部件振动问题的出现与其振动特性和对激振力的响应特性密切相关。故水轮发电机组振动问题的研究，就必须与机组的具体条件联系起来，就需要对机组的工作原理、结构和部件的受力等相当熟悉。实际上，这也是诊断和解决机组振动问题的前提条件。

1.2　水轮发电机组的构成

水轮发电机组是振动研究的对象，这里仅从其与振动的关系作一概略说明，参看或学习这方面的专著无疑是必要的。

1.2.1　水轮机

水轮机的作用是把水的势能变成推动水轮发电机旋转的机械能。

水能是水轮发电机组一切能量的来源，也是机组振动的最终能量来源。将水能转换为激振力的方式有多种，其中最主要、最直接的方式是经由水轮机产生的压力脉动。

水轮机转轮的水力设计都是在理想条件下进行的。在理想条件下，水轮机具有最高的效率，同时也具有最好的水力稳定性，不产生压力脉动。实际情况则不尽然。当水轮机运行偏离最优工况时，各种水力不稳定现象即压力脉动就会“应运而生”，即便是在最优工况下也不能完全避免。这些就是水轮机水力稳定性研究的中心内容。

水轮机的水力稳定性用压力脉动表示和代表，它们是水轮发电机组水力激振力最主要的提供者。水轮机中的压力脉动主要有两类：一是完全由水轮机工况（导叶开度）决定的常规压力脉动；二是由流道中水体共振产生的异常压力脉动，它也与水轮机工况有直接关系。在《混流式水轮机水力稳定性》[1]一书中已经对混流式水轮机的各种已知的压力脉动进行了比较详细的讨论，其他类型水轮机的压力脉动将在以后的相应专著中讨论。本书将从激振力的角度对它们的特性予以介绍。

水轮机中还有其他产生压力脉动的方式。例如转轮进口边与进口水流的相互作用产生的叶片频率压力脉动、水流流动分离产生的作用在叶片上的卡门涡激振力、迷宫间隙周期性变化产生的迷宫压力脉动等。它们也会以不同的方式对机组的振动产生影响。

作为振动体，水轮机是水轮发电机组的重要组成部分，特别是立式机组，更是对机组的整体振动和局部振动有不可分割的影响和作用。水轮机轴、水导轴承、水轮机顶盖、导水机构等是其中代表性的振动部件。

大中型水轮机有混流式、轴流式、贯流式、冲击式等重要型式，混流式中还有水泵水轮机。它们在水力上、结构上都有所不同，机组的振动特性和规律也有所不同，本书将在第5章中作一些简要说明，在其他场合中将作进一步讨论。

1.2.2 发电机

发电机的功能是将水轮机传递来的机械能转换为电能。与水轮机一样，它既是水轮发电机组激振力的重要来源或产生者，也是机组重要的振动体。

发电机产生的激振力主要分机械因素和电磁因素两类。

(1) 机械因素产生的激振力。按照性质的不同，它又可分为两种：一种是转动部分的机械不平衡力；另一种是发电机转动部分或其部件的机械缺陷产生的激振力，它常以不平衡力的形式显示出来。这两种力的产生都有很大的随机性。此外，发电机固定支持部件的缺陷也会对机组的振动产生影响。

(2) 电磁因素产生的激振力。发电机依靠转子电磁场与定子线圈之间的相对运动来发电。当由于某种机械缺陷使转子磁场产生不对称情况时，就会产生不对称电磁力和电磁激振力。

由转动部分上的某种机械缺陷产生的电磁激振力称为转频电磁激振力，其频率等于转速频率或其整倍数，其中也包括转频电磁激振力或电磁不平衡力。

由转子磁场与定子磁场中的谐波成分相互作用产生的激振力，称为极频电磁激振力，其基波频率为电网频率的2倍，在我国为100Hz。实际上，极频激振力的产生也和发电机转子、定子结构上的非理想状态（也是一种机械缺陷）相关。

转子，定子，上、下机架，推力轴承，上、下导轴承等都是发电机的重要部件和代表性振动部件。

1.2.3 水轮发电机组

当水轮机和发电机直接、刚性地连接在一起构成水轮发电机组时，情况就发生了一些变化，其中最主要的变化是：两者的转动部分构成了统一的转动部分，有了统一的临界转速和振动特性；两者的固定支持部分也构成了一个完整的系统，共同维持、支持或影响转动部分的旋转运动。两者之间的相互影响也将不可避免地产生。

水轮机和发电机上产生的激振力都会联合作用在水轮发电机组上。由水轮机和发电机两者的转动部分构成的统一转动部分还可以产生新的激振力和新的振动现象，例如由共同的转动部分的弓状回旋产生的附加不平衡力，由大轴（轴线）的曲折度和各导轴承不同心度共同产生的大轴别劲现象（也是一种形式的激振力）等。

大轴摆度是水轮发电机组统一的转动部分的主要振动量，也是水轮发电机组最重要的振动量之一。水轮发电机组固定支持部件的受力和振动大多是由转动部分传递过去的。

在大中型水轮发电机组中，立式机组占多数。立式机组在结构、受力、安装调整等许多方面都与卧式机组有所不同，它们对水轮发电机组振动的影响和水轮发电机组的实际振动情况也都有明显的差别。本书设专门章节讨论卧式机组的振动及其特点，此外的大多数章节讨论的都是立式水轮发电机组的振动情况。

1.3 水轮发电机组中的激振力

激振力研究是水轮发电机组振动问题诊断的关键和中心内容之一。研究激振力主要有两大目的：一是用于现场振动问题的诊断和处理；二是用于水轮发电机组的振动设计、共振校核和振动预防。本书将只涉及前者。

在水轮发电机组中，常把激振力分为水力激振力、机械激振力和电磁激振力三种，具有这三种激振力是水轮发电机组的特点。这样分类实际上已经指明了这些激振力的来源和基本特性。在机械振动学中还有许多振动的分类方法（参见第7章），它们实际上也是激振力的分类方法。

在水轮发电机组中，水力激振力更富特色和代表性，也是水轮发电机组的特征激振力，所有随水轮机工况而变化的激振力及其引起的振动，都是水力激振力作用的结果和特征。在《混流式水轮机水力稳定性研究》中已经对各种压力脉动进行了详细的讨论，可以参阅。

电磁激振力广泛存在于电动机械和发电机中，但影响比较大的电磁激振力多出现在水轮发电机中，这与其结构、尺寸和功率等密切相关。

机械激振力则是一切旋转机械所共有的。它除与制造、安装偏差有关外，机械中随机产生的机械缺陷也是机械激振力的重要产生根源。

水轮发电机组中三种激振力的产生和特性，多数是有规律可循的。即使是一些偶然产生的激振力，它们也具有一定的特征。

1. 规律性产生的激振力

规律性产生的激振力是指正常的水轮发电机组中必然会出现，或在一定的工况条件下必然出现并具有明显特征的激振力。例如：各种不平衡力，水轮机中的各种常规压力脉动和异常压力脉动、电磁激振力等，它们都具有明显的频率、幅值和工况特征。

众所周知，在水电站现场，这些规律性的激振力可以通过几项常规试验来辨别和确认。例如，通过不同功率的试验可以显示和确认水力激振力特性和规律；通过不同转速

的试验可以显示和确认机械不平衡及其他机械缺陷产生的径向激振力的特性和规律；通过不同励磁电流的试验可以显示和确认电磁激振力的特性和规律。

2. 随机性产生的激振力

随机性激振力指的是由各种随机产生的机械缺陷或电器缺陷产生的激振力，也包括由加工、安装调整偏差超过允许值，或者由于各种偏差的叠加超过允许值所产生的激振力。它们统称为机械缺陷激振力。虽然由各种原因产生的机械缺陷是不可避免的，但它们的出现却是偶然的、随机性的，而且可能出现在机组的各种部件、部位，出现的形式或缺陷程度也千差万别。

机械缺陷激振力可以以水力激振力、机械不平衡力和电磁不平衡力的形式表现出来，它们也是转速频率2倍频及多倍频激振力产生的主要原因，故随机性产生的激振力也具有频率和幅值上的规律性。

理论上，随机性信号可以用统计方法归纳它的规律性，但只能得到一个概率，对于一个具体的振动问题，概率并不能给出确切的结论。这时，就仍然需要进行振动诊断。

1.4 水轮发电机组的振动

水轮发电机组振动有其“天然形成”的特性和特点，是进行振动问题诊断时的基本依据和有利条件。

1.4.1 水轮发电机组的旋转机械属性和特点

水轮发电机组属于旋转机械，这是认识和讨论水轮发电机组振动最基本的出发点之一。基于此可以联想到：

（1）旋转机械都具有两大主要结构部件：转动部件和固定支持部件。它们的“和谐相处”是水轮发电机组稳定运行的基本条件。它们之间的任何不和谐，都会导致振动问题的出现。

（2）旋转机械具有两个与振动稳定性相关的技术指标：一是转动部分的平衡；二是转动部分的临界转速（频率），它是振动部分最重要的振动特性。

（3）立式水轮发电机组的轴线及其质量是表征转动部分最重要的几何参数和质量指标，盘车数据是检验和调整轴线质量的唯一依据，其对水轮发电机组振动影响的重要性不言而喻。

（4）导轴承是转动部分在旋转时的把持者，是转动部分残余不平衡力和其他径向力的承受者，它们（单个的或全部的）的状态对转动部分的稳定旋转有着重大影响，同时也影响自身的振动稳定性。

（5）转速频率是旋转机械中机械激振力的主频率，转速频率及与之成整倍数关系的激振力是机械缺陷激振力的特征频率。

1.4.2 水轮发电机组振动属性

水轮发电机组中的振动多数属于强迫振动，强迫振动的基本特征是其频率、幅值和振动形式完全取决于激振力。共振则是强迫振动中的特殊情况，即激振力频率和振动体固有频率相同时的振动现象。

水轮发电机组中偶尔也会出现自激振动，它们多数都与转轮的迷宫泄漏有关。

在甩负荷过程中，导叶完全关闭后的不长时段，由于较强的“卸载冲击”作用，机组的一些部件或引水管路的水体也会出现短暂的有阻尼自由振动。

在工程上，一般的强迫振动属于常规振动，而共振和自激振动则属于异常振动。广义的异常振动中还包括一些由偶然原因引起的比较强烈的振动。

1.4.3　常规振动的线性化假定

线性化振动的意思就是振动体的振动响应与激振力的一次方成比例。线性化的假定只在有限的条件下才能成立。

从工程实用的角度出发，不需要、也达不到绝对的线性化水平，而仅需要把振动的非线性偏差降低到能满足对数据的非线性偏差要求为止，这就是振动线性化假定的底线。

对于具有非线性特性的结构部件，当非线性振动中振动位移的单振幅小于振动体线性尺寸的千分之一时，它的非线性误差可以忽略不计，这也是线性化假定的一个条件。水轮发电机组中的振动部件大都能满足这个条件。

实际上，振动测量传感器也是一个非线性振动系统，它的精度也是这么确定的：当需要较高的测量精度时，它的频率测量范围就比较小，以便将动力响应的影响减小到需要的水平；当需要比较大的频率测量范围时，也可以容许有较大的动力响应，测量误差将相应增大。

共振和自激振动属于典型的非线性振动。在转动部分的配重试验中常会出现配重灵敏度系数并非常数，这实际上就是一种非线性的表现，只是它们的非线性产生原因各不相同。

1.4.4　代表性振动部件和代表性振动

水轮发电机组的振动由它的代表性结构部件的振动来代表。立式机组的代表性结构部件及其振动是转动部分的大轴摆度、固定支持部件的径向振动（也称水平振动）和轴向振动（常称垂直振动），其中固定支持部件包括各导轴承和推力轴承的支架（发电机上、下机架，水轮机顶盖）等；对于卧式机组，代表性振动为发电机的组合轴承、水轮机和发电机径向轴承的水平、垂直振动和推力轴承的轴向振动。

此外，在测试和研究机组的异常振动时，根据需要还可能在其他一些部位进行振动测量。例如：在研究水泵水轮机导水机构的自激振动时，就需要在导水机构的一些部位布置测点；在测试机组的扭转振动时，既可以测量机组的功率摆动，也可以测量大轴的扭转动应力；在判断转轮叶片的卡门涡共振时，测量水轮机室内的噪声是必需的；在研究发电机的极频振动时，还需要测量其定子铁芯的径向振动等。

1.4.5　振动量和振动参数

有3个量可以对振动进行度量，即振动位移、振动速度和振动加速度。每种振动量都有3个特性参数，就是幅值、频率和相位。一般而言，幅值主要表示振动的强度，频率主要表示振动的规律和产生原因，相位常用来表示转动部分不平衡力的方位，或者用来表示激振力和振动量的相对相位差（滞后特性）。

此前，水轮发电机组的振动一直采用振动位移来度量。采用振动位移评价水轮发电机组的振动水平，一是因为振动部件的应力水平比较低，振动对机组的危害主要体现在振动位移上；二是因为大中型水轮发电机组的转速比较低，振动加速度很小，加速度计不易达到需要的灵敏度；三是此前的振动评价标准也是以振动位移作为参数或对象的，已经十分习惯于采用振动位移来评价振动和其他相关的位移质量要求。

采用哪个振动量度量和评价水轮发电机组的振动水平，关键在于哪种振动量与机组的安全运行最密切相关。

参考文献

[1] 李启章，张强，于纪幸，等．混流式水轮机水力稳定性研究［M］．北京：中国水利水电出版社，2014.

第2章 水轮发电机组中的激振力

2.1 不平衡力

不平衡力是旋转机械中不可回避且富有特点的一种激振力，总是需要把它单独提出来加以讨论。

2.1.1 旋转机械中的平衡问题

2.1.1.1 机械振动学中的不平衡

在机械振动学中，不平衡仅指转动部分的质量分布相对于旋转中心的不对称情况，而由不对称分布质量产生的离心力沿圆周的合力以及由这个合力形成的力偶将不等于零，这就是不平衡力，并称为重力不平衡或机械不平衡。

卧式转子的不平衡圆盘及其横断面如图2.1所示。转动部分（圆盘）质量分布平衡的力学条件可表示为

$$F_l = m\omega^2 e = 0 \tag{2.1}$$

$$M_0 = \omega^2 \sqrt{I_{XZ}^2 + I_{YZ}^2} = 0 \tag{2.2}$$

式中：F_l 为离心力；M_0 为由离心力形成的力偶；m 为转动部分的质量；e 为圆盘质量的偏心距；ω 为转动部分的旋转角速度；I_{XZ}^2、I_{YZ}^2 为对应离心力的转动惯量。

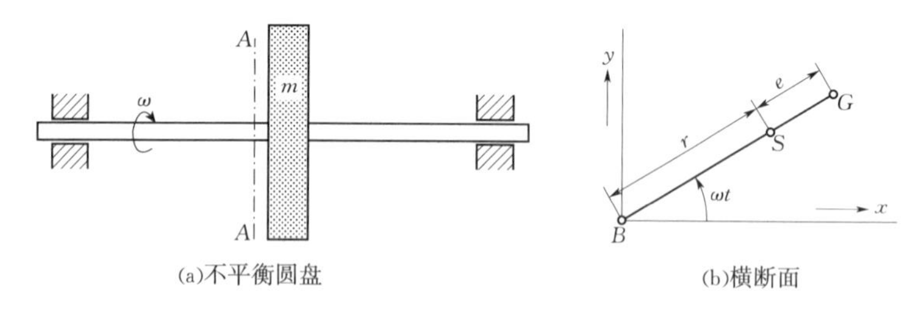

图2.1 卧式转子的不平衡圆盘及其横断面

$F_l = 0$ 表示作用在转动部分上的合力等于零，它是静平衡的条件；$M_0 = 0$ 表示作用在转动部分上的力偶之和等于零，这是力偶平衡的条件。根据 F_l 和 M_0 的不同情况，转动部分的不平衡可分成静不平衡、准静不平衡、力偶不平衡和动不平衡4类。

不平衡力的产生具有随机性。在水轮发电机组中，转动部分不平衡的种类需要根据转动部分不平衡的具体情况来判定。单纯的静不平衡或力偶不平衡比较少见。当水轮发电机组的额定转速在300r/min以下时，发电机转子更接近于一个圆盘，故多数情况下都可归为静不平衡一类；当机组的额定转速在500r/min及以上时，可能存在动不平衡情况，即同时存在静不平衡和力偶不平衡两种情况。

在立式机组中，不平衡力还受“动态轴线姿态”和各导轴承状态的影响。这些影响不能完全由式（2.1）和式（2.2）所反映。这种情况将在“综合平衡法”一节中详细讨论。

2.1.1.2 转子的基本力学特性

1. 刚性转子和柔性转子

转子有刚性和柔性之分：工作转速低于第一临界转速的叫刚性转子，高于第一临界转速的叫柔性转子。水轮发电机组的转动部分都属于刚性转子。水轮发电机组的振动特性，许多都与转子的刚性特性相关。

刚性转子有几个不同于柔性转子的力学特性，它们都对转子的运动、振动和平衡校正带来重要影响。

（1）刚性转子的刚度并不是无限大，而是说它的弹性变形与受力呈线性关系。这意味着，在非共振情况下，它不受或少受动力响应的影响。

（2）刚性转子以它的几何中心作为旋转中心，而柔性转子则以它的质量中心为旋转中心。

（3）在非共振条件下，刚性转子的振动位移与激振力具有相同的相位（实际上还是有一定的相位差）。这为按大轴摆度相位进行平衡配重提供了可能性。

水轮发电机组的转动部分基本上符合上述特性，尽管有时是近似的。

2. 转动部分的两种旋转运动

水轮发电机组的转动部分有自转和弓状回旋两种基本的运动形式。这在立式机组中特别明显，如图 2.2 所示。自转就是转动部分绕其几何中心 S 的旋转；弓状回旋则是转动部分几何中心 S 围绕轴承几何中心 B 的旋转。正常情况下，两种旋转运动的角速度或频率相同。

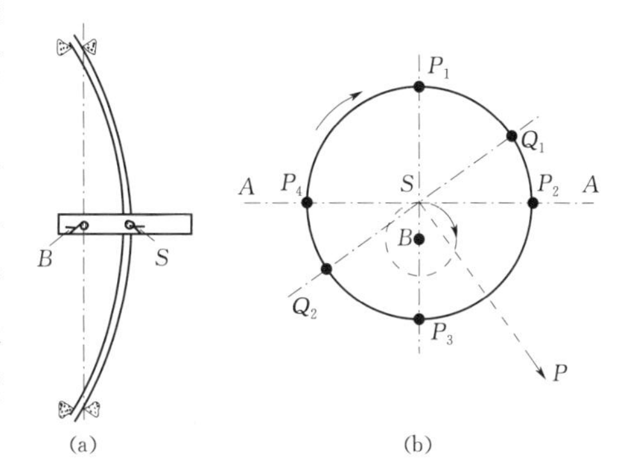

图 2.2 立式机组转动部分的两种旋转运动

对于图 2.1（a）所示的卧式转子不平衡的物理模型，当圆盘转动时所产生的离心力 $m\omega^2 e$（不平衡力）作用在圆盘所在的轴上时，使之产生弹性变形 r。圆盘的质量中心将绕两个轴承的中心连线、以 r 为半径作与圆盘相同角速度的弓状回旋运动。

通过圆盘的质量中心作一个垂直于轴的平面。将轴承中心、圆盘几何中心和质量中心画在一个 $x-y$ 坐标系上，如图 2.1（b）所示，其中原点 B 为两个轴承连线与平面的交点。图中的这 3 个点：轴承的中心 B、圆盘的几何中心 S 和圆盘的质量中心（重心）G 是圆盘及其旋转平面上 3 个重要的点。

对于刚性转子，当所有作用在系统上的力处于稳定状态时，B、S、G 3 个点在一条直线上。S 和 G 之间的距离就是圆盘质量中心相对于其几何中心的偏心距 e，B 和 S 之间的距离 r 表示轴的弹性变形或圆盘的径向位移，在图示情况下，也就是弓状回旋运动的旋转半径。

图2.2为立式机组转动部分作两种旋转运动的示意图。圆盘绕转轴几何中心 S 的旋转运动为自转，它的旋转速度就是机组的工作转速。圆盘中心绕两个导轴承中心连线上的 B 点的旋转运动，就是转动部分的弓状回旋运动。

3. 不平衡力的力学特性

图2.3表示不平衡转子的弹性变形随频率比 ω/ω_n 的变化关系，它实际上就是幅频共振曲线，ω_n 为对应临界转速的角速度。由于幅值无所谓正负，通常把位于第四象限的曲线以镜像的方式移到第一象限，成为图7.10所示的“标准形式”。

从图2.3上可以看到，不平衡转子具有以下频率特性或特性频率：

（1）对于很慢的转速（$\omega\approx0$），弓状回旋半径 r（轴的弹性变形）很小，接近于零。

（2）在临界转速时，轴的弹性变形 r 达到最大，在无阻尼的条件下，从数学上说，r 变成无穷大。

（3）当 ω 很大时，B 和 G 重合，此时重心 G 保持静止，或者说圆盘以质量中心 G 为中心旋转，出现所谓“轻边飞出”现象，这是柔性转子的情况。

（4）当转速低于临界转速时，G 比 S 距中心 B 远，也就是圆盘的质量中心在 BSG 直线的最外侧，出现所谓“重边飞出”现象，这是刚性转子的情况。在水轮发电机组中采用“画线法”确定转子不平衡（重侧）的相位，就是基于这个原理。

（5）对于卧式机组，轴承在水平方向和竖直方向的刚度不同，相应就有两个不同的临界转速，如图2.4所示。

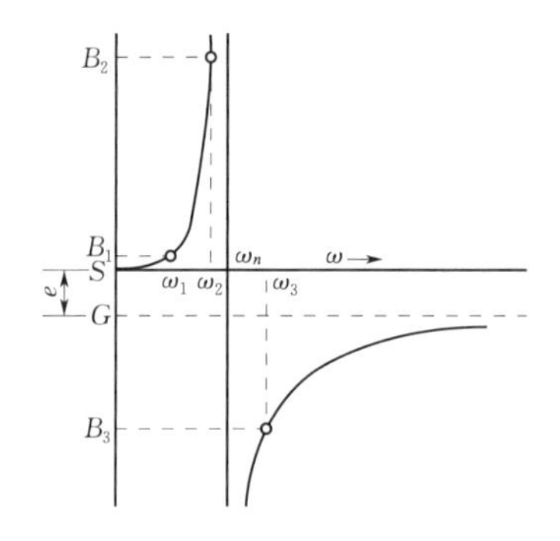

图2.3　轴弹性变形与角速度的关系

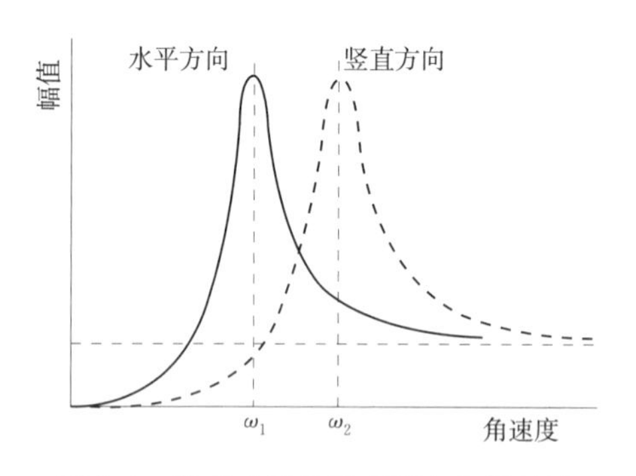

图2.4　卧式机组转子有两个临界转速

2.1.1.3　水轮发电机组中的不平衡力

1. 水轮发电机组中的4种不平衡力

不平衡力产生的基本原理都是一样的：机械缺陷加上相应的物理力学因素。水轮发电机组是一种具有专门功能的旋转机械，这是它可能存在4种不平衡力的原因。这4种不平衡力分别为：机械不平衡力、水力不平衡力、电磁不平衡力和热不平衡力。

如果赋予式（2.1）中 m 不同的定义，则它也可以用来表示机械不平衡力以外的三种不平衡力。在额定转速下，式（2.1）和式（2.2）的 ω 和 e 都是常数，所以不平衡力就只与 m 有关。在机械不平衡力中 m 是不平衡质量；在水力不平衡力中 m 是与水轮机流量成比例的“不平衡流量”；在电磁不平衡力中 m 是与磁场强度成比例的“不平衡磁场强度”；在热不平衡中是由不均匀热膨胀产生的不平衡质量。

2. 水轮发电机组中的转频径向力

水轮发电机组转动部分的结构要比图 2.1 所示的圆盘复杂得多。它由许多零部件构成，这些零部件都可能成为产生或导致转频径向力 变化的因素。这也是水轮发电机组中转频径向力呈现以下几种不同情况的基本原因。

不平衡力属于转速频率的径向力，但转速频率的径向力不都是不平衡力。为此，可把转频径向力分成典型不平衡力和非典型不平衡力两种。非典型不平衡力又分成两种：①由转动部分弹性变形产生的附加不平衡力；②由机械缺陷产生的转频径向力。这样划分，是因为它们产生的原因不同、性质不同、影响不完全相同，因而处理方法也不相同。

3. 水轮发电机组的不平衡力都是相对于机组某种状态的

对于图 2.1 那样的圆盘，平衡处理后，它的不平衡就不会再发生变化。但在水轮发电机组中就不一定是这样。经过一段时间的运行，或者由于机组在检修过程中的拆、装和处理，某些零部件以至于转动部分的状态发生了变化，这时机组的平衡状况就会相应发生变化。这就是说，水轮发电机组的不平衡力或者其平衡状态都是相对于机组某种状态的，并非永远不变，甚至可能是随时变化的。机组的平衡状态是否发生了变化，以这两种状态作对照来判断：①机组安装调整后，经过配重处理和试运行后的平衡状态；②检修后并通过试运行的平衡状态。

4. 水轮发电机组中不平衡力的共同特性

水轮发电机组中的不平衡力有 3 个共同特性。

(1) 不平衡力都是而且一定是转速频率。

(2) 水轮发电机组中的不平衡力都是相对于机组某一个状态的。

(3) 不平衡力的产生、大小、相位和变化都具有随机性。

2.1.2 机械不平衡力

1. 三种不同性质的机械不平衡力

(1) 典型机械不平衡力。

典型机械不平衡力由转动部分部件的加工、安装偏差、材料的缺陷（材质分布不均匀）、结构不对称等因素所引起。理想情况下，典型机械不平衡力一旦被校正，就不再发生变化。

理想情况并不存在。一般而言，新机组试运行前和老机组大修后都需要进行配重或再配重，这表明转动部分存在不平衡或平衡状况已经发生了变化。良好配重后的情况比较接近于理想情况。它的主要标志是，机组振动不会很快发生变化。否则，机组转动部分就可能存在某种机械缺陷。

(2) 两种非典型机械不平衡力。

由转动部分的弓状回旋所引起的附加不平衡力就是非典型机械不平衡力，它也可用式（2.1）表示，只是其中的偏心距 e 变为转动部分弓状回旋的半径 r。r 包含的内容，由典型机械不平衡力引起的弹性变形（图 2.2），由轴线的曲折度、动态轴线的姿态引起的（相对于导轴承中心连线的）径向位移、导轴承间隙等。但这些因素的影响不完全是独立存在的，也不是固定不变的，这是它与典型不平衡力的最大区别。理想情况下，当典型机械不平衡力消除后，由轴的弹性形变引起的附加不平衡力部分也就随之消失，但由其他原因引起的附加不平衡力仍然存在。

由机械缺陷引起的非典型机械不平衡力也具有与典型机械不平衡力相似的振动特征和波形，而转速频率的多倍频成分，则更是机械缺陷引起的机械振动的典型频率特征。

机组转动部分上的机械缺陷是引起非典型不平衡力及转速频率多倍频的主要根源，本书第 10 章专门讨论由机械缺陷引起的振动实例。从这些实例中可以看到许多典型的异常情况，例如：看似十分典型的不平衡振动和波形（正弦波），用配重的方法却不能解决问题；有机组每经过若干年的运行后就需要重新配重，但每次配重都没能彻底解决机组振动逐年增大的情况；更有甚者，转频振动的相位变化莫测，配重块放在哪里都不行。

必须采用不同的方法对不同性质的转频激振力及其引起的振动进行处理，这是区分典型和非典型不平衡力的主要目的。一概采用配重的方法进行处理，既不科学，也不一定能达到预期效果，还可能把机械缺陷掩盖起来而发展成为隐患。

2. 机械不平衡力的确定和评价

用在转动部分上已知半径处施加已知配重的方法确定原有机械不平衡力的相当大小。配重质量所产生的离心力就相当于该机组转动部分的原有机械不平衡力。

不平衡力的大小可用机组上、下机架的径向振动幅值来评价。在转动部分不存在其他机械缺陷的条件下，可用配重前、后机组上、下机架径向振动中转频分量的变化来评价配重效果。

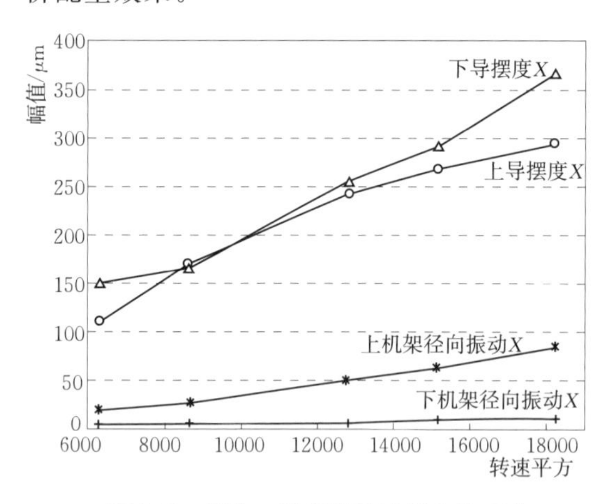

图 2.5　振动、摆度随转速平方的变化

机械不平衡力与转速频率的平方成比例。故不平衡力的大小可通过机架径向振动随转速平方的变化趋势来分析。图 2.5 为一个例子（闵占奎．云南居甫渡水电站 1 号机振动分析处理 [J]. 甘肃省电机工程学会 2010 年度获奖优秀学术论文集，2010）。可以看到，无论是大轴摆度还是上、下机架径向振动大致都与转速平方呈线性关系。上、下机架两条曲线的斜率不同，表明它们的径向刚度不同，也与不平衡力沿轴向的分布或位置有关。

转频径向力不与转速频率的平方呈线性关系的情况也存在，可能原因主要有：①振动的非线性响应（共振或明显的动力响应）；②转动部分或支持部件存在机械缺陷，例如部件松动、位移或变形；③存在测量偏差，如瓦架振动或变形未计入产生的大轴摆度而使大轴摆度大于导轴承间隙的情况。

3. 机械不平衡力的处理

配重是消除机械不平衡力的唯一办法。立式机组有许多与卧式机组不同的情况，它的配重可采用后面介绍的“综合平衡法”。

如果配重不能消除所遇到的转频径向激振力，就表明它不是典型机械不平衡力或其引起的附加不平衡力。此时应当考虑和检查其他可能存在的机械缺陷。

如果在配重后不平衡力出现了变化，则意味着转动部分或其部件的状态发生了变化，甚至是出现了缺陷。此时应检查确定引起状态变化的具体原因，并采取措施予以处理。

2.1.3 水力不平衡力

水力不平衡力是水轮机中特有的，它对机组的总不平衡状况也有重要的影响。

1. 水力不平衡力产生的机理和特性

水力不平衡是由水轮机转轮各叶道出口面积不一致（常简称为出口不一致）所引起。水力不平衡力的主要特征和特性是与水轮机的流量成比例。对于同一台水轮机，在相同的功率条件下，水头越低，水轮机的流量越大，水力不平衡力就越大。

转轮各叶道的流量与各叶道出口的面积成比例。当各叶道出口面积不一致时，各叶道的流量就不相同，沿圆周径向水力作用力的矢量和就不等于零，这就是水力不平衡力。这与沿圆周质量分布不均匀产生机械不平衡力的原理和机理是类似的。

引起各叶道开口尺寸不一致的可能原因有多种，如叶片、叶片组装、其他相关零部件加工、安装过程中产生的偏差等。当这种尺寸偏差比较大或者开口的正负偏差集中分布时，就会产生比较大的水力不平衡力。

水力不平衡力还与转轮的叶片数有关，叶片数比较多的转轮产生较大水力不平衡的几率会小一些，反之亦然。

轴流式和贯流式水轮机的流量、更确切地说是它们的单位流量比较大，叶片数也比较少，产生水力不平衡力的几率比较大；转桨式水轮机各叶片开口调整机构步幅不一致时，也会导致水力不平衡的产生。下面的水力不平衡的例子都出现在这类水轮机上。

混流式水轮机出现比较大水力不平衡的概率比较小，但也有例外的情况。图 2.6 是一个例子（奥技异电气技术研究所．索风营水电厂状态监测分析报告［R］，2005.8），图上显示，接力器行程在 450mm（功率约 130MW）以上，上机架径向振动随功率的增大而增大，这是水力不平衡的典型特征。

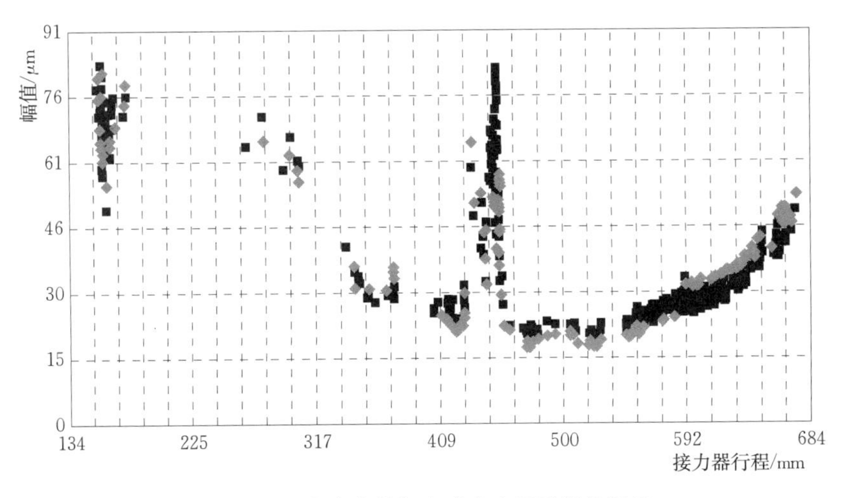

图 2.6 混流式水轮机出现水力不平衡的例子

此外，频谱分析结果表明，对应图中在接力器行程 447mm（功率 123MW）处峰值的频率范围为 2.5～3.5 倍转速频率，位于涡带工况区末端，由此判断，它应是由高部分负荷压力脉动所引起。下机架径向振动和各导摆度也有类似的特点。

最大水力不平衡力（当量值）可通过空转、空励和额定功率（或最大功率）三种工况时的机架径向振动转速频率分量的矢量计算近似确定。

2. 典型和非典型水力不平衡力

典型水力不平衡力由转轮圆周方向水流的出流分布不均匀所引起。

非典型水力不平衡力通常是指转轮迷宫中的转频压力脉动所产生的径向力，由机组转动部分的大轴摆度、转轮迷宫固定部分的不圆度所引起。在固定部件上测量的迷宫间隙压力脉动通常为转速频率。对于转动部分，它是一个作用在转动部分固定点和固定方向的静态力，这与水力不平衡力的性质相同，这是把它当作非典型水力不平衡力的原因。

流道中压力脉动（不包括迷宫间隙压力脉动）中的转频成分也属于非典型水力不平衡的一类。

3. 水力不平衡力的表现形式和特性

水力不平衡力并不是单独存在的。它的出现总是和机械与电磁不平衡力叠加在一起的。因此，随三种不平衡力相对大小的不同，大轴摆度及其支持部件的径向振动也将随水轮机流量的不同而具有不同的表现形式。它们也即是判断水力不平衡存在与否的依据。

（1）当水力不平衡力的相位与其他不平衡力之和的相位间的夹角小于 90°时，总不平衡力随功率的增大而增大［图 2.7（a）］。

（2）当水力不平衡力的相位与其他不平衡力之和的相位间的夹角大于 90°时，总不平衡力随功率的增大而减小［图 2.7（b）］。

（3）当水力不平衡力的相位与其他不平衡力之和的相位差大于 90°或小于 270°，并且水力不平衡力的幅值大于其他不平衡力之和时，总不平衡力先随功率的增大而减小，后随功率的增大而增大，图 2.7（b）和图 2.7（c）中都显示了这样的情况。

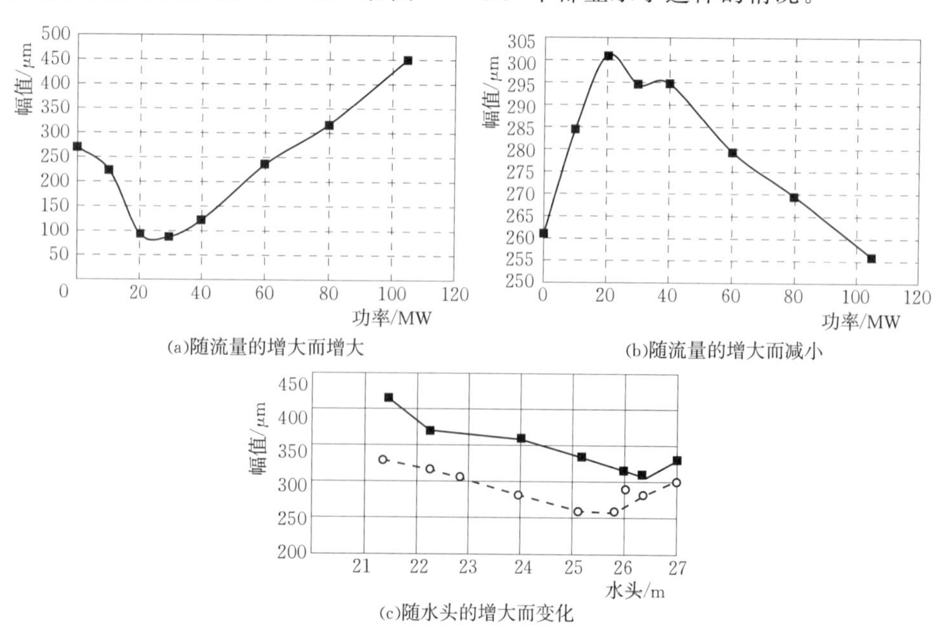

图 2.7　水力不平衡力对振动影响的几种表现形式

在上述三种情况下，总不平衡力的相位均随功率的变化而变化。

(4) 在功率相同的条件下，单纯的水力不平衡力随水头的升高而减小，如图 2.7 (c) 所示，这实际上也是水力不平衡力与水轮机的流量成比例的本质反映。在这张图上也显示了水力不平衡力与其他不平衡力相对大小变化带来的影响：在高水头端，当水力不平衡力小于其他不平衡力时，总不平衡力又随功率的增大而增大。

图 2.7 中的 (a)、(b)、(c) 分别出现在两台转桨式水轮机上（江西电力科学研究院试验数据）。

4. 水力不平衡力的调整和控制

在现有技术条件下，如果各环节的质量得到有效控制和保证，转轮叶道出口尺寸不一致现象一般不会很大。相对而言，过去的整体铸造转轮或铸焊结构转轮和叶片，其水力不平衡情况就相对差一些。从这一点来说，水力不平衡也可以当作水轮机局部制造质量的一个间接显示。

对于混流式水轮机，控制转轮叶片的叶型和组焊质量就可以最大限度地减小水力不平衡力。如果出现影响比较大的水力不平衡，可采用出水边修型的办法加以弥补。

对于轴流转桨式水轮机，控制和提高转轮叶片的叶型、减小叶片初始安放角的不一致情况、保证叶片操作机构动作的一致性，就可以最大限度地避免水力不平衡的产生。如果出现明显的水力不平衡，就需要检查导致转轮叶道出口尺寸不一致的具体原因，然后对症处理，红花电站就是一个比较成功的例子（参看 6.2.3 贯流式水轮发电机组振动实例）。

2.1.4 电磁不平衡力

2.1.4.1 磁拉力及相关研究结果

1. 磁拉力

磁拉力是指磁场或电磁场对磁性金属的吸引力，对于发电机，就是其转子磁场对定子的吸引力。

在发电机中，磁极磁场的磁力线链接到发电机的定子铁芯和线圈，当转子旋转时，定子线圈就会切割磁力线感应出电势，这是发电机的工作原理。在定子产生电势的同时，定子也会受到一个机械力的作用，这就是磁拉力。

发电机的磁极磁场由励磁电流产生。磁极磁场的强度用气隙磁密 B_δ 表示，在不饱和情况下，它与磁极线圈的匝数 ω_B 和励磁电流 I_B 的乘积（即安匝数）成正比。

定子、转子之间，每单位面积上由磁极磁场产生的作用力可表示为

$$f_r=\frac{B^2}{2\mu_0} \tag{2.3}$$

式中：B 为考虑定子铁芯和转子铁芯作用后的气隙磁密，它和安匝数 $\omega_B I_B$ 成比例，在 $\omega_B I_B$ 不变的情况下，随气隙的大小而变化；μ_0 为空气磁导率。

磁拉力计算时通常“不考虑定子铁芯和转子铁芯本身磁场强度的作用”。这表明，磁场和磁拉力的形成主要在线圈，铁芯的作用可以忽略不计。

2. 部分相关磁拉力的研究结果

哈尔滨电机有限责任公司等5单位的相关专业人员对磁拉力的特性进行了研究，部分成果归纳如下：

(1) 当励磁电流不变时，单边磁拉力与偏心值的关系是：偏心值在0～14mm的大范围内，不平衡磁拉力和转子偏心大致成2次方关系，在2～3mm以下的范围，非常接近线性关系。

(2) 当相对偏心距在10%以下并在一定的励磁电流范围内，可以认为单边磁拉力和励磁电流呈线性关系。

(3) 定子电流及其磁场对磁拉力的影响不大。在维持端电压不变的情况下，不同定子电流下的磁拉力与空载时相比变化不大，如表2.1的计算数据所示（计算发电机功率为240MW）。

表2.1　一台发电机的不平衡磁拉力随励磁电流和定子电流的变化

工况	定子电流/A	励磁电流/A	不平衡磁拉力/10^5N
空载	0	1140.3	16.82
半载	4887.5	1470	16.2
满载	9775	1905.9	16.66

3. 磁拉力对机组振动特性的影响

磁拉力除可引起机组的振动外，还对机组的振动特性产生影响。

(1) 引起机组的转频和极频振动。单边磁拉力以脉动的状态分布于发电机转子圆周，每个磁极都是单边磁拉力分力的产生者，磁极个数与转速频率的乘积就是极频磁拉力。如果所有磁极的磁拉力沿圆周的合力不等于零，这个合力就是电磁不平衡力。

磁拉力对机组振动的影响主要有三方面：①不平衡磁拉力将引起转动部分的弹性变形和大轴摆度，同时引起固定支撑部件的转速频率振动；②每个磁极的磁拉力对发电机定子的作用将使定子铁芯产生极频磁振动，只是这种振动的幅值很小，一般可忽略不计；③对于呈中心对称的椭圆形或多边形转子，它们的磁拉力沿圆周的合力等于零，但却存在2个或多个磁拉力的极点，将引起定子铁芯和定子机座的2倍或多倍转频振动。

(2) 使机组的临界转速降低。模型试验结果显示，不平衡磁拉力使临界转速降低，如图2.8所示。图中左侧曲线为有磁拉力的情况，右侧为没有磁拉力的情况，峰值对应的转速就是临界转速。

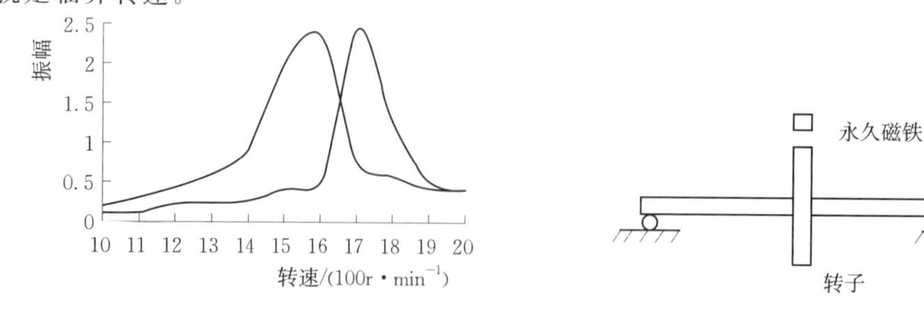

图2.8　磁拉力对临界转速的影响

(3) 对轴系扭转固有频率的影响。研究结果（图 2.9）显示：轴系扭转固有频率随励磁电流的增大而增大，随有功功率的增大而降低。

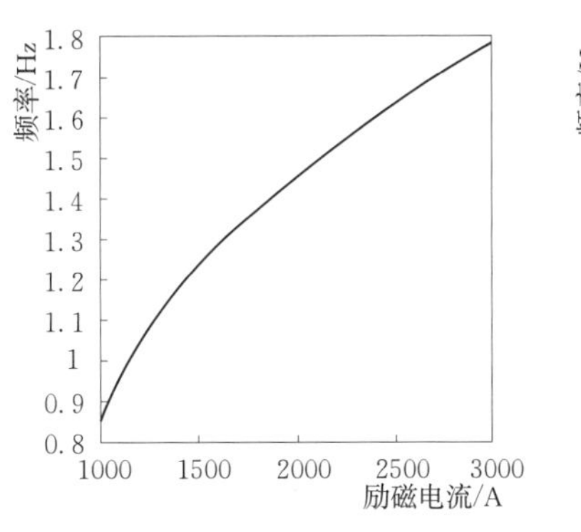

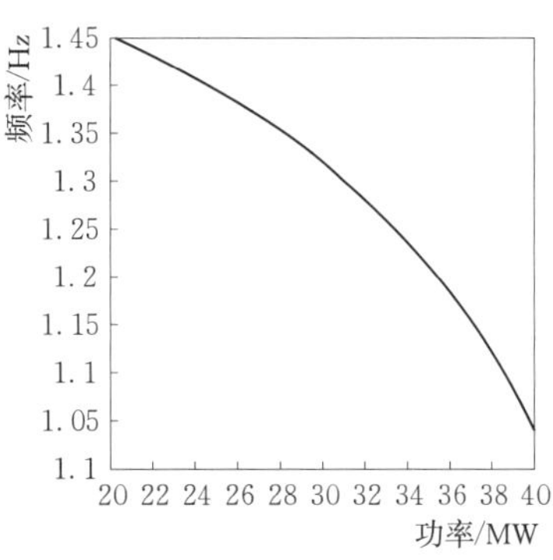

图 2.9　励磁电流和功率对轴系扭转固有频率的影响

2.1.4.2　电磁不平衡力

1. 两种电磁不平衡力

与机械不平衡力类似，也可以把电磁不平衡力分成典型和非典型两种。

(1) 典型电磁不平衡力。典型电磁不平衡力由转子磁场的偏心度所引起，它可由多种机械和电气原因引起。但根据现场的经验看，电磁不平衡力主要由发电机转子偏心度和不对称性不圆度所引起。转子不对称性不圆度则是指转子磁极或磁场强度相对于旋转中心不对称分布情况。当磁极分布半径不相同，而且大、小集中分布时，其极限情况就是转子偏心，即转子的旋转中心与磁场几何中心不一致的情况。这些情况大多由发电机转子和磁极的加工、安装偏差所引起。

(2) 非典型电磁不平衡力。非典型电磁不平衡力也有两种，且与非典型机械不平衡力相同：一种是由机组转动部分的弓状回旋所引起；另一种是由转子上的机械缺陷所引起。因此，机械和电磁不平衡力常常是相伴而生的。

2. 电磁不平衡力的主要特性

除不平衡力所共有的特性（例如都是转速频率）外，电磁不平衡力的其他主要特性是：在额定电压以下，它与励磁电流基本上呈线性关系；在额定电压时电磁不平衡力达到最大，并不再随有功和无功电流变化。

电磁不平衡力是以磁极为载体的，由磁极的加工、安装带来的偏差，将对电磁不平衡力产生决定性的影响。由于发电机的所有磁极是串联在一起的，通过它们的励磁电流完全相同。在这种条件下，发电机的电磁不平衡力实际上就是由磁极和转子圆度的各种偏差所造成的。在分析和确认转频或多倍频电磁作用力时，检查转子的圆度是首要的工作。

电磁不平衡力的大小可根据空转试验和空转加励磁试验结果，通过矢量计算确定。

图 2.10 是一个大轴摆度随机端电压变化的例子。它显示的情况是：上导和下导摆度基本上不随机端电压而变化，表明电磁不平衡力比较小。图 2.11 为定子机座径向振动随励磁电压的变化（在线监测数据），它显示的是电磁不平衡力比较大的情况。频谱分析还显示：它的 2 倍频为主频，表明转子的椭圆度比较明显。

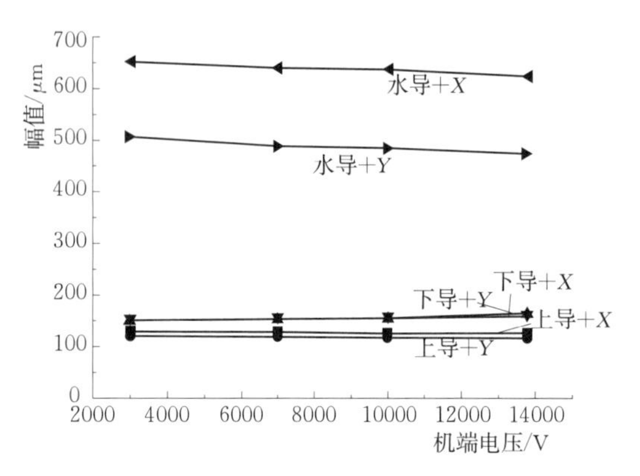

图 2.10　各导摆度随机端电压的变化

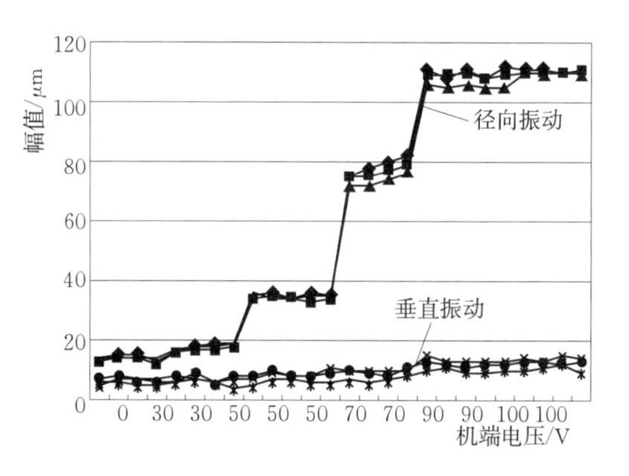

图 2.11　定子铁芯径向振动随机端电压的变化

2.1.5　热不平衡力

热不平衡的问题和概念最早出现在汽轮机中。当汽轮机在冷态下启动时，如果直接把蒸汽通往汽轮机，由于气缸内上下温差（上部温度高、下部温度低）的存在，转动部分将因热膨胀不均匀而发生弯曲，旋转时就会产生附加的不平衡力并引起强烈的振动，这就是热不平衡及其引起的振动。

汽轮发电机中也存在热不平衡问题[2]。这种热不平衡是与发电机转子温度有关的一种不平衡。热不平衡产生的基本原因在于由某种不均匀因素引起的转子的弯曲，即在转子的横断面上呈现不对称状态（材质不对称、温度不对称、受力不对称）时，就产生了弯矩，使转子弯曲。发电机转子热不平衡的特点和判断方法是：它与励磁电流相关，所引起振动的变化存在时滞现象。

励磁电流是热量和热不平衡力的来源，故与之相关。所谓时滞，是指励磁电流改变之后，振动变化到新的稳定点要经历一段时间。

热不平衡试验的方法是：在热态情况下，快速切除励磁电流；或者在冷态情况下快速增大励磁电流，在保持转速不变的情况下，观察机组振动随时间的变化。当振动随时间而变化就表示存在热不平衡。冷态和热态两种情况下的振动差值，近似就是由热不平衡力所引起的。

2.1.5.1　大轴偏磨产生的热不平衡力

在水轮发电机组中引入热不平衡的概念，是缘于 20 世纪 80 年代初一台机组振动问题的原因分析和处理经历。

电站新机组投入运行后出现了这样的情况：机组在冷态启动后，各部位的振动、摆度均正常，持续运行 30～40min 后，振动、摆度逐渐增大，到超标后停机；机组冷却下来后再次启动，振动、摆度又恢复正常，但运行不久，振动又开始增大，最后只好停机。如此反复不已，前后持续了约半年时间，经过数十次的配重也没有任何效果。

笔者在现场亲身感受了机组的振动及其变化，与之前介绍的情况完全相同。停机后检查时发现，一个导轴承处大轴两侧有比较大的温度差，约 40min 后测量两侧温差仍然在 30℃以上。取下下导轴承油箱盖后看到，密封用的羊毛毡已经烧焦。可见，运行时大轴的温度和大轴两侧的温度差很大。临时取下羊毛毡密封后再次启动机组，原来的不稳

定振动现象就消失了。

此前，刊物上也报道过类似的例子：发生偏磨的部位是大轴与发电机下风洞盖板处的密封毛毡，其振动现象与上述电站的情况相似。

这种热不平衡产生的机理是：偏心摩擦使大轴横断面上的温度分布不对称，使大轴横断面因不均匀热膨胀而产生弯曲，于是就产生了附加的不平衡力，这是热不平衡力产生的主要原因之一。

大轴偏磨需要两个部件构成摩擦副：一是弯曲的大轴；二是具有与大轴接触的部件（多数为密封件）。在水轮发电机组中，凡是在大轴和固定部件之间有固体密封部件的部位，都有发生大轴偏磨的可能性。这与水轮发电机组转子的刚性特性相关。

热不平衡力的最大特点之一是所谓的时间特性：即振动随运行时间的延长而逐步增大。但它的增大也不是无限的，有两种可能的结局：一种是当机组的振动或摆度超过一定限值后被迫停机；另一种是机组在一定的振动水平下稳定下来。后一种情况表明，大轴冷热两侧的温差达到了稳定，从而大轴的弯曲变形也达到了稳定状态。

这种热不平衡的处理，关键在于准确判断发生偏磨的部件和部位，实际处理相对比较简单。

2.1.5.2 发电机转子磁极温度不均衡产生的热不平衡力

当发电机转子各个磁极因某种原因而产生沿圆周方向上温度分布不对称时，它也会引起大轴的弯曲，并产生热不平衡力，使大轴某个部位（常常是下导摆度）的摆度随时间而变化。这与大轴偏磨产生的热不平衡力的特点相同。

非典型热不平衡力的产生都是与发电机转子上的各种机械缺陷联系在一起的。分析、研究这种不平衡力的目的，主要就在于确定机械缺陷的所在，为检查、检修提供基础。下面对两个涉及热不平衡的实例进行分析。

【例1】 水布垭电站4号机的情况

图2.12为水布垭电站4号机各导摆度在一次运行的32小时中随时间的变化趋势（谭啸：水布垭电站4号机状态分析报告，2015年5月），其中下导摆度随运行时间的延长而增大。但现场检查并没有发现大轴的任何部位有偏磨迹象，而且它所表现出来的其他特征，也与典型热不平衡不完全相同。下面根据相关试验数据对图2.12进行一些解读和分析。

1. 大轴摆度的现象、特点和初步分析

(1) 在历经的32小时运行过程中，下导摆度变化最大，其中前10小时近似直线增大，此后，变化逐渐减缓。

(2) 转速频率是下导摆度的绝对优势频率。

(3) 下导摆度的通频值及其转频分量具有完全相同的变化趋势和接近相同的幅值。

(4) 在停机和降温以后，该作用力可以消失，下导摆度恢复冷态水平。

(5) 在历经的32小时运行过程中，上导和水导摆度幅值没有大趋势性变化。

(6) 上导和水导摆度两者幅值变化的方向（增大与减小）相反，在图2.12上，两趋势线具有对称性。

(7) 上导和水导摆度的通频值和转速分频值也具有完全相同的变化趋势，但幅值上略有差异。

(8) 上、下导摆度相位相同，水导摆度相位超前约30°，它们均不随时间而变化。

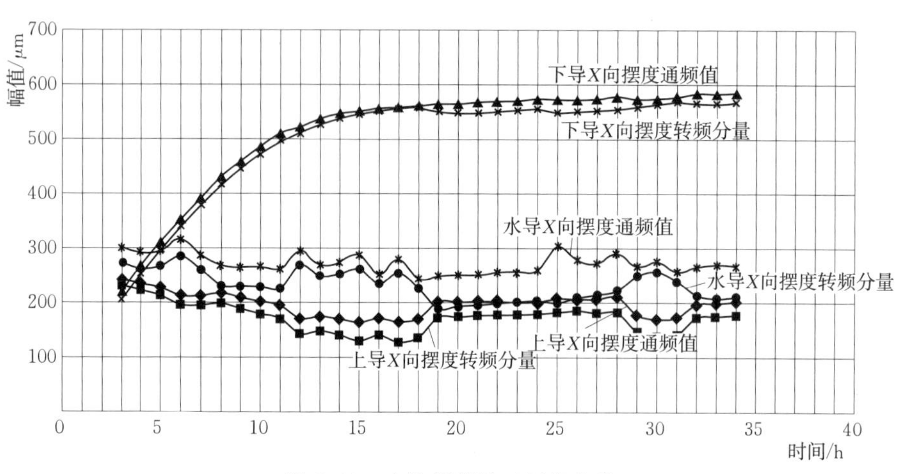

图 2.12　大轴摆度随时间的变化

(9) 图 2.12 是在固定工况下测得的，因而不存在水力因素变化的影响。

根据图 2.12 及相关试验数据可知，动态轴线的形状可近似认为是以上导和水导为固定端的弓状或折线。在试验的 32 小时运行过程中，仅仅是“弓”的半径或者说轴线的曲折度发生了变化，“弓”的姿态仅稍有摆动。

轴线曲折度的变化，意味着有一个具有不平衡力特点的力作用在转动部分上，这个力随时间而增大，但增大的幅度随时间而减小，最终达到某种稳定状态。

从各种不平衡力的特性和变化规律判断：它不可能是机械不平衡力，这种力仅随转速而变化；它也不可能是电磁不平衡力，因为它仅随机端电压而变化；也不会是水力不平衡力，因为试验是在固定工况下进行的。最后的结论是：与时间有关的不平衡力只能是热不平衡力。问题则是：热不平衡力是怎么来的？

这种情况是否和文献 [2] 中发电机转子热不平衡产生的原因相同，需要进一步分析确认。

2. 转子圆度和空气隙测量结果分析

(1) 转子圆度随时间的变化。图 2.13 为转子圆度在 25 小时中的变化趋势，可以看出：转子圆度一直在变化；前 20 小时的圆度变化比较快。这些都与下导摆度随时间的变化规律相同。

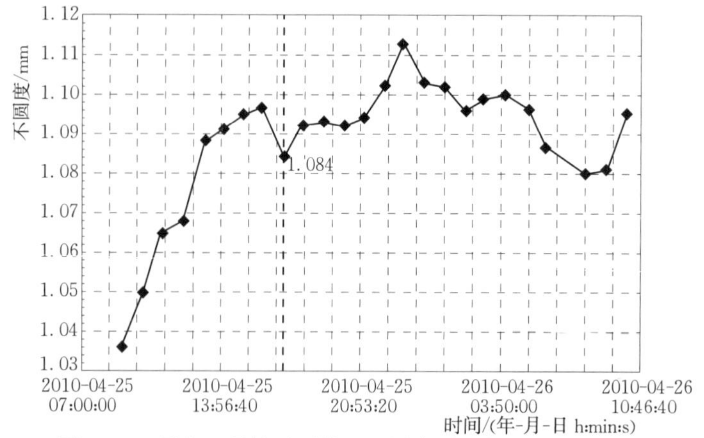

图 2.13　固定工况转子下端面不圆度随时间的变化趋势图

这张图提供的最重要信息不仅在于转子不圆度的变化结果，更在于转子不圆度的变化持续了 20 小时以上。可见，不对称的温度分布不仅存在，而且在转子上持续的时间可达 20 小时以上。

（2）发电机空气隙随时间的变化。图 2.14 为 40 个磁极的位置处空气隙随时间的变化，该图除了显示转子的偏心和不圆度外，主要还显示了在 20 小时过程中，空气隙不断变化的过程：最初的 5 小时空气隙变化最大。

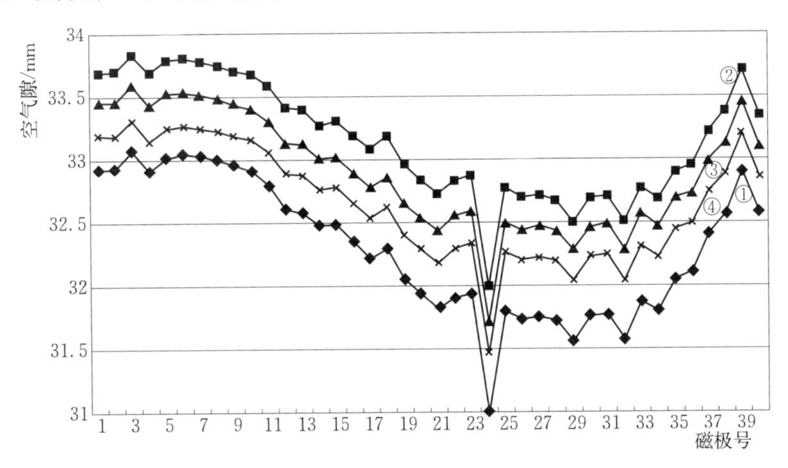

图 2.14 空气隙随时间的变化

①—冷态；②—运行 5 小时后；③—运行 12 小时后；④—运行 20 小时后

这张图提供的重要信息同样是：在固定工况下运行 20 小时以上时，空气隙也是在变化着的；而且，对应各磁极的变化量也是不同的。这表明：各磁极的热膨胀速度和幅度是不一样的。根据经验，空气隙的变化取决于发电机定子和转子尺寸的变化。定子的热膨胀在温升稳定后结束，时间持续 2～3 小时。因此，3 小时以后的空气隙变化就是由转子的尺寸或圆度的变化所引起的。

基于上述对发电机转子圆度和空气隙随时间的变化过程分析得到的结论是：①沿发电机转子圆周上存在温度不对称现象；②温度不对称现象可以持续 20 小时以上。

进一步的结论是：水布垭电站 4 号机下导摆度随时间而增大的原因是发电机转子沿圆周温度分布不对称引起的大轴弯曲以及由大轴弯曲产生的附加热不平衡力。至于热不平衡产生的原因，尚需进一步检查、试验和分析。

【例 2】 万安电站 1 号机的异常情况

万安电站 1 号机在一次大修后出现了这样的情况（数据由江西省电力试验研究院吴道平提供）：

（1）下导摆度随励磁电流的增大而增大，额定电压时，由空转时的 150μm 增大到 581μm，而且还有继续增大的趋势。

（2）运行 1～2 小时或更长时间后，下导摆度幅值会逐渐下降约 200μm，图 2.15 为

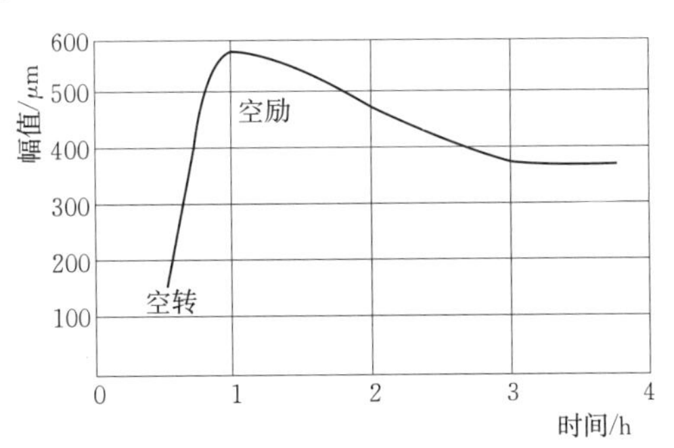

图 2.15 下导摆度随时间变化示意图

下导摆度随时间变化示意图。

（3）停机时间越长，开机、加励磁后下导摆度幅值增大得越多。

（4）下导摆度的主频为转速频率，幅值变化时相位保持不变。

对上述情况进行分析可能得到的结果如下：

（1）单从第一点看，下导摆度的异常情况是由电磁不平衡力的增大所引起的。但是，如果在达到额定电压后仍然有增大趋势，这就不是电磁不平衡力的作用了。

（2）“停机时间越长，开机、加励磁后下导摆度幅值增大得越多”。这个情况表明：下导摆度的增大，除与电磁不平衡力增大有关外，还与温度有关，并进一步表明发电机转子的不对称状态与温度密切相关。而所有这些，都反映了下导摆度随时间而变化的冷态振动本质。

（3）从“运行 1～2 小时后下导摆度会下降 200μm”的情况看，下导摆度的变化也同样显示出温度的影响。而且表明：当各部件的温升趋于稳定和平衡时，在升温过程中转子所表现出来的变形不同步、不对称的情况逐步有所改善。故下导摆度增大或减小所显示的不平衡力的变化部分，就是温度对各部位变形的不同步、不对称的不同影响所致。

（4）从下导摆度增大的过程中“主频为转速频率，相位保持不变”来看，下导摆度的相位仍然由“原来的”机械和电磁不平衡力及相应的机械缺陷所决定。由此判断：发电机转子“原来”（即冷态时）存在的不对称状态就是下导摆度异常变化的原因。

（5）大修期间曾在空气围带和主轴密封之间加了一道盘根密封。大修后，电厂又把所加盘根取下，但上述异常情况依然存在。这表明：下导摆度随时间的增大不是由大轴偏磨所致。

（6）大修期间曾把全部磁极拔出重装。尽管没有什么凭据，仍然可以推测：下导摆度的异常现象很可能与检修前后转子的状态变化有关。

如果与水布垭电站 4 号机下导摆度的异常现象相比，可发现它们之间有许多相似的情况。例如：①异常现象都出现在下导摆度上；②优势频率都是转速频率；③在下导摆度幅值变化的过程中，其相位保持不变；④最重要的一点是都随时间而变。这些共同点也是把这个例子归为“非典型热不平衡力”的基本原因。

根据上述分析和对照得出的结论是：大修后，发电机转子的状态发生了某种不对称变化，并由此产生了不对称的温度状态，使发电机轴在升温过程中产生了弯曲变形和附加的不平衡力即热不平衡力，导致下导摆度随运行时间产生异常变化。

根据对以上实例的分析可得出：

（1）随时间而变化（增大或减小）是热不平衡力最大和共同的特点。推力头、导轴承轴领松动情况下的机组振动、摆度也具有随时间而变化的特征（10.1.5 节图 10.4），但在后一种情况下，振动、摆度的相位时刻在变化，而前者的相位则始终不变。

（2）大轴偏磨是热不平衡力产生的一种原因，但不是唯一的原因。

（3）发电机转子沿圆周磁极温度的不对称分布和变化，使发电机转动部分产生不对称变化，这是热不平衡力产生的另一个原因。

（4）发电机转子沿圆周磁极温度分布不对称，这可能是由各磁极的发热量或散热量不一致所致，需要具体检查确定。

2.1.6 不平衡力校正的基本概念

当转子的三种常规不平衡力超过一定限值时就需要进行校正，以减小其影响。

1. 转子平衡的基本原理和假定

进行转子平衡时需要作一些假定，它们既是转子平衡的理论依据，也是对一些复杂情况的简化，这些简化有时又是产生各种不确定性的根源。

卧式机组刚性转子平衡所依据的原理主要如下：

(1) 假定轴承座的振动幅值与不平衡力幅值成正比、相位相同。

(2) 转子上任意多个不平衡质量都可以简化为一个合力和一个合力偶。

(3) 转子的不平衡质量都是折算到配重半径上的相当质量。

(4) 双支点轴受集中载荷作用时，两支点受力与支点到力作用点的距离成反比。

对于立式机组，原则上也采用上述理论和假定，但并不一定精确地与之符合。此外，还有一些其他与卧式机组不同的地方，详见“综合平衡法”一节。

2. 转子平衡的一般方法

进行转子的平衡，首先需要确定不平衡质量的大小和相位。在现代技术条件下，不平衡力的相位可以直接测量出来；不平衡质量的相当值可以通过在已知半径试加已知重量的办法求得。

对于立式机组，还需要考虑其动态轴线姿态等因素的影响，合理确定配重位置。

在实际进行平衡配重时，还可能会遇到其他一些“不合常规”的情况，这往往由各种不同的机械缺陷所引起。可能需要首先识别并处理这些缺陷，然后再进行配重。

3. 不平衡力处理的原则性方法

在不平衡力的处理方法上，机械不平衡力就直接采用配重的方法校正；当电磁不平衡力不十分严重时，也采用配重的办法减小它对振动的影响，但并不能减小电磁不平衡力本身；当水力不平衡力不十分严重时，常可以不予考虑，当它的影响比较大时，就需要进行相应的检查和处理。

4. 三种不平衡力的区分和分解

通过在空转、空励和额定负荷（或最大负荷）三种工况下振动转频分量进行矢量分析，可近似地确定机械、电磁和水力三种不平衡力的相对大小和相位。

(1) 空转工况下的水力不平衡力比较小，忽略它的影响，则这个工况下的不平衡力就被近似地认为是机械不平衡力。

(2) 空励工况下的不平衡力矢量减去机械不平衡力矢量后的矢量差就是电磁不平衡力。

(3) 额定或最大负荷下的不平衡力为三种不平衡力的总和，从这个总和矢量中减去空励下的不平衡力矢量就得到水力不平衡力。

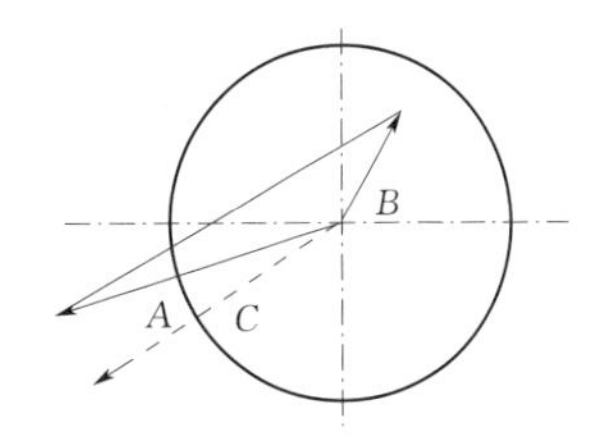

图 2.16 用矢量分析法分解三种不平衡力

图 2.16 为利用矢量运算求解或分解各种不平衡力的例子。如果赋予两个矢量以不同的定义，就可得出这两个矢量的运算结果。例如，若令图中 A（实线）、B（粗虚线）分别代表空转和空励两种工况下的总不平衡力，则 C（细虚线）就代表电磁不平衡力，将矢量 C 平行移动并使其末端移至中心，则移动后

的矢量所指方向即为矢量 C 的方向。

5. 配重对非转速频率振动没有直接效果

图 2.17 为一台机组配重前后的上导摆度波形图。图 2.17（a）显示 1 倍频分量比较大，2 倍频分量也很明显。图 2.17（b）显示经过配重后 1 倍频振动分量显著减小，而 2 倍频成分没有明显变化，显得更加突出。出现 2 倍频振动的原因有多种，需要具体分析。

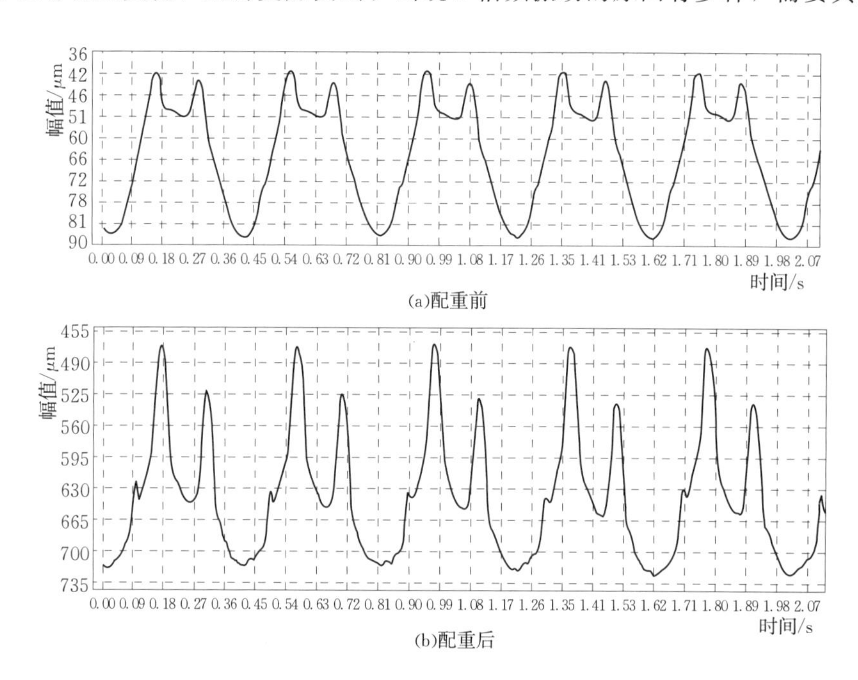

图 2.17　配重对上导摆度 2 倍频和多倍频没有影响的实例

2.2　水力激振力

水力激振力泛指由水力原因引起的激振力。它是水轮发电机组中的主要激振力之一，也是最富特性的一种激振力。

压力脉动是水力激振力最主要的来源和表现形式，由它引起的水力振动是水轮发电机组最重要的特征振动。因此，讨论水力激振力主要就是讨论压力脉动。虽然由压力脉动到水力激振力之间需要经过一个转换过程，但大多数情况下，只需要确定压力脉动与所研究振动问题之间的对应关系。

不同型式水轮机中的压力脉动不同，对机组振动的影响程度也不相同。其中比较有代表性的水力激振力出现在混流式水轮机中，这是本节主要介绍的内容。

按照压力脉动的产生机理和主要特性，将混流式水轮机中的压力脉动分为常规压力脉动、异常压力脉动和其他压力脉动三类。

2.2.1　混流式水轮机中的常规压力脉动[3]

常规压力脉动是指完全由水轮机工况所决定的压力脉动。按出现的导叶开度范围或工况范围把它们分成三种，即小开度区压力脉动、中间开度区压力脉动和大开度区压力

脉动。通常也把涡带压力脉动区称为中间开度区压力脉动，涡带压力脉动区以下为小开度区压力脉动，以上（最优工况区除外）为大开度区压力脉动。压力脉动分区对应的开度范围并不严格，随水轮机的运行水头而变。下面所述各种压力脉动出现的开度范围对应的大致是设计水头下的情况。

2.2.1.1　小开度区压力脉动

小开度区压力脉动出现在约40%以下的开度或相对功率范围。不同型号混流式水轮机的这种压力脉动的幅值及其随开度或功率的变化趋势可能相差比较大，主要有三种情况，即随开度的增大而减小、随开度的增大而增大和基本不变。这些差异情况的产生可能和转轮叶片进口的叶型、结构和水力参数以及当时的运行水头有关。图2.18为一个电站4台水轮机的小开度区（额定功率302MW）压力脉动的趋势图（黄河电力测试科技工程有限公司．龙羊峡水电站1～4号水轮发电机组稳定性试验报告［R］. 2002）。尽管它们是相同型号的水轮机，小开度区压力脉动的变化趋势仍有明显的区别。

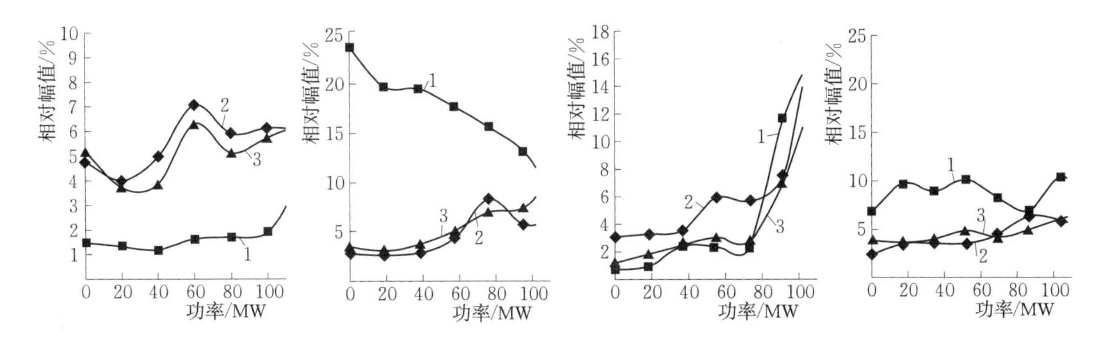

图2.18　4台水轮机小开度区压力脉动的几种变化趋势

1—尾水受压脉动；2—涡壳压力脉动；3—顶盖压力脉动

小开度区压力脉动以随机性压力脉动为主，主要频率范围在20～40Hz以下，其中也包含有周期性或准周期性压力脉动。图2.19为一个20%额定功率时的波形和频谱图（孙建平．乌江渡水电站3号水轮发电机组动平衡及稳定性试验报告［R］. 2005）。随机性频率主要由进口水流对转轮叶片正面的冲击、背面的脱流和脱流区次生水冲击所产生；导叶出口、转轮进口水流不均匀性以及它们与水流的相互作用也会产生一定的周期性压力脉动。

小开度区机组振动或大轴摆度的变化趋势并不一定与压力脉动的变化趋势完全一致，图2.20为龙羊峡水电站2号水轮发电机组的情况（图中100MW及以下就属于小开度区）。这主要是因为小开度区压力脉动的频率范围比较大，机组许多振动部件的固有频率大都也在这个范围，即使不发生共振，也可能有比较大的动力放大效应，从而改变了它们随功率的变化趋势。而机组转动部分的固有频率则比较低，对较高频率激振力的响应不敏感，故这个区的大轴摆度幅值多数都比较小或变化不大。

小开度区压力脉动既可以引起机组的明显振动，也是引起部分水轮机水体共振和机组共振的激振力，下面有这样的实例。

轴流定桨式、轴流和贯流转桨式水轮机在未进入协联关系运行的小开度区也具有很强的随机性压力脉动，并成为这类水轮机的特征压力脉动，详见5.3节。

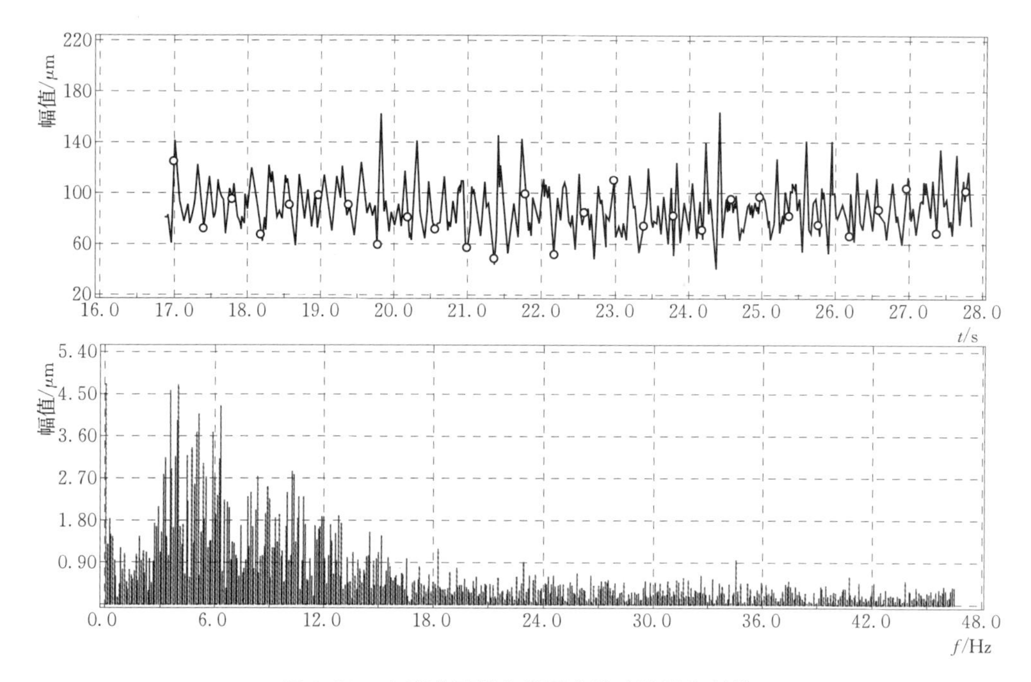

图 2.19　小开度区尾水管压力脉动波形和频谱

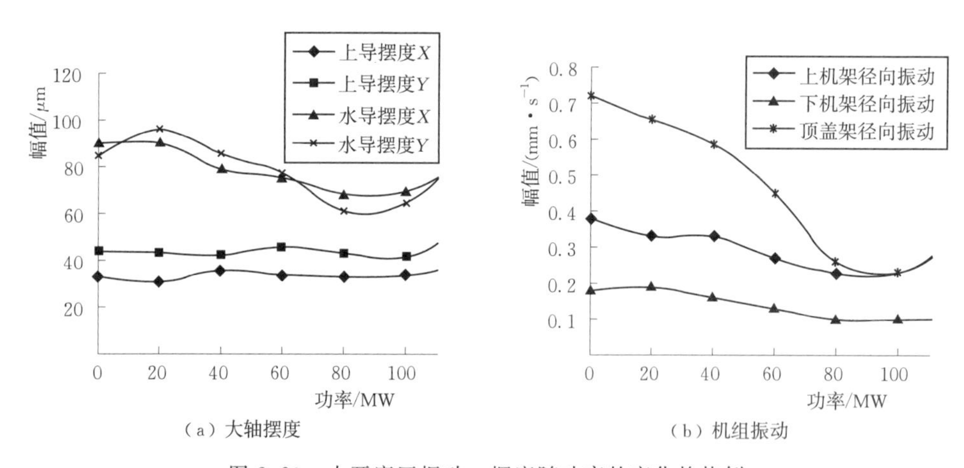

图 2.20　小开度区振动、摆度随功率的变化趋势例

2.2.1.2　中间开度区压力脉动

中间开度区的常规压力脉动就是指涡带压力脉动，它是混流式水轮发电机组中最重要的常规水力激振力来源。

实际上，中间开度区的范围也是根据涡带压力脉动的范围确定的。在设计水头下，涡带压力脉动出现的开度范围约为 40%～80%，故涡带压力脉动又常常称为部分负荷压力脉动。其代表性频率约为转速频率的 1/4 或 1/3～1/5 转速频率范围，出现的工况范围和频率特性是涡带压力脉动的两个最重要的特征。图 2.21 是一个压力脉动幅值随功率的变化趋势图，图中 100～200MW 就是涡带压力脉动的范围（黄河电力测试科技工程有限公司．龙羊峡电站 1～4 号机稳定性试验报告［R］. 2002)；图 2.22 为典型涡带工况的尾

水管压力脉动波形图和频谱图，其中涡带频率占绝对优势（孙建平．乌江渡电站3号水轮发电机组动平衡及稳定性试验报告［R］. 2005）。

涡带压力脉动所引起的振动或大轴摆度也具有相同的特征。图2.23为三峡电站8号机组振动、摆度随功率变化趋势的一次测量结果[11]。图的中间部分凸显了涡带压力脉动的影响。

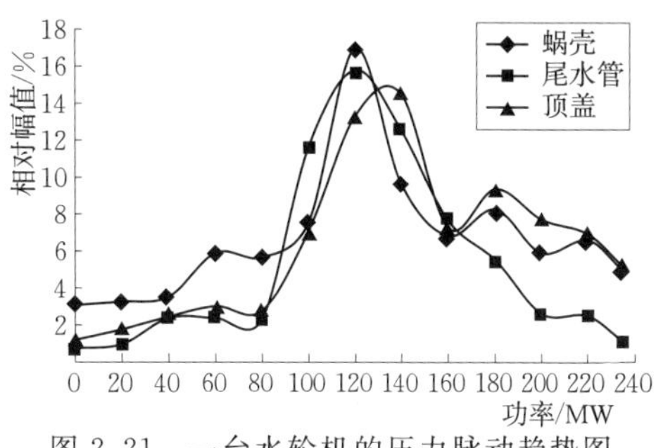

图2.21 一台水轮机的压力脉动趋势图

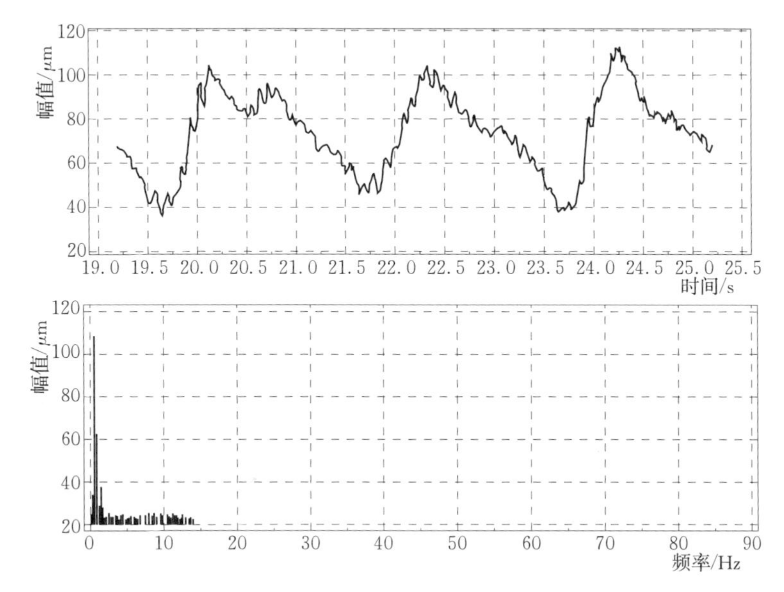

图2.22 涡带工况尾水管压力脉动波形和频谱图

转桨式水轮机中也会出现涡带压力脉动，并具有与混流式水轮机类似的特征。

2.2.1.3 大开度区压力脉动

在设计水头下，大开度区常规压力脉动出现在约90%以上开度范围，它的幅值通常比较小。当水头低于设计水头时，压力脉动有随开度的增大而增大的趋势（图2.23）。这是判断水轮机是否在设计水头以下运行的标志。大开度区的常规压力脉动对机组的振动没有实质性影响，图2.23中450MW以上为大开度区振动和大轴摆度的例子。其频率也是兼有随机性和周期性成分，但各水轮机可能有所不同，图2.24为一个额定功率时的尾水管压力脉动的频谱例子（孙建平．乌江渡电站3号水轮发电机组动平衡及稳定性试验报告［R］. 2005），最大幅值约10kPa，频谱中也没有明显可见的转速频率及其整倍数频率的信号。

2.2.1.4 尾水管中的同步压力脉动

尾水管同步压力脉动由尾水管中的旋转水流与尾水管肘管相互作用产生，其幅值比较小，对机组的振动稳定性没有直接影响。但它却是几种水体共振的激发力，由此产生比较强的异常压力脉动，并对机组的振动有着十分强烈的影响（2.2.2节）。尾水管涡带的旋转运动与肘管相互作用也会产生涡带频率的同步压力脉动，它的幅值比较大，其相对幅值可达3%～5%，在蜗壳及其上游测量到的涡带频率压力脉动，实际上就是这一部

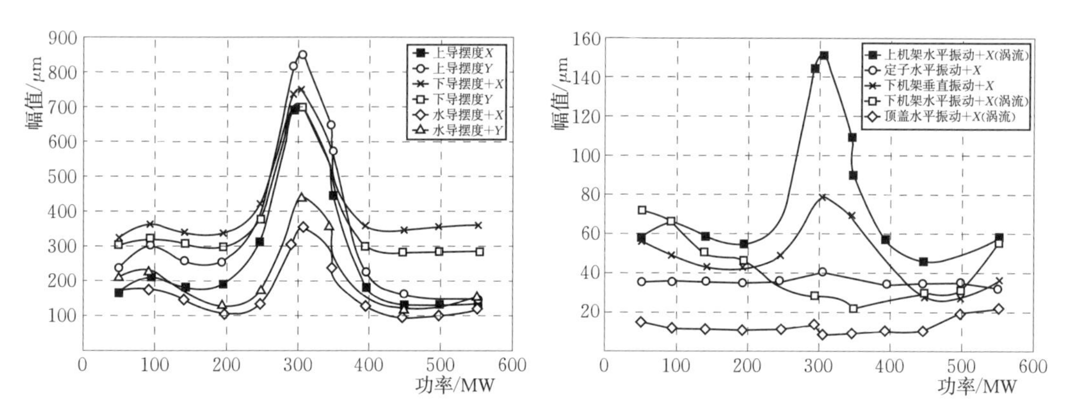

图 2.23　三峡电站 8 号机组的振动和大轴摆度随功率的变化趋势图

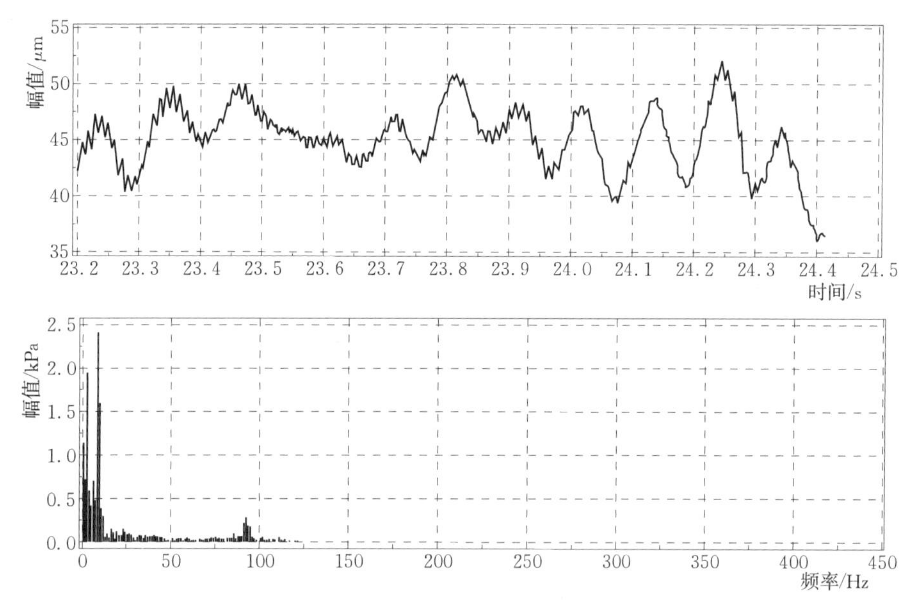

图 2.24　额定功率尾水管压力脉动波形和频谱图例

分。它可以引起发电机的功率摆动，甚至是功率振荡（共振）。

尾水管同步压力脉动的频率等于尾水管中水流的旋转频率。在最优工况以下，其值多在 2 倍转速频率以下；在大开度区，可达到转速频率的 4～6 倍；在涡带工况区，其频率与涡带频率相同。在《混流式水轮机水力稳定性研究》一书中提供了几个模型水轮机尾水管水流圆周速度的实测结果，由这些数据估算的水流旋转频率均在此范围内。

尾水管中的旋转水流几乎存在于水轮机的全部工况，其旋转速度随导叶开度而变化，其基本规律是：在最优工况以下，水流旋转速度随导叶开度的增大而减小；在最优工况以上，随开度的增大而增大。出现在不同开度范围的水体共振，其频率都符合这个规律，也是相应水体共振产生的条件。

之所以称为同步压力脉动，是因为它沿水轮机流道横断面各方向上的相位相同，并可沿流道向上下游传播。故同步压力脉动相当于水轮机的水头波动。

2.2.2 混流式水轮机中的异常压力脉动

异常压力脉动是指由水轮机流道中水体共振或其他异常原因所产生的较强压力脉动。水体共振产生的异常压力脉动也都属于同步压力脉动。每种异常压力脉动都有其特有的产生工况和频率特征，这是识别它们的主要依据。

异常压力脉动的产生除与水轮机的工况或导叶开度相关外，还需要其他条件，如水体或水、气联合体的固有频率要与作为激发力的水轮机尾水管中的同步压力脉动或其他压力脉动的频率相等。这个条件就是异常压力脉动与常规压力脉动的区别所在。

异常压力脉动的幅值通常都比较大，对机组振动的影响也比较大，并常常成为水轮发电机组振动区的成因。其中对机组支持部件的垂直振动影响最大，这与它的同步特性相关。

不同的异常压力脉动出现在不同的开度区，也出现在水轮机流道的不同部位，并具有不同的频率特性。

图 2.25 是一个小开度区（40MW 以下）出现异常压力脉动的例子（福建中试所电力调整试验有限责任公司，闽东水电开发有限公司．周宁水电站 2 号机组振动试验报告[R]. 2008)。

图 2.26 为在大开度区出现异常压力脉动的例子（黄河电力测试科技工程有限公司．龙羊峡电站 1～4 号机稳定性试验报告 [R]. 2002)，这种情况多出现在运行水头低于设计水头的情况下。频谱分析表明，它与图 2.25 中出现在小开度区的异常压力脉动都属于类转频压力脉动，可通过引水管路水体固有频率计算结果确认[3]。

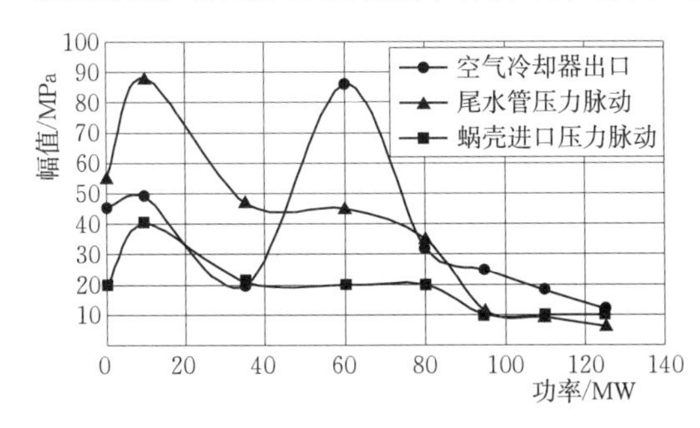

图 2.25 小开度区出现异常压力脉动例子

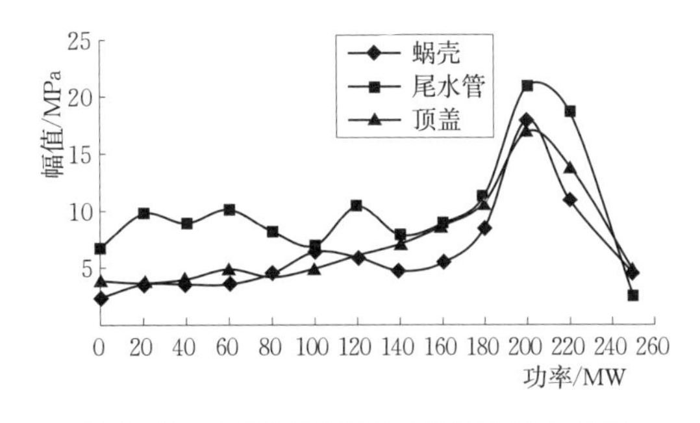

图 2.26 大开度区出现异常压力脉动例子

水体共振也可以出现在电站的其他水管路中，包括压力和压力脉动测量管路中，影响相关管路的运行安全，也使压力或压力脉动的测量结果出现重大偏差。

图 2.25 中有一个有趣的情况：发电机空气冷却器出口水流产生了较强的压力脉动，其变化趋势和频率与尾水管涡带压力脉动相同，其幅值大于尾水管压力脉动，约为后者的 2 倍。查看冷却器管路，发现其出水管路是接到尾水管下游的。分析认为，冷却器出水管路水体的固有频率因与尾水管涡带压力脉动频率相同而出现了共振，于是产生了较大的压力脉动。

图 2.27 (a) 为一台水泵水轮机蜗壳压力脉动的频谱图，图中上部两个测点频谱中出现的以 460Hz 为中心的“山形”谱线族，就是由测量管路水体共振产生的。这是由测量管路中的空气排除不彻底、水体固有频率降低并与流道中同步压力脉动的频率重合所致。下部两

个测点就没有出现这样的情况（Jean - Loup Deniau. Acoustical noise inpressure flucations measurements [C]. ZHANGHEWAN Project Experts Meeting，2012）。

图2.27（b）为无叶区压力脉动频谱图，分别由两个传感器同时在一个测点、同一条管路上测量。其中一条线在200Hz处出现了峰值，另一条线部分则没有。这个结果表明，影响测量管路水体共振的因素除空气泡外，可能还有其他因素。

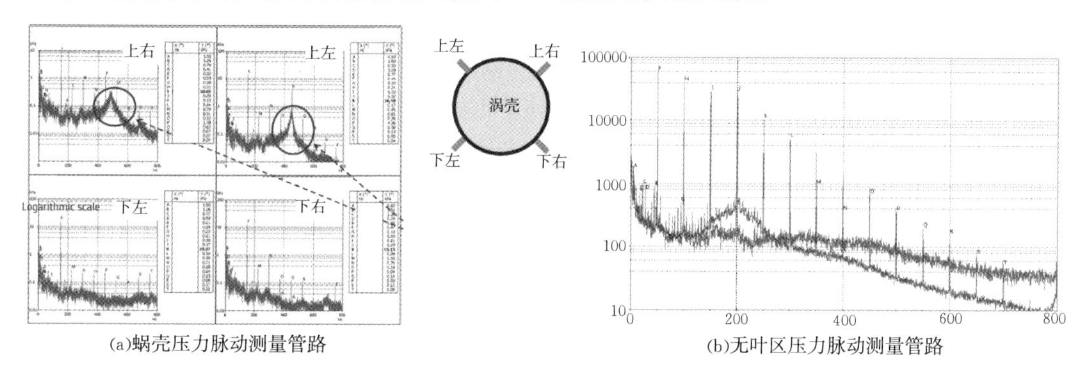

(a)蜗壳压力脉动测量管路　(b)无叶区压力脉动测量管路

图2.27　压力脉动测量管路水体出现共振的例子

2.2.2.1　由尾水管同步压力脉动激发的水体共振

由尾水管同步压力脉动激发的水体共振相对比较多。如前所述，尾水管同步压力脉动有两个频率范围：2倍转速频率以下和4～6倍转速频率范围。当水轮机流道中水体或水汽联合体的水体共振就是在这些频率下产生的。由于尾水管同步压力脉动的频率比较低，不同工况下的水体共振频率也比较接近，需要仔细辨别。

1. 类转频压力脉动

类转频压力脉动在引水管路中水体的固有频率落入尾水管同步压力脉动的频率范围时发生。最大压力脉动出现在引水管路中或蜗壳进口，并可传播到蜗壳、尾水管及流道各处。

类转频压力脉动出现在小开度区的情况比较多，其主频在2倍转速频率以下，有三种可能情况：略高于转速频率（如刘家峡电站2号、3号机为1.01～1.5倍转速频率）、略低于转速频率（如碧口电站、枫树坝电站，在0.6～0.97倍转速频率范围）或者等于转速频率（如万家寨电站5号机）。图2.28为较早发现的类转频压力脉动例子。

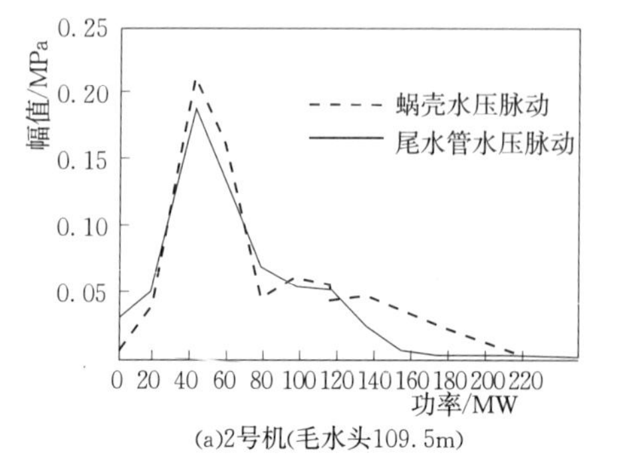

(a)2号机(毛水头109.5m)

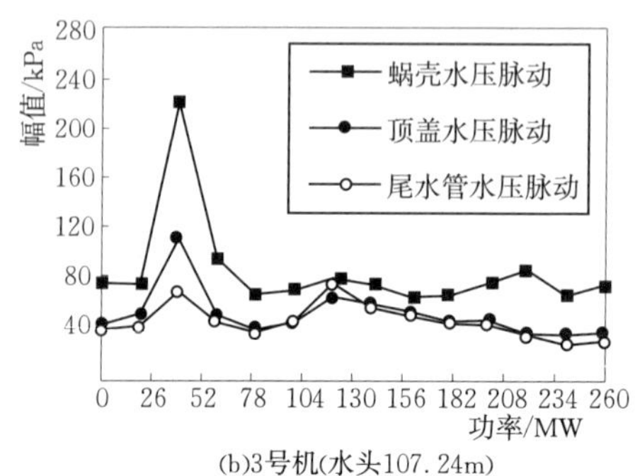

(b)3号机(水头107.24m)

图2.28　刘家峡电站水轮机的类转频压力脉动

少数类转频压力脉动出现在大开度区，其主频可以是2倍转速频率以下，也可能是4～6倍转速频率。根据国内电站的例子，大开度区的类转频压力脉动都出现在低水头和最大开度条件下。例如刘家峡电站2号和3号机（额定水头100m）在较高水头时，类转频压力脉动出现在小开度区（图2.28），而在较低水头（101.15m）时就出现在超负荷区，如图2.29所示。现场试验还表明，当水头低于一定值时，类转频压力脉动就不再出现。

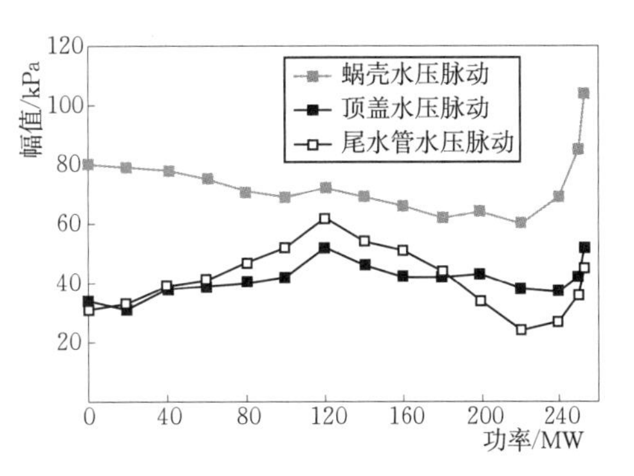

图2.29 出现在大开度区的类转频压力脉动

也有大、小两个开度区在同一水头下、同时出现类转频压力脉动的情况，如刘家峡电站的5号机（图2.30）。

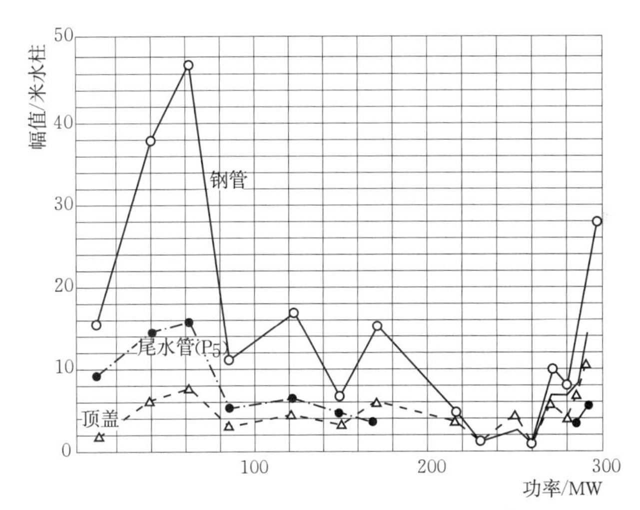

图2.30 出现两个类转频压力脉动区的例子

类转频压力脉动也有出现在低于额定转速的空转的情况。图2.31为三峡6号机过速后的降速过程中蜗壳进口出现强烈压力脉动的例子［图2.31（a）、图2.31（b）为放大了的波形图[4]］，同时下机架垂直振动幅值也瞬间急剧增大。最大压力脉动出现在略低于额定转速（75r/min）时（约72r/min），相应的导叶开度约4%。波形中的低频频率为1.36Hz，略高于转速频率（1.25Hz），与引水管路水体固有频率计算值相近，故它就是类转频压力脉动。强烈振动从产生到消失的全过程，转速的变化范围约为72～64r/min，表明出现类转频共振的转速范围不大，持续时间不长［图2.31（b）中的横坐标两格为1s］。

图2.32（a）为碧口电站1号机的尾水管压力脉动随功率的变化趋势图，图2.32（b）为一个水头（74.4m）下的波形图（汪宁渤．碧口水电站1号机稳定性试验报告［R］. 1985）。图2.32（a）中出现在以30MW为中心的峰值区就是类转频压力脉动。

7个水头下的试验得出：尾水管峰值区压力脉动均出现在35%～45%开度范围，相应功率约为20～45MW（20%～45%相对功率）。在所有工况下，类转频压力脉动的频率都在1.5～2.43Hz之间，为转速频率（2.5Hz）的0.6～0.97倍。

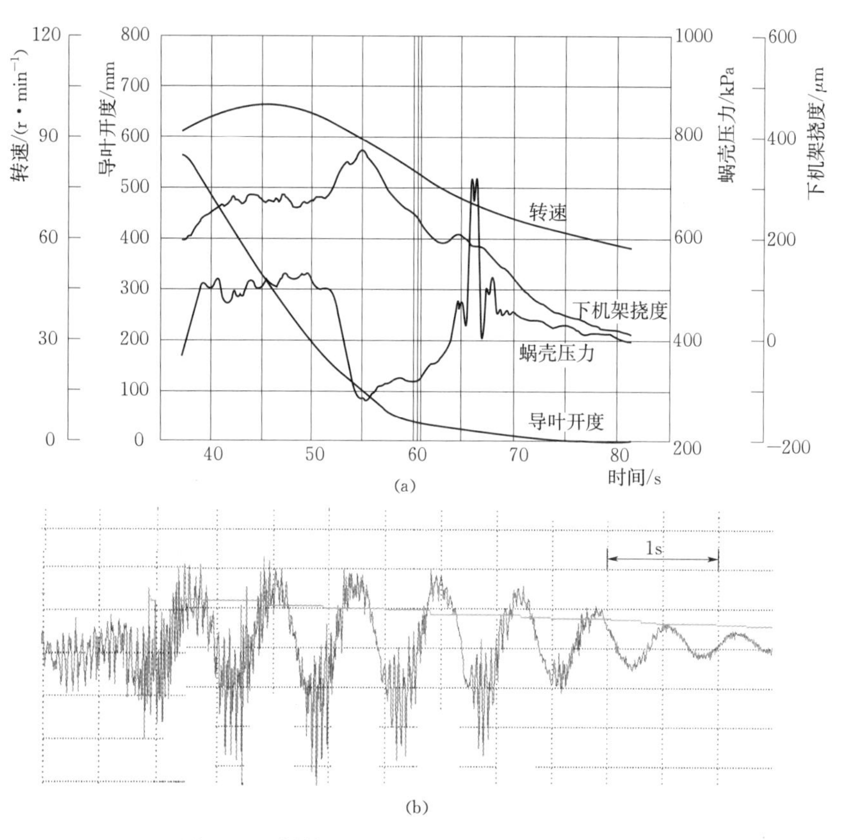

图 2.31　低转速时出现类转频压力脉动的例子

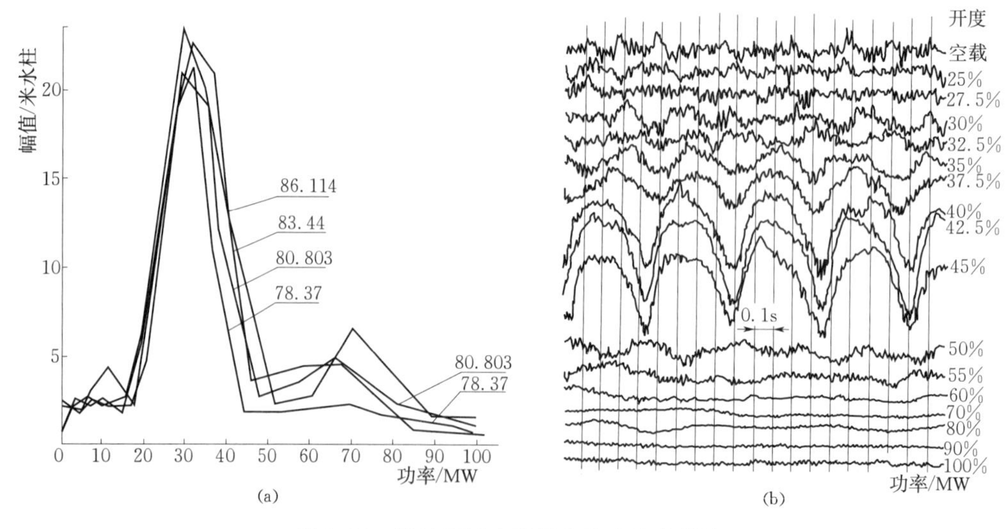

图 2.32　类转频尾水管压力脉动及波形图

最低水头（69.1m）时尾水管的峰值压力脉动幅值约为 12.5m 水柱，其他水头下的最大幅值都在 20m 水柱以上，最大为 23.5m 水柱。钢管压力脉动的幅值更大一些：69.1m 水头时为 18.35m，74.4m 水头时为 31.9m。

现场试验结果显示，该水轮机的类转频压力脉动与水头的关系如下：

(1) 对应峰值的频率随水头的升高而减小，如图 2.33 所示。当水头升高 25.6%时，类转频频率 f_w 下降了 17.95%。

(2) 随水头的升高，类转频压力脉动最大幅值的基本变化趋势是增大的，如图 2.34 所示，出现最大幅值的功率向小开度方向偏移。

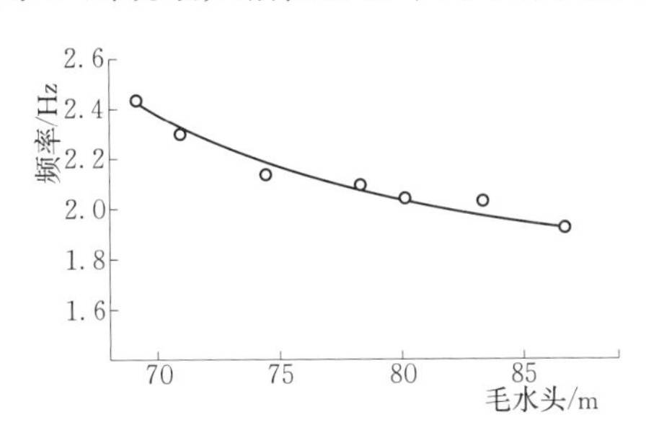

图 2.33 类转频频率随水头的变化

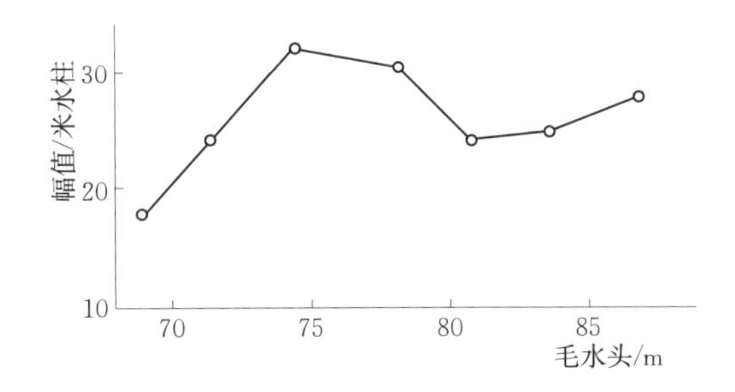

图 2.34 引水管路压力脉动最大值随水头的变化

枫树坝电站的现场试验得出如下主要结果：

(1) 随水头的升高，类转频压力脉动形成的振动区向小开度方向偏移，振动区范围扩大。

(2) 随水头的升高，类转频压力脉动的绝对幅值和相对幅值都有所减小，如 1 号机毛水头 44.4m 时蜗壳压力脉动幅值 32m，相对值 73%，毛水头 64.86m 时为 15m，相对值 23%（广东省电力工业局试验研究所，枫树坝水电厂．枫树坝电厂 2 号机振动试验报告 [R]. 第二部分，1984 年 3 月，第三部分，1985 年 1 月），与碧口电站的情况相反。

类转频压力脉动对机组运行具有相当大的影响：

类转频压力脉动可引起机组的较强功率摆动，例如枫树坝电站，功率摆动幅值达到了额定功率的 20%，但各电站的情况不一样。

类转频压力脉动可引起转轮叶片的较大动应力，图 2.35 中出现在 40MW 的动应力峰值就是它引起的（潘罗平，唐拥军．大唐岩滩水电厂 3 号机转轮应力和机组稳定性试验报告 [R]. 2005）。长时间在这个工况运行，将加速水轮机转轮叶片裂纹的出现。

类转频压力脉动还可引起电站厂房建筑物的明显甚至是强烈振动。

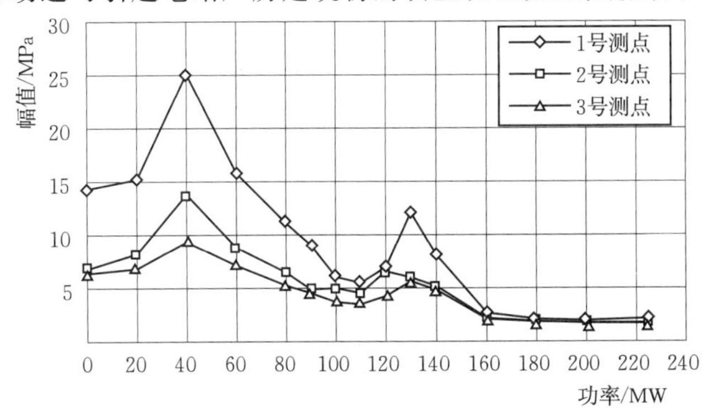

图 2.35 类转频压力脉动引起的叶片动应力

2. 涡带频率的异常压力脉动

顾名思义，涡带频率就是这种异常压力脉动的特征频率。这种异常压力脉动在模型水轮机尾水管压力脉动的空化试验时比较常见［图2.36（a）］，常被称为“临界涡带压力脉动”。实际上，它是由涡带频率的尾水管同步压力脉动激发尾水管中水、气联合体共振所产生的异常压力脉动，而并非涡带压力脉动。

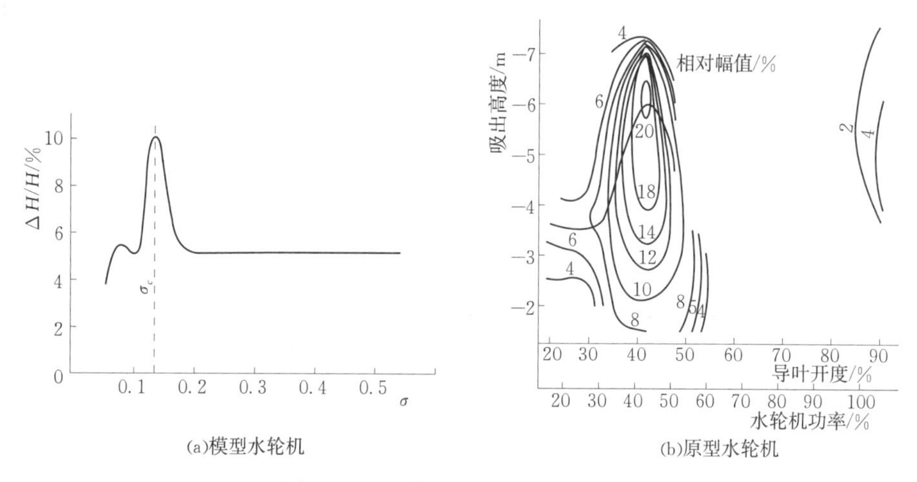

(a)模型水轮机　　(b)原型水轮机

图2.36　涡带频率的异常压力脉动

在实际电站中少有这样的例子，图2.36（b）是见诸文献的唯一一个[5]。它出现在尾水位变化范围比较大的电站。

3. 高部分负荷和低部分负荷压力脉动

“部分负荷”是早期对涡带压力脉动所在工况区（40%～80%开度范围）的称呼。高部分负荷压力脉动和低部分负荷压力脉动的名称就源于它们分别出现在涡带工况区的高负荷端和低负荷端。两者都是由尾水管同步压力脉动激发尾水管水、气联合体共振所产生，具有共同的特性和特征。只是它们出现的工况区不同，频率也有些差别，在模型和原型水轮机中都有出现。

高部分负荷压力脉动出现在涡带工况区的高负荷端且涡带压力脉动尚未消失的工况区。在设计水头下，它大约在70%～80%开度或功率范围，这是高部分负荷压力脉动的工况特征。其主频多在1.5～2倍转速频率范围，略高于类转频压力脉动，同样为主要影响机组的垂直振动。

在混流式水轮机中，高部分负荷压力脉动比较常见。有的水轮机的高部分负荷压力脉动与涡带压力脉动连在一起，也常被误认为涡带压力脉动的一部分。下面是几个高部分负荷压力脉动的例子。实际上，从机组垂直振动随功率的变化趋势图上也可看到高部分负荷压力脉动的典型特征。

图2.37（a）为三峡电站21号机压力脉动随功率的变化趋势（孙建平．三峡右岸21F水压脉动分析［J］，2011.9），图中435MW为高部分负荷压力脉动的峰值点，其主频为1.52Hz，约为转速频率的1.22倍，相对幅值14%。图2.37（b）为机组的垂直振动变化趋势图，它具有与压力脉动几乎完全一致的规律。这是一个高部分负荷压力脉动及其影

响都相当大的例子。图中 370～520MW 为涡带工况区，400MW 为其峰值点，相对幅值 11%，主频 0.31Hz。

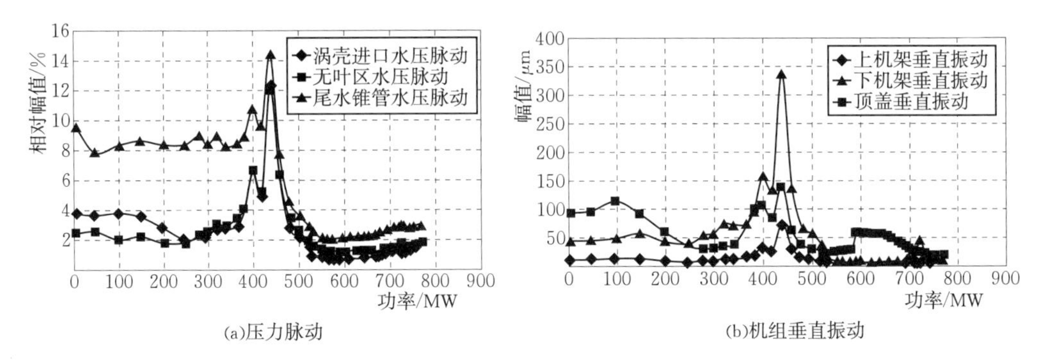

图 2.37 高部分负荷压力脉动及其引起的垂直振动

图 2.38 为五强溪电站水轮机高部分负荷压力脉动引起振动和大轴摆度的例子，这是同一电站两台机组的不同情况（湖南省电力试验研究院．五强溪电站 1～5 号机振动试验报告 [R]. 1998)。它们的峰值都出现在约 170MW 工况，其主频约为 1.5 倍转速频率。但两者对振动、摆度的影响差别很大。与图 2.37 相比，高部分负荷压力脉动对这两台机组振动、摆度的影响就小很多。

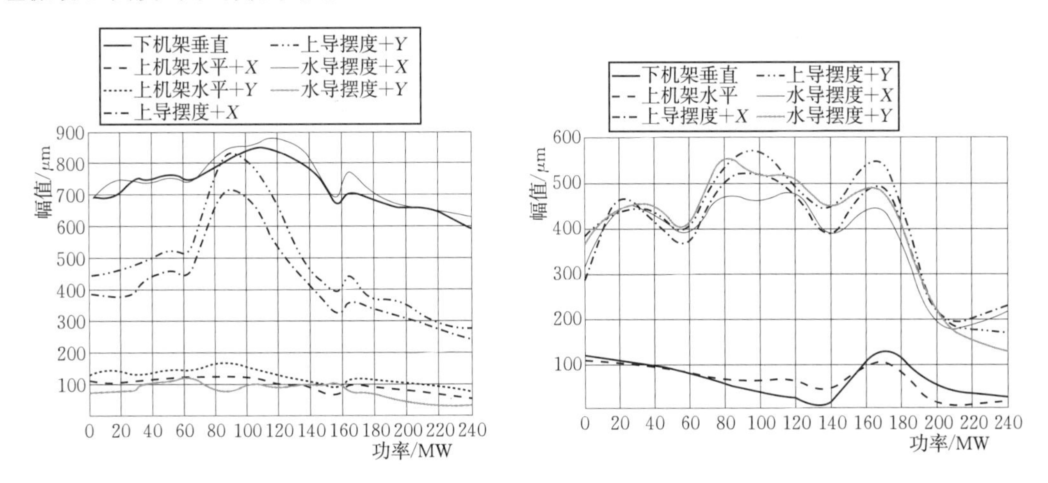

图 2.38 由高部分负荷压力脉动引起的振动和摆度

乌江渡电站三台机的振动和大轴摆度分别在 170～180MW 功率时出现峰值现象（参看图 4.2)。这个功率处在涡带工况区的末端，其主频为 2.86Hz，相对频率为 1.14。经验表明，不少机组由高部分负荷压力脉动引起的振动或摆度的幅值不很大，常不被关注，图 4.2 就是一个例子。

低部分负荷压力脉动出现在涡带工况区的小开度端（前端）或小开度区的末端，其频率也与高部分负荷压力脉动相近，图 2.39 是比较少见的实际例子。

图 2.39 中小负荷区有两个异常压力脉动峰值，其中左侧峰值在试验毛水头为 100.55～132.08m 时，对应的频率范围为 2.6～2.7Hz，相对频率为 1.14～1.18。固有频率变化范围小是引水管路水体共振的特征。因此，左侧峰值为类转频压力脉动。右侧峰值对应的频率，

在同样的水头变化范围为1.6～2.1Hz，相对频率为0.7～0.9，它就是低部分负荷压力脉动的特征。在相近的工况范围内，也不可能出现两个性质相同的水体共振。是否为低部分负荷压力脉动，还可通过频率及其随水头和功率的变化趋势分析来确定。

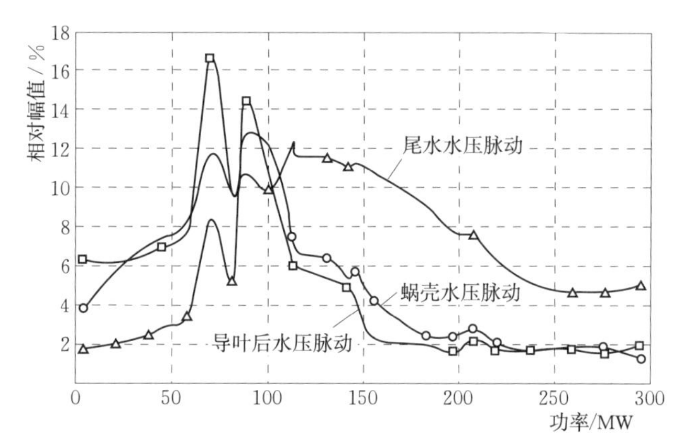

图2.39　小开度区出现两种异常压力脉动

4. 大开度区异常压力脉动

在大开度区，有时也会出现峰值压力脉动，其相对幅值可达到背景压力脉动幅值的5～10倍。幅值比较大的大开度区异常压力脉动大都出现在低水头条件下，在模型和原型水轮机上都可见到这样的情况。

三峡电站机组的全水头试验结果显示，大开度区异常压力脉动也有两种频率范围，一种是2倍转速频率上下，一种是4～6倍转速频率范围。它们出现的范围也不相同，但范围都不大。

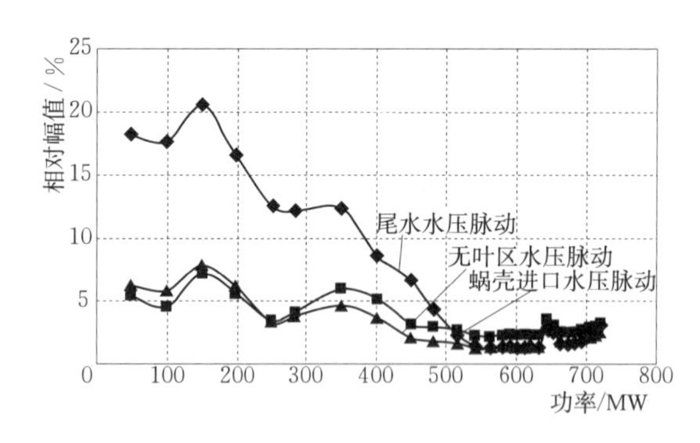

图2.40　大开度区异常压力脉动

与其他异常压力脉动的作用相同，它主要引起机组的垂直（轴向）振动。下面的例子也多以垂直振动来显示大开度区异常压力脉动的存在。

图2.40为毛水头80m时的试验结果[7]。在负荷630～640MW附近不大的尖峰就是大开度区异常压力脉动，其频率约为5Hz，相当于转速频率的4倍，由大开度区尾水管涡带频率同步压力脉动激发尾水管水、气联合体的共振所产生。

本例中，大开度区异常压力脉动相对幅值不超过3%，但它引起的振动还是相当突出的，如图2.41所示。

在前面的图2.37（a）负荷720MW附近，压力脉动曲线上也有一个不大明显的小尖峰，其相对幅值不超过3%，频率约为4.7Hz左右，与435MW时的水压脉动特性非常相似。它同样是尾水管同步压力脉动激发尾水管水、气联合体共振产生的异常压力脉动所致。

三峡水电站12号机在77.5m水头下的660～670MW功率区间，下机架垂直振动出现了1Hz（0.8倍转速频率）的异常振动，如图2.42（a）所示（北京华科同安监控技术

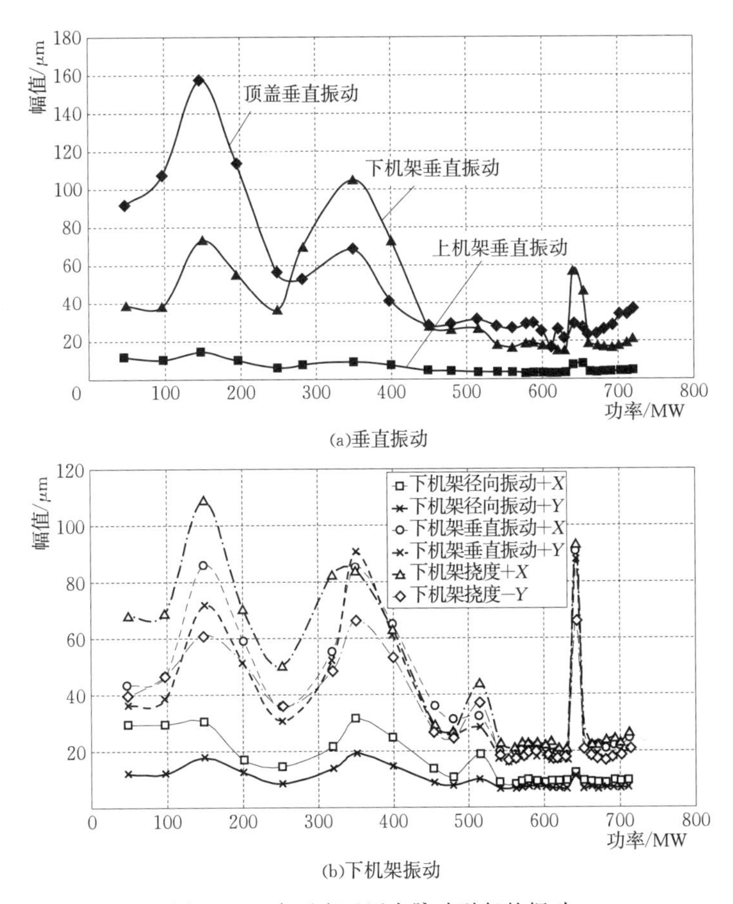

(a)垂直振动

(b)下机架振动

图 2.41 大开度区压力脉动引起的振动

公司．三峡水电站左岸 12# 机组定期状态分析报告［R］. 2007)。不同水头试验结果表明，这种频率的异常振动仅出现在 79m 水头以下的一定水头范围。

同一机组在 86m 水头下的 690～700MW 功率范围，下机架垂直振动出现 4 倍频异常振动，如图 2.42（b）所示。这种频率的异常振动出现在 80m 以上的一定水头范围。

从两种异常振动出现的功率范围及其随水头变化的情况判断，下机架异常振动应当是由大开度区异常压力脉动所引起的。

以上三个例子均出现在三峡水电站的机组上，二滩水电站水轮机也有这样的情况。看来，大开度区异常压力脉动的出现除与水轮机的工况有关外，可能还与水轮机的尺寸有关，而尺寸直接与尾水管水气联合体的固有频率相关。

在模型水轮机的压力脉动试验中也会出现大开度区异常压力脉动，图 2.43 中在 750～770MW（相当值，略小于原型机的额定功率）功率范围就出现了这种情况[8]。测点位于尾水管直锥段。异常压力脉动的峰值约为背景幅值的 5 倍，不同工况下，峰值点的频率在 1.82～2.08 倍转速频率范围。

2.2.2.2 卡门涡引起的水体共振

卡门涡引起水体共振的情况仅见于水轮机的无叶区，即由固定导叶出水边的卡门涡激发无叶区的环形水体共振。共振水体为单一水体，由于其内部阻尼很小，一旦发生共

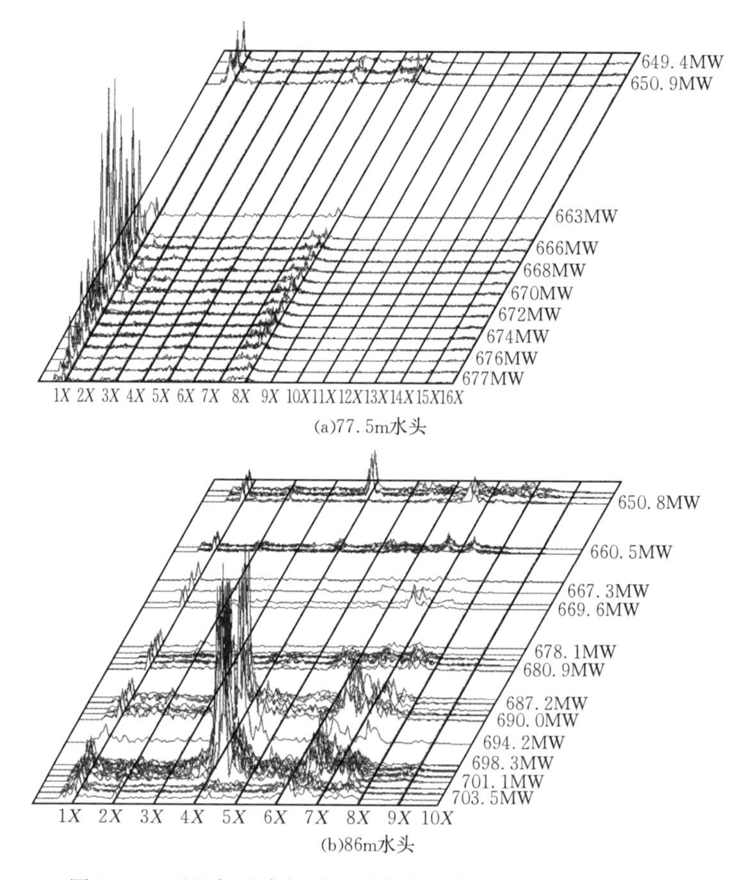

图 2.42　下机架垂直振动显示出来的大开度区异常压力脉动

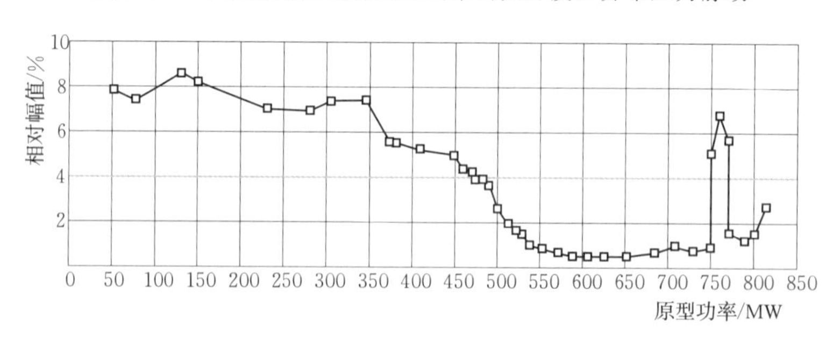

图 2.43　模型水轮机中大开度区异常压力脉动

振，所产生的压力脉动将非常强烈，这与类转频压力脉动类似。

在水电站中，卡门涡引起水体共振的情况比较少，目前，国内仅在岩滩电站水轮机上发现一例，图 2.44 为无叶区压力脉动的瀑布图。

图 2.44 显示：无叶区压力脉动有两个频带，一个频带的频率变化范围为 28～32Hz，另一个频带的频率变化范围为 50～65Hz，两者都随机组功率和水轮机的运行水头而变化；较强的无叶区压力脉动出现在 50%以上功率范围，实测最大相对幅值超过 60%。

验证卡门涡共振的直接方法是计算卡门涡频率和共振体的固有频率。计算结果表明，与实测结果十分接近。

无叶区水体共振对机组振动和大轴摆度的影响不大，但其第一频带却激发起厂房建筑物的局部共振（图 2.45），从而产生强烈振动，并伴有强烈的噪声。

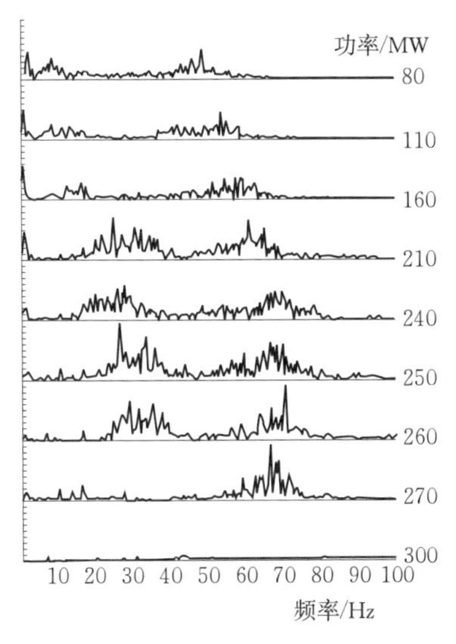

图 2.44　无叶区压力脉动瀑布图

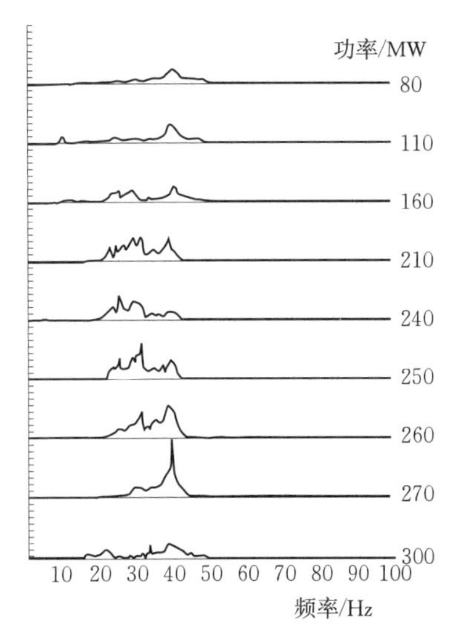

图 2.45　发电机层楼板振动瀑布图

2.2.2.3　自激弓状回旋产生的迷宫间隙异常压力脉动

迷宫是指安装于转轮上冠和下环上的非接触式密封止水装置。图 2.46 为早先用于渔子溪电站 4 号机上的一个例子。此外，还有减少轴向水推力的顶盖减压板上的密封结构。

迷宫间隙压力脉动是指在迷宫固定部件上测量的压力变化，它由迷宫间隙周期性变化所引起，约与间隙的周期变化率和迷宫进口压力成正比。

正常情况下，迷宫间隙压力脉动频率是转速频率。当转动部分出现自激弓状回旋时，其主频就变为转动部分的一阶临界转速频率，此时转动部分在其一阶弯曲振动固有频率下振动，大轴摆度的幅值将非常大，迷宫间隙的变化率也达到最大，迷宫间隙压力脉动也发生突变式的增大，这是自激弓状回旋产生的异常压力脉动的特点。图 2.47 为渔子溪电站 4 号机上的实测结果。可以看出，出现自激振动后，下迷宫间隙中的压力脉动增大为原来的 5 倍。

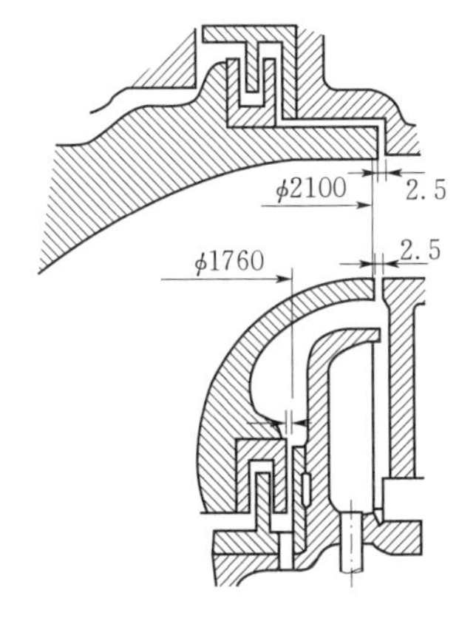

图 2.46　梳齿式迷宫结构

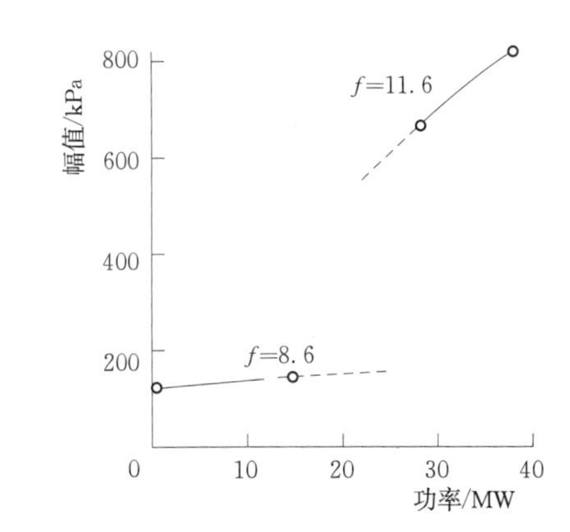

图 2.47　自激弓状回旋引起的下梳齿压力脉动突变

2.2.2.4　动静干涉产生的异常压力脉动

动静干涉现象普遍存在于各种型式的水轮机中。其中，混流式水泵水轮机中的动静干涉压力脉动比较强；在有些情况下，例如导叶数与转轮叶片数之间有大于1的公约数时，贯流式水轮机、小型混流式水轮机的导叶数与转轮叶片数相近时，都能产生较强的动静干涉压力脉动。

“动静干涉”是指水轮机导叶出口与转轮进口两处的不均匀水流反复、相互叠加的过程和结果。但只在一定的条件下，动静干涉才能产生比较强烈的压力脉动。例如：

（1）导叶出口与转轮进口两处水流的不均匀性比较大的条件下，动静干涉的效果比较明显。转轮叶片数和导叶数比较少的机组，如混流式水泵水轮机、贯流式和轴流转桨式水轮机等就具有这样的条件。

（2）导叶数与转轮叶片数之间有大于1的公约数时动静干涉越强。

（3）导叶数与转轮叶片数的比值 Z_0/Z_r 越接近整数，叠加效应越强。

（4）导叶出口与转轮进口之间的距离越近，叠加效果越强。

（5）机组转速高时，所产生的叶片频率压力脉动就越强。

（6）转轮叶片的水力设计和结构设计。

水泵水轮机中动静干涉将可能在无叶区产生两种不同的压力脉动[9]：①节直径模式的压力脉动；②驻波式压力脉动。

节直径模式的压力脉动可能引起转轮或顶盖的共振，同时产生强烈的噪声，并可能引起导叶轴承的破坏。

驻波式压力脉动实际上就是前面所说的同步压力脉动，它可能引起厂房建筑物的共振，还可能引起引水管路水体的共振和异常压力脉动。

动静干涉产生的压力脉动有两个重要的特性：①压力脉动幅值随水轮机流量（功率）的增大而增大，这与常规压力脉动的变化趋势不同；②压力脉动的频率通常为叶片频率的二阶或高阶谐波频率，在有些情况下它也可等于叶片频率。

后面的图5.22为一台水泵水轮机中动静干涉产生的异常压力脉动与压力脉动通频值随负荷的变化趋势的比较，它们具有完全不同的变化趋势。该水轮机的导叶数为20，转轮叶片数为9，动静干涉压力脉动频率为叶片频率的2倍频。

图2.48是一台贯流式水轮机中动静干涉产生异常压力脉动的例子（闵占奎．丰海水电站2号机振动试验报告［R］．2006）。该水轮机的导叶数为16，转轮叶片数为4，两者的最大公约数为4，动静干涉压力脉动基频为叶片频率，其2～4倍频幅值也比较显著。压力脉动幅值随功率的增大而增大的趋势也十分显著。

邓哈托《机械振动学》上介绍了一台小型混流式水轮机因动静干涉而产生强烈压力脉动的例子。这台水轮机具有18个固定导叶（没有活动导叶），17个转轮叶片，转速频率为6.67Hz。引水钢管水体的振动频率是113.33Hz，正好与转轮叶片数17和转速频率的乘积相等。图2.49为混流式水轮机的平面图及其对强烈压力脉动产生原因的解释。在本章参考文献［3］中对此有详细的介绍。

这种现象实际上就是动静干涉，其结果是在蜗壳进口产生了驻波式压力脉动，并引起了引水管路水体的共振和噪声。

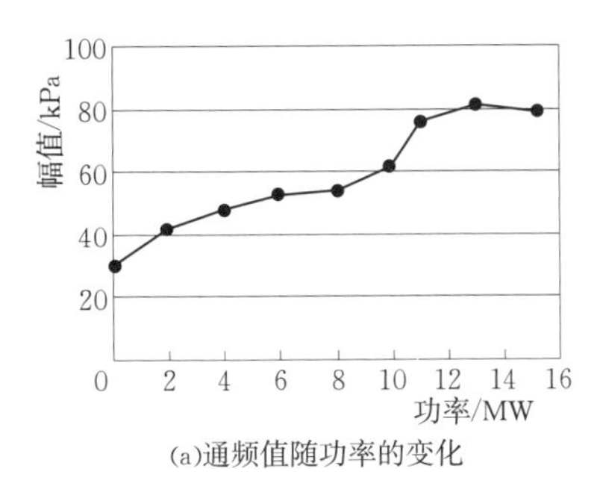

(a)通频值随功率的变化

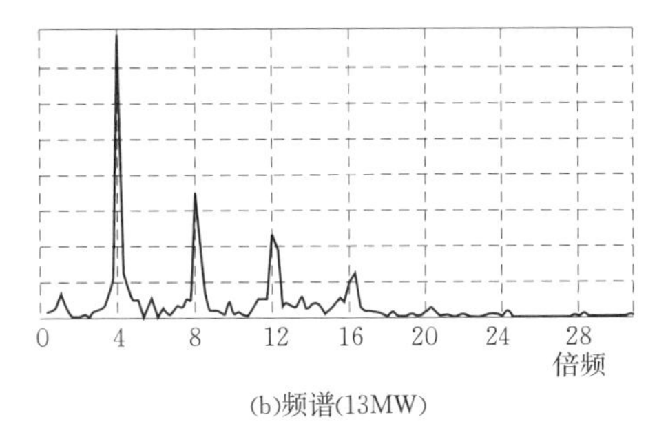

(b)频谱(13MW)

图 2.48 贯流式水轮机动静干涉产生的异常压力脉动

由于需要巧合的条件太多，这种现象出现的几率很小。即使是导叶数和转轮叶片数都是相差 1 枚，也不一定都产生这样的情况。

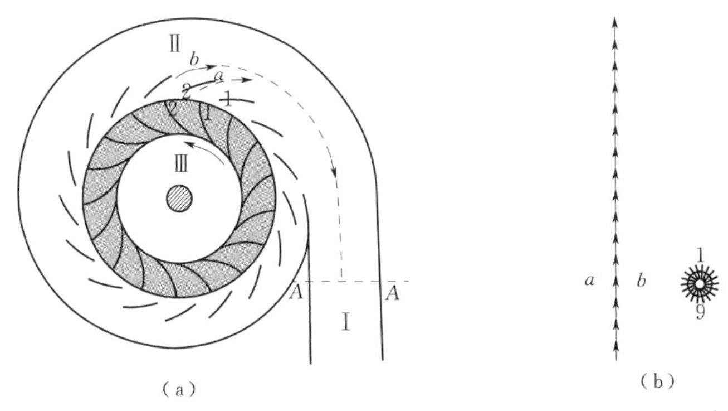

(a)　　(b)

图 2.49 混流式水轮机叶片频率压力脉动在蜗壳进口的叠加

动静干涉产生的压力脉动对机组和电站的影响与它的强度、频率和传播等有关。由于其频率较高，厂房及其构件的固有频率又具有广谱特性，比较易于被激发而产生共振，并伴随有比较强的噪声。这是在抽水蓄能电站和贯流式电站中厂房振动比较常见的原因。

2.2.3 其他压力脉动

所谓“其他压力脉动”是指那些出现在水轮机的范围内、对机组振动有影响但并不代表或不完全代表水轮机或转轮水力稳定性的压力脉动，如叶片频率压力脉动、卡门涡、迷宫间隙压力脉动等。

1. 叶片频率压力脉动

叶片频率等于叶片数与转速频率的乘积。它广泛存在于各种叶片式水轮机中，其中以混流式水泵水轮机和轴流式、贯流式水轮机中比较明显。它的产生原因或机理主要有三个：①转轮进口水流的不均匀性，它对固定部分上传感器的作用就是叶片频率压力脉动；②转轮叶片对进口水流的冲击，在转速比较高的水泵水轮机中，这种冲击作用比较强；③转轮进口水流对转轮叶片的冲击。

在多种类型的水轮机中，除动静干涉可产生比较强的叶片频率压力脉动外，其他常规叶片频率压力脉动对机组振动的影响通常都比较小。

2. 转轮迷宫间隙中的转频压力脉动

通常迷宫间隙压力脉动的频率为转速频率，其幅值随水轮机流量的增大而增大。一般不单独考虑其对机组振动的影响，而把它当作水力不平衡力的一部分。

3. 卡门涡

在各种水轮机工况下，卡门涡都会出现在水轮机的固定导叶、活动导叶和转轮叶片的尾部。它所产生的压力脉动幅值或者是它作用在绕流体上的力并不很大。如果不引起水轮机这些叶片或无叶区水体的共振，它对机组和电站厂房建筑物并没有什么实质性影响。

2.3　电磁激振力

电磁激振力有两种：一种是转频电磁激振力，其频率为转速频率及其整倍数；另一种是极频电磁激振力，它的基频为电力系统周波的 2 倍，在我国为 100Hz。

在一定的条件下，发电机的部件或其电气参数也能发生共振，这既与激振力及其频率有关，也与振动部件或电气参数的固有频率有关。

在讨论电磁激振力时，会涉及有关发电机电磁计算方面的知识，而这些对研究机械振动的业者可能是比较生疏的。下面主要介绍一些最基本的概念和最必要的知识，希望在遇到这样的振动问题时能有一个初步的判断。更详细的情况，请参考有关专著或咨询相关专家。

2.3.1　发电机的极频电磁激振力

极频激振力的频率与发电机磁极对数和转速频率的关系式为

$$f_p = 2pkf_n \quad (k=1,2,3,\cdots) \tag{2.3}$$

式中：p 为发电机转子的磁极对数；f_n 为发电机的转速频率；k 为正整数，$k=1$ 时为基波，其他为谐波。

极频激振力由转子磁场和定子磁场的相互作用产生，由发电机的电磁和结构设计所决定。

2.3.1.1　极频电磁激振力的一般规律

文献《水轮发电机的振动》[10]对水轮发电机的电磁振动做了比较全面而简要的介绍，对非机电专业人员，在了解这方面问题的性质、基本规律和机理时均有比较好的参考价值。本节也参考或采用了该文献中的物理概念和与实际问题相关的部分结论。

发电机中有两个磁场，即转子磁极形成的主磁场和定子磁场。两个磁场相互作用又会产生新的共同磁场，这个共同磁场就是极频电磁激振力的主要来源。

1. 单一转子磁场产生的径向力波

当空气隙内只有一个行波磁场即转子磁场（这相当于发电机的空转加励磁，不并网）时，则对于某一定点的气隙磁密的瞬时值可表示为

$$b_m = B_m \sin\left(\omega_m t - m\frac{\pi}{\tau_1}x\right) \tag{2.4}$$

式中：τ_1 为二极波的极距；ω_m 为在定子上观测时磁场的交变角频率；m 为转子磁场产生的力波的空间次数或空间极对数。

式（2.4）中的第一项表示气隙磁密波是时间的函数，第二项则说明它是空间（位

置）的函数。

将式（2.4）代入，b_m 产生的径向电磁力为

$$F_r=\left(\frac{b_m}{5000}\right)^2=KB_m^2\sin^2\left(\omega_m t-m\frac{\pi}{\tau_1}x\right)=\frac{1}{2}KB_m^2\left[1-\cos^2(\omega_m t-m\frac{\pi}{\tau_1}x)\right],K=\left(\frac{1}{5000}\right)^2 \tag{2.5}$$

式中：第一项为常数，是一个恒定的电磁力，不引起振动；引起振动的是第二项，即

$$F_{r\sim}=\frac{1}{2}KB_m^2\cos^2\left(\omega_m t-m\frac{\pi}{\tau_1}x\right) \tag{2.6}$$

从式（2.6）可以看出：如同 b_m 一样，径向力波既随时间而变，也随空间而变，因而是一个行波，它的幅值是$\frac{1}{2}KB_m^2$。

从定子侧看，力波随时间变化的频率为 $2\omega_m$ 或 b_m 频率的 2 倍（这很容易理解：无论是 N 极或是 S 极，它们都对定子铁芯产生同样的吸引力）。

由于空间力波的极对数比较大，它引起的振动比较小，故常常忽略由它引起的极频振动。

2. 转子和定子磁场联合产生的径向力波

当气隙内有定子和转子两个磁场时

$$b_n=B_n\sin\left(\omega_n t-n\frac{\pi}{\tau_1}x\right)$$

$$b_m=B_m\sin\left(\omega_m t-m\frac{\pi}{\tau_1}x\right)$$

将它们代入式（2.5）可得两个磁场联合产生的径向力波

$$\begin{aligned}F_r=&\frac{1}{2}KB_n^2\left[1-\cos^2\left(\omega_n t-n\frac{\pi}{\tau_1}x\right)\right]+\frac{1}{2}KB_m^2\left[1-\cos^2\left(\omega_m t-m\frac{\pi}{\tau_1}x\right)\right]+\\&KB_nB_m\left\{\left[\cos\ (\omega_n-\omega_m)\ t-\ (n-m)\ \frac{\pi}{\tau_1}x\right]-\right.\\&\left.\cos\left[(\omega_n+\omega_m)\ t-\ (n+m)\ \frac{\pi}{\tau_1}x\right]\right\}\end{aligned} \tag{2.7}$$

式（2.7）由 3 项组成，第一项和第二项是由 b_n 和 b_m 单独作用产生的力波，与前节的情况相同；第三项是 b_n 和 b_m 相互作用产生的力波 F_{rnm}，就是本部分所要讨论的对象，即

$$F_{nm}=KB_nB_m\left\{\cos\left[(\omega_n-\omega_m)t-(n-m)\frac{\pi}{\tau_1}x\right]-\cos\left[(\omega_n+\omega_m)t-(n+m)\frac{\pi}{\tau_1}x\right]\right\} \tag{2.8}$$

由式（2.8）可以看出：

（1）F_{nm}由两个力波组成，一个力波的频率是 f_n-f_m，空间次数为 $n-m$；另一个力波的频率为 f_n+f_m，空间次数为 $n+m$。同步发电机的 $f_n=f_m=50$Hz，因此，两个力波的频率一个为 0，另一个为 100Hz。前一个力波不引起振动，后一个力波引起 100Hz 的振动。

由于转子磁场不可能是纯正弦波（与理想情况相比，这也是机械缺陷的一种表现），

谐波总会存在。因此，定子铁芯的振动中，还会存在200Hz、300Hz等的谐波成分。但是，除非发生谐波共振，这些谐波振动的幅值一般都很小。

（2）两个力波的幅值都是 $KB_nB_m=\left(\frac{1}{5000}\right)^2B_nB_m$（$kg/cm^2$）。

（3）力波的空间次数 $p'=n\pm m$。当 $p'=0$，1，2，3，…不同值时，定子铁芯径向振动可形成不同的空间振型，图2.50所示为前几阶振型示意图。$p'=0$ 时为驻波，$p'\geqslant 1$ 时力波均为行波。

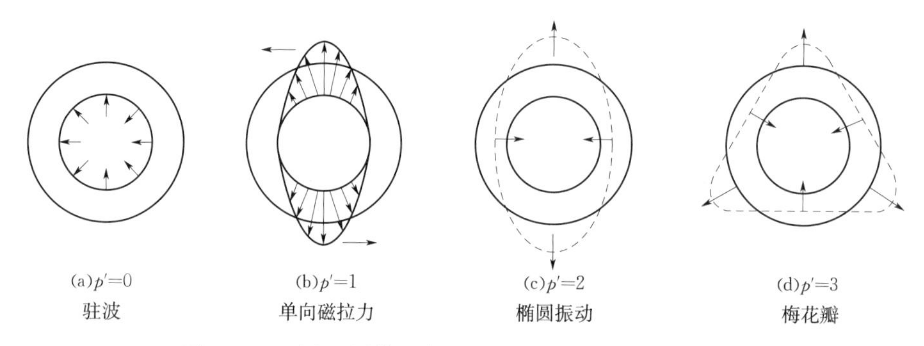

图2.50　p'为不同值时定子铁芯极频磁振动的空间波形

3. 气隙不对称产生的径向力波

理论上，空气隙不对称引起的定子铁芯振动主要有两方面的原因：一是定子内圆不圆；二是转子外圆不圆。与其他谐波产生空间激振力波一样，定子和转子不圆产生的附加磁场分别与气隙基波磁场相互作用就会产生空间力波，产生引起振动的激振力。空间力波的幅值和频率与定子、转子两者不圆的具体情况有关，可根据振型特点识别它们。

（1）定子内圆不圆引起的振动。由定子不圆引起的激振力可表示为

$$F_{1\nu\varphi t}=\frac{2B_{\delta\cdot\varphi t}\times B_{1\nu\varphi t}}{5000^2}=\sum_{\nu_1=1}^{\infty}\frac{1}{2}\left(\frac{B\delta_1}{5000}\right)^2\cdot\frac{\gamma_{\nu_1}}{\delta_0}\left\{\begin{array}{l}\cos[(2p+\nu_1)\varphi-2\pi 2f_2t+\theta_{\nu_1}]\\+\cos[(2p-\nu_1)\varphi-2\pi 2f_2t-\theta_{\nu_1}]\\-2\cos(\nu_1\varphi+\theta_{\nu_1})\end{array}\right\}\tag{2.9}$$

式中：$B_{\delta 1}$ 为气隙基波幅值（高斯）；γ_{ν_1} 为根据定子内圆画出来的几何尺寸谐波第 ν_1 次波的幅值；δ_0 为气隙平均值；ν_1 为定子内圆几何尺寸波的极对数；φ 为空间机械角变量；t 为时间变量；θ_{ν_1} 为初相角；f_2 为电力系统频率（50Hz）；p 为发电机的磁极对数。

由式（2.9）可以看出，能引起比较大振动的条件是：谐波幅值 γ_{ν_1} 比较大和力波的节点对数 $2p-\nu_1$ 比较小。由于水轮发电机的转速比较低，磁极数就比较大。故不论 ν_1 是大还是小，所引起的振动都不可能比较强烈。

由定子不圆引起的铁芯振动，其频率都是100Hz，与谐波次数无关，也与定子电流或发电机的负载无关，但引起定子铁芯强烈振动的可能性很小。

（2）转子不圆引起的定子铁芯振动。由转子不圆引起的激振力可表示为

$$F_{1\nu\varphi t}=\frac{2B_{2\nu\cdot\varphi t}\times B_{\delta\varphi t}}{5000^2}=\sum_{\nu_2=1}^{\infty}\frac{1}{2}\left(\frac{B\delta_1}{5000}\right)^2\cdot\frac{\gamma_{\nu_2}}{\delta_0}\left\{\begin{array}{l}\cos\left[(2p+\nu_2)\varphi-2\pi\frac{2p+\nu_2}{p}f_2t+\theta_{\nu_2}\right]\\+\cos\left[(2p-\nu_2)\varphi-2\pi\frac{2p-\nu_2}{p}f_2t-\theta_{\nu_2}\right]\\-2\cos\left(\nu_2\varphi-2\pi\frac{\nu_2}{p}f_2t+\theta_{\nu_2}\right)\end{array}\right\}\tag{2.10}$$

式中：γ_{ν_2}为根据转子外圆画出来的几何尺寸谐波第ν_2次波的幅值；ν_2为转子几何尺寸波的极对数。

式（2.10）中第一项由于力波极对数很大，不大可能引起明显的振动。

第二项力波的节点对数为$2p-\nu_2$，引起的振动频率为$f_{\nu_2}=\frac{2p-\nu_2}{p}f_2$，与定子不圆的情况相似，无论$\nu_2$比较大或比较小，如果不发生共振的情况，它引起的振动也比较小。

第三项力波的节点对数为ν_2，引起的振动频率为$f_{\nu_2}=\frac{\nu_2}{p}f_2$。由于$f_2/p=f_n$，故$f_{\nu_2}=\nu_2f_n$。就是说，第三项激振力的频率等于转子的几何尺寸波的极对数与转速频率的乘积，即

$$f_{\nu_2}=\nu_2f_n\tag{2.11}$$

它就是以前说过的转频和与转频成整倍数关系的磁振动的频率。因此，转子不圆引起的定子铁芯磁振动，只有第三项是需要注意的。

2.3.1.2 极频磁振动下的定子铁芯径向振动幅值和固有频率

1. 极频磁振动下的定子铁芯径向振动幅值

定子铁芯径向磁振动的幅值既和电磁激振力幅值有关也与定子铁芯的径向刚度有关，而定子铁芯的径向刚度又和空间振型的极对数有关。

当把定子铁芯看成孤立的整体圆环时，在额定功率下，上述空间力波产生的幅值计算公式为

$$A_\nu=50.4\times10^{-6}\frac{R_i}{E_a}\frac{l_t}{l_{\mathrm{Fe}}}\left(\frac{R_c}{h_c}\right)^3x_{ad}B_\delta{}^2\frac{AW_\nu\%}{(p'^2-1)^2}K_d(\mu\mathrm{m})\tag{2.12}$$

其中

$$K_d=\frac{1}{1-\left(\frac{f}{f_c}\right)^2}$$

式中：R_i为定子铁芯内圆半径，cm；l_t，l_{Fe}分别为铁芯总长度和净长度，cm；h_c，R_c分别为定子铁芯轭部高度和平均半径，cm；E_a为定子铁芯的弹性模量，kg/cm^2；K_d为动力（放大）系数；f为激振力或铁芯振动频率，Hz；f_c为对应于空间极对数为p'的定子铁芯固有频率，Hz；$AW_\nu\%$为次谐波磁势与气隙基波磁势的比值的百分数。

由于没有考虑阻尼绕组的作用，计算值可能偏大。

对于已有的发电机，定子铁芯的径向刚度和磁场强度都已确定，则定子铁芯的径向磁振动幅值$A\propto\frac{1}{P'^2-1}$，即近似与p'的平方成反比。故力波次数p'小时幅值比较大。显

然，这种情况出现在 n 和 m 数值接近而符号正负相反的条件下，即无论是谐波或次谐波引起的振动中，反转的、极对数靠近基波磁场极对数的谐波将可能引起较大的定子铁芯振动。这也是研究发电机极频磁振动时特别关注的情况。

2. 极频磁振动下定子铁芯的固有频率

固有频率计算也有助于判断是否发生了共振；对于新设计的发电机，固有频率计算是预防共振的基础。

为了减小动力放大系数，定子铁芯的固有频率计算值应偏离 100Hz 一定数值。这方面似乎还没有统一的规定，一个可以参考的数据是：固有频率不应落在 80～120Hz 范围内。

对应于不同节点对数的振型，定子铁芯有不同的固有频率。在计算时必须有明确的针对性。

现在已经有了比较成熟的定子铁芯固有频率计算程序。如果偶尔需要进行人工计算，也可以采用式（2.13）。计算方法假定：把定子铁芯作为圆环，圆环的刚度仅仅由磁轭决定，齿部和线圈作为附加质量，不考虑铁芯和机座之间的联系。

$$f_c=\frac{p'(p'^2-1)}{\sqrt{p'^2+1}}\sqrt{\frac{gE_aJ}{2\pi R_C^3G_C}} \tag{2.13}$$

其中

$$J=\frac{l_{Fe}h_c^3}{12}$$

式中：E_a 为铁芯的弹性模量，作校核计算时可取一个范围，如（1.3～2.0）$\times10^6$kg/cm^2；G_C 为定子铁芯和线圈的总重；J 为铁芯轭部的惯性矩，cm^4。

如取 $E_a=1.3\times10^6$kg/cm^2（E_a 取其他值时，公式前的常数不同），则式（2.13）可简化为

$$f_c=18.9\times10^3\frac{p'(p'^2-1)}{\sqrt{p'^2+1}}\frac{1}{\sqrt{\eta}}\frac{h_c}{R_c^2} \tag{2.14}$$

其中

$$\eta=\frac{G_{Fez}+G_{Fej}+G_{Feu}}{G_{Fej}}$$

式中：G_{Fez}、G_{Fej}、G_{Feu} 分别表示铁芯的齿、轭和线圈的重量。

对于 $p'=0$ 的驻波式振动，定子铁芯固有频率的计算公式可简化为

$$f_0=\sqrt{\frac{gEF}{\pi R_CG_C}} \tag{2.15}$$

式中：g 为重力加速度，981cm/s^2；E 为定子铁芯的弹性模量；F 为定子铁芯最弱截面面积，746cm^2；R_C 为定子铁芯轭部重心半径，578.83cm；G_C 为定子铁芯总重，62$\times10^3$kg。

以上述数值为例，当 E 取不同值时的计算结果列于表 2.2。

表 2.2　$p'=0$ 振型的固有频率计算结果

E_a/（10^6kg·cm^{-2}）	1.3	1.5	2.0
f_0/Hz	92	98.8	114

计算结果的可靠性取决于定子铁芯弹性模量的取值与实际值的符合程度。铁芯由硅钢片叠压而成，它的弹性模量一般要比钢的弹性模量小，与定子铁芯的叠片的压紧程度、温度、运行时间长短等因素有关。

假定定子铁芯为孤立的整体圆环与实际情况也有出入，定子机座不可能不对定子铁芯的受力情况产生影响。当遇到实际的共振问题并已知固有频率时，不妨用式（2.13）或式（2.15）反过来计算该定子铁芯的弹性模量，并估计定子机座对固有频率的影响。

2.3.1.3 引起定子铁芯极频磁振动的主要原因

可能引起发电机定子铁芯极频磁振动的具体原因主要有：①定子分数槽（分数）次谐波磁势；②定子的负序电流；③定子并联支路内的环流；④定子不圆；⑤分瓣定子的合缝有间隙。

各种原因引起的定子铁芯极频振动有一些共同的规律：

（1）次谐波振动的幅值与 AW_ν%成正比。

（2）激振力基波频率都是 100Hz，高次谐波振动的幅值都很小。

（3）不同原因和不同谐波引起的定子铁芯共振振型的空间次数符合 $p'=n\pm m$ 规律。

（4）可近似地认为振幅与节点对数 p'的平方成反比。

（5）定子铁芯共振时会伴有强烈的 100Hz 噪声。

在现在的技术条件下，上述各种原因引起的极频振动的情况已经很少发生了。下面是几个曾经出现过的定子铁芯极频振动的例子。

【例 1】 并联支路环流引起的定子铁芯磁振动

一台水轮发电机组在试运行期间出现了强烈振动和发热现象（麻石二号机组振动、发热的分析及处理，1976 年 2 月）。当电压升到 5kV 时，机组开始振动，以轴向振动为主，伴随有噪声，并随电压的升高而加剧，在额定电压时，定子垂直振动达到 70～80μm，定子基础螺丝和上机架千斤顶松动，定子线圈温度 20 分钟内由 50℃升到 83℃。

发电机型号为 HYS－840/100－56，定子绕组为双星形不均匀布置，额定功率 36MW，额定电压 10.6kV，额定电流 2340A。

一系列的分析和试验结果得出，这些问题都是由发电机并联支路环流引起的。

1. 并联支路环流引起的振动

（1）机组空转时的振动和摆度。机组空转时的振动、摆度数据列于表 2.3。数据显示：在空转额定转速以下，机组的振动、摆度正常，只在过速 145%时，振动、摆度异常增大，显示有共振或接近共振的征兆。

表 2.3 空转情况下的振动、摆度 单位：μm

转速/%	上导摆度	水导摆度	上机架轴向振动	下机架轴向振动
70	20	80	10	—
80	30	90	30	—
90	50	90	40	—
100	100	100	30	30
145	600～1000	450	—	120

（2）升压试验及发热原因分析。升压或空励时，定子线圈中是不应有负载电流的，但升压过程中发电机定子线圈温度升高得很快并达到较高的数值，表明定子线圈中实际上有很大的电流。分析认为，这可能是并联支路中产生了较大环路电流的结果。发电机环路电流的实测结果（表 2.4，试验时的接线示于图 2.51）也证实了这一点。

表 2.4　　发电机升压时的环流值　　单位：A

位置	无励磁	1kV	2kV	3kV	4kV	10.5kV
中心点零序电流		47.5	69	103.5	138	430
A 相支路环流		90	175	280	375	
B 相支路环流		60	160	260	360	
C 相支路环流		100	220	340	460	

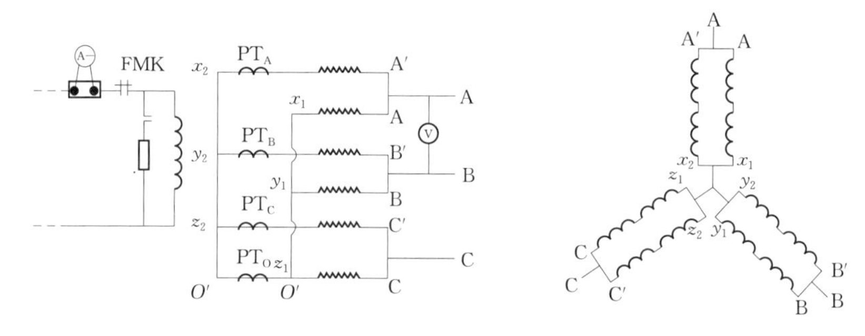

图 2.51　双星形升压试验接线图

由表中的数据可以看出，电压仅仅升到 4kV，环路电流就达到 360～460A 的水平。如果按线性关系推算，额定电压时将可能达到 1000～1150A，约与每一支路的额定电流（1170A）相当。显然，发电机的发热或温升很快的原因就在于此。

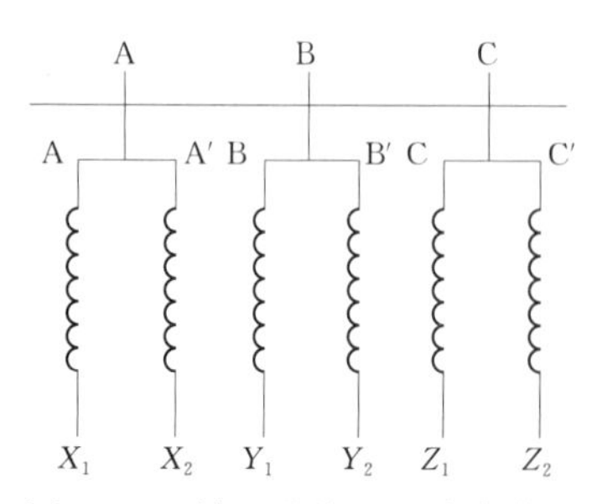

图 2.52　单星形升压试验接线图

单星形升压试验（接线如图 2.52 所示）结果显示，当电压从零升到额定电压时，轴向振动、快速温升和噪声等现象不再出现，这从另一方面证明，上述异常现象都是由支路环流造成的。

对环流电势进行的测量结果显示，每一相的两个支路之间都存在电压差，并构成环流电势。当发电机为额定电压时，环流电势可达到 1000V。由于并联支路的交流阻抗很小，环路电流比较大是必然的结果。

（3）支路环流产生的原因。支路环流始终是存在的，但在并联支路分散布置的情况下，转子的偏心和转子的摆度都不可能引起很大的不平衡电势和环路电流。这么大环路电流的出现可能意味着发电机绕组接线上存在问题。

对发电机线圈接线图进行检查时发现，按厂家给出的接线方式，两个支路的电势就是不平衡的，也证明了这一点。

（4）并联支路环流引起的振动分析。并联支路中的环路电流所经过的绕组是不对称的，它所产生的磁势谐波含量远比负载电流多。而且，由于环路电流的数值比较大，谐波分量也比较大。环流磁势和气隙基波磁势联合产生的力波很多，节点对数各不相同。当力波的频率与铁芯相应的固有频率接近或一致时，还会发生共振。

支路环流引起的极频磁振动可以用“两个磁场联合产生的径向力波”的办法分析。支路环流的磁势谐波与气隙基波磁势联合产生的空间力波用式（2.8）表示和计算。

试验结果显示，环流的频率和主极磁场的频率相同，即 $\omega_n=\omega_m$，所以式（2.8）变为

$$F_{nm}=KB_nB_m\left\{\cos(n-m)\frac{\pi}{\tau_1}x-\cos\left[2\omega_nt-(n+m)\frac{\pi}{\tau_1}x\right]\right\} \tag{2.16}$$

在本例发电机中，$q=3\frac{9}{14}=b+\frac{c}{d}=3+\frac{9}{14}$，所以 $t=\frac{2p}{d}=\frac{56}{14}=4$。若以二极波为基波，则在单元电机中主波 $m_0=\frac{d}{2}=7$。

由于环流在两支路中方向相反，故在单元电机中，在同次谐波中都有正转和反转分量，所以定子谐波谱为 $n=$（±1，±2，±4，±5，±7，±8，…）×4。

则力波谱分别是：

	主极	28	28	28	28	28	28
	定子	±4	±8	±16	±20	±28	±32
力波次数 $p'=m+n$，	$n>0$	32	36	44	48	56	60
	$n<0$	24	20	12	8	0	−4

式（2.16）中的第一项是常数（因为 $n-m=0$）；当 $n=-28$ 时，第二项中 $p'=0$，产生 100Hz 的驻波式振动；当 $n=-32$ 时，$p'=4$，产生 100Hz、4 梅花瓣的振动，即整圆周有 4 个正弦波的空间振型。如果定子铁芯对应这两个振型的固有频率接近或等于 100Hz，则定子铁芯将发生共振。

在本例条件下，环路电流如此之大（接近支路的额定电流），即使不发生共振，定子铁芯的振动也会十分强烈。

2. 次谐波的影响

在进行支路环流对振动影响的分析时，也对次谐波是否对定子铁芯振动有影响进行了分析。

次谐波和气隙基波磁场联合产生的空间力波仍用式（2.8）计算，空间力波产生的幅值用式（2.9）计算，定子铁芯的固有频率用式（2.13）计算。

根据前面对次谐波引起磁振动（特别是共振情况）机理的说明，在分析次谐波对定子铁芯极频磁振动的影响时需要了解以下情况。

（1）发电机定子绕组磁势次谐波次数和相对值，它由制造厂家给出。对本例发电机，次谐波含量列于表 2.5。

表 2.5　　　　本例发电机定子绕组磁势次谐波含量

谐波次数	2/14	4/14	8/14	10/14	16/14	20/14	22/14	26/14
相当极对数	4	8	16	20	32	40	44	52
与基波的比值 AW_v/%	1.45	1.45	2.01	2.78	3.96	0.895	0.755	0.376
旋转方向	正转	反转	正转	反转	反转	正转	反转	正转

(2) 确定影响比较大的几个次谐波。根据 $A\propto\frac{1}{P'^2-1}$关系，定子铁芯的径向磁振动幅值 A 近似与 P'^2 成反比。因此影响比较大的次谐波由下述两个条件决定：①谐波幅值比较大；②次谐波的极对数接近气隙基波极对数，且旋转方向与之相反。

由表 2.5 可以看出，符合上述条件的两个谐波次数是 10/14 和 16/14，它们的谐波相对值分别是 2.78%和 3.96%，是次谐波幅值最大的两个；所产生的空间力波的节点对数分别是 $p'=8$ 和 $p'=4$，是最小的。

(3) 确定是否产生了共振。是否产生共振决定于定子铁芯对应 $p'=8$ 和 $p'=4$ 振型的固有频率是否接近 100Hz。

对本例而言，虽然没有这方面的计算或实测数据，但从上述定子绕组接线方式改变后，由支路环流引起的振动和发热现象消除的同时，也没有由其他原因引起的较强振动继续存在。由此判断，发电机不存在由次谐波引起定子铁芯共振的情况。

(4) 气隙不对称的影响。根据式 (2.9) 和式 (2.10)，气隙不对称只产生转速频率或其整倍数频率的激振力。

通过上述一系列分析得出的结论是：本例发电机的强烈振动、噪声和发热现象主要是由并联支路的环路电流太大引起的；而环路电流太大则是由发电机定子绕组接线不合理所致。其他因素的影响相对比较小。

正常情况下，对于定子三相线圈为星形接法的发电机，只要其中性点良好接地，并联支路中的环路电流就不会很大。

【例 2】　负序电流引起的定子铁芯共振

1. 负序电流为振动和噪声的主要原因

一台水轮发电机组在试运转时就出现了异常现象：发电机一并网就出现较强的噪声，频率为 100Hz，同时上盖板也产生强烈的振动。

初步试验得到的主要情况如下：

(1) 机组空转时，定子铁芯没有明显的振动 [图 2.53 (a)]；上盖板振动有两种频率：24.4Hz 和 1.19Hz，相应振幅为 62μm 和 23μm，其中 1.19Hz 为转速频率，24.4Hz 为上盖板的一阶固有频率。

(2) 加励磁后，定子铁芯出现了 4.76Hz 的振动 [图 2.53 (b)]。

(3) 机组并网后，定子铁芯和上盖板立即出现了 100Hz 振动 [图 2.53 (c)]，其中前者的振幅达到 38μm，噪声也显著增大。

图 2.53 的三幅示波图中的三条线自上而下分别为 $-X$ 向定子铁芯振动、$+X$ 向定子铁芯振动和上盖板垂直振动。

(4) 并网后，定子铁芯圆周各方向的100Hz径向振动相位几乎完全相同（图2.54）。根据这个特征判断，发电机的异常振动和噪声是由负序电流所引起。

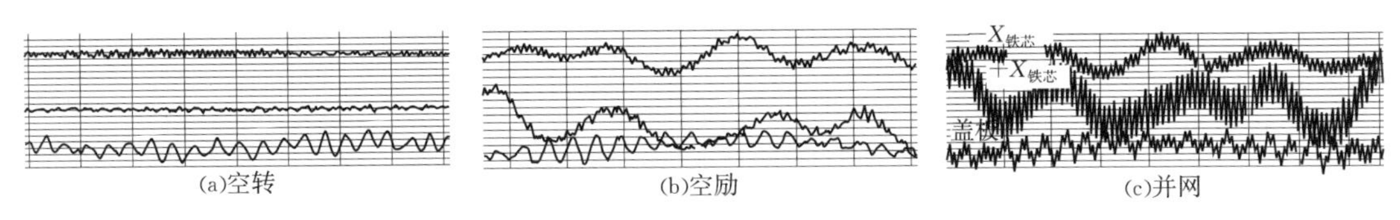

图2.53 定子铁芯和上盖板振动波形图

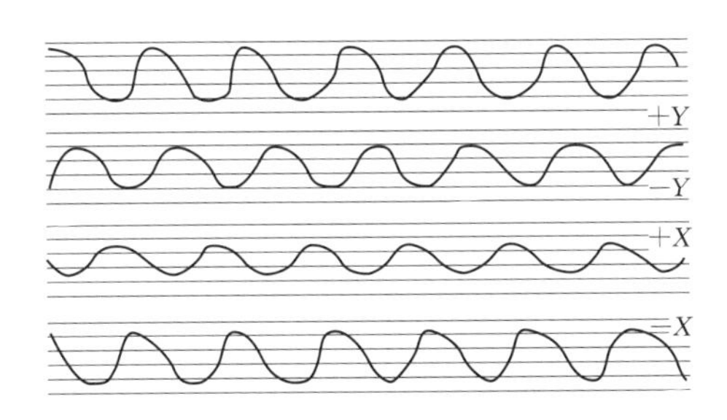

图2.54 4个方位定子铁芯100Hz径向振动相位

2. 负序电流分析

(1) 负序电流及其影响的测量结果。发电机负序电流的测量在56MW功率（接近额定功率）下进行，发电机的三相电流分别是2950A、2963A和2915A，由此计算出负序电流为42.2A，为额定电流的1.45%。厂家允许的负序电流为17%。

为了验证负序电流与振动和噪声强度的关系，用两相水阻作为发电机的负载，进行改变负序电流的试验。

第一次试验时，取负序电流相对值分别为0.65%和1.5%两个工况，后者与上述56MW功率时的负序电流相当。且所产生的定子铁芯振动幅值也相当。

第二次试验时，负序电流的变化范围增大，定子铁芯振动也随负序电流的增大而增大（林肖男．负序电流激发水轮发电机铁芯的磁振动［J］．富春江水力发电厂《技术通讯》创刊号，1978），如图2.55所示。

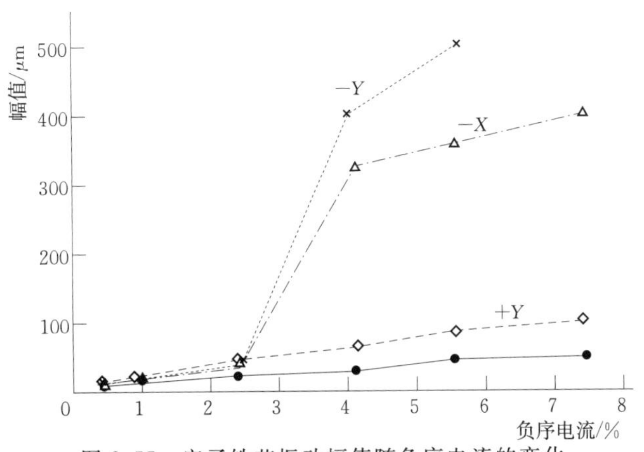

图2.55 定子铁芯振动幅值随负序电流的变化

（2）共振分析。为确定负序电流引起的较强振动和噪声是否和共振有关，需要确定定子铁芯相应于该振型的固有频率是否接近100Hz。

1）$p'=0$ 振型的固有频率实测结果。图2.56为发电机带两相和三相水阻器负荷时的变速试验结果。图中下面两条线为对应于 $p'=0$ 振型的定子铁芯振动幅值与频率的关系，可以看到，两相水阻器试验时，①和④两个测点分别在104Hz和93Hz处出现振动峰值。显然，这就是定子铁芯在该局部 $p'=0$ 振型的固有频率。几个测点对应的峰值频率不尽相同，这可能是定子铁芯各部分的压紧程度不一致的结果。

上述实测结果证实，发电机在正常运行状态下始终处在 $p'=0$ 振型的共振状态。这就是负序电流不大而振动和噪声比较大的主要原因。

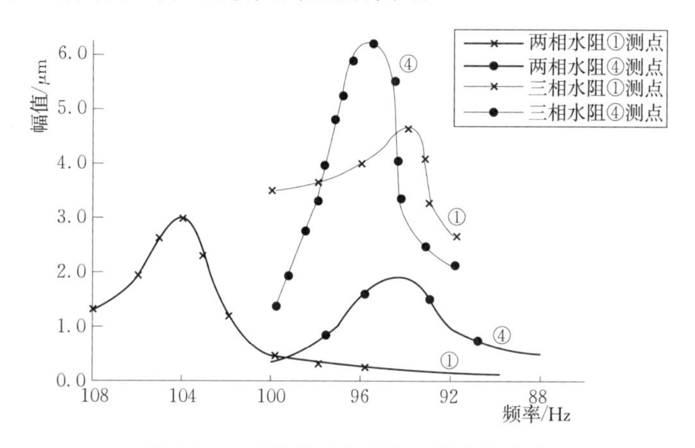

图2.56　极频磁振动幅值与频率的关系

2）$p'=0$ 振型的固有频率计算。定子铁芯 $p'=0$ 振型的一阶固有频率用式（2.15）计算。

当取 E 为不同值时的计算结果列于表2.6。可以看出，在相当大的 E 值变化范围内，计算频率与实测频率都相当接近。

表2.6　　$p'=0$ 振型的固有频率计算结果

E_a/（10^6kg·cm^{-2}）	1.3	1.5	2.0
f_0/Hz	92	98.8	114

（3）激振力分析。负序电流引起的电磁激振力用式（2.8）来计算。

负序电流产生的磁势，其谐波成分的频率与转子主极磁场相同但方向相反，亦即 $\omega_n=\omega_m$ 和 $n=m$。将这个关系代入式（2.8）后可知，第一项的频率 $f=0$，不引起定子铁芯的振动；第二项的频率为100Hz，空间极对数 $p'=0$。这同样说明，由负序电流引起的是驻波式径向振动。

与磁拉力随励磁电流的增大而增大的规律类似，负序电流引起的激振力也与负序电流呈线性关系，如图2.57的试验结果所示。

计算和分析还证实，当负序电流不变时，负序电流引起的激振力随发电机负载的增大而略有增大，如由空载到额定功率约增大3.7%。从空载到满载，气隙中的合成磁通约

增加了 8%。

负序电流由电力系统三相电流不平衡所引起，是不可避免的。消除或避免由负序电流引起的共振，唯一的办法就是使定子铁芯的零节点振动的固有频率不与 100Hz 相等或接近。要消除已投运发电机负序电流引起的共振是不可能的，除非换一台结构不同的发电机。

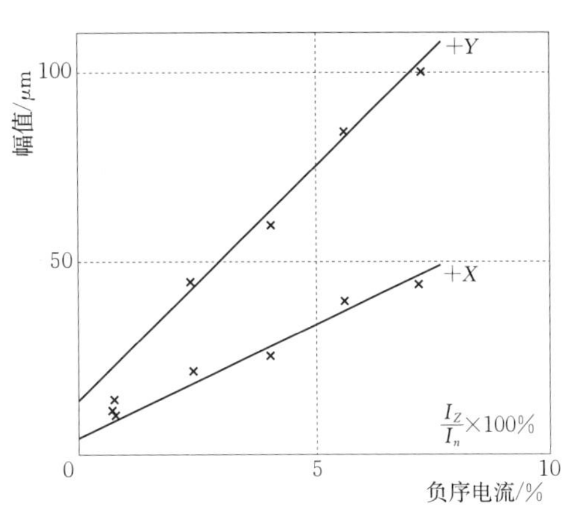

图 2.57　定子铁芯振动幅值随负序电流的变化

3. 次谐波分析

根据 5 号机电磁计算结果，第五次谐波磁势约为基波磁势的 3.92%。它与气隙基波磁场联合产生的空间力波的节点数为 12（即 $p'=12$），是最可能引起定子铁芯比较明显振动的次谐波成分。

该次谐波是否会引起定子铁芯比较明显的振动，关键仍然在于它是否引起了定子铁芯的共振或接近共振。

在进行发电机两相负载试验的前后，也进行了发电机带 3 相水阻负载的变速试验。试验结果如图 2.56 上面两条曲线所示。$p'=12$ 振型下，1、4 两个测点测到的固有频率分别为 93Hz 和 96Hz，都与 100Hz 的激振力频率十分接近。

定子铁芯固有频率可用式（2.13）计算，计算结果列于表 2.7。可以看出，它与 100Hz 也比较接近，也与实测结果相当接近。这个结果也反映了这样的事实：相对于空间极对数 p' 比较大的振型，刚度也相对比较高，故虽然其固有频率比较接近 100Hz，但对发电机的极频磁振动影响比较小。发电机的极频磁振动仍然主要显示负序电流共振的特征。

表 2.7　　$p'=12$ 振型的固有频率计算结果

$E/(10^6\text{kg}\cdot\text{cm}^{-2})$	1.3	1.5	1.8	2.0
f_0/Hz	76	81.5	89.2	94.2

4. 发电机上盖板也产生了共振

发电机的上盖板固定在上机架上。上机架的垂直振动幅值最大仅 13μm，而上盖板的振动振幅达到了 139μm。

用锤击法实测了上盖板的固有频率，表明它有两个明显的固有频率：100Hz 和 24.4Hz。数据显示，24.4Hz 为上盖板的一阶固有频率，100Hz 则为其高阶固有频率。这个高阶固有频率与定子铁芯振动频率一致，发生共振就是很自然的了。

上述试验和分析结果说明，该发电机的 100Hz 振动和噪声主要是由负序电流引起的。这种情况虽然不多见，但却是发电机极频磁振动的典型情况。

负序电流引起的极频磁振动还与发电机定子铁芯的结构、设计原则等因素有关。例如试验机组就存在下述方面的情况：

（1）定子铁芯和机座之间有 0.7mm 的间隙，铁芯呈自由状态，径向刚度比较低。

（2）发电机采用的是半阻尼结构，削弱了它对扰动的衰减作用。

（3）从节省金属的角度，定子铁芯的刚度设计采用了固有频率低于100Hz的方案，实际上由于其他因素的加固作用，可能使其固有频率靠近100Hz。

除上述两个发电机频繁振动的例子外，早期的大型发电机还多次出现所谓冷振动现象。限于当时的生产和运输条件，常需要把大型发电机定子铁芯分成几瓣，在现场再把它们组合成为整体，合缝处用绝缘垫塞上，用定子机座的分瓣把合螺丝箍紧。由于种种原因在合缝处出现间隙时，在机组加励磁后就可能会出现强烈的电磁噪声，在合缝处定子铁芯出现强烈的振动。噪声和振动的频率都是100Hz。在发电机为冷态时，合缝间隙最大，振动也最厉害，当定子铁芯的温度逐渐升高后，振动和噪声也逐渐减小，当定子铁芯达到热态时，合缝处的间隙消失，振动和噪声随之消失。故这种现象常称为冷态共振。

冷态共振的激振力来自转子磁极的极频磁拉力。定子铁芯合缝处出现间隙时，该处的局部铁芯处于自由状态，当它的固有频率达到或接近100Hz时，共振就会发生。

冷态共振的出现也间接表明，定子铁芯的压紧程度对它的固有频率有明显影响。

2.3.1.4　发电机的电磁振动试验

为了查明或验证发电机电磁振动的原因或分析结果，有时就需要进行相关的发电机振动试验。不同振型时的振动试验条件、试验方法和测点分布必须与所研究的振型一致。

1. 各种极频振动的特点

由不同原因引起的磁振动或共振具有不同的频率、振型和工况参数特征，这些特点与振动试验及其结果分析直接相关。

（1）次谐波引起的振动幅值随定子电流（功率）的增大而增大。

（2）负序电流引起的磁振动的特点是：定子铁芯各部位的径向振动相位相同；振动幅值随定子负序电流的增大而增大；发电机并网后才出现。

（3）并联支路内环流引起的磁振动在并联支路打开或闭合时，定子铁芯振动有明显的区别，且空载时振动就比较大。

（4）合缝不好引起的振动的特点是：定子铁芯冷态时振动大，热态振动小或者共振现象消失。通过对合缝处的检查很容易发现合缝间隙增大的情况。

2. 测点位置的确定

定子铁芯的共振都有一定的振型。在一定的振型下，空间振型的波峰、波谷和节点（$p'=0$时没有节点）在定子铁芯上的位置是固定的。测点位置最好与波峰和波谷一致，避免将测点放在振型的节点上。

在已知振型而不知道节点位置的情况下，可以通过预备试验确定节点的位置。也可以近似地按下述方法确定测点的位置：在有条件的情况下，沿定子铁芯圆周布置a、b、c 3个测点。假定沿圆周一个空间波的波长为L，则3个测点之间的距离可取为：$a\sim c$的间距取为$L/2$，$a\sim b$或$b\sim c$的间距取为$L/4$。图2.58为一台发电机试验时定子铁芯测点的布置方案，共设5个监测点。

节点附近振动幅值最小，节点两侧振动位移的相位相反，这是判断节点位置的根据。

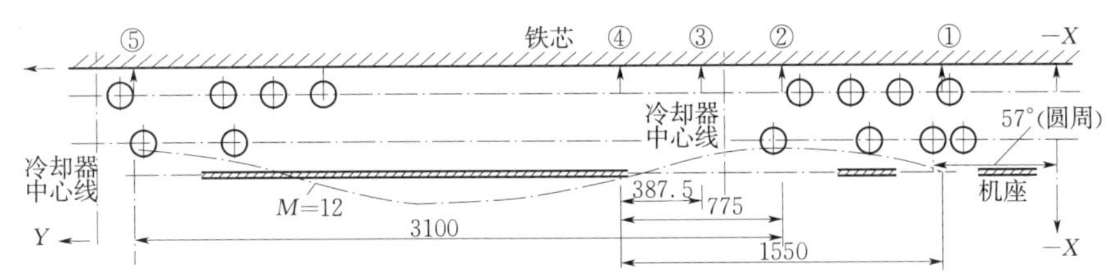

铁芯周长37200mm；M=12时，一个力波波长为3100mm

图 2.58 铁芯径向振动测点布置展开图

3. 振动试验

（1）负荷试验。逐级增大或减小发电机功率，根据定子铁芯径向振动幅值随功率或负序电流变化的趋势判断共振是由什么原因所引起。

（2）小负载变速试验。在约 0.8～1.2 倍额定转速的范围内逐级改变发电机的转速，对应峰值振幅的频率就是该测点处定子铁芯的固有频率。

（3）两相负载变速试验。在负序电流恒定的条件下，在 0.8～1.2 倍额定转速范围逐级变化机组的转速。对应峰值的频率就是定子铁芯对应 $p'=0$ 振型的固有频率。

（4）空载恒励变速试验。维持空载励磁电流不变，先后在并联支路打开和闭合的情况下改变发电机的转速，以判断并联支路电流的影响和合缝是否良好。根据定子铁芯振幅随转速变化的趋势图中是否出现峰值，判断是否发生共振及确定定子铁芯的固有频率。

2.3.2 水轮发电机的转频系列电磁激振力

前已述及，转子和定子之间的磁拉力与两者之间空气隙的大小成反比。当发电机转子具有不圆度和偏心度时，在转子旋转时就会产生与不圆度和偏心度相应的不对称磁拉力，其频率等于转子空间波形的极对数与转速频率的乘积，这就是转频系列的电磁激振力。这个电磁激振力作用在定子上，定子就会产生相应频率和波形的径向振动。

发电机转子偏心度、不圆度和定子的不圆度及转子与定子之间的不同心度都会对发电机定子的径向振动产生影响，但它们的影响方式不同，这是得以区分它们的条件或依据。

（1）单纯的转子偏心主要产生电磁不平衡力和机械不平衡力。它们将引起定子铁芯和定子机座的转频振动，同时也对机组固定支持部件的径向振动产生影响。由于机组转动部分的质量主要集中在发电机转子上，所以，一旦出现转子的明显偏心，所产生的不平衡力将比较大。

（2）呈中心对称的转子不圆度主要产生 2 倍频（椭圆形转子）或多倍频电磁激振力，引起定子铁芯和定子机座相应频率的径向振动，而不会产生明显的机械和电磁不平衡力。

（3）当转子的不圆度和偏心度同时存在时，将同时产生 1 倍频（转频）到多倍频的电磁激振力。

（4）定子不圆会在定子小直径方向上产生一个稳定的径向磁拉力。这个力倾向于把转子拉向这个方向，并有两种可能的结果：一是使转动部分偏靠，并有可能引起或增加大轴别劲的情况；二是缓解大轴别劲的程度，使大轴摆度增大，但不一定增大导轴承或

机架的径向振动。

（5）如果定子和转子都是圆的，两者仅仅是不同心，其影响与定子不圆的影响相似。

1. 转子不圆度引起的定子铁芯径向振动

前面介绍的由负序电流引起定子铁芯共振的发电机，它的定子铁芯径向振动就出现了4倍频振动，它就是由发电机转子不圆度引起的。图2.59为该发电机转子不圆度展开图与定子铁芯径向振动波形的对比。可以看出，两者之间有着明显的相关性。

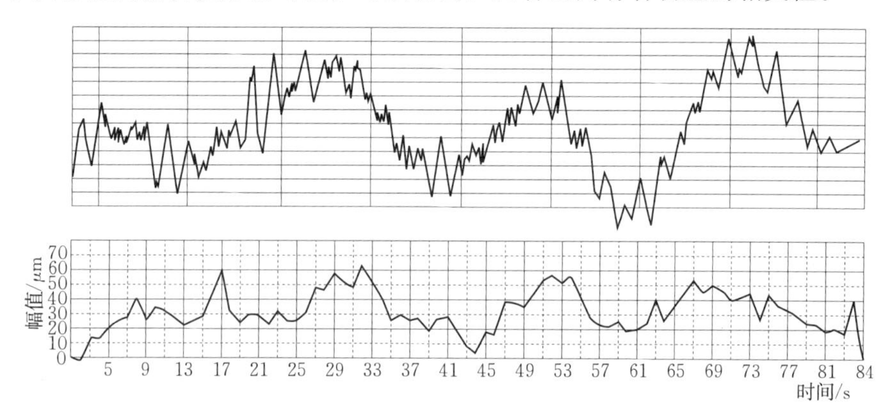

图2.59　转子不圆度与定子铁芯径向振动波形的对比

2. 转子偏心引起振动的例子

一个电站的新机组试运转期间曾经出现这样的情况：在进行发电机升压试验时，上导瓦烧损；处理后重新开机，升压到6000V时又因摆度过大停机；为判断振动是否由定子所引起，又把发电机中性点解列，升压到2000V时上导摆度达到0.70mm（李婉芳．关于盐锅峡电站10号机试运转振动问题［C］．水力机械信息网2000年年会技术经验交流会论文集，2000）。

最终分析认为，机组振动主要由转子圆度不满足要求引起。检查发现：①磁极圆度未达标；②磁轭有偏心；③转子中心体上、下法兰不同心度超标；④第二空气隙超标；⑤转子中心体在工地焊接后产生变形。

根据作者提供的数据画出了转子圆度展开图如图2.60所示。图中的虚线为处理前的情况。从图中可以看出：转子磁极的分布半径一半是正值，一半是负值，这是转子偏心的典型特征。处理后，偏心情况虽有所好转，但仍然明显存在（图中的实线所示）。此外，转子也存在明显的不圆度。

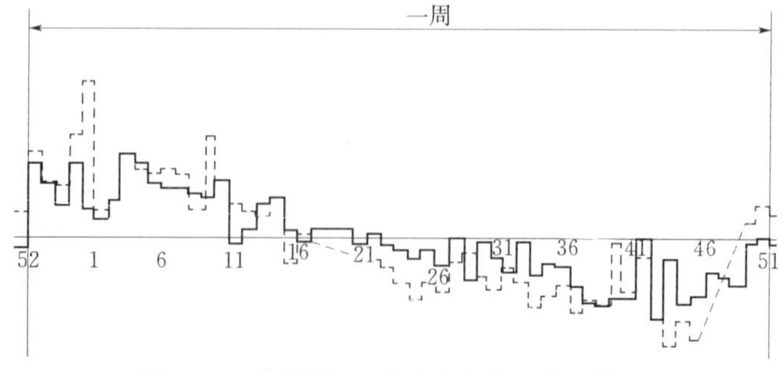

图2.60　盐锅峡10号发电机转子偏心情况

3. 转子不圆度和偏心同时存在的例子

图 2.61 为拉西瓦电站的 6 号发电机的转子圆度及其对定子机座径向振动的影响（在线监测系统数据）。图 2.61（a）、（b）显示：转子呈椭圆形，并略有偏心。

频谱图 2.61（c）、（d）则更清楚地显示了励磁电流（电磁激振力）对定子机座径向振动的影响：无励磁时，主频是转速频率；加励磁后，2 倍频出现并成为主频，转频幅值也有所增大。

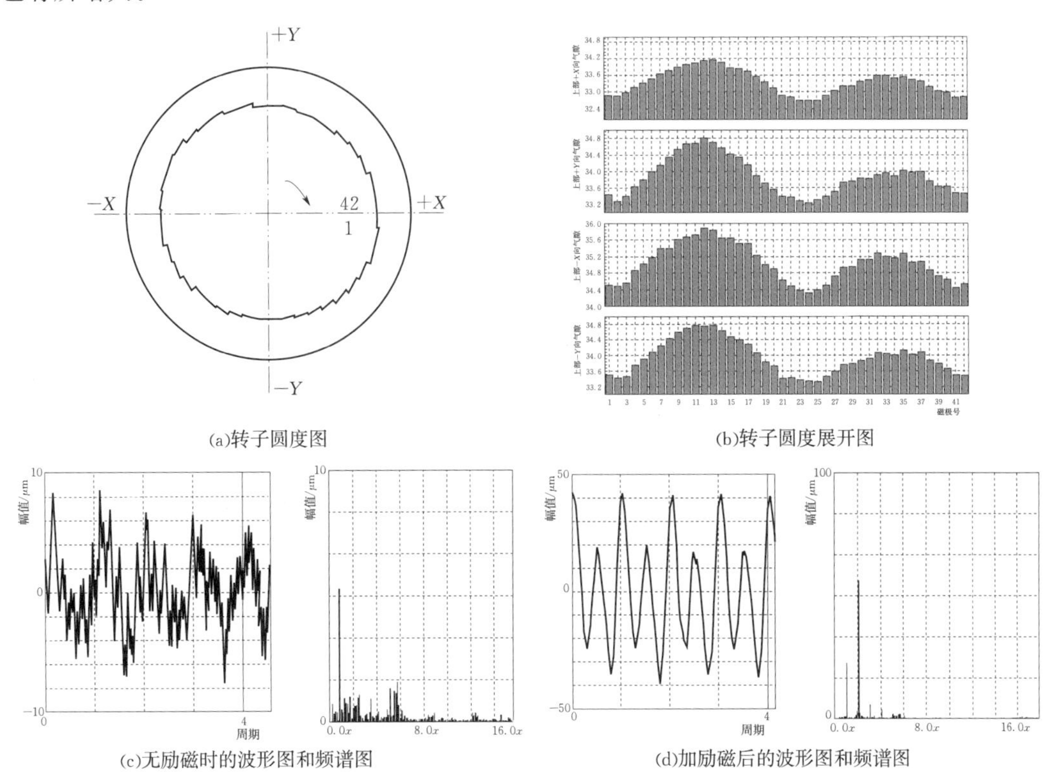

(a)转子圆度图

(b)转子圆度展开图

(c)无励磁时的波形图和频谱图

(d)加励磁后的波形图和频谱图

图 2.61 6 号发电机转子圆度及其对定子机座径向振动的影响

图 2.62 为同一电站中的 5 号发电机转子的圆度情况（各图的说明与图 2.61 相同）。它与 6 号机有明显的不同，对定子机座机械振动的影响也不相同。图 2.62 显示，加励磁后定子机座振动的第一主频变为 2 倍频，第二主频为 1 倍频，3 倍频居第三。这些变化和不同都充分显示了转子不圆度和偏心度在励磁情况下对振动的影响。

同一电站的不同发电机的转子圆度不同是普遍存在的现象，也显示了它的产生具有完全的随机性。

图 2.63 为转子不圆度对定子铁芯和定子机座径向振动影响的对比。很明显，转子不圆度对定子铁芯径向振动的影响要比定子机座大得多。这与两者刚度差异、径向力的产生和传递方向有关。此外，调整励磁电流时的瞬间冲击也比较明显，特别是在机端电压比较低时。

图 2.64 显示的是上述两台发电机安装时转子上部和下部圆度及其与安装标准规定的比较。图中内、外两个圆分别代表安装偏差标准的上限和下限。显然，这两台发电机的转子圆度都满足安装标准的要求。然而，它们是否能满足部件振动的要求，还需要具体分析和判断。

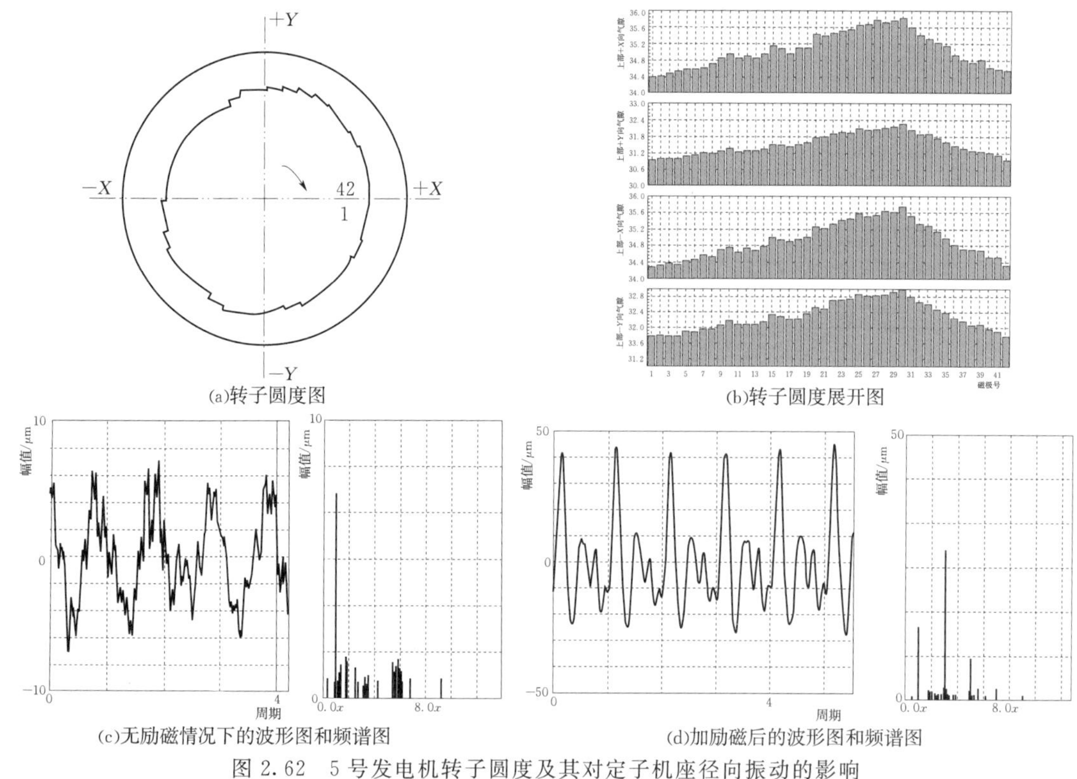

(a)转子圆度图　(b)转子圆度展开图

(c)无励磁情况下的波形图和频谱图　(d)加励磁后的波形图和频谱图

图 2.62　5号发电机转子圆度及其对定子机座径向振动的影响

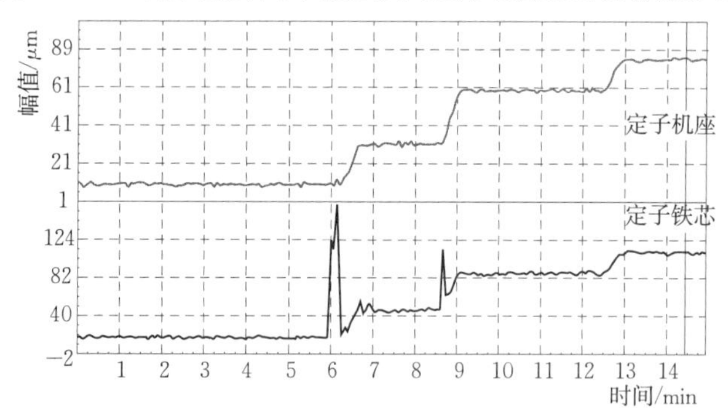

图 2.63　定子机座、定子铁芯径向振动峰峰值随励磁电流变化的对比

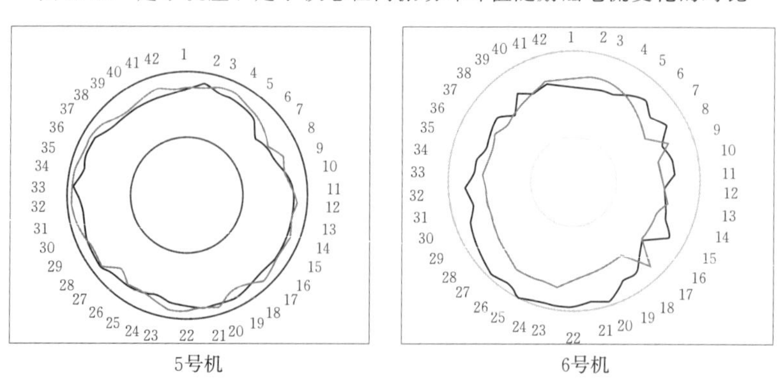

图 2.64　安装时的转子圆度示意图

2.4　机械激振力和机械缺陷激振力

机械激振力就是单纯由水轮发电机组机械上的原因直接产生的激振力。

除机械不平衡力外，水轮发电机组上不存在必然产生的机械激振力。反过来说，机械激振力的产生都是和水轮发电机组中的某种或某些机械缺陷联系在一起的。由各种原因产生的机械缺陷不可避免，机械激振力的产生也就不可避免。因此，研究机械激振力，在相当大的程度上就是研究机械缺陷。基于此，也可以把机械激振力称为机械缺陷激振力。机械缺陷具有随机性是其最大的特点。

2.4.1　机械缺陷及其激振力的产生

机械缺陷泛指机械或其零部件部分或完全丧失其功能或性能的情况。广义的机械缺陷包括加工和安装调整过程中产生的偏差、零部件形状的不规则、变形或缺损、部件松动、位移或移位、设备及其零部件的非正常状态或状态的非正常变化等。

1. 机械缺陷及其激振力产生的必然性和偶然性

从机械缺陷激振力产生的可能性上分，有必然和偶然两种情况。

（1）必然产生的机械缺陷（偏差）。是指在当时技术条件下没法避免的缺陷，它通常称为偏差，包括材料机械性能偏差、加工偏差和安装调整偏差等。

混流式水轮机是在最优工况下设计的，偏离最优工况后产生的不稳定现象，也可认为它是对设计工况的偏差。转桨式水轮机就在一定程度上避免了这种情况。

偏差分为允许偏差和不允许偏差。它决定于缺陷的程度及它对机组安全运行的影响。

原则上说，允许偏差为不影响机组安全运行的偏差。

不允许偏差是指机械偏差超过容许值范围并引起机组的超标准振动的情况。

但有些偏差状况需要注意：①可能存在几项允许偏差叠加后产生不允许偏差的情况；②有的部件存在两方面的偏差或标准，他们可能分属两个功能或性能范畴，不要忽略了其中任何一个。

（2）偶然产生的机械缺陷。偶然产生的机械缺陷也可由各种原因引起，例如：转动部分上各种部件的松动、变形、位移；固定支持部件状态的变化（松动、变形、位移）；部件的老化、空蚀、疲劳损伤；也包括“被允许的”机械缺陷的发展和变化等。

偶然产生的机械缺陷产生的较严重后果常常被称为故障。机械缺陷或故障部件、故障产生形式、所产生激振力的特性以至于故障产生的时间等，都千差万别，识别它们是振动问题诊断中相当重要并富于挑战性的内容。

偶然性中也常常包括必然性。经过相当长一段时间的运行，有些部件会出现这样那样的缺陷或状态变化，这是很自然的事。在线监测系统的作用就在于及时发现它们并及时采取预防措施。

2. 机械缺陷激振力的产生方式

有些激振力是由机械缺陷直接引起的。例如转动部分的质量分布不对称、转子偏心、发电机转子不圆、转动部分的部件松动、推力轴承不平、镜板与轴线不垂直、各导轴承不同心等，它们都会直接产生转频或多倍频激振力。

有些激振力则是由机械缺陷间接引起的，例如水力、电磁不平衡力等。一个椭圆形的发电机转子，在机械上它可能是平衡的，但加上励磁电流后，它就会产生 2 倍转速频率的电磁激振力。这个 2 倍频电磁激振力就是由机械缺陷间接引起的。

有些情况下，激振力中既包含由机械缺陷直接引起的部分，也包括由机械缺陷间接引起的部分。例如发电机转子的偏心，它会直接引起转动部分的机械不平衡力，同时也会间接引起电磁不平衡力。类似的，凡是引起机组运行时动态轴线姿态变化的机械缺陷，在它们直接引起机械激振力变化的同时，也同时会引起电磁激振力的变化。

因此，机械缺陷不仅能产生机械激振力，而且也能为产生水力激振力和电磁激振力创造条件。这意味着，水轮发电机组上的各种激振力大都直接或间接和机组的机械缺陷相关。

3. 机械缺陷激振力的作用方式

（1）径向和轴向作用方式。机组转动部分上的机械缺陷产生的激振力常以径向激振力的形式表现出来。按照前面关于不平衡力的讨论，它们可能是“典型不平衡力”，也可能是“附加不平衡力”或者是“非典型的不平衡力”。在径向激振力中当然也可能存在与转速频率成整倍数关系的频率成分。所有这些径向激振力最终都作用在导轴承上，引起后者的径向振动。

在少有的情况下，转动部分的机械缺陷也能产生轴向激振力。当镜板与轴线之间存在比较明显的不垂直度时，镜板就会把稳定的轴向静载荷变成周期性旋转的动载荷作用在推力轴承上，并可能产生严重的后果，如吐木秀克电站出现的情况。

（2）阻力形式。固定支持部件机械缺陷产生的力对转动部分而言是一种阻力。阻力可以是稳衡的，也可以是周期性的，它们对转动部分的作用也有所不同。

稳衡作用力的作用是对转动部分施加一个方向比较固定的作用力，这个力可能使转动部分在导轴承中产生偏靠，或者使大轴在导轴承中别劲、改变动态轴线的状态等，由此还可能引起其他后果，例如使部分瓦温升高等。

如果固定部分机械缺陷产生的阻力周期性地作用在转动部分上，它可能产生两方面的结果：①引起相应频率的振动，例如推力轴承的波浪度、导轴承轴瓦受力不均匀或者导轴承间隙的不圆度等，它们就会引起相应频率的振动，这也是机组部件振动中 2 倍频或多倍频产生的主要原因之一；②对转动部分产生的激振力的阻尼作用。

4. 偶然原因引起的振动

由偶然原因（不包括各种机械缺陷或故障）引起机组振动被统称为异常振动，是因为引起振动的原因比较异常和少见，例如：泄水锥脱落；转轮上冠的泥沙淤积；异物进入流道；引水管路进气等。

2.4.2　机械缺陷激振力的特性

机械缺陷激振力的特性和特征是识别它们的依据。

（1）频率特性。机械缺陷激振力的频率严格地等于转速频率或其整倍数（多倍频）。这个特点有利于把它与极频电磁或水力激振力区别开来。

（2）幅值特性。幅值特征主要是指机械缺陷激振力随水轮发电机组工况参数变化的规律，其中最重要的工况参数是机组转速。

（3）位置特征。机械缺陷所产生的激振力往往都有明显的位置特征。最简单的如转速频率的激振力多数都来自发电机的转动部分。以间接方式产生的水力不平衡力对水导摆度的影响比较大。

（4）部件特征。有些振动、摆度具有明显的部件特征。例如，镜板与轴线不垂直、推力轴承不水平、发电机转子不圆等情况，它们引起的振动或摆度就有比较明显的、与缺陷对应的特征。

（5）波形特征。转动部分机械缺陷产生的机械激振力，其波形都有比较好的正弦波波形，谐波成分比较少；发电机转子不圆产生的激振力，其波形常含有一些谐波成分，如常见的2倍频、3倍频等；固定支持部件机械缺陷产生的激振力一般都有比较多的谐波成分。

（6）其他特征。热不平衡力和机组运行时间有关；引起发电机分瓣定子铁芯冷态极频振动的激振力和定子铁芯的温度有关；各导轴承不同心常常会在不规则的轴心轨迹图上显示出来；部件松动常与机组振动、摆度的不稳定变化相联系等。

2.4.3　机械激振力的测量简述

由于机械缺陷激振力的随机性很强，通常不进行激振力计算，而是找出缺陷的所在并把它消除。

如果需要计算或估算某种激振力的大小，可采用以下方法：

（1）在已知振动部件刚度的条件下，激振力幅值等于振动幅值乘以刚度。反过来，如果已知部件的位移或变形和所受载荷，也可以计算部件的刚度。

（2）在振动部件可以进行受力—位移或应力关系的率定时，可以通过该部件的动应力或振动位移的测量结果计算该部件所承受的激振力。例如导轴承承受的径向力和径向激振力可以通过调节螺丝的轴向应力和动应力的测试得到，图2.65为中国水科院的一个现场实测例子，显示的是导轴承各轴瓦所承受的转频动载荷的分布情况。

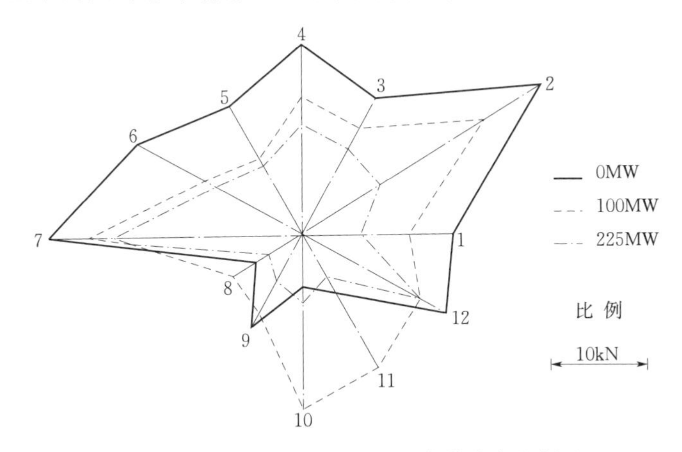

图2.65　导轴承承受的转频动载荷分布的例子

（3）机械不平衡力的大小可以根据配重结果确定：不平衡力等于配重在配重半径处所产生的离心力。

参考文献

[1] J. P. 邓哈托．机械振动学［M］．北京：科学出版社，1960.
[2] 寇胜利．汽轮发电机的热不平衡振动［J］．大电机技术，1998（5）：12－18.
[3] 李启章，张强，于纪幸，等．混流式水轮机水力稳定性研究［M］．北京：中国水利水电出版社，2014.
[4] 符建平，张克危，郑丽媛，等．三峡左岸电站6号机极小开度异常振动分析［J］//本书编委会，第一届水力发电技术国际会议论文集［C］．北京：中国电力出版社，2006（1）：912－919.
[5] 崛口勇吉，山田始，上田庸夫．水轮机尾水管的补气试验［N］．富士时报，1963，36，No. 7.
[6] 孙建平，杨为民，郑丽媛．天生桥一级水电厂机组稳定性分析［J］．水力发电学报，2008，27.
[7] 张良颖，孙建平．三峡电厂左岸6F机组性能分析［J］．水电能源科技，2009，27（3）：137－140.
[8] 李金伟，于纪幸，郑建兴，张强．某大型混流式水轮机模型复核试验异常水力现象研究［J］．水电站机电技术，2016，39（2）：1－3.
[9] Ruchonnet N，Nicolet C，Avellan F. Hydroacoustic Modeling of Rotor Stator Interaction in Francis Pump－Turbine，IAHR int［C］．Meeting of WG on Cavitation and Dynamic Problems in Hydraulic Machinery and Systems，Batcelona，2006：28－30.
[10] 哈尔滨电工学院电机教研室．水轮发电机的振动［J］．大电机技术，1974，No. 1.
[11] 孙建平，符建平，冉毅川，郑丽媛．三峡电厂左岸VGS机组低水头运行性能分析［J］．中国水电设备学术讨论会，2007.

第3章　水轮发电机组中的振动部件

旋转机械的转动部件和固定支持部件既是激振力的产生者，也是激振力的承受者和机组最重要的振动部件。

转动部分、发电机上机架—定子机座系统、下机架—推力机架系统（伞式或半伞式机组）和水轮机顶盖是水轮发电机组中最重要的、最具代表性的振动部件。

水轮发电机组还有其他一些振动部件，例如发电机的定子铁芯、定子机座，水轮机的固定导叶、导水结构（包括活动导叶）、转轮和转轮叶片等。

水电站的厂房和水工建筑物虽然不属于水轮发电机组的范畴，但它们与机组、特别是水轮机的水力激振力直接相关。而且，在机组振动的通频幅值中，厂房振动成分成为不可避免的分量。

机组振动除与激振力相关外，还与振动部件的振动特性密切相关。振动特性又和它的结构、尺寸及其在机组中的位置和功能相关。

所有上述这些，在讨论水轮发电机组的振动时，都是必然涉及的内容。

3.1　转动部分

3.1.1　转动部分的结构和组成

水轮发电机组的转动部分由水轮机和发电机两者的转动部分共同组成。它是大轴（发电机轴和水轮机轴）及安装在大轴上的各种功能部件的总称。

发电机转动部分包括发电机轴（有穿心轴和多段轴两种）、发电机转子、推力头、镜板等；发电机转子又包括中心体、磁轭、磁极以及它们的附属部件（例如磁轭键、磁极键等）。

水轮机的转动部分包括水轮机轴、转轮等。

其他还有发电机轴和水轮机轴的连接螺栓、大轴的轴领（滑转子）、键等。

转动部分的结构或部件都是以中心对称方式布置的。它们中的任何部分或任何部件出现缺陷或故障都会破坏这种对称性，并产生径向激振力，引起或影响机组的振动。

发电机转子是水轮发电机组最重要的激振力来源，包括电磁和机械不平衡力、两种频率系列的电磁激振力、相关部分的机械缺陷激振力等，都和发电机转子及其部件的状态有密不可分的关系（参看第10章）。

“大轴摆度”是转动部分最重要、最具代表性的振动量。但本质上，它并不等同于转动部分的横向振动。转动部分的扭转振动也是经常存在的，功率摆动是它的外在标志和指标。扭转振动的幅值一般比较小，在扭转共振的情况下，受影响最大的除大轴本身外，还有安装在它上面的部件，例如水轮机的转轮叶片、大轴法兰连接螺栓、发电机的转动部分等。

分析和识别转动部分的振动，不仅可以了解转动部分的振动水平、有助于判断机组激振力的可能来源，而且有助于判断固定支持部件的状态和可能存在的缺陷。

3.1.2　转动部分的振动特性

转动部分最重要的振动特性是它的临界转速或临界转速频率，它是旋转机械重要的技术指标之一。对水轮发电机组，临界转速频率相应于轴的弯曲振动固有频率，最重要的是它的一阶临界转速。

影响临界转速的因素有：转动部分的重量、大轴的直径和长度、转动部分的支持刚度、磁拉力、轴向力、水介质、导轴承间隙等。对于已投运的立式机组，对临界转速影响最大的因素是导轴承的间隙。当导轴承间隙超过一定值后，临界转速就会明显下降。根据几个发生共振或自激弓状回旋机组的测量结果，当导轴承轴瓦松动、间隙增大 1 倍以上时，第一临界转速可能会降低 40%。

转动部分的临界转速和相应的振型由发电机制造厂家给出。一般规定，转动部分的第一临界转速应高于水轮机最高飞逸转速 10%。统计结果表明，大多数机组转动部分的第一临界转速都在其额定转速的 2 倍上下，小型机组也有达到 3～4 倍额定转速的。由于影响立式机组临界转速的因素比较多，实际值和计算值之间会有差异。

图 3.1 为一台小型立式机组一阶临界转速下的计算振型与现场实测的动态轴线姿态图的对照，可以看出：实测结果（根据甘肃省电力试验研究所闵占奎等的试验数据）与计算结果还是比较符合的。

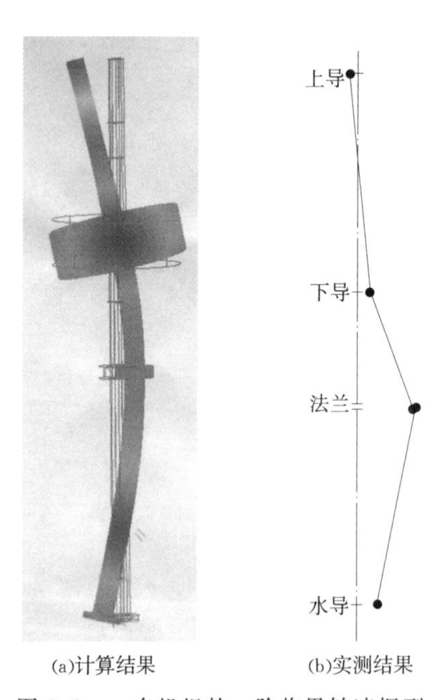

(a)计算结果　　(b)实测结果

图 3.1　一台机组的一阶临界转速振型

众所周知，共振发生的条件是需要有一个周期性激振力作用在固有频率与之相同的振动体上。一个有趣的问题是：立式机组转动部分共振时，作用在它上面的周期性激振力是什么？来自哪里？

首先想到的可能是不平衡力。但前已述及，不平衡力对大轴或转动部分而言是一个静态力，可引起大轴的弹性弯曲变形，不会直接激发转动部分的共振。

在逐一分析了各种可能之后得到的结论是：激发转动部分共振的是导轴承的支反力。其作用机理是：对转动部分不具周期性质的不平衡力通过导轴承的支反作用力和大轴的旋转把这个支反力变成周期性的作用力并作用在转动部分上。当大轴的转速频率等于其临界转速频率时，导轴承的支反力也同时具有这个频率，于是共振就产生了。由此看，转动部分在临界转速下的共振，归根结底是由来自自身的不平衡力引起的。

由此联想到的另外一些问题是：

(1) 在理想情况下，如果旋转机械的转动部分不存在不平衡力或其他转频径向力，还会不会出现共振现象？还有没有临界转速？

结论是不会出现共振，但仍然存在临界转速。

(2) 临界转速下转动部分的振型和弯曲共振时的振型有没有区别?

有区别，弯曲振动或者弯曲共振是大轴在一个平面内的往复运动，其幅值为往复运动的位移最大值；而转动部分的共振则是在临界转速下的弓状回旋运动，其幅值为在导轴承约束下的弓状回旋的直径（双振幅)。

(3) 转动部分共振时大轴摆度增大的机理与大轴横向弯曲共振时幅值增大的机理有什么异同?

转动部分共振时大轴摆度增大的机理是导轴承的支反力、相应的是不平衡力随转速的升高而增大。横向弯曲共振时幅值增大的机理是，在每一个振动周期中振动幅值增量的不断叠加，而激振力的幅值是不变的。

3.2　固定支持部件

3.2.1　上机架—定子机座系统

3.2.1.1　系统的构成

“上机架—定子机座系统”包括上机架和定子机座两部分。定子机座是上机架的基础和边界条件，也是发电机定子铁芯、定子线圈及其他附件等的支持部件。上机架的结构包括中心体和支臂（机架腿）两部分，它是发电机上导轴承、悬垂式机组的推力轴承和励磁机的支持部件，也是中心体的支持部分。

传统和小型发电机的上机架支臂为辐射形（图3.2，摘自周宁水电站发电机组机架动力特性分析[R]，2006)。根据原来的设计原则，机架腿的外端为自由端，故整个上机架—定子机座系统为以定子机座下端面为固定端、上端为自由端的“悬臂结构”。现在的中小型机组仍然采用这种结构型式。部分机组上机架的外端通过弹性部件与风罩相连，以加强上机架的径向支撑刚度。

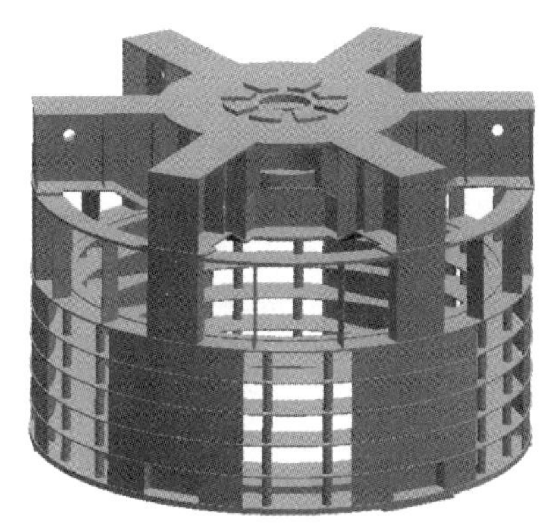

图3.2　小型发电机的上机架—定子机座系统示意图

现代大型发电机的上机架有了多种新的结构型式（图3.3～图3.5)。它们与传统辐射形支臂上机架的最大差别和优点在于：①上机架支臂外端都与发电机风罩刚性地连接在一起，极大地增大了上机架的径向刚度；②改变了上机架—定子机座系统的受力方式，即当上机架受到来自转动部分的径向力时，新型上机架就会把径向力或其部分转换成切向力，从而改善了上机架的受力状况。

上述两方面的差别和优点所产生的效果是：在同样大径向力作用下，新型上机架所产生的变形或振动位移就比较小。反过来说，在保持上机架径向刚度相同的条件下，上机架的结构就可以轻型化，从而节省钢材，降低成本。

图3.3为浮动式上机架的平面图，图3.4和图3.5为“斜切式上机架”的两种结

构型式，其中图 3.4 常用于大型机组，图 3.5 用于中小型机组或高转速的水泵水轮机/发电、电动机组。它们的支臂内端都与上机架的中心体切向连接，外端与发电机风罩刚性连接。

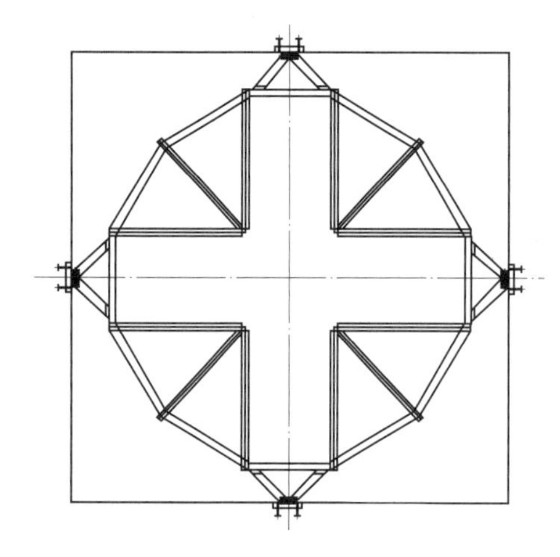

图 3.3　浮动式上机架平面示意图

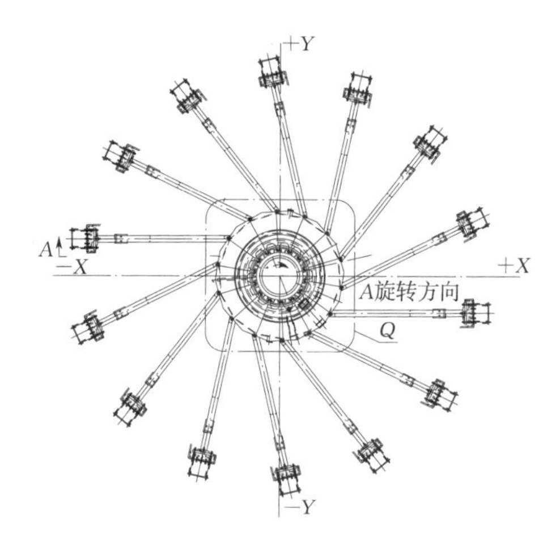

图 3.4　斜切式上机架示例一

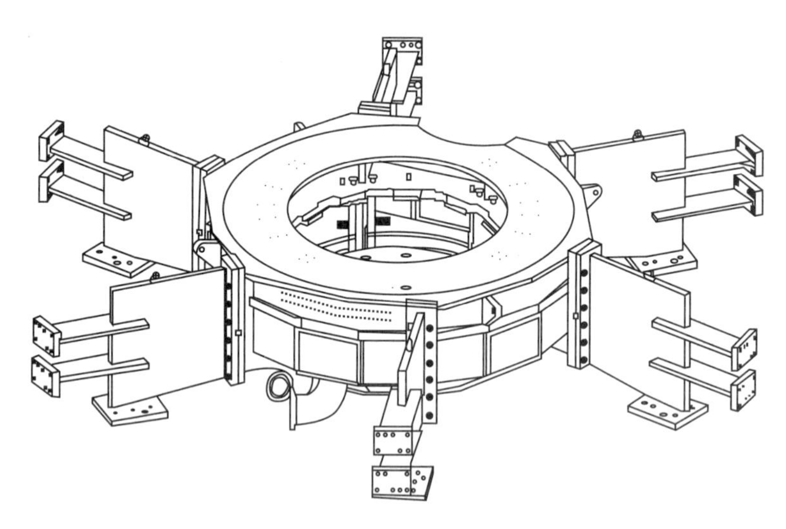

图 3.5　斜切式上机架示例二

3.2.1.2　上机架—定子机座系统的静态刚度

对于辐射形支臂的上机架系统，来自上导轴承的径向力，就相当于作用在这个悬臂系统的自由端。受力后的径向位移，从下到上，近似呈直线分布或抛物线形分布，上机架的径向位移最大。图 3.6 为一台发电机组上机架—定子机座系统径向位移随径向力的变化趋势，它显示了这种系统在径向力作用下径向位移分布的特征。

定子机座上下两端都有与机架腿数量相同的支墩，它是定子机座最薄弱的部分，图上也显示了这样的情况：测点 2（上部支墩的顶端）的径向位移比测点 3（上支墩的底部）的位移要大得多，表明支墩还明显存在相对于定子机座本体的位移或变形。

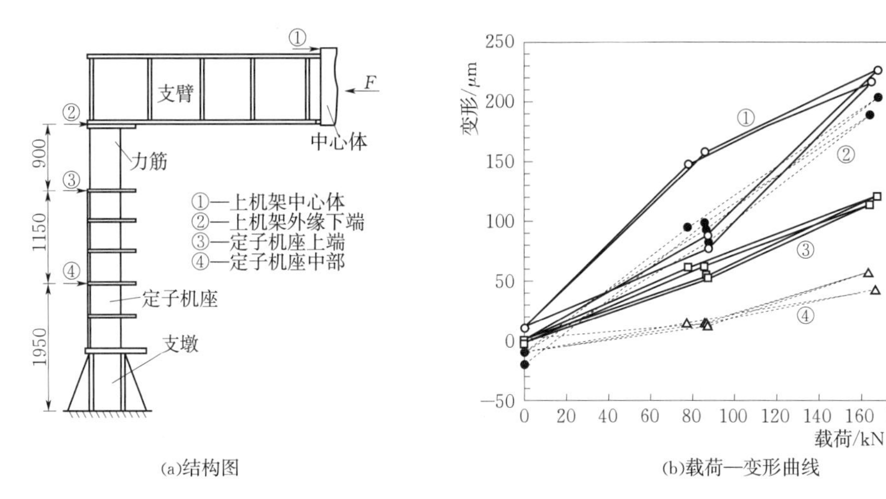

(a)结构图 (b)载荷—变形曲线

图 3.6 悬臂式上机架—定子机座系统的径向位移分布

图 3.7 是另外一台机组定子机座径向静态刚度的测试结果。该机组额定功率 36MW，转速 375r/min。结果显示，在静态力的作用下，定子机座 $\pm Y$ 方向的位移量基本相同，表明在径向力的作用下，定子机座在作用力方向上产生了整体变形，而不是局部变形。

新结构的上机架—定子机座系统，由于上机架结构和边界条件的变化，定子机座的受力和边界条件也同时发生了变化。在来自转动部分的径向力作用下，定子机座和上机架的变形或位移也不再是图 3.6 那样的直线或近似抛物线形状，最大振动位移也不出现在定子机座的上部，而是出现在定子机座的中部或其他位置。图 3.8 是一台蓄能机组的例子，这台机组定子机座的最大径向位移出现在上、下两端。图中虚线和实线分别为检修前和检修后的情况。检修前的定子机座下端固定在机墩（基础）上，检修后，定子机座通过径向键直接搁置在机墩上，两种条件下的径向振动位移分布情况基本相同，但并不是所有机组都呈现这样的情况。

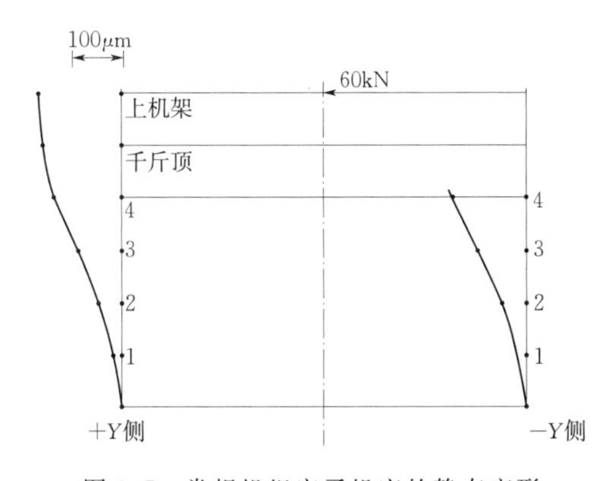

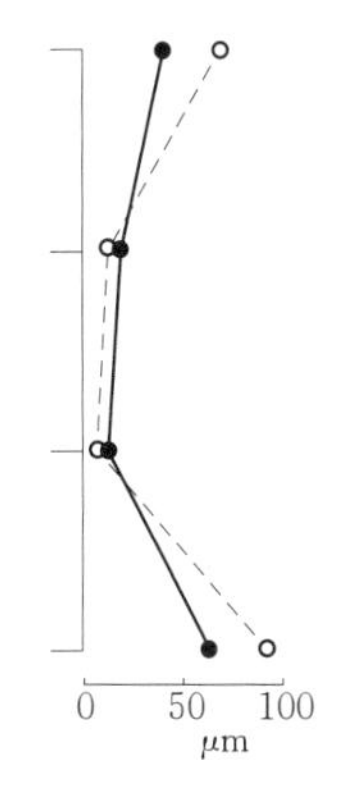

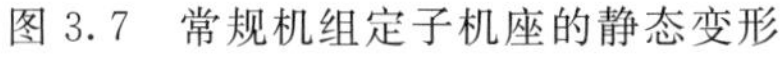

图 3.7 常规机组定子机座的静态变形

图 3.8 一台蓄能机组定子机座径向振动沿高度的分布

随着上机架的轻型化，定子机座也进行了轻型化。但由机械缺陷产生的径向力并不随结构的轻型化而减小，故定子机座的最大径向振动幅值也明显增大。不言而喻，定子铁芯的径向振动会更大一些（图2.63）。这样，在定子铁芯和定子机座之间就会产生更加明显的相对运动。这种情况是否会带来其他次生影响（例如定子线棒的磨损）还有待于进一步检验。

3.2.1.3　上机架—定子机座系统的振动特性

对于具有辐射形支臂的上机架—定子机座系统的立式机组，它的最重要的振动特性是横向振动固有频率，其次是轴向振动固有频率和切向或圆周向振动固有频率。

现场试验时，发生共振机组上机架振动峰值对应的频率就是其固有频率，例如大伙房电站机组上机架—定子机座系统轴向振动出现的情况（图5.7），峰值对应的频率10～15Hz就是其轴向振动固有频率。

不同转速试验时如果出现峰值，峰值对应的频率也是该振动部件的固有频率，例如大岩坑电站机组的上机架—定子机座系统径向振动在约800r/min时出现峰值（图9.5），13Hz就是它的径向振动固有频率。图4.32为另一台机组的上机架—定子机座系统发生共振的情况，不同的是，共振发生在常规额定转速的情况下，在当时条件下，其径向振动固有频率为10Hz。

此外，采用级联图分析方法，即使在不出现明显峰值的情况下，也能从不同转速试验数据中获得上机架系统的固有频率，其机理是固有振动频率不随机组转速而变。图3.9为两个电站上机架垂直振动级联图（在线监测数据），图3.9（a）中的10.4Hz和图3.9（b）中的8.3Hz就分别是两台机组上机架—定子机座系统垂直振动的固有频率。同样可得知，三峡电站一台机组的上机架垂直振动前两阶固有频率分别为5.8Hz和15Hz（图4.30）。

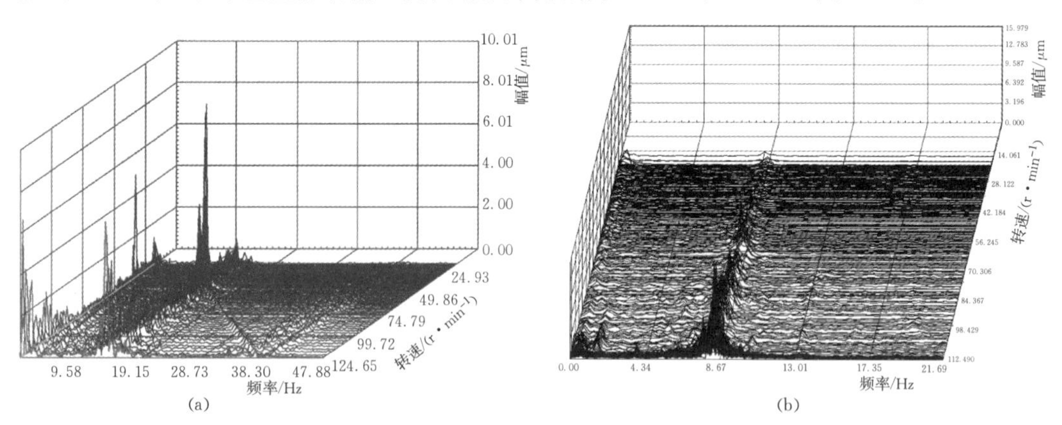

图3.9　上机架—定子机座系统垂直振动的级联图

不同型式和功率的立式水轮发电机组，它们的上机架—定子机座系统的尺寸虽然相差非常大，但它们的径向和轴向振动固有频率的差别并没有那么大。上面的例子中给出的固有频率数据，既有大型机组的，也有小型机组的。其数值大都在20Hz以下的范围。

在小型、转速比较高的发电机上，上机架—定子机座系统发生径向共振的可能性大一些，例如上面几个实例所示。

大伙房电站、葛洲坝电站机组都出现过上机架—定子机座系统轴向共振的情况。（参看第5章5.2节轴流式水轮发电机组的振动）。

3.2.2 下机架（推力机架）

3.2.2.1 结构

下机架的基本结构大致如辐射形上机架那样，也包含一个中心体和若干个径向支臂。支臂下翼板外端固定在发电机的基础（机墩）上。

图 3.10 为一台大型机组的下机架平面图和支臂的立面图。这台机组的支臂除通过地脚螺栓与基础相连外，支臂的径向外端也与基础相连。这极大地增加了下机架的径向刚度，也有利于增大它的轴向刚度，但并不是所有的下机架都采用这种结构。

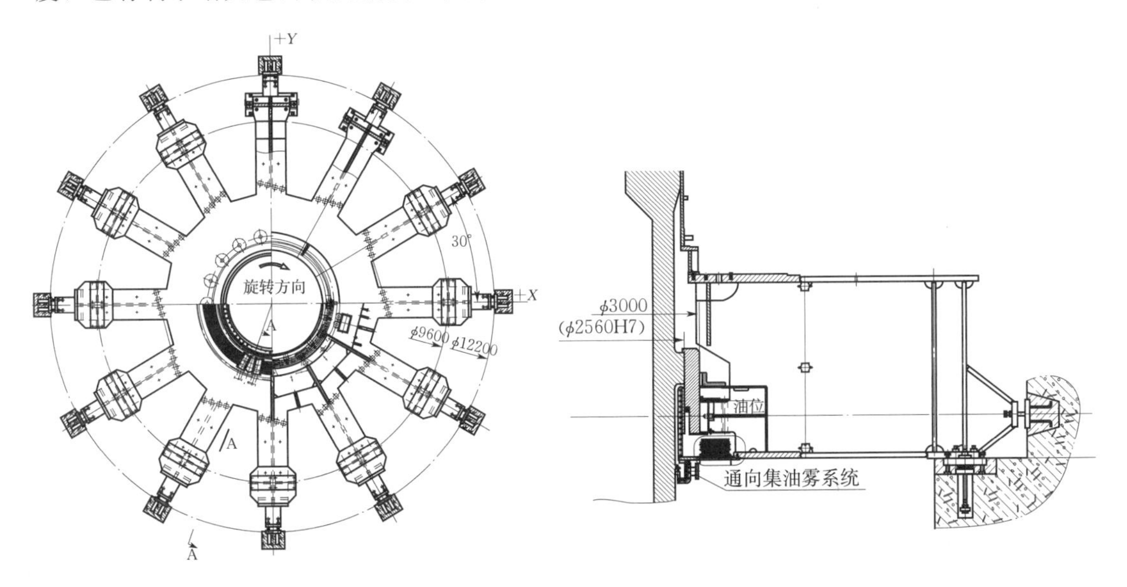

图 3.10　一台发电机的下机架平面图和立面图（局部）

推力轴承安装在下机架中心体的上环板上，下导轴承通过支架坐落在下环板上。这是半伞式机组比较典型的布置方式之一。

3.2.2.2 下机架的振动特性

下机架的外径比较小，又直接坐落在基础（机墩）上，加上半伞式机组的推力轴承也位于下机架上，故下机架支臂的轴向和径向刚度都比较大。这就决定了它两个方向的固有频率都比较高，少有实际发生共振的情况。

下机架的固有频率也可通过级联图分析得到，图 3.11 为一台中型机组下机架垂直振动级联图（在线监测数据），图上显示，33.3Hz 为它的一阶固有频率。

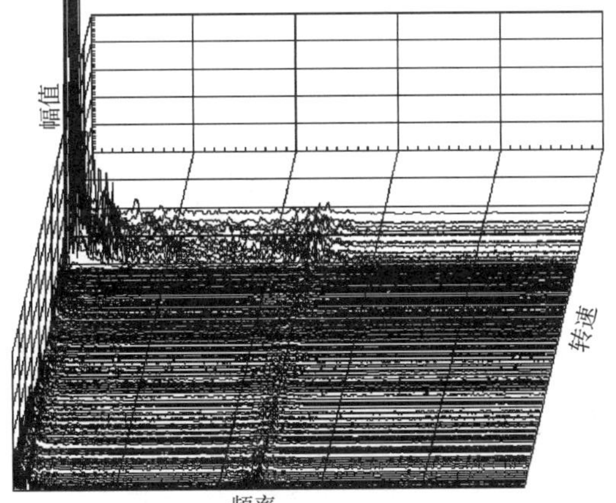

图 3.11　下机架垂直振动级联图

下机架的径向刚度比较大，它承受的径向力与上机架差不多，但其振动幅值要比上机架小得多。但也有例外的情况，如下面的例子。

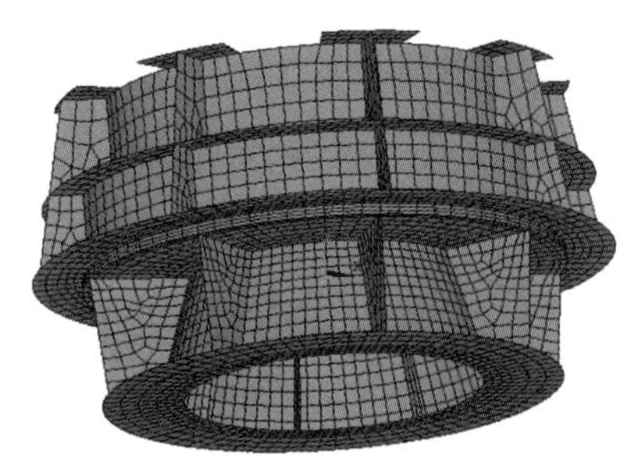

图 3.12 一台机的下机架—推力机架系统示意图

图 3.12 为一台机组的下机架—推力机架系统。在这个例子中，下机架—推力机架系统分为下机架和推力机架两部分，均为筒形结构。用筒壁和立筋代替辐射形支臂，上端面环形板为下导轴承的支持部件。筒形推力机架的上部环形板固定在下机架的下环形板上，为推力轴承的支持部件，推力机架的下部结构（圆筒、立筋和下环形板）为推力机架的加强结构。

计算结果得出：下机架系统的轴向一阶固有频率为 16.1Hz，36 阶轴向固有频率为 73.2Hz。

图 3.13 为下机架振动的现场测试结果，可以看出：下机架的轴向振动幅值比较大；下机架径向振动随转速升高而增大的速度也比较快，显示有比较大的动力响应影响。这可能与 36 阶以下的多阶固有频率都和叶片频率压力脉动的频率（58.3Hz）接近有关。水导摆度也显示了相似的变化趋势，如图 3.14 所示。

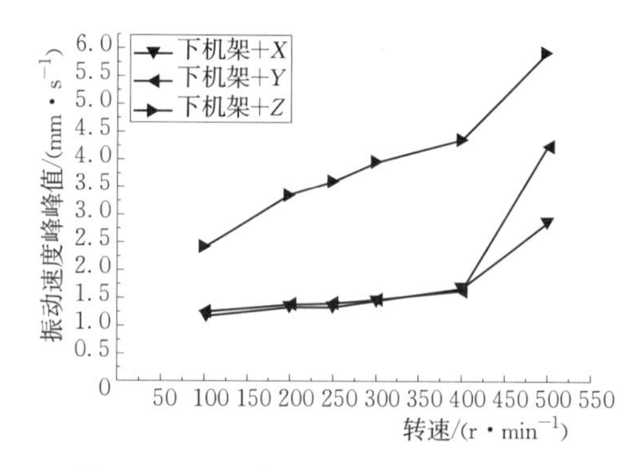

图 3.13 下机架振动随转速的变化趋势

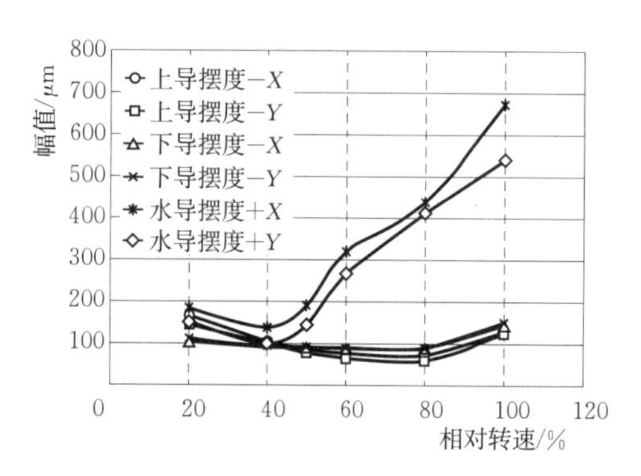

图 3.14 各导摆度随转速的变化趋势

对于三导轴承机组，下导轴承居于中间位置，它与上导或水导轴承的不同心度对转动部分旋转的平顺性影响比较大。

3.2.3 水轮机顶盖

3.2.3.1 结构

顶盖的结构近似于一个中空的圆环形盒状结构，上下两层环形板之间以径向立筋支撑，立筋的数量与导叶数相等或成比例。盒状结构外侧有一圈法兰，沿圆周方向与水轮机座环连接在一起。各种立式水轮机的顶盖结构并没有原则性区别。

顶盖的结构并不复杂，但它的基本功能却比较多，例如：作为水轮机转轮的上盖；作为水导轴承的支持部件；作为活动导叶的上部轴支持部件；作为调速环的支持部件；作为主轴密封的支持部件等。这导致顶盖上的附件比较多，受力情况比较复杂，影响其振动的因素也比较多。

图 3.15 为一台水泵水轮机的顶盖结构的投影图，图 3.16 为一台大型水轮机顶盖立面图（局部）。

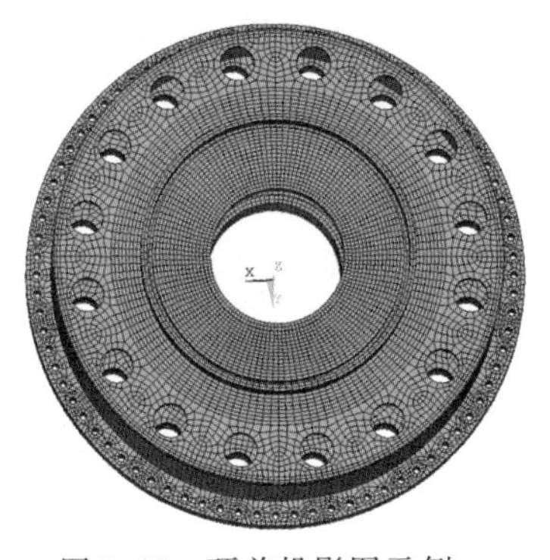

图 3.15 顶盖投影图示例

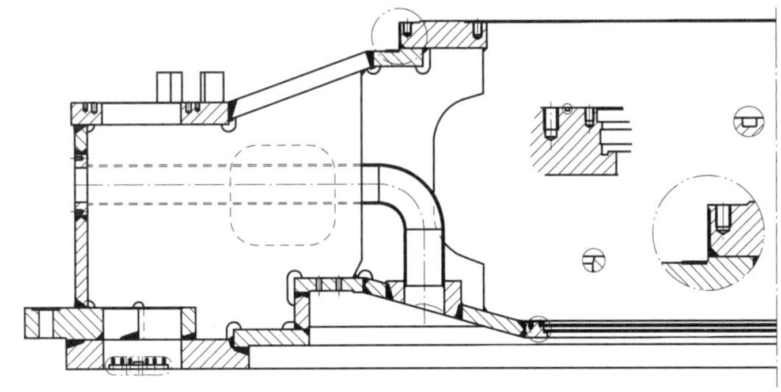

图 3.16 顶盖立面图（局部）

3.2.3.2 顶盖的振动特性

顶盖最重要的振动特性是它的轴向振动固有频率。

图 3.15 上所示顶盖的轴向振动固有频率计算值为 128～118Hz。这与该水轮机的叶片频率 2 倍频压力脉动频率（117Hz）十分接近。而且由于动静干涉的作用，叶片频率 2 倍频压力脉动的幅值又比较大，于是产生了顶盖垂直振动随转速升高而快速增大的情况，如图 3.17 所示。

图 3.18 为一个在升速过程中顶盖垂直振动出现峰值的例子（奥技异电气技术研究所在线监测数据）。对应峰值的频率（不一定就是转速频率）就是顶盖的垂直振动一阶固有频率。

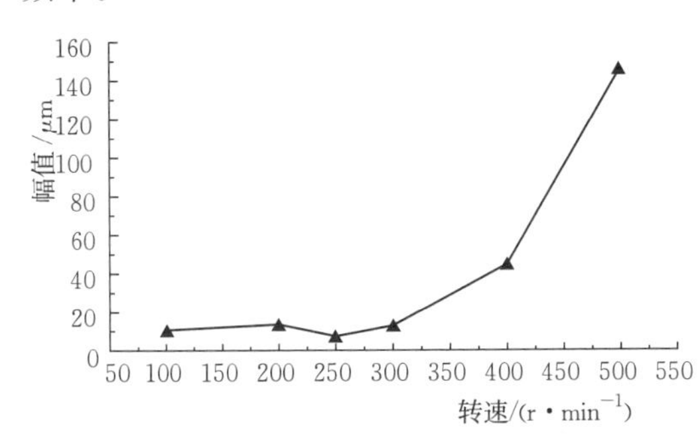

图 3.17 顶盖垂直振动随转速的变化趋势

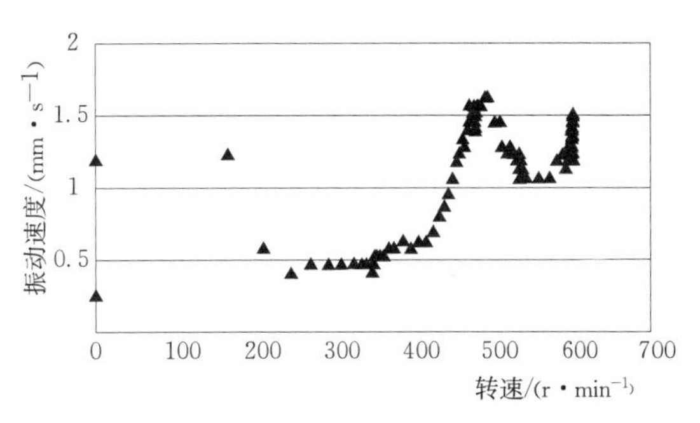

图 3.18 升速过程顶盖轴向振动出现了峰值

同样，也可以通过级联图发现或确认顶盖振动的固有频率。

3.3 其他振动部件

除上述转动部分和三大支持部件（系统）之外的振动部件称为“其他振动部件”，但这并不是一个严格的区分方法。当这些部件产生了强烈振动时，它或它们都可以成为振动问题的主角。

其他振动部件主要有：导轴承及其瓦架、导水机构、固定导叶、转轮叶片、发电机定子铁芯和线棒等。关于它们的振动详见第 4 章 4.5 节。

第4章　水轮发电机组的振动

水轮发电机组的振动，既包含激振力对水轮发电机组及其部件振动的激励和影响，也包含水轮发电机组及其部件对激振力的响应。故在讨论水轮发电机中的激振力（第2章）和水轮发电机组中的振动部件（第3章）时，就已经接触到了水轮发电机组的振动问题。本章关于水轮发电机组振动的讨论，实际上就是列举更多的振动实例，以说明同一种激振力对不同振动部件的激励和影响，或者是不同激振力对同一振动部件振动的激励和影响，以及振动部件对不同激振力的响应。

4.1　已知条件和共同条件

在讨论水轮发电机的振动问题时，大多数的激振力和水轮发电机组振动部件的振动特性都可归为已知条件；而机组的结构和参数，则是机组振动问题的背景和共同条件。即使是随机性很强、由机械缺陷引起的激振力，也有一定的特性和规律可循。这些已知和共同的条件，是进行振动问题研究和诊断的初始的和重要的依据，也是研究一切未知原因振动问题的出发点。

4.1.1　激振力和振动性质

众所周知，除自激振动外，激发和维持振动部件振动的激振力都是周期性交变力。在周期性交变力作用下的振动都属于强迫振动，而强迫振动的基本规律（它的幅值、频率和变化规律等）则都是由激振力所决定的。因此，如果已经知道了激振力的特性和变化规律，则相应振动部件振动的基本特性和变化规律也就是已知的。反过来说，也可以根据部件的振动特性和规律推断激振力的特性、规律和来源。这些就是振动问题研究或诊断的正问题和逆问题。

根据前面对各种激振力的讨论，只有水力激振力（压力脉动）是随机组的工况或功率而变化的。这表明，在不同的功率下，就有不同的激振力，振动部件就有不同的振动响应，把它们组合起来就构成一个完整的、振动部件对水力激振力响应随功率的变化趋势图。这就是前面“随功率而变化的激振力一定是水力激振力”和“随功率而变化的振动一定是由水力原因引起的”两个结论的依据，也是振动问题分析和诊断的一个基本判据。

由此可以得出：对于同一台机组，在同一（种或组）激振力的作用下，机组各主要部件的振动响应和规律应当是基本相似的。刘家峡电站4号机的振动、摆度随导叶开度的变化趋势就充分显示了这样的特点，如图4.1所示（刘家峡电站试验数据）。乌江渡电站的情况也表明了基本相同的特点，如图4.2所示（孙建平，敖建平.1～3号机水轮发电机组动平衡及稳定性试验报告[R].2005）。这也是强迫振动的典型特征。

不相似的情况也存在，其原因也多种多样：

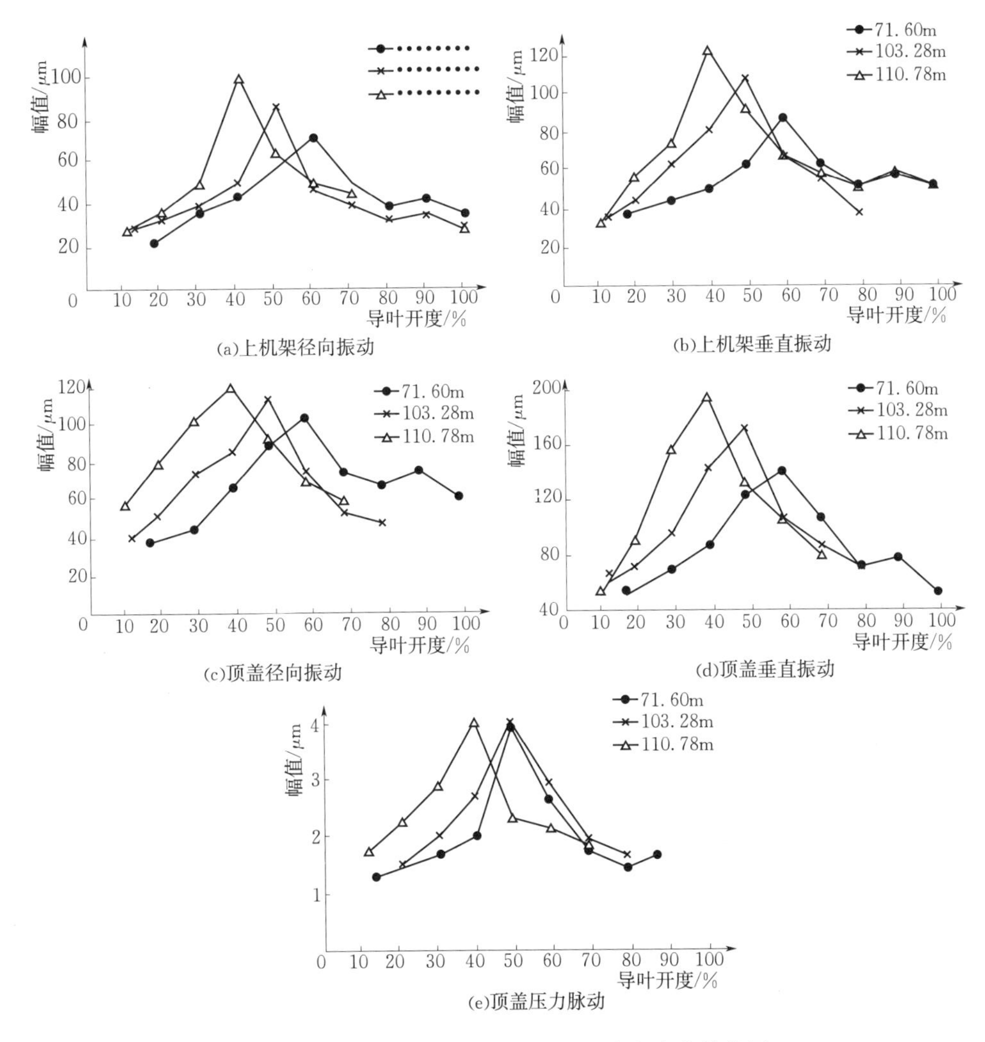

图 4.1 刘家峡电站 4 号机振动随功率的变化趋势图

首先，水轮机转轮的水力和结构设计上的差异，这是不同型号水轮机的水力稳定性差别比较大的主要原因。刘家峡电站几台更新后的水轮机是由不同厂家设计、制造的，它们的水力稳定性情况就有明显差异（参见后面的实例）。乌江渡电站和刘家峡电站水轮机的水力参数基本相同，但水轮机的型号不同，它们的差异就更大，这在图 4.1 和图 4.2 已显示得相当充分。这表明，水轮机的水力和结构设计，既对水轮机的水力稳定性有很大的影响，也是改善水轮机水力稳定性的潜在途径。

异常压力脉动的出现是导致机组振动、摆度随功率的变化趋势不相似或发生很大变化的重要原因，后面讨论机组振动和摆度时有许多这样的例子。

即使是同样型号、同样结构和尺寸，并安装在同一电站的机组，振动随功率的变化趋势具有明显差异的情况也不少见，图 4.2 各图上也有所显示。

4.1.2 振动分类

与激振力对应，机械振动也可分为常规振动和异常振动两类。但机械振动中的常规

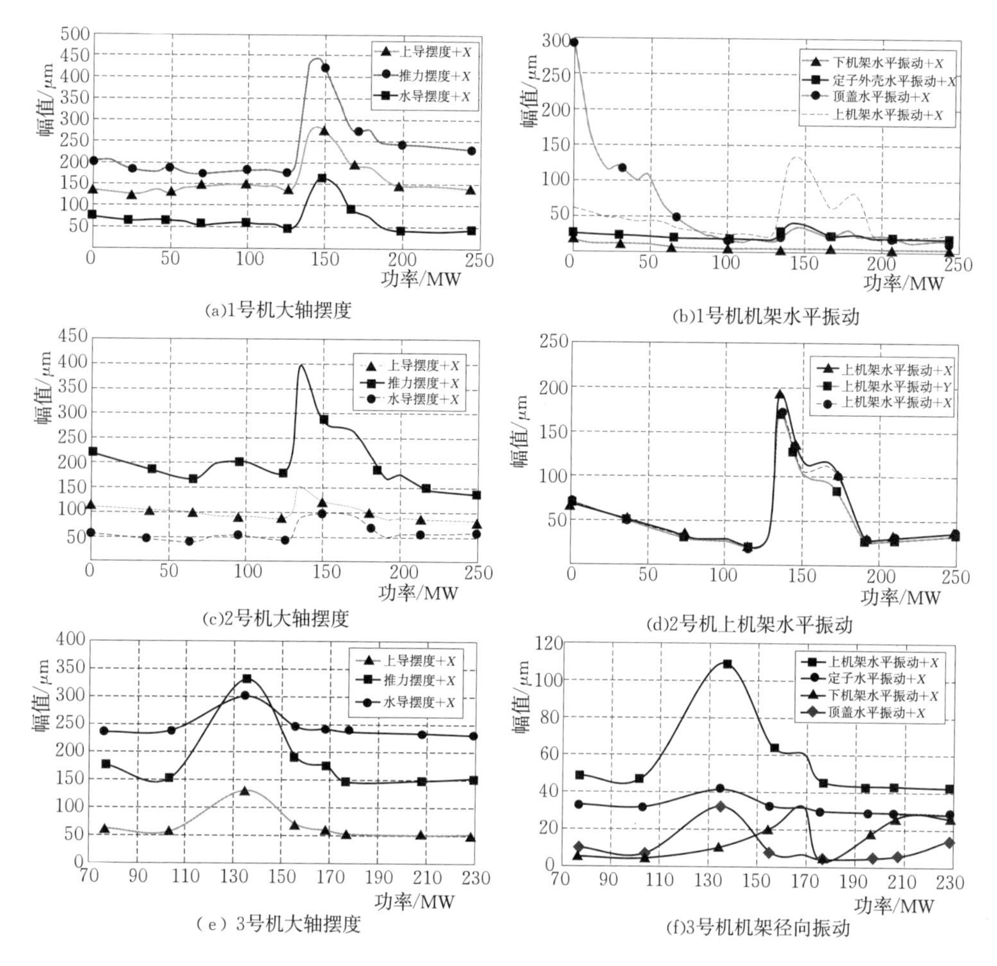

图 4.2　乌江渡电站机组振动、摆度随功率的变化趋势图

振动和异常振动具有不同的含义。这关乎机械振动的本质属性，也与对它们的认识和诊断有关。

4.1.2.1　常规振动

常规振动就是指一般的强迫振动，即可以忽略动力响应（对幅值）影响的振动。

激发常规振动的激振力包括：各种不平衡力、由水轮机常规压力脉动和异常压力脉动产生的激振力、各种机械缺陷产生的激振力、发电机的转频和极频电磁激振力等。

4.1.2.2　异常振动

异常振动是指共振、自激振动以及由其他偶然原因引起的强烈振动。后者也可能属于一般的常规振动，只是原因不明时，感觉有些异常。

异常振动都是在特定条件下产生的，既与激振力有关，也与振动体的振动特性有关，也常常与机组的某些机械缺陷或不良的参数耦合有关。

相对于常规振动，异常振动大都比较强烈，常成为机组振动问题的重要内容或决定性内容，因而也成为振动问题诊断的重要内容。

1. 共振

通常认为共振是激振力频率与振动体固有频率相同时的振动现象，也常把这两种频率接近时的振动现象称为共振或共振区（参见 7.1.5 节）。

共振时的振动之所以强烈，这与共振时振动体的动力响应相关。动力响应用动力放大系数表示，它表示为动态响应 A 与静态响应 A_{st} 幅值之比 $\beta=A/A_{st}$。在共振条件下，$A/A_{st}=1/2\zeta$。当阻尼比 $\zeta=0.5$ 时（这大致相当于机械结构的平均阻尼比水平），$\beta=10$。这就是共振时振动特别强烈的原因。故在分析和判断振动的水平和原因时，也应当关注动力放大效应的影响。

水轮发电机组中的振动部件和流道中的水体都可能成为共振体。

激发共振的激振力也有多种，例如各种压力脉动、不平衡力、卡门涡、极频电磁激振力等。

2. 自激振动

自激振动也是一种在振动体固有频率下的振动，但它产生的条件和规律与共振截然不同。

水电站中最常见的自激振动是转动部分的自激弓状回旋，多由水轮机转轮迷宫或阀门的泄漏所引起。它出现在混流式水轮发电机组中，激发和维持自激振动的能量来自转轮迷宫或阀门进口的压力水。

偶尔也有其他原因（例如导轴承瓦架刚度不足导致的“内滞作用”）引起自激振动的情况。

俄罗斯的几个转桨式水轮发电机组在最优工况出现了自激振动现象，自激振动由水导轴承引起，详见 5.2.3 节。

4.1.3 影响振动的机组参数和结构因素

下面这些因素都不同程度地影响所有振动部件的振动，但它们的影响都是相对的，需要针对实际情况具体分析。

1. 转速的影响

从国内的情况看，已运行水轮发电机组的转速范围从 54.6r/min 到 1500r/min。水轮发电机转速对机组振动的影响表现在如下方面：

（1）转速高的机组旋转稳定性好，这主要归结为它的陀螺效应比较大的缘故。

（2）转速高的机组对不平衡的要求比较高。

（3）高转速机组的结构尺寸比较小，机组支持部件的相对刚度大，有利于减小机组振动，高水头抽水蓄能机组的振动稳定性比较好，也与此有关。

（4）高转速机组转动部分的轴向尺寸比较长，转动部分的临界转速相对较低。

（5）高转速发电机的定子比较高，上机架—定子机座系统的横向振动固有频率比较低，发生共振的可能性相对较大，特别是在小型机组上。

2. 结构和尺寸的影响

机组的尺寸也是影响机组振动的重要因素。在结构基本相似的条件下，机组部件的刚度与其线性尺寸的平方根成反比。因此，在相对激振力相同的情况下，大型机组的振动幅值比小型机组大。

3. 立式和卧式

立式机组有许多不同于卧式机组的特点，例如：从转动部分的运动形式上看，它更像一个以推力轴承为支点的摆；导轴承为对称圆环形，不承受转动部分的重量，仅对转动部分起把持式的约束作用；导轴承间隙对转动部分的临界转速、大轴摆度等有直接影响；“动态轴线姿态”是立式机组特有的参数和形态，与不平衡力的平衡校正有密切关系等。

卧式结构的水轮发电机多见于小型机组、贯流式水轮发电机组，冲击式水轮发电机组也有卧式的。机械振动学中关于旋转机械的振动部分，相当多都是以卧式机组为对象的，例如转动部分的平衡理论、转子临界转速计算方法等。

小型卧式机组的尺寸都比较小，部件刚度相对比较大，水力因素的影响相对比较小，由它引起的规律性振动也不多见。

贯流式水轮发电机组是卧式机组中的大型机组，它在结构和振动上有许多与众不同的特点，将在第 6 章专题介绍。

4. 悬垂式、半伞式、全伞式结构

推力轴承的位置不同，影响激振力在各导轴承上的传递和分配，影响各导轴承处的大轴摆度和动态轴线的姿态，影响固定支持部件的振动，机组的整体振动稳定性水平也不完全相同。在设计、制造、安装调整和运行维护良好的情况下，三种结构形式都能满足机组安全运行的需要，但其中全伞式结构应用得比较少。

5. 导轴承的数目

水轮发电机组的导轴承数目（两个或三个）对机组的运行稳定性有一定的影响。一般而言，三导轴承的立式机组稳定性更好一些。

没有下导轴承时，不平衡力在发电机转动部分上的分布和传递结果不同；有时大轴法兰的摆度会比较大，增加大轴的动态曲折度；发电机转子的不平衡力对水导轴承的影响会大一些。尾水管压力脉动产生的激振力都是通过转动部分传递给导轴承和固定支持部件的，导轴承数量不同，传递的结果也不相同，在相同的压力脉动幅值下，对各导摆度和各固定支持部件振动的影响也不同。

如果三导轴承存在不同心度和轴线有明显曲折度的情况，产生大轴别劲现象可能性大些，取消下导轴承或放大下导轴承间隙就可避免这种情况的出现。

6. 多段轴与单段轴

发电机采用多段轴有一些优点，但在加工、安装、调整环节上，也增加了轴线出现缺陷的机会。多段轴情况下，推力头可能与发电机轴（下部轴）的上法兰刚性地组合在一起。这样的结构既有优点，也同样存在出现缺陷的机会。

4.2　转动部分的振动

4.2.1　转动部分的受力

转动部分的受力有多种，其中一部分来自转动部分自身，例如不平衡力及弓状回旋产生的附加不平衡力、转频电磁激振力等；另一部分来自转动部分以外，例如常规和异常压力脉动产生的激振力、固定支持部件的支反力和阻尼力。

对转动部分而言，来自转动部分本身的作用力（包括由转动部分的机械缺陷产生的径向作用力）都属于静态力，它们只引起转动部分的弯曲变形，增大轴线的曲折度，并通过增大转动部分（轴线）的曲折度产生的附加不平衡力来影响大轴摆度。

来自转动部分以外由各种压力脉动产生的水力激振力会直接增大大轴摆度，而由支持部件（导轴承、推力轴承及它们的支持部件）施加给转动部分的作用力则倾向于减小大轴摆度。

在评价各种激振力对大轴摆度的影响时，需要注意到：

（1）在水力激振力中，涡带压力脉动引起的大轴摆度幅值往往是最大的，异常压力脉动的影响相对比较小，但异常压力脉动的频率为涡带压力脉动频率的4～5倍甚至更高，在同样幅值条件下，它的振动能量也是后者的4～5倍。

（2）而当大轴承受两种（包括不平衡力）频率的径向力作用时，大轴将承受与最大非转频径向力相当的交变应力。当这个交变力足够大时，可能会引起大轴或其连接螺栓的疲劳破坏。

4.2.2 转动部分的运动和振动

1. 立式机组转动部分的旋转运动

前已述及，水轮发电机组转动部分有两种相伴而生的旋转运动形式，即自转和公转。

自转是由机组的功能所决定的，而公转则是由机组转动部分各种不可避免的因素，例如：轴线的曲折度、导轴承的间隙、不平衡力和其他径向力的存在等，在转动部分旋转时相伴而生的。

2. 转动部分的横向振动——大轴摆度

弓状回旋既是转动部分的一种旋转运动形式，也是转动部分的一种横向振动形式，大轴摆度双振幅就是弓状回旋的直径。

理想情况下，大轴在导轴承中作弓状回旋运动时，轴的旋转中心（轴线）在测量断面处就会画出一个以径向变形和径向位移之矢量和为半径的圆，它就是大轴弓状回旋的轴心轨迹，圆的直径就是大轴摆度的双振幅。正常情况下，弓状回旋的频率就是机组的旋转频率，弓状回旋产生的不平衡力就是所谓的“附加不平衡力”。

影响立式机组大轴摆度幅值的因素有多种：①轴线的曲折度；②转动部分（轴线）的弹性变形；③大轴在导轴承径向间隙中的移动；④各导轴承的不同心度和不平行度；⑤导轴承瓦架的径向振动等。但它们对大轴摆度的影响并不是简单的代数相加。

卧式机组的大轴摆度主要反映大轴的弹性变形，由转动部分不平衡力和悬臂端的重量所引起。

大轴摆度和转动部分的横向振动在概念上是不同的。大轴横向振动是在大轴承受横向交变力时产生的。引起转动部分弓状回旋的不平衡力是一个大小和相位都不变的静态作用力，它只引起大轴的静态弹性变形。故本质上说，弓状回旋只是一种运动形式，而不是一种振动形式，大轴摆度也不是大轴真正意义上的横向振动模式。在讨论转动部分的振动时，之所以采用大轴摆度而不是轴振动的概念，原因就在于此。此外，采用大轴摆度这个概念，更主要关注的是影响大轴摆度的各种因素，以及这些因素背后所反映的结构特性或可能存在的机械缺陷。

3. 转动部分的轴向振动

在水电站和水轮发电机组中，不单独讨论转动部分本身在轴向激振力作用下产生的弹性变形式振动即纵向振动。通常是用转动部分支持部件的轴向振动代表转动部分整体的轴向振动。

引起转动部分轴向振动的激振力主要来自水轮机的各种压力脉动，特别是其中的同步压力脉动。在镜板不垂直度比较大的情况下，它可以把作用在转动部分上的静态轴向力的一部分转变成轴向激振力。

4. 转动部分的扭转振动

扭转振动是指转动部分沿圆周方向所作的周期性往复运动，它常常和功率摆度联系在一起。凡是能产生水头波动的因素都会引起大轴的扭转振动。这样的因素包括各种频率的尾水管同步压力脉动、尾水管水、气联合体共振产生的异常压力脉动、类转频压力脉动等。小开度时转轮进口周期性冲击、脱流和次生水冲击在一定的条件下也能引起转动部分的扭转振动甚至是扭转共振。在转轮叶片发生卡门涡共振时，也能引起明显的功率摆动。

在不发生扭转共振或发电机功率振荡的情况下，转动部分的扭转振动通常都因比较小而不被注意。

4.2.3　表示大轴摆度图形

表示大轴摆度幅值随某种工况参数变化规律的图形有多种，例如：波形图、趋势图、轴心轨迹图、动态轴线投影图、频谱图、瀑布图、级联图等。这些图形各有所长，可在不同的场合显示大轴及其支持部件的不同状态（参看第 8 章的图形解读部分）。

1. 大轴摆度随功率的变化趋势图

它是最重要而且具有基础性的图形，图线上随功率而变化的部分反映水力因素的影响，它的基础部分，也就是图线显示的最小值以下的部分反映机械和电磁因素的影响。

图 4.3 为二滩电站 6 台混流式水轮发电机组的水导摆度随功率的变化趋势图[1]，图上显示：涡带压力脉动是影响水导摆度的最大因素，也是影响其他部位大轴摆度的最大因素。

在相近的水头下，同一电站的相同型号各机组的水导摆度幅值可能有明显差别，但这不完全是水力因素影响的结果。

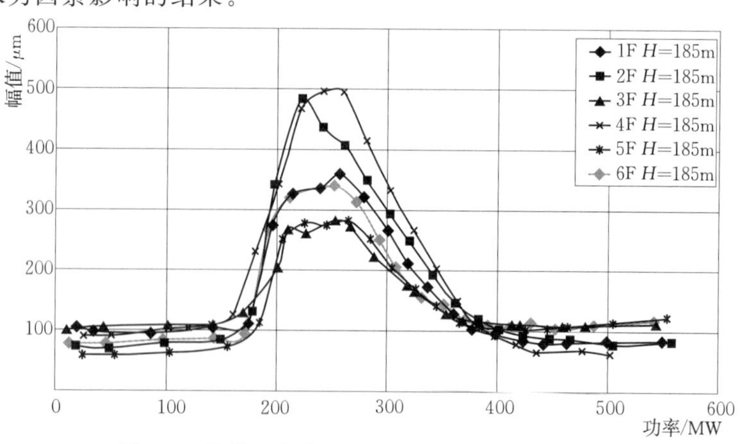

图 4.3　涡带压力脉动对不同机组水导摆度的影响

图 4.4 为三峡电站一台机组的大轴摆度随功率的变化趋势图（华中科技大学水机教研室课题组试验数据），图上显示：涡带压力脉动也是大轴摆度的最大影响因素，其中受影响最大的是下导摆度；小开度区大轴摆度随功率的增大而减小，大开度区大轴摆度的幅值及其起伏变化都不大。

图 4.5 为刘家峡 3 号机的大轴摆度随功率的变化趋势图（甘肃电力科学研究院．刘家峡水电厂 3 号机扩修后稳定性试验报告［R］. 2005），图上显示涡带压力脉动对水导摆度的影响比较大，其幅值也相当大。根据上导摆度幅值比较正常（它表示机组的平衡状况尚好）的情况判断，水导摆度幅值特别大可能与导轴承间隙比较大或轴线的曲折度有关。

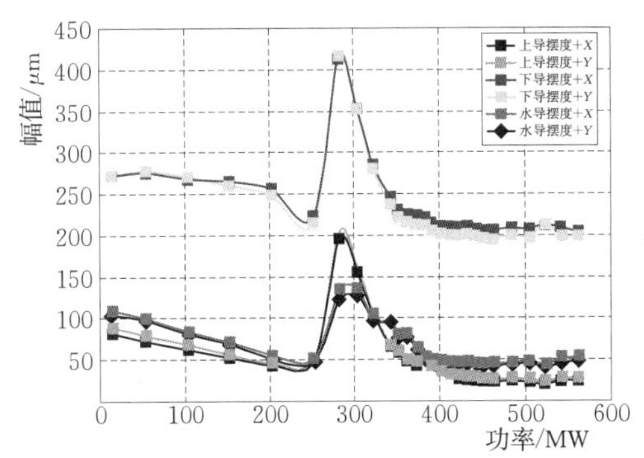

图 4.4　涡带压力脉动对各导摆度的影响

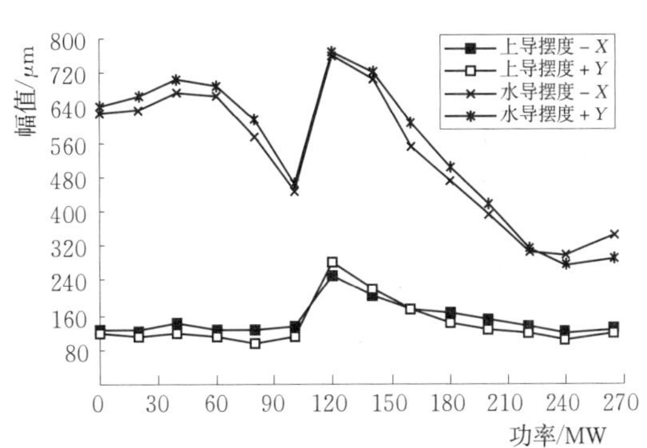

图 4.5　大轴摆度随功率的变化趋势图

前面三个例子都说明了涡带压力脉动对大轴摆度影响比较大的情况，但受影响最大的不一定都是水导摆度。这表明涡带压力脉动对大轴摆度影响的大小还与轴线的动态姿态有关。

采用频谱分析方法可显示涡带基波频率激振力分量随功率的变化趋势，如图 4.6（黄河电力测试科技工程有限公司．龙电 2 号、4 号机组试验报告［R］. 2000）和图 4.7 上的虚线所示。图 4.7 上的实线为大轴摆度中涡带频率分量外的部分。

需要注意的是：涡带压力脉动具有多次谐波，频谱分析得到的只是它的基波值，故它要比其通频值小很多。这种图仅用来显示涡带压力脉动对大轴摆度影响的工况特征。

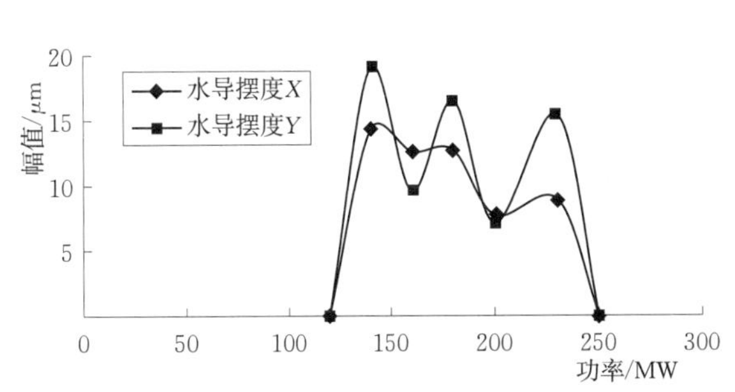

图 4.6　涡带频率分量随功率的变化趋势图

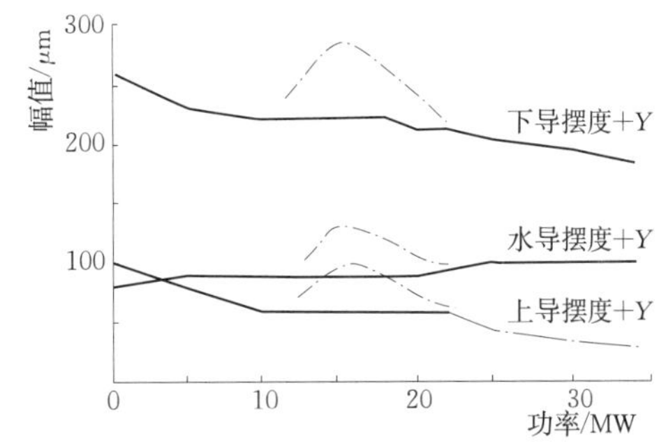

图 4.7　大轴摆度中的涡带频率分量

图 4.8 显示的是类转频压力脉动对大轴摆度的影响，图上显示：在小开度区和大开度区各有一个由类转频压力脉动引起的峰值区，涡带压力脉动对大轴摆度的影响相对较小

（中国水科院，等．刘家峡水电厂2号机振动试验报告［R］，1990）。

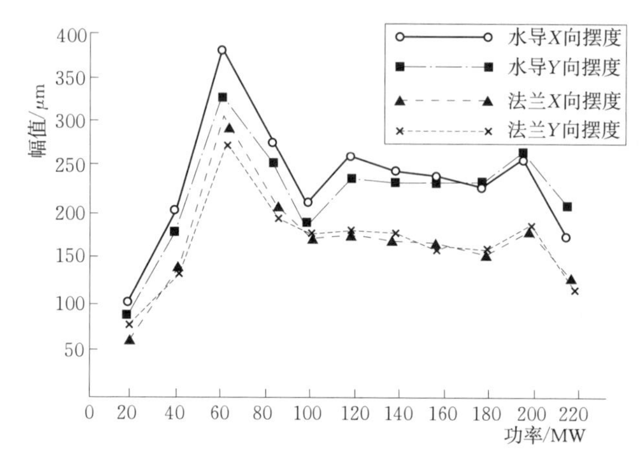

图4.8　类转频压力脉动对大轴摆度的影响

前面的图4.2上还有高部分负荷压力脉动对大轴摆度影响的情况。

2. 大轴摆度在其他图形上的显示

（1）波形图。比较正常的大轴摆度波形图近似为正弦波形，多出现在水力因素影响比较小的最优工况及以上区，有时也出现在小开度工况区，它们主要显示机组不平衡力的影响，图4.9为一个例子。图4.10为涡带工况时的波形图，图中的低频信号反映涡带压力脉动的影响，较高频型号为转速频率信号。

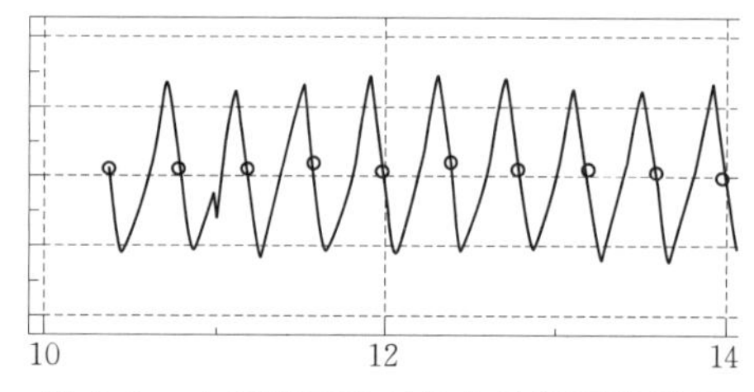

图4.9　大开度工况时的上导摆度波形图

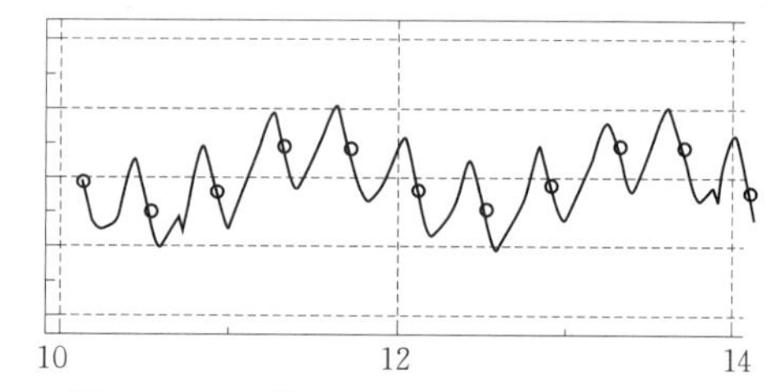

图4.10　涡带工况时的水导摆度波形图

图4.11显示的上导摆度波形图的最大特点是：它具有比较强的2倍频分量（奥技异电气技术公司．龙羊峡水电厂3[#]机组状态分析报告［R］．2009）。2倍频多与发电机转子的椭圆度有关。

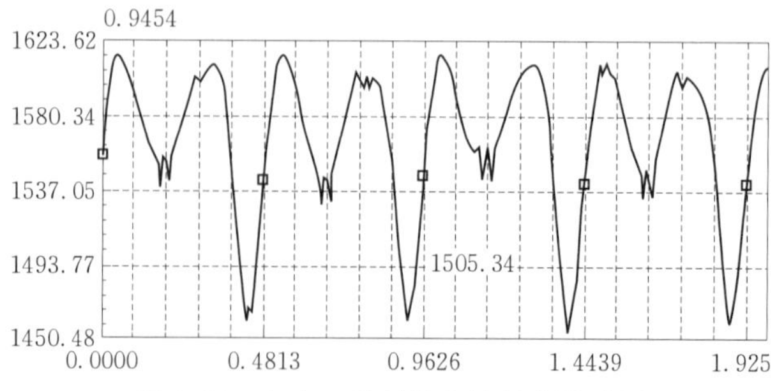

图4.11　包含2倍频的上导摆度波形图

（2）瀑布图。图4.12为龙羊峡电站3号机上导摆度的频率和分频值随功率变化的瀑

布图，图上显示出 2 倍频幅值最大的特征。

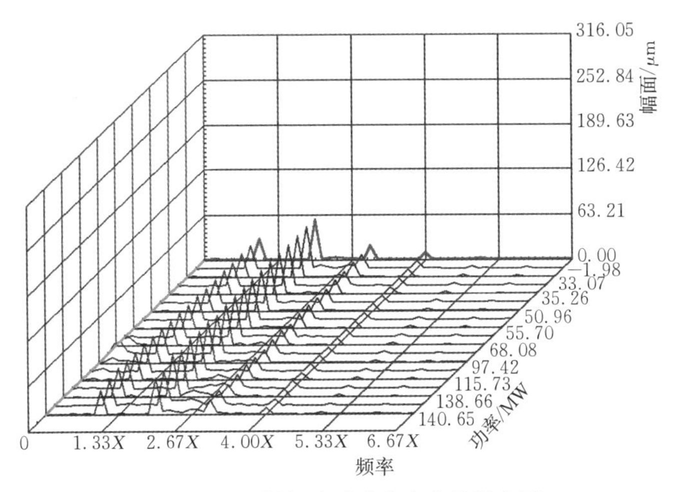

图 4.12 上导摆度随功率变化的瀑布图

(3) 动态轴线姿态图。图 4.13 为龙羊峡电站 3 号机的动态轴线姿态图。它与图 4.11 和图 4.12 均出于同一台机组。图上显示，机组的轴线有明显的曲折度。

(4) 轴心轨迹图。轴心轨迹图显示大轴弓状回旋运动的轨迹和大轴摆度的通频值。理想的轴心轨迹图是一个圆，比较理想的轴轨迹图近似为椭圆，不够理想的轴心轨迹图则是多种多样。

图 4.14 为一个比较好的轴心轨迹图例子。它显示的是涡带工况下的三导摆度轴心轨迹图（华中科技大学水机教研室课题组，三峡电站 6 号机试验数据）。

图 4.15 所示为一台小型机组在空转、空励和额定功率三种工况下的轴心轨迹图。它显示的主要情况是：三导不同心，而且导轴承的间隙可能比较大。

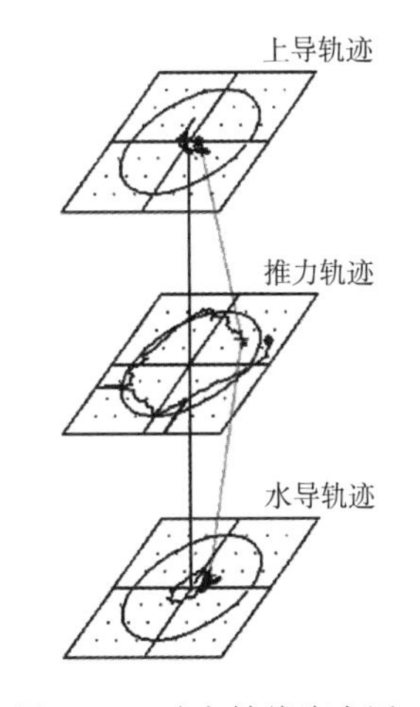

图 4.13 动态轴线姿态图

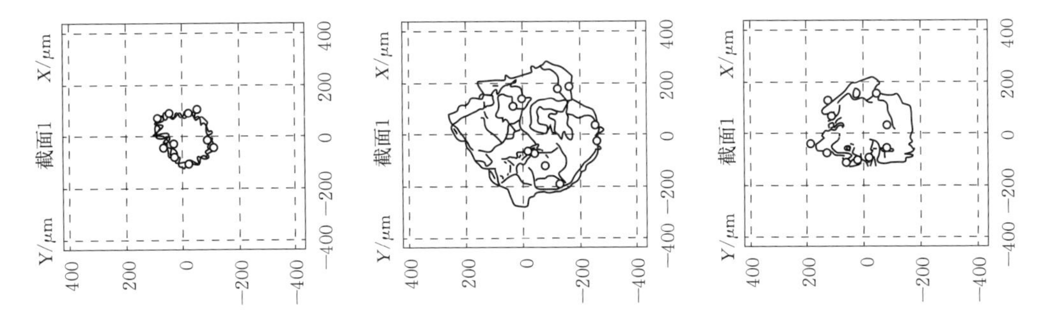

图 4.14 涡带工况时的三导轴心轨迹图

4.2.4 转动部分的共振

转动部分可能出现几种振动，就可能出现几种共振的形式。

(1) 弯曲型共振。它的激振力有两种，一种是不平衡力作用在导轴承上产生的周期性导轴承支反力；另一种是其他周期性激振力，例如压力脉动或其他多倍频激振力等。

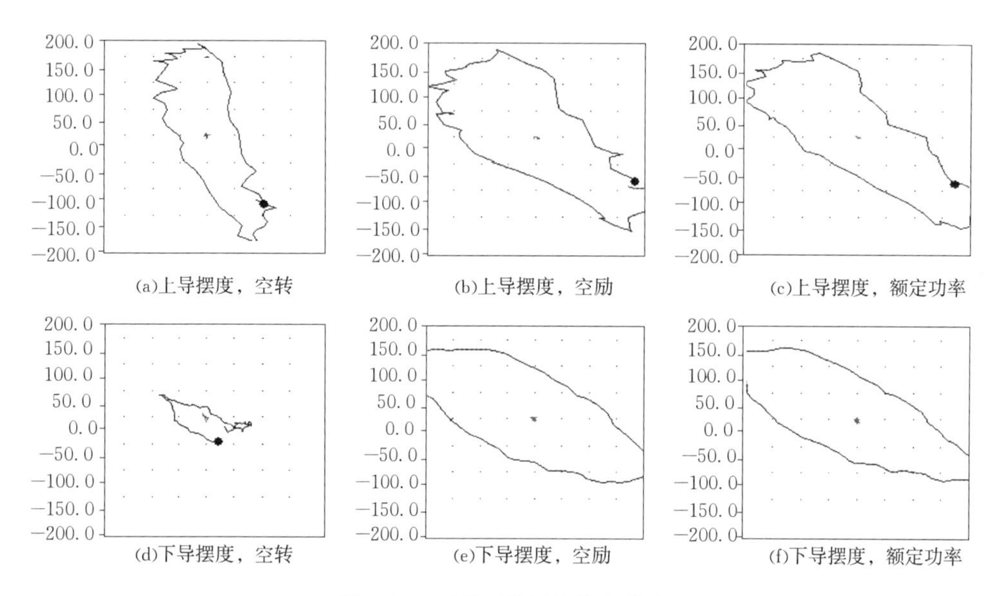

图 4.15　三种工况下的轴心轨迹

第 5 章图 5.14 为一个转动部分由压力脉动所激发出现弯曲共振的例子。

（2）扭转共振。参考文献［2］、［3］和厂家文件《小浪底转轮裂纹根本原因及其解决方案》中介绍了发生在小浪底电站机组的转动部分的扭转共振。

扭转共振出现在机组启动后的最初几秒钟，图 4.16 为启动过程中大轴扭转动应力的波形图。动应力的主频为 13Hz，与大轴扭转振动固有频率计算结果一致，最大动应力单幅值约 19MPa。

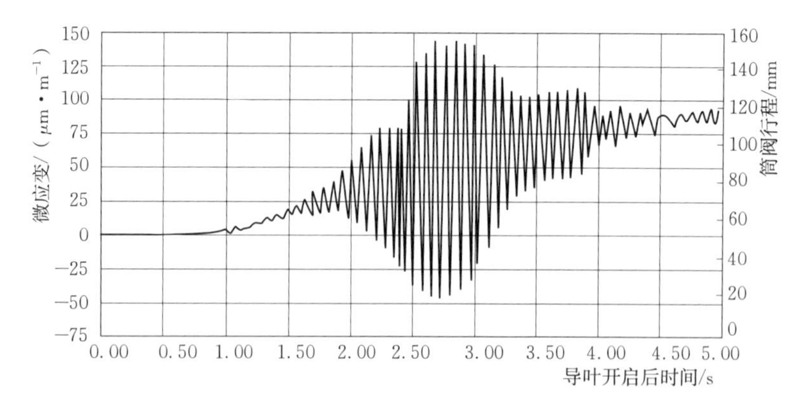

图 4.16　启动过程中大轴的扭转动应力波形图

根据参考文献［3］的分析意见，引起大轴扭转最大的激振力来自以下两种作用：顺时针方向的作用力来自转轮叶片正面的水冲击和背面脱流产生的真空吸力；逆时针方向的作用力来自背面水流（回流）对真空区的冲击力。在启动阶段，转轮进口水流具有最大的正冲角，无论是叶片进口正面的水冲击或背面的脱流及次生水冲击都比较强烈，并形成扭转振动的激振力，引起叶片和转轮的圆周向振动。当这个激振力的频率与大轴的

扭转振动固有频率一致时，扭转共振就会发生。当激振力频率随导叶开度的增大而逐渐偏离大轴的扭转振动固有频率时，共振现象就会消失。

4.2.5 转动部分的自激弓状回旋

水轮发电机组转动部分的自转严格地受电力系统和相应调节机构的控制，在规定的频率下旋转；而公转则不完全受上述约束，其旋转速度可以与机组的额定转速相同，也可以相异，甚至是旋转方向也可能不同。

当转动部分的弓状回旋运动受到额外的作用力时，随额外作用力的不同，就可能出现与自转不同的转速，甚至是旋转方向也不相同的情况，这就是自激弓状回旋。

已有的经验表明，在水轮发电机组中，额外的作用力可能来自以下几种情况：一种是混流式水轮机转轮迷宫间隙中的压力脉动；一种是大轴别劲时导轴承作用于转动部分的摩擦力；偶尔也有由导轴承瓦架结构的迟滞作用产生的作用力。

作用在大轴上的摩擦力与大轴的旋转方向相反，由它引起的自激弓状回旋将是反向的。汽轮发电机组中出现的所谓“半速涡动”就是半乾摩擦引起自激振动的典型例子。在水轮发电机组中不会出现半速涡动，但是，当大轴存在别劲情况且所引起的摩擦力足够大时，也会引起反向弓状回旋，如曾经出现在天生桥一级电站3号机上的情况（参见10.2.2节中的［例3］）。

正向自激弓状回旋多数是由水力原因所引起。在混流式水轮机中，主要是由迷宫间隙泄漏引起，在轴流转桨式水轮机中，自激振动往往是出现在导叶水力矩比较小的情况下，此时导轴承对大轴的摩擦力减小 。

2.2.2.3节已经介绍了渔子溪电站4号机出现自激弓状回旋的情况，下面是另外几个例子。

【凤滩电站7号机】

凤滩电站7号机为悬垂式，在空转情况下就出现了自激弓状回旋现象。图4.17为出现自激情况后的下导摆度的轴心轨迹图（机组在线监测数据）。它显示了自激弓状回旋时轴心轨迹图由自转和公转两种频率信号叠加的特征。

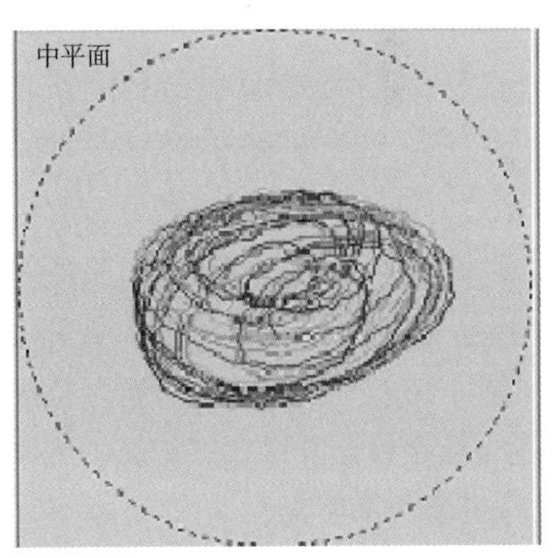

图4.17 自激弓状回旋时的轴心轨迹图

【托海电站3号机】

托海电站3号机的自激弓状回旋出现在3MW和4MW之间，如图4.18（a）所示（陕西电力科学研究院2007年试验数据）。

在临界工况（3～4MW之间）下，正常和异常两种情况交替出现。在正常情况下，大轴摆度的主频为转速频率，幅值比较小；一旦出现自激振动，大轴摆度的主频就变为临界转速频率，幅值瞬间增大。转动部分的自激振动也同时引起固定支持部件同样特征的振动［图4.18（b）］。

频谱图和轴心轨迹图（图4.19）都显示出了自激弓状回旋出现时自激频率的幅值占绝对优势的特点。该机组自激振动频率在10.5～11.9Hz之间，约为机组转频的3倍，随机组状态特别是导轴承的间隙而变。

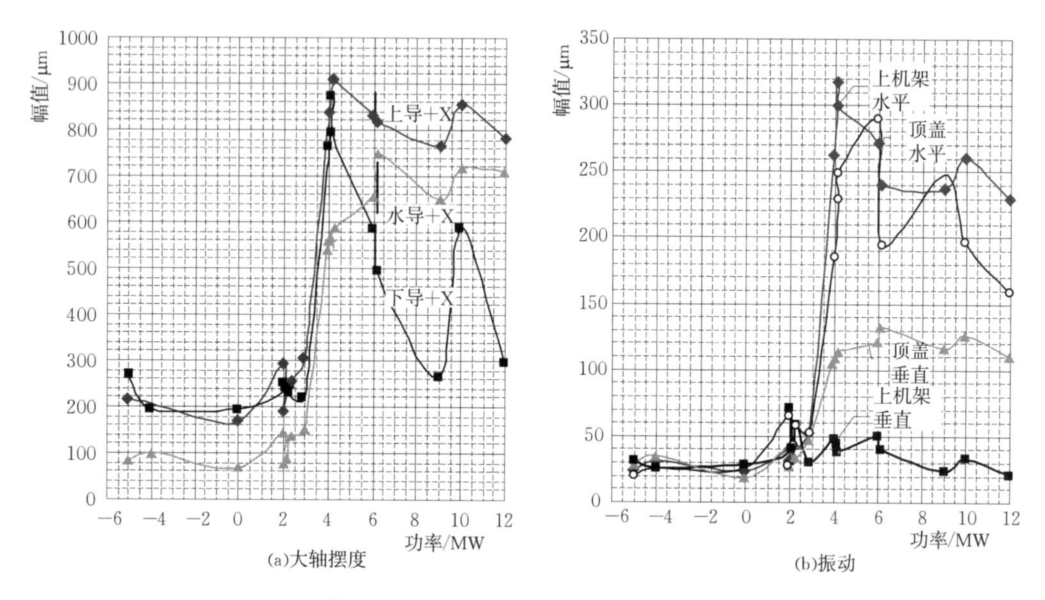

图 4.18 转动部分自激弓状回旋时的大轴摆度和机组振动

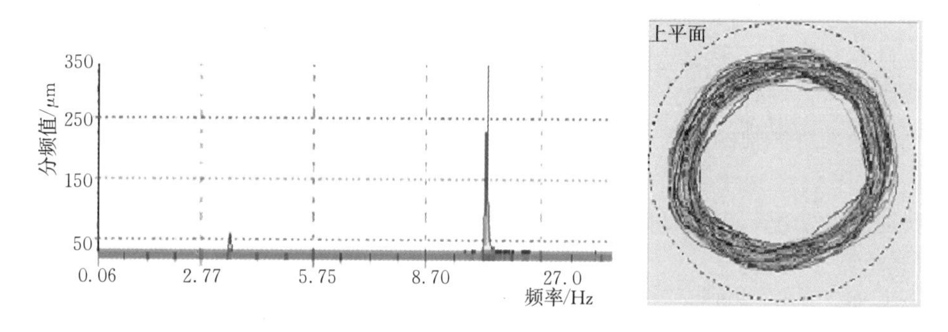

图 4.19 自激情况下的上导摆度频谱图和轴心轨迹图

盘车资料表明：下导、水导处盘车数据超标，发电机轴有偏斜现象，发电机轴和水轮机轴不同心。机组惰性停机过程数据还表明：水导摆度数据跳动较大，重复性比较差。这些都是导致自激弓状回旋的主要因素。

【小孤山电站】

小孤山电站水轮发电机组的自激弓状回旋出现在比较大的功率下。图 4.20 是 12.4MW 时的三导摆度波形图，可以看出：①波形图由转速频率和临界转速频率两种成分叠加而成；②波形图的主频为弓状回旋频率，约为转速频率的 2.5 倍；③下导摆度中的转速频率成分比较明显，这反映了转动部分一阶模态振型的特点；④从幅值上看，自激弓状回旋的幅值占绝对优势，而且大轴摆度幅值远超过导轴承间隙。

自激弓状回旋出现的基本原因在于机组机械缺陷。从凤滩小机、托海和小孤山 3 个电站机组出现自激振动的相对功率看，凤滩小机出现在空转工况，它的机械缺陷最严重；小孤山机组出现自激振动的相对功率最大，机械缺陷相对最小，托海的情况居中。

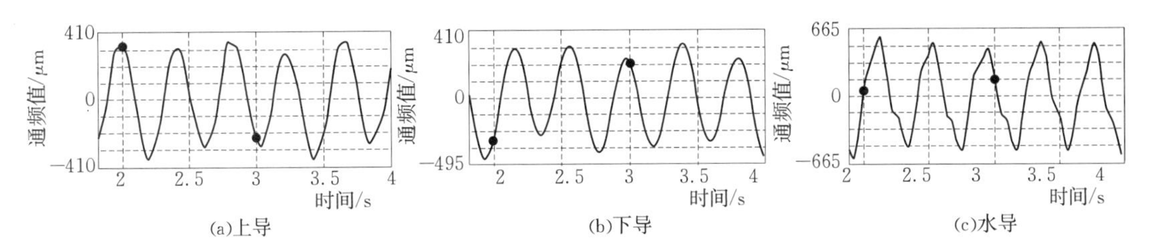

图 4.20　自激弓状回旋时三导摆度波形图

【卡拉乔仑电站[4]】

卡拉乔仑电站 2 号机的自激振动也是由迷宫间隙泄漏引起的，迷宫结构如图 4.21 所示。影响该机组自激振动的因素主要有：①轴线曲折度比较大，水导轴承处的盘车摆度达到 0.57mm；②迷宫间隙偏小，下迷宫平均间隙仅 0.90mm，显著小于 1 号机的 1.29mm（1 号机没有出现自激振动现象）。

自激振动出现在中间开度区。主频 22Hz，与第一临界转速频率计算值 21Hz 十分接近，约为转速频率（6.25Hz）的 3.5 倍。最大摆度出现在大轴法兰断面，波形图显示为由转速频率与自激振动频率两种信号叠加而成（图 4.22）。

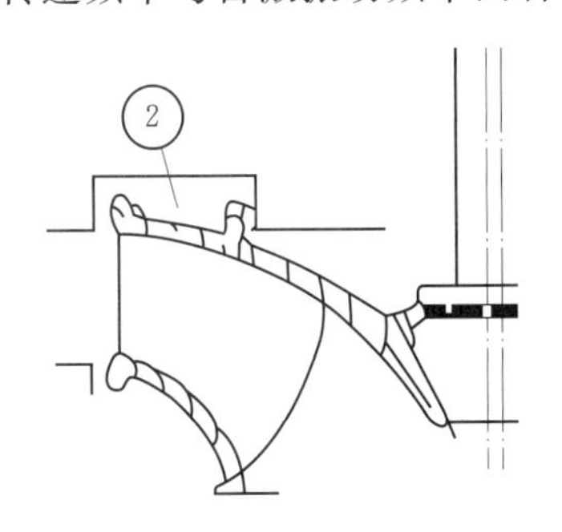

图 4.21　迷宫结构示意图

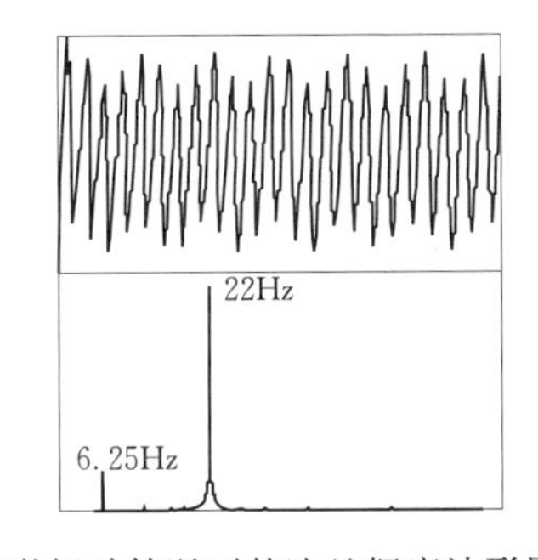

图 4.22　自激振动情况下的法兰摆度波形图和功率谱图

该电站试验过的有效处理措施有：①向顶盖下补气；②将上迷宫间隙由 0.90mm 扩大到 1.35mm，下迷宫间隙由 0.90mm 扩大到 1.55mm。此外，也调整了轴线的曲折度，使水导轴承处的盘车摆度由 0.57mm 减小到 0.13mm。

4.3　固定支持部件的振动

固定支持部件的振动同样是既与激振力有关，也与它们的结构、振动特性和各自的边界条件等有关。

4.3.1　上机架—定子机座系统的振动

上机架—定子机座系统径向振动和悬垂式机组上机架的垂直振动是它最重要的振动量。

1. 上机架—定子机座系统的受力

立式水轮发电机组上机架—定子机座系统的受力，大部分直接或间接来自机组的转动部分。对于半伞式机组，它承受来自转动部分的径向力；对于悬垂式机组，它同时承受来自转动部分的径向力和轴向力；而两种型式的上机架—定子机座系统还承受切向力（圆周向力）的作用。

立式水轮发电机组上机架承受的激振力包括：

（1）来自转动部分的各种不平衡力和可能存在的其他机械缺陷所产生的径向力。

（2）由转动部分传递而来的常规与异常水力激振力。

（3）发电机转频系列的电磁激振力。

卧式机组的受力主要来自不平衡力和各种水力激振力。

在现场，往往是将上机架和定子机座的径向振动分开并同时测量，并把前者称为上机架径向振动。

2. 上机架的常规振动实例

【涡带压力脉动影响下的上机架振动实例】

图 4.23 为一台机组的上机架径向振动的通频值和转频分量随功率的变化趋势图。图上显示：影响上机架径向振动的主要水力因素是涡带压力脉动，34～110MW 功率为其工况范围，其他工况的主频为转速频率。

图上还示出了上机架径向振动的转频分量在涡带工况区有所增大的情况，这是受涡带频率分量“牵连效应”影响的结果。

“牵连效应”在水轮发电机组振动中是普遍存在的现象，它体现了各种、各方向振动之间的相互影响。最典型的例子就是半伞式机组上机架的垂直振动，它就主要是受径向振动“牵连效应”影响的结果。

图 4.24 为另一台机组的上导轴承一块轴瓦承受的动载荷频谱图。该机组的振动情况与图 4.23 相近。图中 34MW 为额定功率，16MW 为涡带工况。图 4.24 显示：①转频 f_n 的分量是全功率范围径向力的主频；②16MW 时的涡带频率 f_v 的分量仅次于转频分量；③空转工况时频谱图中没有 2 倍频（f_{2n}）和 3 倍频（f_{3n}），可见，负荷工况下的 2 倍频和多倍频振动分量是由发电机转子的不圆度所引起。

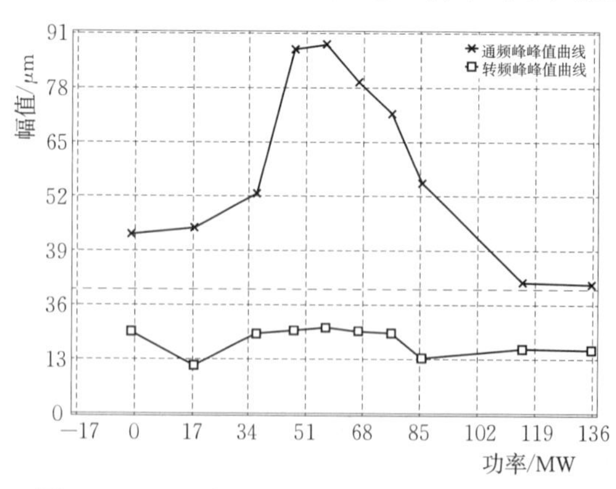

图 4.23　上机架径向振动随功率的变化趋势图

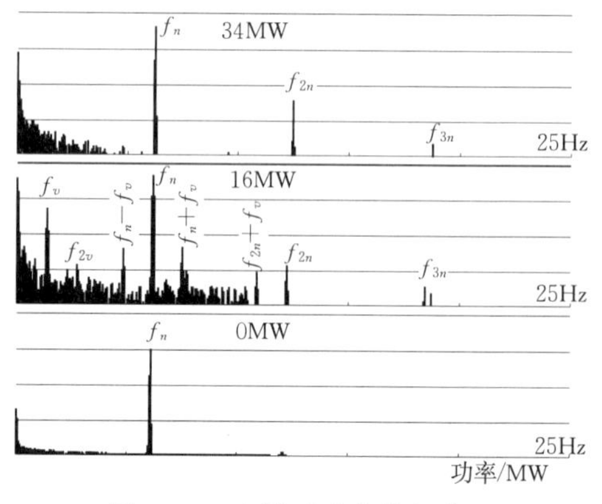

图 4.24　上导瓦动载荷频谱图

图 4.25 为另一台机组的上机架振动随功率的变化趋势图（广东粤电枫树坝发电公司 2 号机组振动区实测试验报告，2010 年）。图上显示，涡带压力脉动引起的最大振动出现功率为 40MW，频率 0.58Hz，接近转频的 1/4。图 4.26 为接近涡带压力脉动最大幅值工

况（45MW）时的上机架径向振动频谱图，其主频为 0.58Hz，转频分量仅略小于涡带频率分量。

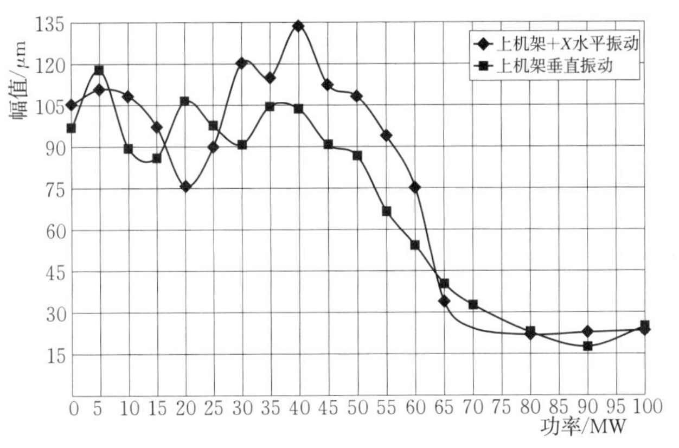

图 4.25 上机架振动随功率的变化趋势图

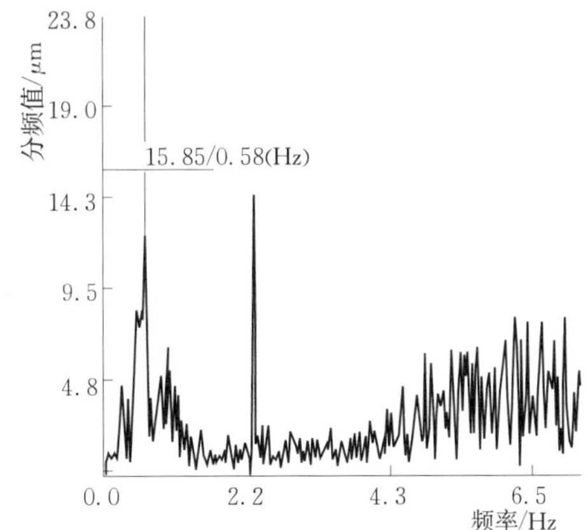

图 4.26 45MW 上机架径向振动频谱图

在小开度区，该水轮机有较强的类转频压力脉动，它对机组上机架振动有明显的影响。

【类转频压力脉动引起上机架垂直振动的实例】

图 4.27 中最显著的情况是小开度区出现的振动峰值和振动区，它由类转频压力脉动所引起，垂直振动是它的典型影响结果（汪宁渤．碧口水电站 1 号机稳定性试验报告[R]. 1985）。机组额定功率为 100MW，出现峰值振动的功率约为 30MW。它与图 2.32 所示的压力脉动随功率的变化趋势几乎是完全相同的。

【类转频压力脉动对上机架径向振动的影响实例】

类转频压力脉动虽然对机组的垂直振动影响最大，对径向振动也有一定的影响，如图 4.28 所示。

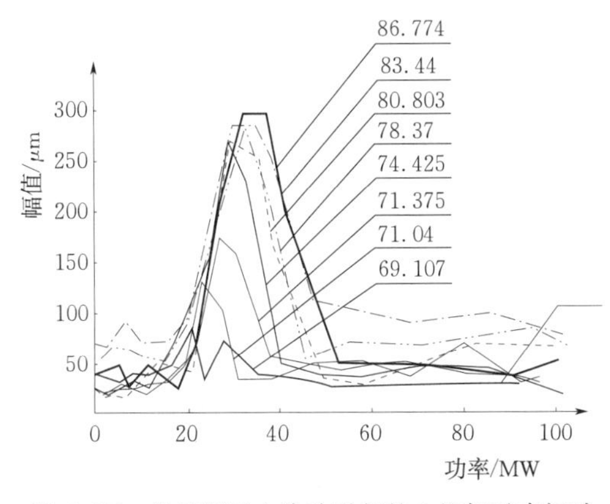

图 4.27 类转频压力脉动引起的上机架垂直振动

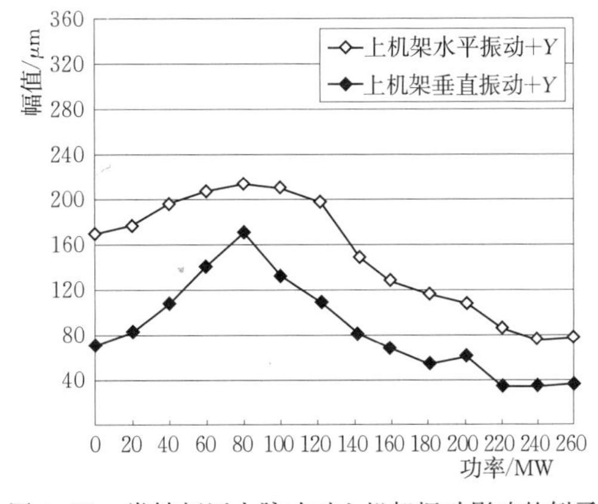

图 4.28 类转频压力脉动对上机架振动影响的例子

高部分负荷压力脉动对上机架垂直振动的影响有时也相当大，第 2 章图 2.37（b）是一个比较典型的例子。

3. 上机架—定子机座系统的共振

上机架—定子机座系统的共振主要由两种激振力所激发：一种是不平衡力，出现在非额定转速下；另一种是压力脉动，由于不同频率的压力脉动出现在不同的工况，这种共振常出现在一定的功率范围。例如轴流转桨式水轮发电机组的上机架共振都出现在小开度的非协联工况区（参看 5.2 节）。

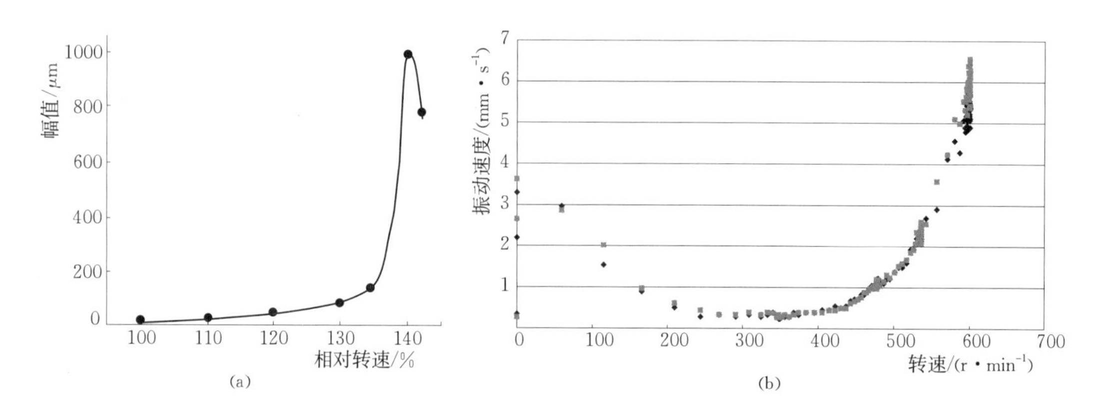

图 4.29　上机架—定子机座系统过速时出现了共振

图 4.29（a）为一台发电机上机架—定子机座系统在过速时出现径向共振的例子（林祖建．周宁电站机电设备技术问题处理［J］. 2005）。峰值出现在 1.4 倍额定转速时，对应的频率约 10Hz，为当时的转速频率。该机组为悬垂式，额定转速 428.6r/min。当转速再升高时，振动幅值又快速减小，这是共振的典型特征。

图 4.29（b）为一台水泵水轮机组变速试验时的结果（奥技异电气技术研究所的状态分析报告，2009），可以看出，在 300r/min 以上范围，上机架径向振动随转速的升高而迅速增大，在额定转速附近随转速直线上升。由 300r/min 到 600r/min，振动速度由 0.4mm/s 增大到 6.6mm/s，约增大 15 倍，显示有共振或接近共振的可能性。很低转速时的幅值比较大是由于转动部分晃动（陀螺效应很小）所致。

第 9 章图 9.4 为一个上机架—定子机座系统径向共振出现在额定转速以下的例子。

中小型、转速比较高的水轮发电机组，多为悬垂式机组，其定子和转动部分的相对高度比较大，故上机架—定子机座系统的径向刚度相对较低，固有频率也比较低，容易被激发而产生共振。这是上机架系统径向共振多出现在中小型机组上的主要原因。

前已述及，在以转速为变量的级联图上，不随转速而变化的频率就是部件的固有频率（图 3.9）。图 4.30 为另一个例子，图上显示的上机架垂直振动一阶固有频率为 5.8Hz，15Hz 是它的 2 阶固有频率（奥技异电气技术研究所的状态分析报告，2009 年）。

4.3.2　下机架振动

1. 受力

下机架的受力情况大致与上机架类似，也包括水力、机械和电磁三种，以及径向、轴向和切向三种分力。

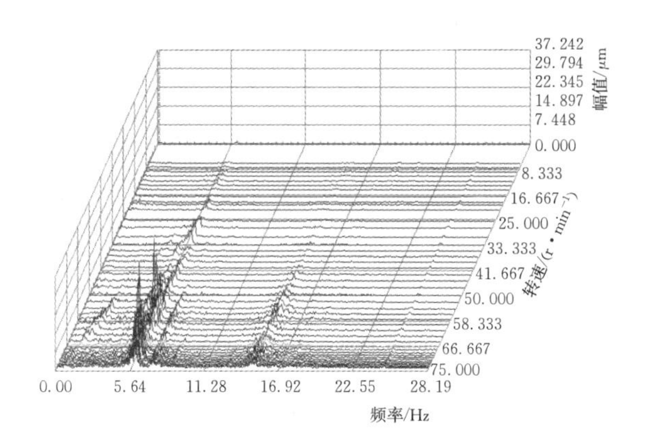

图 4.30　级联图上显示的上机架振动固有频率

图 4.31 与图 4.24 来自同一台机组，为下导轴承轴瓦动载荷频谱图。两相对照就可看出，它与上机架的受力情况完全相同：全工况范围动载荷的主频都是转速频率；16MW 工况下的涡带频率分量仅次于转频分量。

立式机组下机架或推力机架的垂直方向承受的激振力主要来自：

（1）水轮机顶盖下的压力脉动。

（2）流道中的异常压力脉动，它的同步特性是引起立式机组较强垂直振动的主要原因。

（3）轴线曲折度、镜板不垂直度和波浪度、推力轴承的波浪度等产生的轴向激振力。

（4）径向振动产生的牵连振动。

下机架的径向振动和垂直振动是伞式和半伞式机组最重要的振动量。径向振动的转频分量主要反映转动部分不平衡力和其他可能存在的机械缺陷的影响。

当下机架为推力机架时，它的轴向或垂直振动主要反映顶盖下压力脉动的作用，特别是反映流道中异常压力脉动的作用。

下机架的径向受力与上机架大同小异，故两者的径向振动随功率的变化趋势也基本相同，图 4.1 和图 4.2 所示就是非常典型的情况。

不相似的情况，多数是异常压力脉动的影响所致。不同结构类型水轮发电机组的这种差异会更大一些。

卧式机组各径向轴承的垂直振动主要由不平衡力和各种压力脉动所引起。

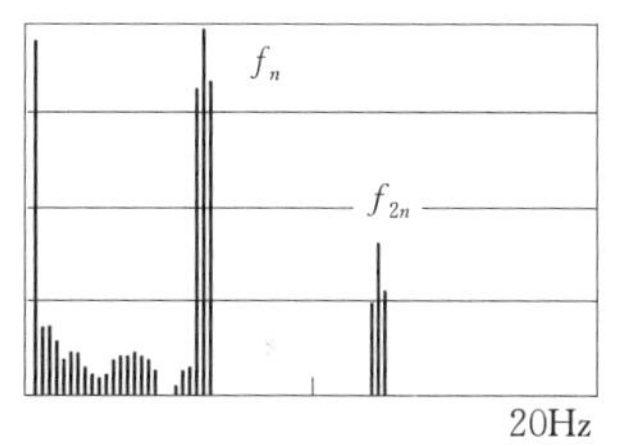

（a）34MW

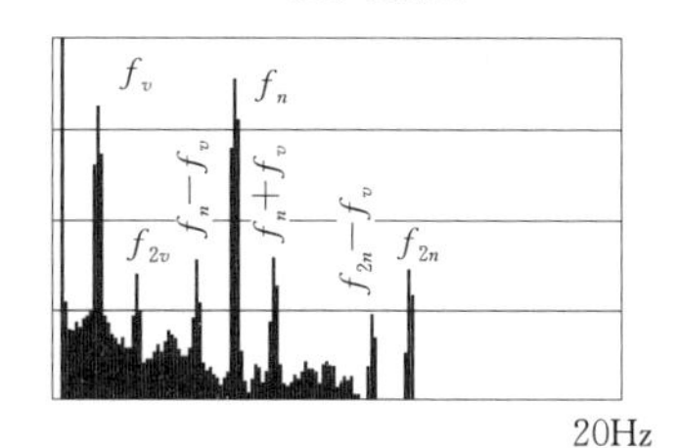

（b）16MW

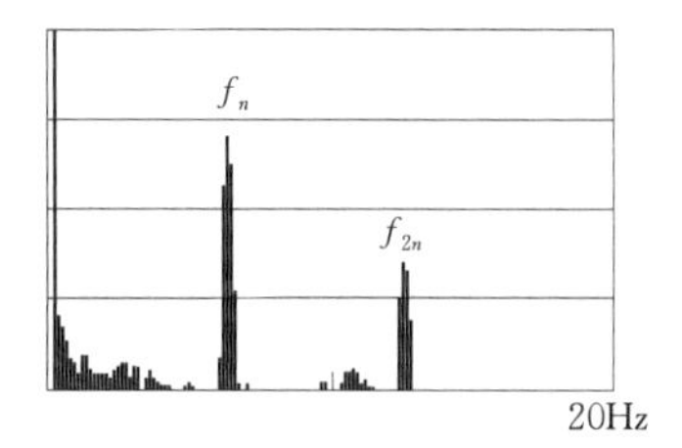

（c）0MW

图 4.31　下导轴承轴瓦动载荷频谱图

2. 下机架振动实例

图 4.32 上出现在 150～170MW 范围的峰值显示的是高部分负荷压力脉动对下机架垂

直振动的影响（孙建平．1～3 号机水轮发电机组动平衡及稳定性试验报告［R］．2005）。图 4.2 上也有这样的情况。

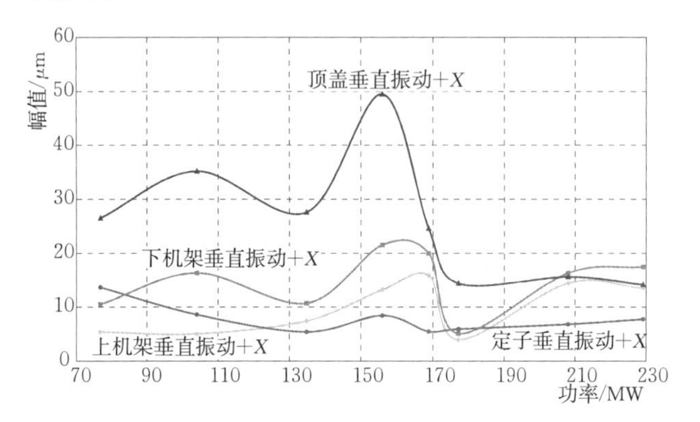

图 4.32　高部分负荷压力脉动影响下的垂直振动

由涡带压力脉动引起下机架径向和轴向振动的情况普遍存在。

图 4.33 为一台大型混流式水轮发电机组的下机架振动随功率的变化趋势图。除出现在 80MW 左右的峰值振动为异常压力脉动所引起外，其余部分都显示了所有常规压力脉动所引起振动随功率变化的特征：其中约 150MW 以下为小开度区压力脉动引起的振动；150～250MW 为涡带压力脉动引起的振动；250MW 以上为大开度区压力脉动引起的振动，由随负荷的增大而增大的趋势可以判断，试验是在低水头条件下进行的。

进行频谱分析就可以判断振动分区的准确功率范围和峰值振动的性质。

图 4.34 为另一台机组下机架振动随功率的变化趋势图（甘肃电力科学研究院．刘家峡水电厂 5 号机扩修后稳定性试验报告［R］．2006）。图中下机架径向振动随功率的变化趋势由常规压力脉动所引起；小负荷区（120MW）的垂直振动峰值由类转频压力脉动引起，210MW 处的峰值则由高部分负荷压力脉动所引起，可根据频谱分析结果判断。

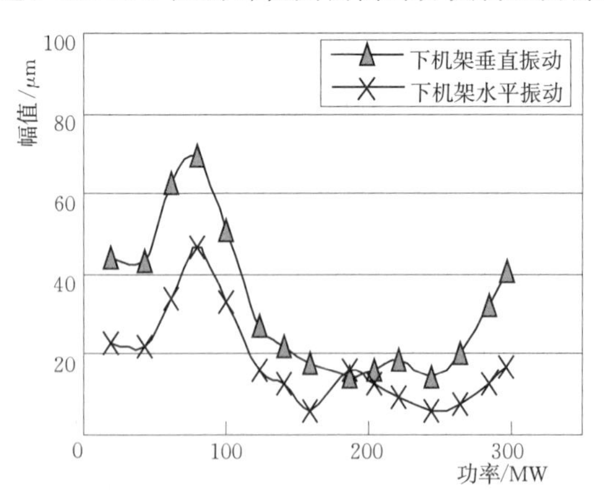

图 4.33　下机架振动随功率的变化趋势图

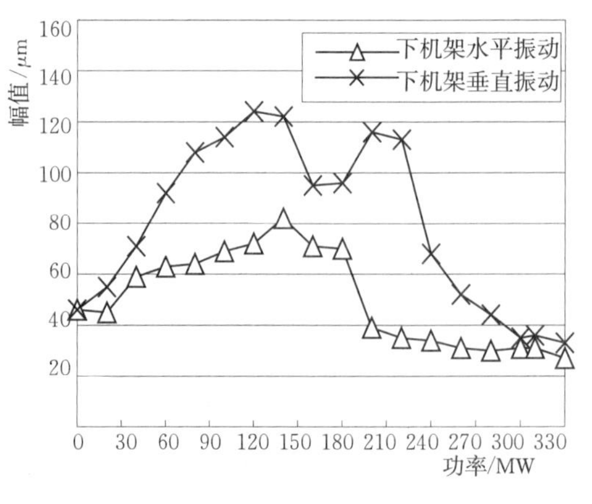

图 4.34　刘家峡电站 5 号机下机架振动

涡带压力脉动对下机架振动的影响普遍存在，但幅值相对较小。

迄今为止还没有见到下机架发生共振的例子。

4.3.3 推力机架的受力和振动

推力机架常和下机架或上机架结合在一起，前面关于上机架和下机架的轴向振动，多数都同时是推力机架的轴向振动。推力机架承受各种原因产生的轴向激振力，垂直振动或轴向振动是它的代表性振动。

推力瓦的状态对它的轴向振动有直接影响。推力瓦承受的动载荷也直接反映推力机架的轴向振动。图 4.35 为一台机的一块推力瓦的动载荷频谱图，它与图 4.24 和图 4.31 属于同一机组。可以看到，这块瓦的动载荷频谱中的谐波十分丰富，并与推力瓦的数量相对应。其中幅值最大的是 2 倍频和 3 倍频，第三位的才是转速频率。如果与图 4.31 中的导轴承轴瓦的动载荷频谱相比就可发现，导轴承的动载荷主频为转速频率，其次是 2 倍频。其他多倍频信号都很小或没有。这表明：推力瓦承受的动载荷，特别是它的多倍频动载荷，主要来自推力轴承自身，并可能和它的 8 块瓦受力不均匀有关。

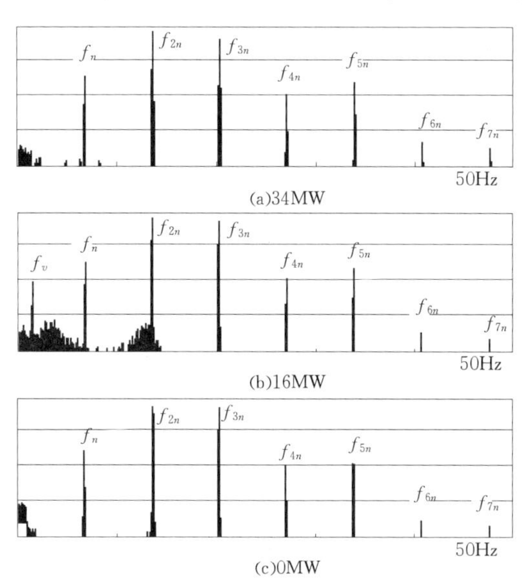

图 4.35 一块推力瓦的动载荷频谱图

转动部分的机械缺陷也可能引起推力轴承和推力机架的垂直振动，如新疆吐木秀克电站 2 号机出现的情况。

4.3.4 水轮机顶盖振动

1. 受力

水轮机顶盖的受力情况较复杂，主要包括：

（1）来自水导轴承的径向力。它实际上是转动部分产生的各种不平衡力和径向激振力在水导轴承处的分力。

（2）来自活动导叶的力。它包括静态力和动态力，对顶盖也起一定的支撑作用。

（3）来自顶盖下各种压力脉动形成的轴向、径向激振力，主要有：无叶区的各种压力脉动，尾水管涡带压力脉动及其他常规压力脉动，尾水管异常压力脉动，类转频压力脉动，导水机构自激振动传递而来的激振力。

不同情况下，每一种激振力都可能成为引起振动的主要原因。

在非共振条件下，顶盖径向振动主要反映的是各种不平衡力的分力和常规压力脉动产生的径向激振力的作用。

顶盖垂直振动主要反映各种激振力轴向分量的作用。激振力的作用方式及其引起的振动有“回旋式”和“活塞式”两种，可通过两个方向上的振动相位异同来判断。涡带压力脉动引起的是回旋式振动，同步压力脉动主要引起活塞式垂直振动。

顶盖的轴向受力与推力机架的轴向受力基本相同，但两者的相位相反。

2. 顶盖振动实例

涡带压力脉动是引起顶盖常规振动最常见的原因，前面的图 4.1 显示，顶盖振动与上、下机架振动随功率的变化趋势几乎完全相同，这也是涡带压力脉动引起顶盖振动的典型情况。

图 4.36 为乌江渡电站 2 号机顶盖振动随功率的变化趋势图（孙建平. 1～3 号机水轮发电机组动平衡及稳定性试验报告［R］. 2005）。图上两个峰值出现的功率与图 4.2 相同，也分别显示了涡带压力脉动和高部分负荷压力脉动的影响，特别是高部分负荷压力脉动对顶盖的垂直振动（图中 170MW 时的峰值）的影响比较大。

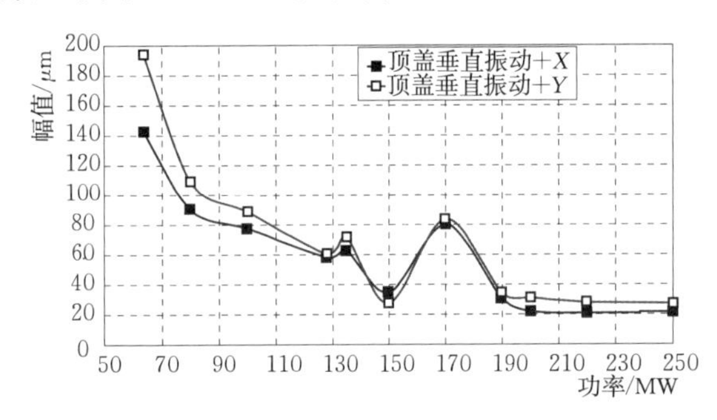

图 4.36　顶盖垂直振动随负荷的变化趋势图

这台机组小开度区的顶盖振动相当大，但并没有显示异常压力脉动影响的迹象。

图 4.37 为顶盖的径向和垂直振动随功率的变化趋势，主要显示了涡带压力脉动对它们的影响，但引起的振动幅值并不大。最大值出现在 45MW，主频为 0.58Hz，接近转频的1/4。小开度区压力脉动对顶盖振动几乎没有影响。

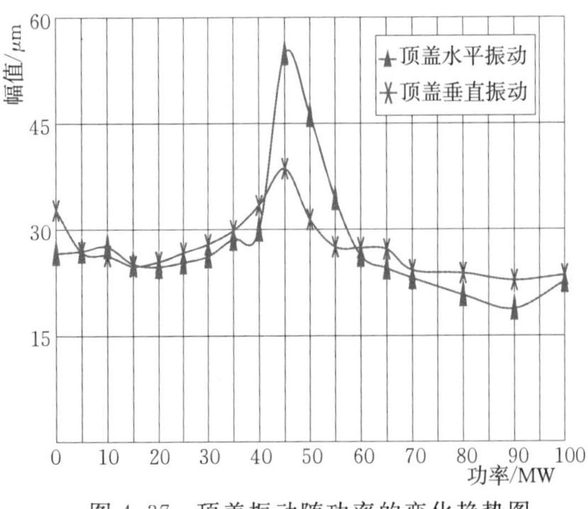

图 4.37　顶盖振动随功率的变化趋势图

图 4.38 和图 4.33 出自同一台机组，它显示了与图 4.33 基本相同但又有所区别的趋势和特点，这里不再赘述。

类转频压力脉动是引起顶盖较强振动的主要原因之一。图 4.39 为一台水轮机顶盖振动与压力脉动随功率变化趋势图的对照。两相比较，就可看出它们之间的因果关系。它们的峰值都是由类转频压力脉动所引起，主频在 2.5～2.7Hz 之间，为转速频率的 1.2～1.3 倍。

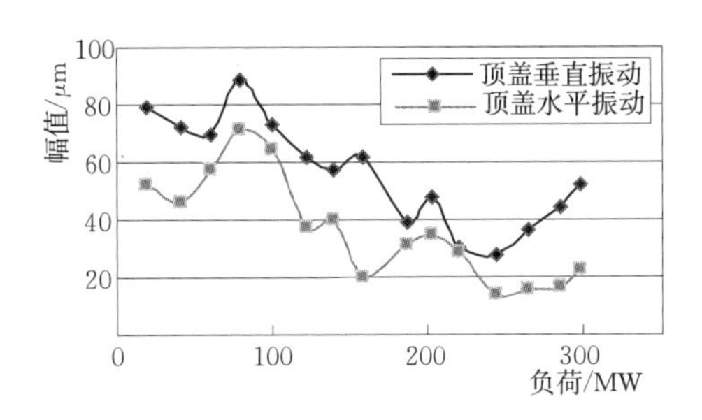

图 4.38 顶盖振动通频值随功率的变化趋势

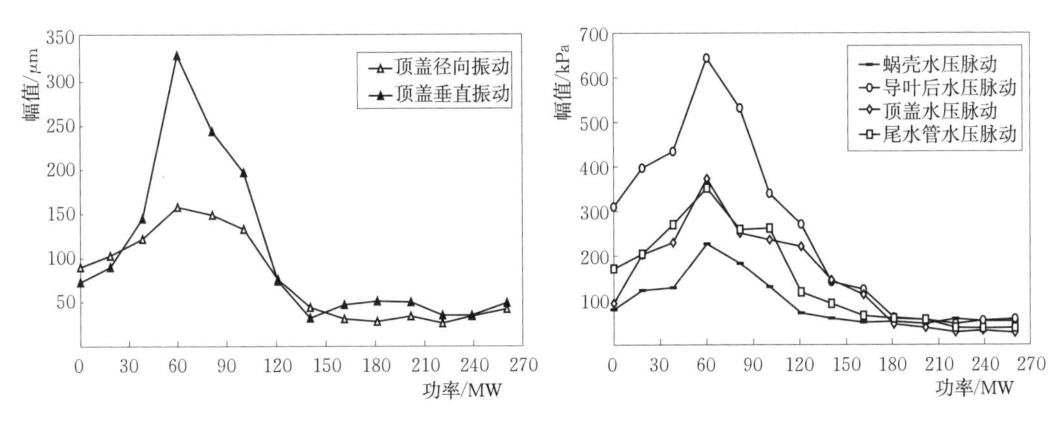

图 4.39 类转频压力脉动引起顶盖振动的例子

高部分负荷压力脉动也会引起顶盖的较强振动。在第 2 章讨论高部分负荷压力脉动时，也列举了由它引起机组振动的例子（图 2.37、图 2.38）。图 4.2 中也都有高部分负荷压力脉动引起顶盖振动的情况。

由大开度区异常压力脉动引起顶盖明显振动的例子也不少，图 4.40 是一个例子（龙羊峡电站 3 号机组在线监测数据），第 2 章图 2.41～图 2.44 中也是这样的例子。

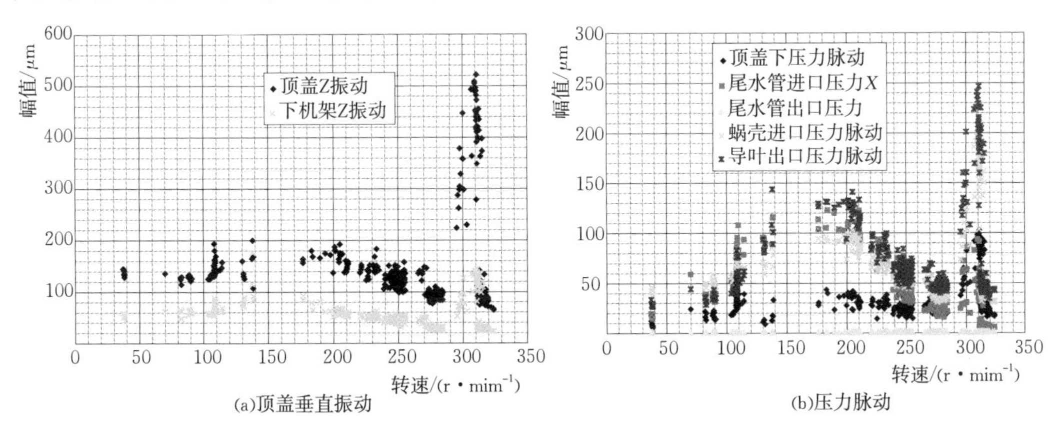

图 4.40 顶盖振动及压力脉动通频值随功率的变化趋势图

图 4.40 是根据在线监测系统数据画出的顶盖振动散点趋势图。异常振动出现在超负荷区或最大负荷区（额定功率 302MW）。顶盖垂直振动最大幅值超过 500μm。频谱分析

数据表明，此时的转频分量最大仅 35μm。可知，超负荷区的峰值主要是由异常压力脉动所引起，压力脉动测试结果［图 4.40（b）］也证实了这一点。

3. 顶盖和推力机架垂直振动的相对关系

“顶盖压力脉动”是引起推力机架和顶盖两者垂直振动的主要原因。顶盖压力脉动向上作用在顶盖上，向下作用在转轮的上冠上表面，并通过转动部分传递到推力轴承和推力机架上。故由此引起的推力机架与顶盖垂直振动随功率的变化趋势图是相同的。不同的是，它们的相位和各自叠加的其他振动信号。

4.4　转动部分与固定支持部件振动的关系

正常情况下，立式水轮发电机组固定支持部件承受的径向激振力完全来自转动部分或经由转动部分传递而来。固定支持部件以同样大小的反作用力（支反力）作用在转动部分上，对转动部分的振动施加相应的约束。故大轴摆度和固定支持部件的径向振动之间具有明显的因果关系，支持部件的状态和转动部分的状态或两者的振动、摆度中都会有明显的反映。

在一定的时段内，转动部分的状态和机械缺陷可认为是不变的。于是，转动部分产生并作用在支持部件上的径向激振力也是不变的。这时的大轴摆度和支持部件的径向振动就会保持相对稳定的状态。

如果各导轴承存在明显的不同心度，则转动部分的运动或大轴摆度就会受到导轴承的额外约束。这额外的约束既限制了大轴的运动，使大轴或其某个部位的摆度有所减小，同时也会使支持部件的径向振动有所增大，这是大轴别劲及其产生的结果。

在对转动部分平衡情况良好的情况下，如果转动部分上也不存在明显的机械缺陷，则转动部分作用在支持部件上的径向激振力就比较小，支持部件的径向振动相应比较小。这样的条件下，如果导轴承的间隙比较大，就会出现大轴摆度比较大而支持部件的径向振动比较小的情况。

还出现过这样的情况，如一台机组的数据所示：上、下导轴承间隙 760μm、上导摆度平均 300μm、上机架径向振动 X 向为 0、Y 向为 25μm。它所反映的事实是：上机架径向振动很小，表明机组转动部分平衡情况良好；大轴摆度幅值远小于导轴承间隙且上机架一个方向的振幅为零，表明大轴在运行时始终偏靠在导轴承一侧。这时，如果导轴承的瓦温明显升高，则大轴还存在明显的别劲现象。

当然，转动部分和固定支持部件对同样激振力的动力响应是不同的，而且还可能分别承受其他的激振力的作用。因此，两者之间的差异性也是始终存在的。

机械缺陷是影响大轴摆度和支持部件振动的重要因素，例如：

（1）作为主要支持部件的各导轴承如果不同心度比较大，就可能会使大轴别劲。大轴别劲则可能使支持部件的径向振动增大并导致导轴承局部瓦温升高。

（2）转动部分的明显缺陷（例如轴线曲折、镜板的不垂直度、轴领的松动等）除可能增大机组的大轴摆度和振动外，还可能会引起其他不稳定现象。在第 10 章将介绍一些这类例子。

4.5 其他部件的振动

水轮发电机组中，除前述转动部分和固定支持部分外，还有一些部件的振动情况需要分析和处理。它们的激振力可能来自各种不同的原因。

4.5.1 导轴承（瓦架）振动

导轴承是立式机组转动部分的"把持"部件，它"吸收"转动部分的不平衡作用力及其他径向力，维持转动部分的竖直状态。在这个过程中，导轴承及其支持部件（就是上、下机架、水轮机顶盖和各导轴承的瓦架）就会产生相应的振动。

然而，轴瓦承受的激振力并不完全等同于相应机架承受的激振力，轴承体的振动也不等同于机架的振动。这其中，一个重要的影响因素就是导轴承瓦架的振动和变形。当瓦架和机架振动传感器置于同一基础上时，传感器就不能反映瓦架的径向振动。瓦架的径向振动相当于导轴承的动态间隙。当大轴受到的径向力比较大或者导轴承瓦架的径向刚度比较低时，就可能出现"大轴摆度大于导轴承间隙"的情况。单独测量瓦架的径向振动，就可确认这种情况的存在。

下面是两个瓦架振动影响大轴摆度测量结果的例子。

一个电站的情况是：水导摆度比较大并超过了导轴承的调整间隙，电站仅仅是增大了水导轴承瓦架的径向刚度就将水导摆度降低到允许水平（参看10.4节［例6］），但并不是每台机组采取同样的措施都能得到同样的效果。

还有一个电站出现过这样的情况：一台机组在加励磁到80%～90%电压时出现了强烈的振动，到额定电压时强烈振动现象消失；机组运行一段时间后，出现强烈振动的工况转移到带负荷工况，而且随运行时间的延长，出现强烈振动的工况最后转移到10MW以上（额定功率为36MW）。后来确认，这是由于导轴承瓦架的径向刚度过低而使转动部分产生了自激弓状回旋的缘故。在机组更新改造后，这种现象就不再出现了。

4.5.2 导水机构振动

导水机构包括导叶、连杆、拐臂、调速环和接力器等。可能引起导水机构振动的原因有：卡门涡引起的导叶振动、类转频压力脉动及其他具有同步特性的异常压力脉动、导水机构的自激振动、发电机功率振荡、水轮发电机组的扭转共振、调速器的故障等。

导叶及其操作机构构成一个完整的振动系统，即便是导叶本身的振动，也不可避免地影响到导水机构，但导叶振动在导水机构的振动中常常居于主导地位。

导叶可能有弯曲振动和扭转振动两种振动型式。在水泵水轮机中，导叶和导水机构的振动也会以自激振动或共振的形式出现，且振动型式多为扭转振动。固有频率是它最重要的特性参数。

常规水轮机中，导叶和导水机构发生强烈振动的情况并不多见，但在混流式水泵水轮机中，导叶和导水机构的振动占有非常重要的地位。

国内外混流式水泵水轮机都出现过导水机构自激振动的情况，由导叶的初始振动所引起。自激振动的频率为导水机构的固有频率，其振动非常强烈，往往造成连杆、拐臂及其连接部件的损坏。在5.4节将介绍出现在国内一个抽水蓄能电站的例子。

专门的导水机构自激振动试验主要测量导叶轴的扭转角振动和连杆等的动应力。

混流式水泵水轮机的导水机构与常规混流式水轮机并没有本质的区别。但它的水力性能、结构和尺寸、运行方式等与常规水轮机有明显的不同，这是导致水泵水轮机导叶和导水机构发生强烈振动的可能性大一些的基本原因。

4.5.3　固定导叶振动

固定导叶是座环上、下环板之间的支持部件和涡壳的导流部件，断面为翼型，可看作是两端固定的翼型柱（或梁）。固定导叶最重要的振动特性参数也是固有频率，共振常常出现在其一阶或其他低阶固有频率下。卡门涡是激发固定导叶共振的主要激振力来源。

固定导叶的共振不仅可使固定导叶本身发生断裂，而且可引起厂房和水工建筑物的强烈振动。与转轮叶片的卡门涡共振相似，噪声也是固定导叶共振的重要外在特征。

卡门涡激发固定导叶共振的例子已有许多[7]。水泵水轮机在水泵模式下运行时，固定导叶区的压力脉动也比较大，并可能引起固定导叶的振动。

频率计算是判断和处理固定导叶卡门涡共振最重要的前提和手段。有关固定导叶卡门涡频率的计算可参看参考文献［3］第 11 章。现场实测也是进行固定导叶卡门涡共振分析和验证的手段。下面介绍一个现场实测的例子。

试验在前南斯拉夫铁门电站大型轴流转桨式水轮机上进行。试验的目的是研究和验证固定导叶断裂的原因。

水轮机额定水头 27.16m，额定出力 175MW（最大 194MW），转速 71.5r/min，转轮直径 9.5m，12 个固定导叶，32 个活动导叶，6 个转轮叶片。固定导叶高 3.6m，有 4 种不同形状，进口边分布圆直径约 14m。

1. 测量项目

（1）压力脉动。出水边正、背面各 3 点（S1～S6），蜗壳、尾水管各 1 点（S7～S8）。

（2）静、动应力。9 号叶 16 个测点（SG1～SG16），5 号叶 2 个测点（SG17～SG18）。

（3）振动。5 号叶片水平振动（V1），水导径向振动（V2），推力轴承轴向振动（V3），发电机层楼板（V4）。

（4）固定导叶在空气中和水中的固有频率。

测点位置如图 4.41 所示。

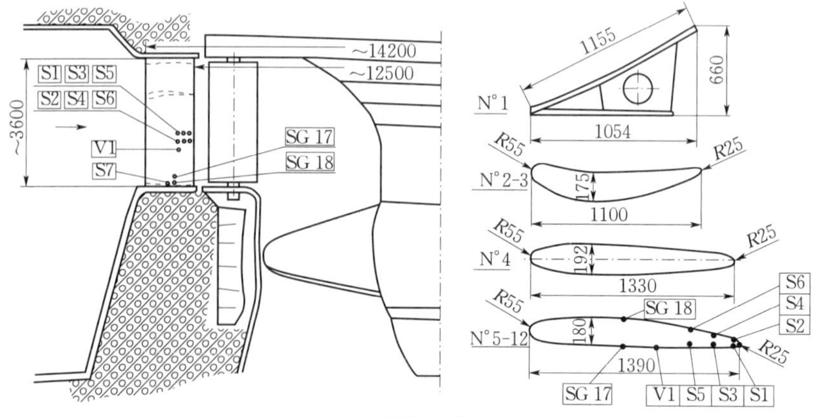

图 4.41　主要测点位置示意图

2. 主要试验结果

压力脉动和动应力的有效值如图 4.42 所示，图 4.43 为压力脉动幅值随流量的变化。这些图都显示一个共同的特点：在 160MW 负荷以上，各测量值急剧增大，最大负荷 185MW 时，各测点的幅值最大。

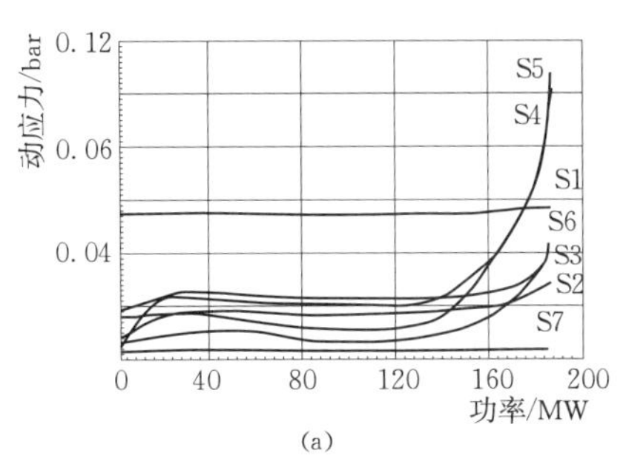

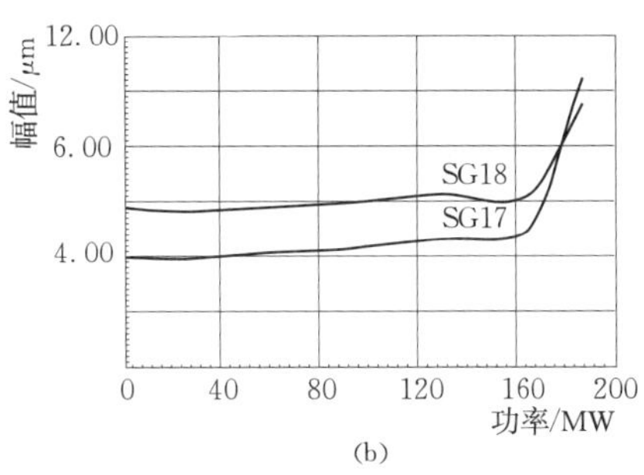

图 4.42 压力脉动和动应力随功率的变化

图 4.43 上还显示：固定导叶上的 6 个压力脉动测点中，S4 和 S5 两测点的压力脉动幅值最大。这表明，卡门涡脱流点的位置不在固定导叶出水边，而是在出水边上游。我们在岩滩电站的测试和分析也得到相同的结果。

185MW 负荷时，各测点信号出现最多的主频是 36.9Hz。

卡门涡频率计算结果显示，5～12 号固定导叶在 185MW 负荷时有发生共振的可能性。

根据实测频率、特征尺寸和流速计算出相应的斯特鲁哈数 $Sh=0.24$。

最后的结论是，160MW 以上负荷，各种测量值急剧增大是由固定导叶卡门涡共振引起的。

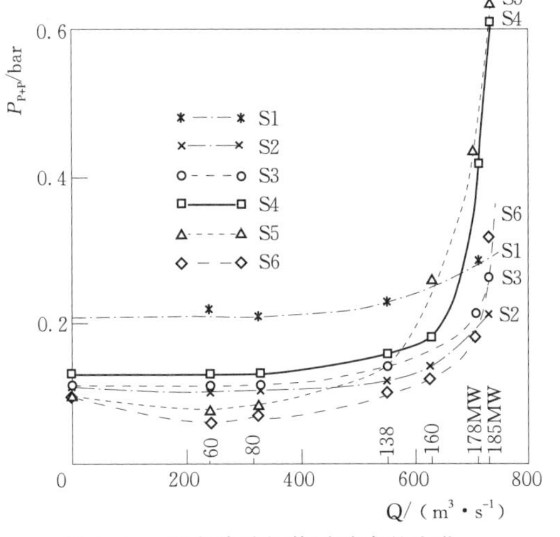

图 4.43 压力脉动幅值随功率的变化

4.5.4 转轮叶片振动

运行中的转轮始终处于动态水流的包围和作用之下，故振动是叶片的常态。但有一种情况是不允许的，那就是共振。共振将可能导致叶片的快速开裂。因此，固有频率及对应的振型是转轮叶片最重要的振动特性参数。

转轮叶片的固有频率与其结构、尺寸、固定方式以及周围水介质的影响相关。叶片在空气中固有频率的计算和测量都比较容易，但确定是哪一阶固有频率发生了共振却比较困难。已有的试验结果表明，水介质对各阶固有频率的影响并不相同，故确定水介质的影响也是不容易的。

转轮叶片的共振都是通过它的动应力和共振情况下的异常噪声来体现的。

混流式水轮机转轮叶片最大动应力都出现在叶片出水边靠近上冠和下环的部位。由此可以推论：那些以这两个部位为节点的振型将是最容易导致叶片出现裂纹的振型。

轴流转桨式水轮机的最大动应力出现在叶片根部，叶片出水边外缘部分的动应力也比较大（参看第12章图12.9）。

水轮机中的各种压力脉动都可以引起转轮叶片的振动和动应力。但其中影响比较大的是由水体共振引起的异常压力脉动，它们常常是非共振情况下叶片最大动应力的产生者。

从已有的资料看，引起叶片共振的，毫无例外都是转轮叶片卡门涡。故从转轮叶片卡门涡共振的识别和处理上，卡门涡频率的计算往往与叶片固有频率的计算同等重要。

转轮叶片卡门涡共振的主要特征如下：

（1）强烈的、频率比较单调的并具有金属噪声特征的异常噪声，是转轮叶片卡门涡共振时主要的外在特征。典型测点在水轮机室。

（2）转轮叶片卡门涡共振都发生在50%以上的功率范围，但只出现在这个范围的几个功率下。

（3）随功率的增大，共振频率向高频方向偏移。

【混流式水轮机转轮叶片卡门涡共振实例一】

图4.44为一台额定水头72.5m、额定出力225MW机组的混流式水轮机在出现转轮叶片卡门涡共振时水轮机室中的噪声谱（最大声压达到113dBA）。噪声谱上峰值对应的频率就是卡门涡共振频率。

由图4.44上、下两张图可以看出卡门涡共振出现的三个特征：①有与其频率相近的凸出噪声；②随功率的增大，共振频率向高频方向移动；③100MW是出现卡门涡共振的最低功率。

卡门涡共振的处理措施是叶片出水边修型。通过修型改变卡门涡的频率，以避免共振的发生。现在已经有了这样的经验：只要听到异常噪声，马上就停机进行叶片出水边修型。有的电站已经利用这个经验避免了叶片裂纹的产生。

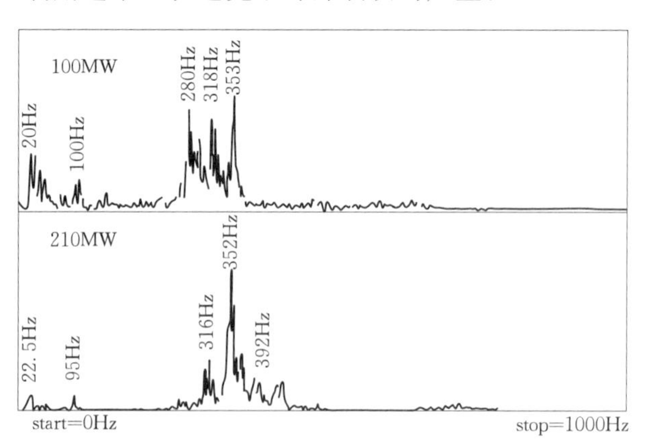

图4.44　两种工况下水轮机室内的噪声谱

【混流式水轮机转轮叶片卡门涡共振实例二】

图4.45为另一台混流式水轮机的卡门涡共振测试结果[8]。它给出的顶盖振动、噪声等随功率的变化趋势图及共振时的频谱图，可了解到卡门涡共振时的更多信息，也验证了前述叶片卡门涡共振的外在特征：①图4.45（a）在130～180MW功率范围，尾水管

进人门处的噪声突然增大，主频 530Hz 和 670Hz；②图 4.45（b）顶盖振动速度突然增大，其功率范围与噪声的变化趋势相同；③图 4.45（c）噪声和顶盖振动的主频也完全相同。图 4.45（a）、（b）两图也显示，卡门涡共振出现在 50%以上的功率范围。

在进行了转轮叶片出水边修型后，顶盖的异常振动和尾水管人孔门处的异常噪声都消失了，如图 4.45（d）所示。

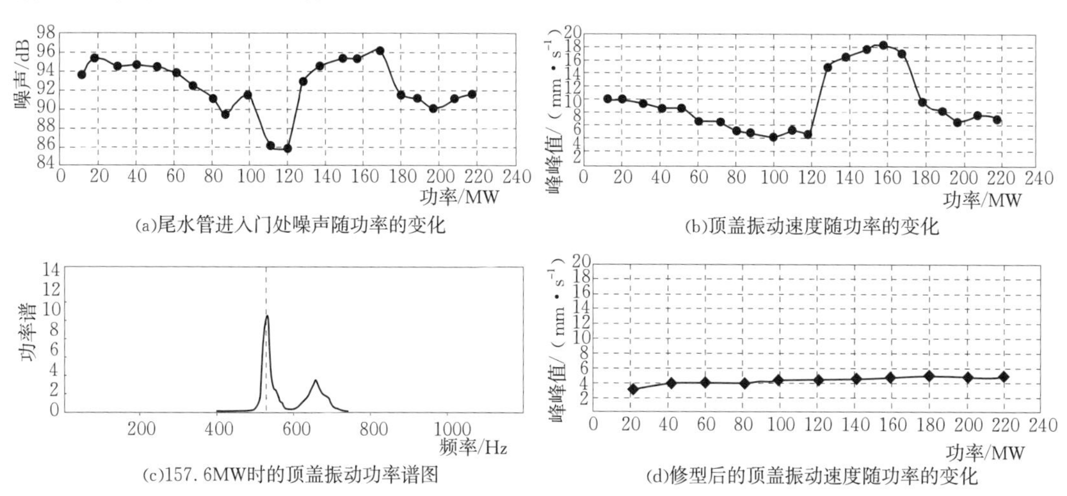

(a)尾水管进入门处噪声随功率的变化

(b)顶盖振动速度随功率的变化

(c)157.6MW时的顶盖振动功率谱图

(d)修型后的顶盖振动速度随功率的变化

图 4.45 转轮叶片卡门涡共振引起的振动、噪声

【轴流转桨式水轮机转轮叶片卡门涡共振实例】

图 4.46 为一台轴流转桨式水轮机转轮叶片动应力和噪声的实测结果，测量结果显示了良好的规律性。

但是，图 4.46 所显示的叶片动应力随功率的变化趋势并不与水轮机的常规压力脉动变化趋势相同，表明它还受到了其他因素的影响。

图 4.46～图 4.49 中显示的动应力及其参数有如下特点：

（1）升负荷和降负荷两个过程的动应力变化趋势有明显差别。

（2）升负荷和降负荷过程的动应力变化趋势都与尾水管压力脉动相同。

（3）图 4.47 显示，升负荷和降负荷两种情况下，动应力的主频都与尾水管压力脉动的主频相同。

（4）升负荷和降负荷两种情况下的 L 声级噪声随功率的变化趋势也不相同，但它们的主频却相同。动应力主频和噪声主频相同，是转轮叶片出现卡门涡共振的有力证明。

（5）图 4.47 和图 4.48 显示，第一主频为 225Hz，次频为 295Hz，这与卡门涡频率的计算结果相符。

（6）几乎全工况范围的动应力和噪声都出现 225Hz 或 295Hz 的主频，可见该水轮机的转轮叶片卡门涡共振出现的工况范围也相当广泛。

（7）图 4.49 为叶片最大动应力工况下的尾水管压力脉动和噪声的频谱图。两者的主频和次频完全相同。

基于上述特征可以得出结论：

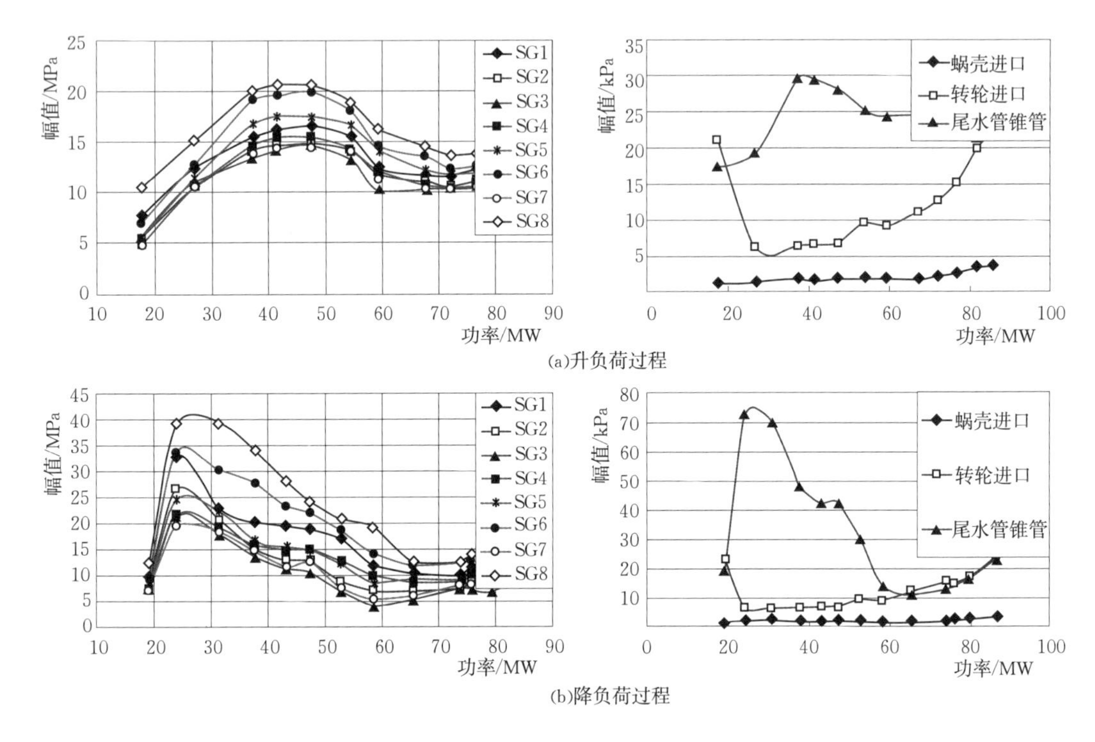

图 4.46　叶片动应力与压力脉动幅值随机组功率变化规律的对照

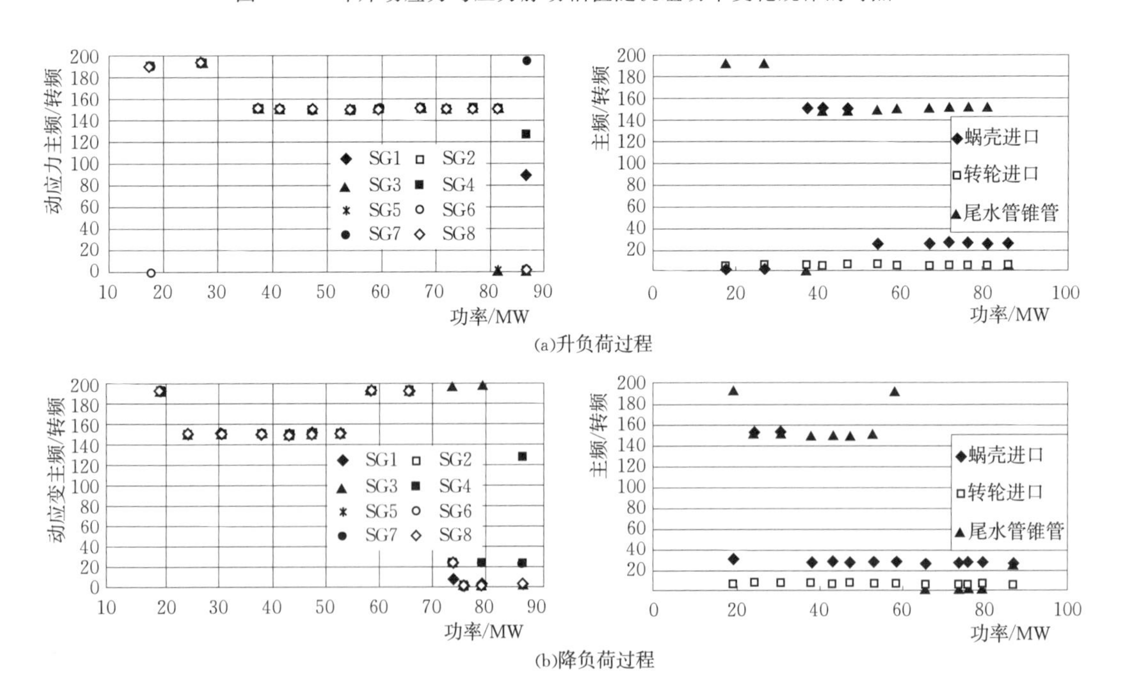

图 4.47　叶片动应力与压力脉动相对频率随功率的变化趋势图对照

(1) 转轮叶片比较高的动应力和噪声是由叶片的卡门涡共振所引起。

(2) 尾水管压力脉动反映的也是卡门涡的作用和影响。

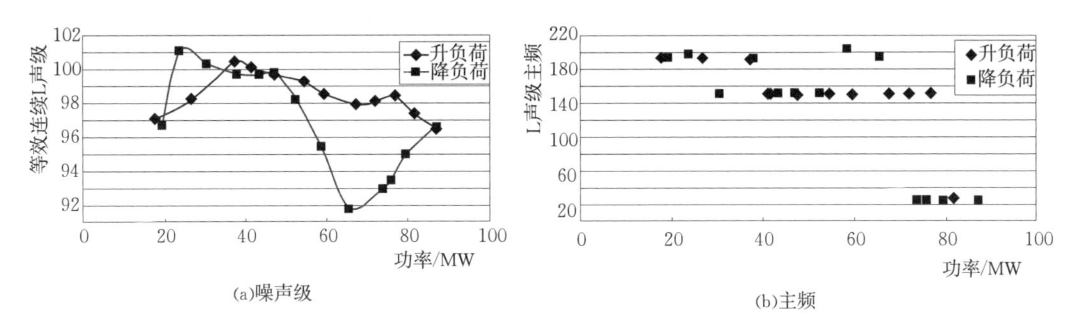

图 4.48 尾水门处 L 声级噪声随机组功率的变化规律

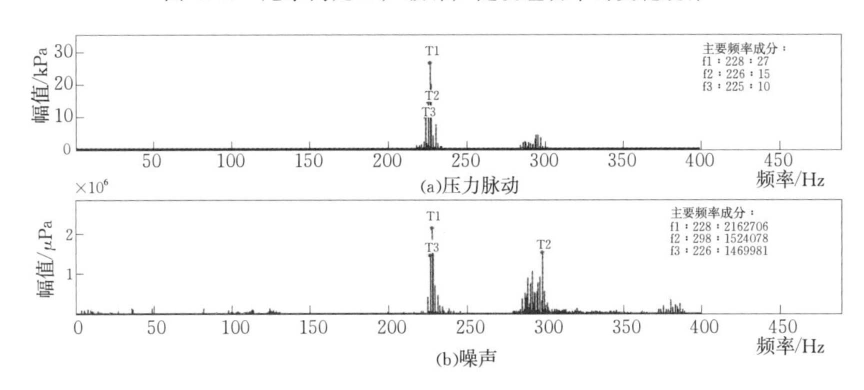

图 4.49 30.75MW 时尾水管压力脉动与噪声的频谱

4.5.5 定子铁芯振动

定子铁芯承受的激振力为转频和极频电磁激振力，以及经由定子机座传递来的各种激振力，其中包括可能出现的较强水力激振力（参见 9.3.5 节）。

定子铁芯最重要的振动量是它的极频电磁振动。避免其固有频率接近 100Hz 是定子铁芯结构设计最重要的目标之一。正常情况下，它的幅值比较小。定子铁芯比较大的振动幅值基本上都出现在转频系列振动上。

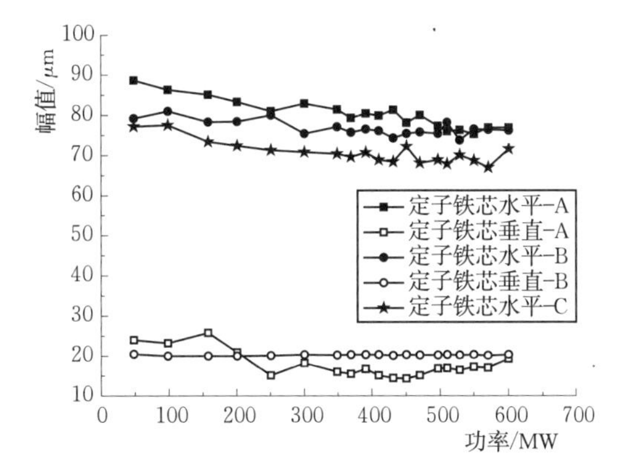

图 4.50 定子铁芯振动随功率的变化趋势图

图 4.50 为定子铁芯振动随功率的变化趋势图。这是一个最符合常规也是最稳定的定子铁芯振动例子：①随功率的增大而有所减小，这反映了水力激振力的总体变化趋势；②定子铁芯的垂直振动幅值比较小，这反映了立式机组定子铁芯振动的特征；③极频振动分量很小，这反映了非共振情况下的振动特征。

前已述及，由于现代设计的定子机座的径向刚度较过去低，使定子铁芯和定子机座的转频径向振动明显增大，图 4.50 也显示了这种情况。

4.5.6 水轮发电机的电气振荡

电气振荡或功率振荡中的“振荡”，在电机和电气工程中，多指共振的情况。功率摆动是现场的一个习惯叫法。通常，同步电机—电力系统的功率振荡固有频率在1～3Hz之间。

发电机的功率振荡有两种基本形式：自激振荡和强迫振荡。在发电机容量不大、输电距离不远又无自动调节装置的情况下，产生自激振荡的可能性不大。证明是不是共振的方法是：在激发力频率不变的情况下，改变发电机的电气固有频率，看功率摆动幅值是否发生变化。改变发电机的无功功率就可以改变发电机的电气固有频率。

在水轮发电机组中，功率摆动的激发力来自水轮机的压力脉动，特别是其中的涡带压力脉动。狮子滩电站早期出现的功率振荡情况就是一个典型例子，中国水科院曾在20世纪60年代对它进行了深入的现场试验研究，并得到了预期的结果[6]。

4.6　机组与厂房振动的相互影响

4.6.1　水轮机的压力脉动是引起厂房建筑物振动的根源

水电站厂房建筑物的振动也是由水轮机的压力脉动所引起。可引起厂房振动或共振的压力脉动有：①类转频压力脉动；②水轮机无叶区环形水体共振产生的压力脉动；③动静干涉产生的无叶区压力脉动；④固定导叶卡门涡共振等。

电站中比较容易被激发而产生共振的部件多数是厂房的楼板、立柱、梁等相对薄弱的构件（图4.51），产生明显振动的还有主、副厂房、大坝、引水管路等。图4.51为中国水科院为一个抽水蓄能电站地下厂房进行结构振动计算时的有限元计算模型。

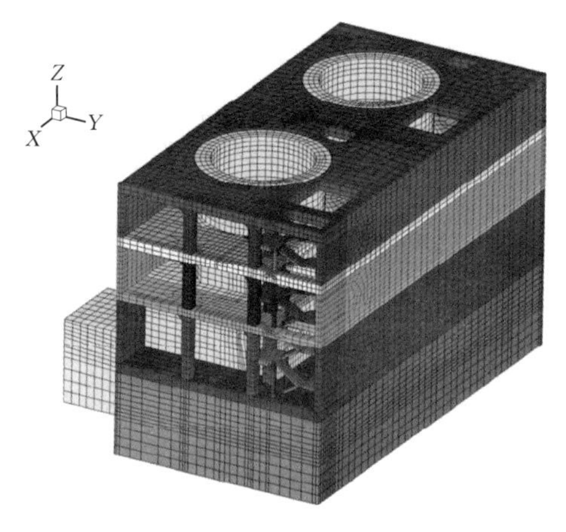

图4.51　立式机组厂房整体模型

水力激振力的主要传递路线是：经由水轮机的座环、蜗壳传递到机墩和楼板，然后由机墩和楼板传递到立柱及其他构件。类转频压力脉动还可以直接作用在引水管路上并由此传递给水工建筑物或引水管路的覆盖体。

明显的厂房振动多数以共振特别是厂房局部构件共振的形式表现出来。它们都具有明显的外在特征：

（1）噪声。在厂房常规噪声的基础上叠加一个强烈的主频噪声，其频率就等于厂房共振主体的固有频率。

(2) 所有以机组的混凝土结构物为支点的传感器信号中均包含有厂房振动的信号。

4.6.2 厂房振动对机组振动测量结果的影响

厂房振动带动机组振动传感器振动，并由此在传感器中产生与厂房振动频率相同的信号。这个信号对振动测量来说就是干扰和误差的来源。厂房振动信号在机组振动瀑布图上都有明确的显示。下面是众多例子中的几个（均来自奥技异电气技术公司相关电站的状态监测报告）。

图 4.52 为溪口电站一台水泵水轮机上机架垂直振动随功率变化的瀑布图。该机组为半伞式，上机架并不承受轴向激振力，它的轴向振动幅值很小（图的左侧）。然而，在图 4.52 右侧显示的 18 倍频幅值却很大，并且有随功率的增大而增大的趋势。数据分析已经表明，18 倍频是叶片频率压力脉动的 2 倍频谐波，由导叶和转轮叶片的动静干涉而产生，它引起厂房明显的 18 倍频振动和噪声。厂房振动波及上机架的垂直振动传感器，从而使该振动的通频幅值大幅度增大。

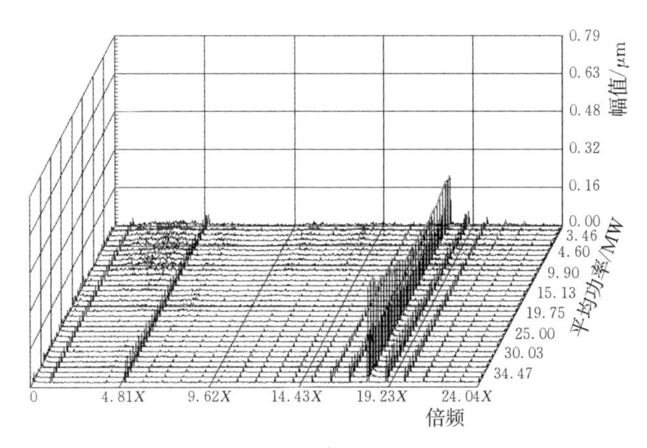

图 4.52 厂房振动在上机架垂直振动瀑布图上的显示

图 4.53 为十三陵电站水轮机顶盖水平振动的瀑布图，它与图 4.52 十分相像。图 4.53中右侧的 14 倍频信号就是厂房振动对机组振动传感器影响的结果，而“偏居”于图左侧的则是顶盖本身的振动。

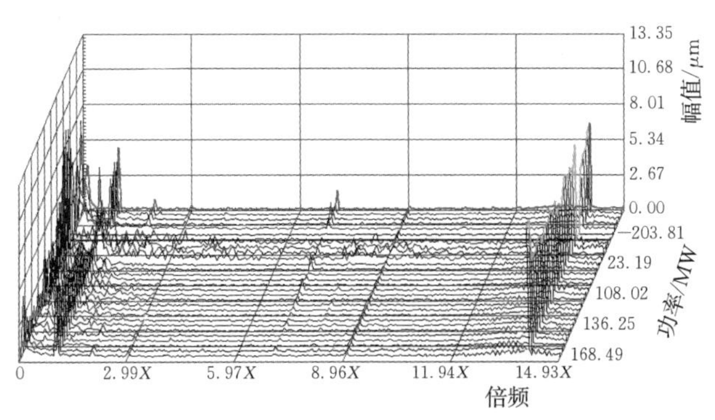

图 4.53 厂房振动在顶盖垂直振动瀑布图上的显示

图 4.54 为一台常规混流式水轮发电机组下机架轴向振动瀑布图，图中右侧约为 25 倍

频就是厂房振动频率。

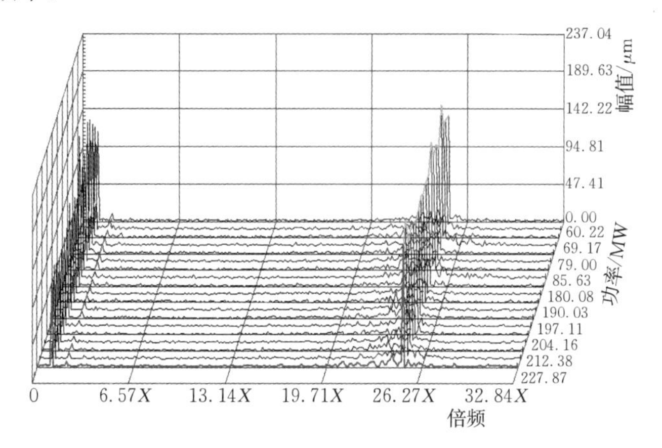

图4.54　下机架系统的轴向振动

由于厂房振动的频率比较高，在以频率为横坐标的瀑布图上，它对机组振动测量结果的影响都显示在图的右侧。这是相当典型的表现形式。

4.7　暂态过程振动

暂态过程是指由某种静止或稳定状态快速或瞬间转换为另一种稳定或静止状态时的变化过程。因为状态的变化比较快，由于加速度和惯性的作用，机组就会在瞬间产生比较强烈的反应或变化。本书并不研究暂态过程本身，而仅仅是了解机组振动在暂态过程中的响应情况，特别是在暂态过程中是否出现异常振动情况。

暂态过程中机组振动的特点如下：

(1) 暂态过程开始后的振动幅值快速增大并很快达到最大。

(2) 暂态过程中，振动幅值达到最大后的衰减过程相对比较缓慢。

(3) 暂态过程中，可能会产生振动峰值，但不会形成稳定的共振状态。

(4) 暂态过程可以发生在各种工况下，由此引起的最大振动有相当大的差别。

暂态过程有多种，例如开机、停机、甩负荷、工况的快速调整，水泵水轮机的工况转换、水泵工况的断电等。不同暂态过程对机组振动影响的差别比较大，关注重点也不相同。总体而言，对暂态过程中振动的主要关注是：暂态过程开始后的冲击效应、水锤效应、转速的升高和流道中压力脉动的变化等。它们对机组振动都可能产生比较大的影响。

4.7.1　起动过程及其对机组振动的影响

1. 能量积累

从导叶开启到机组开始转动这段时间，机组的振动传感器已经在水力作用力的作用下开始出现位移信号，并随导叶开度的增大而增大。这时的机组转动部分正在积累能量，一旦所积累的能量超过静态摩擦力，就会转动起来。

2. 起动冲击

机组为克服较大的静态摩阻力而积累了相当的能量，故当转动部分一旦转动起来，

就会产生比较大的冲击，使位移、振动幅值或者是振动部件的动应力瞬间达到很大值。这就是所谓的起动冲击。

图 4.55 为一台混流式水轮机转轮叶片上的三个不同测点在机组起动过程中动应力的变化过程（东方电机股份有限公司，华中科技大学水机教研室课题组，等．李家峡水电站一号机组水轮机转轮叶片动应力测试及转轮裂纹成因分析报告［R］）。可以看到：起动后的 12～13s 时段，由起动冲击产生的动应力幅值可达到额定转速时的 6 倍以上。

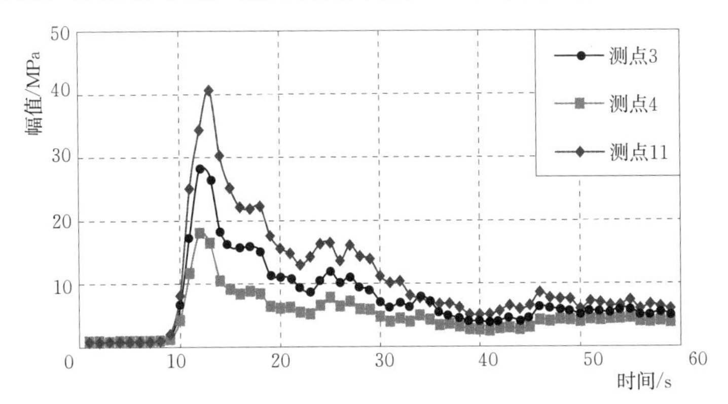

图 4.55　开机过程转轮叶片的动应力变化

图 4.56 为起动过程叶片应变的波形图（潘罗平，唐拥军．大唐岩滩水电厂 3 号机转轮应力和机组稳定性试验报告［R］．2005）。图上显示，静应力的变化约为 400 微应变，起动后的 10～20s 时段，动态微应变幅值在 300～700 之间，瞬间最大值超过 700 微应变。

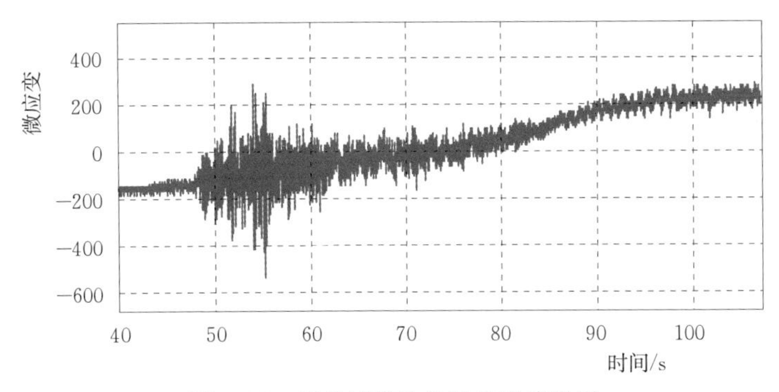

图 4.56　开机过程叶片微应变波形图

3. 陀螺效应

由于低转速时的陀螺效应比较小，机组转动部分晃动的比较厉害，这是机组起动后的最初时段大轴摆度幅值比较大的原因之一。随转速的升高，陀螺效应增大，摆度幅值逐渐趋于正常。

4. 水锤效应

机组起动、停机和甩负荷等情况下，都会产生水锤效应，但通常只把甩负荷后的水流压力与速度之间的转换过程称为水锤效应。实际上，水轮机流道水流速度的突然或快速变化都可以产生水锤效应，如起动、停机或所谓“负荷扰动”那样的情况。水锤效应可以增大压力脉动幅值，瞬间产生的水力冲击可引起机组振动的瞬间增大。

图4.57为一台轴流转浆式水轮发电机组的起动过程波形图（奥技异电气技术研究所．大峡水电厂2号机状态监测分析报告［R］．2006），包括起动、加励磁过程。可以看出：升速和加励磁过程中机组振动、摆度的变化，但变化过程还是比较平稳的。

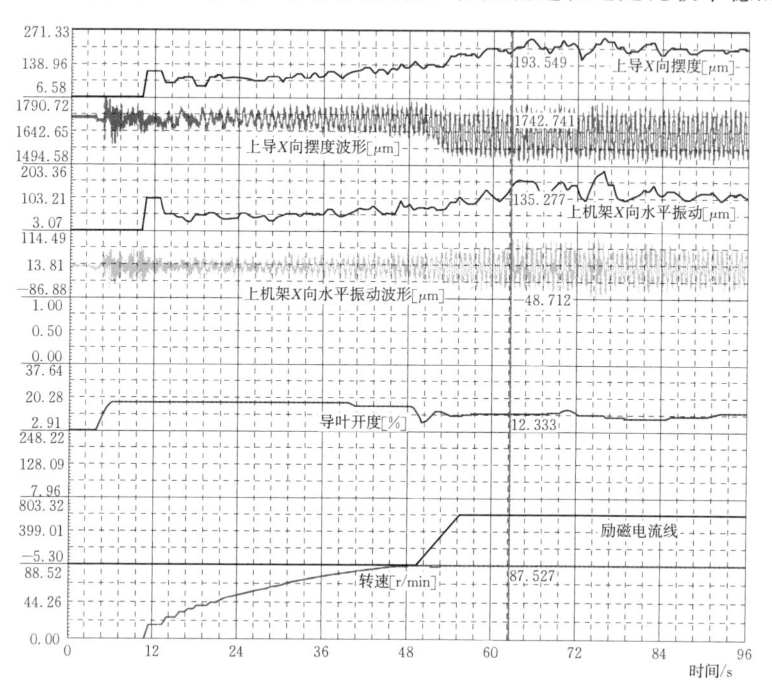

图4.57　一台轴流转桨式机组开机过程的振动和摆度波形图

在一定条件下，有的水泵水轮机在起动过程中会出现导水机构的自激振动，5.3.5节介绍了一个实例。

4.7.2　停机过程中的机组振动

如果停机过程始自机组的空载或空转工况，停机过程中的机组振动、摆度、压力脉动或者是转轮叶片的动应力通常都是十分平稳地减小，可能出现的情况是测量信号的静态偏移。对于大轴摆度来说，静态偏移表示转动部分的位置偏移；对于转轮叶片的动应力来说，静态偏移表示叶片静应力（平均应力）的减小。图4.58为一台大型机组停机过程中大轴摆度和叶片动应力的波形图。

4.7.3　甩负荷过程对机组振动的影响

甩负荷是任何机组在一定时间段都需要进行的，也有偶然发生的情况。甩负荷对机组振动的影响因素比较多，影响的方式和程度也不一样。

（1）卸载冲击。发电机的负载突然消失时将产生比较强烈的“卸载冲击”，它与“起动冲击”本质上是一样的。

（2）转速升高。甩负荷后的转速升高使机械不平衡力和各种机械缺陷产生的激振力与转速的平方成比例地增大，而且动力响应比较大。这是对机组振动影响最大的因素。

（3）电磁不平衡力消失。甩负荷时如果同时切断励磁电流，则电磁不平衡力消失，转动部分的机械缺陷将凸显出来。

（4）水锤效应。水锤效应将使机组的部分部件受到较大的水力冲击。

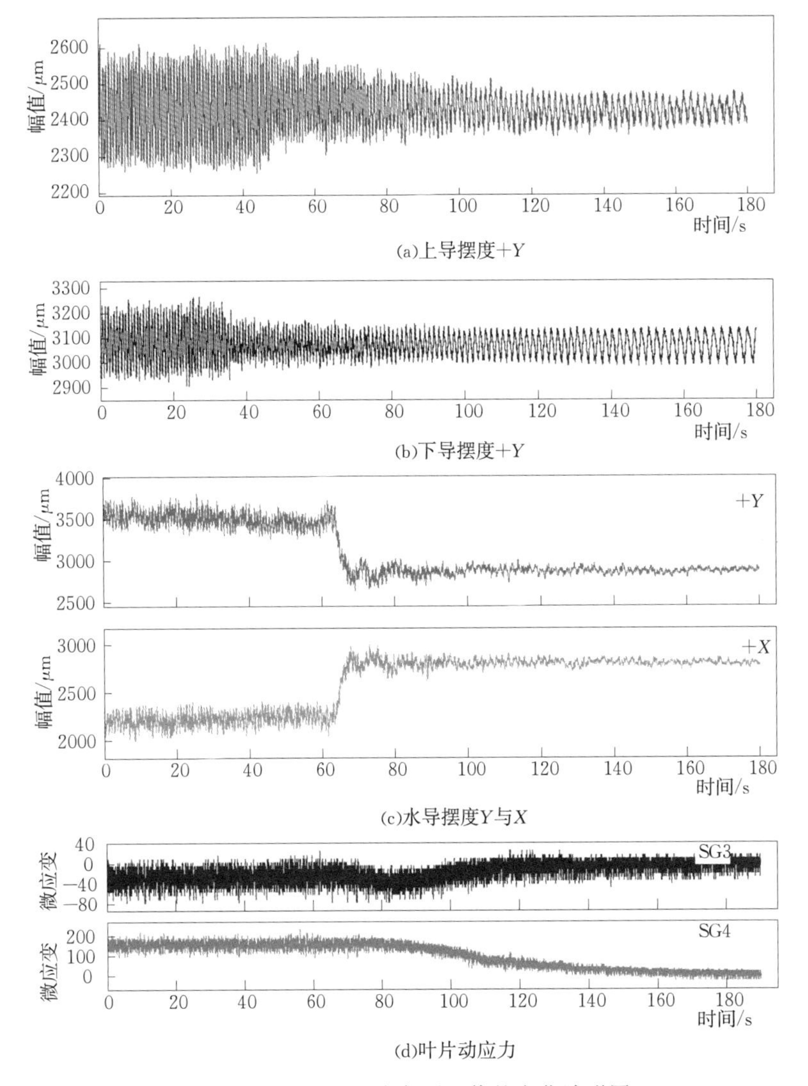

(a)上导摆度+Y

(b)下导摆度+Y

(c)水导摆度Y与X

(d)叶片动应力

图 4.58 停机过程中各测量值的变化波形图

(5) 压力脉动。甩负荷后的过程中，水轮机的转速、流量、水流速度、流态的不同瞬间组合，可为各种压力脉动，特别是涡带压力脉动的产生创造条件。

(6) 增大动力响应。当转速升高时，各种激振力的频率相应提高，这可能使它与一部分振动体（包括水体）的固有频率更加接近，从而使振动体的动力响应增大。发生共振的可能性也是存在的。

上述情况表明，甩负荷过程中水力、机械和电磁三种激振力的变化，都会对机组的振动、摆度产生重要影响。从统计结果来看，影响最大的因素是转速上升。

甩负荷过程中各种因素的变化及其对机组振动的影响，与水轮机的型式、水力参数、导叶关闭速度、关闭过程、导叶动作前的开度和动作幅度的大小等有关。即使同一电站的不同机组，其暂态过程也不会完全一样，“大同小异”可能是比较真实的状况。

【甩负荷实例 1】

图 4.59 为一台中型机组甩 100%负荷过程中各种振动量的变化情况，过程中的转速上升为 48.18%，压力上升为 21.7%（华中科技大学水机教研室课题组试验数据，2005 年 3 月 20 日）。

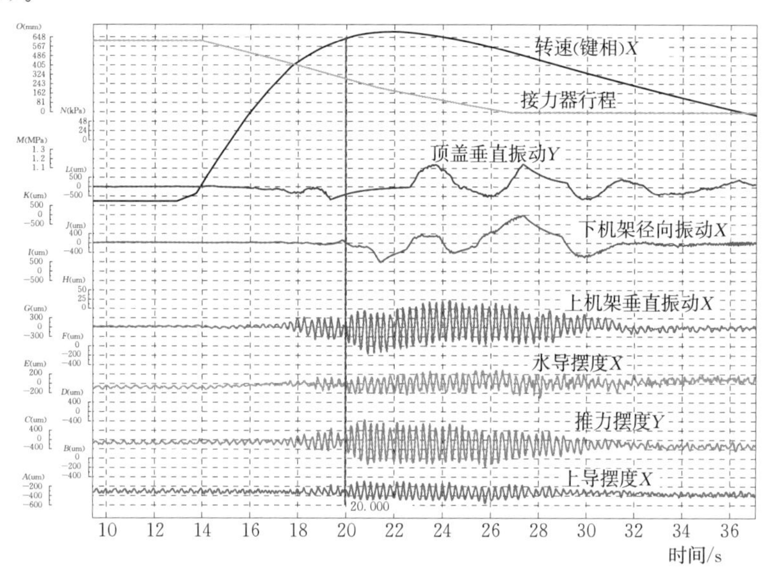

图 4.59　甩 100%负荷时振动、摆度的变化过程

由图 4.59 可以看到：对各振动和压力脉动影响最大或比较大的过程都在甩负荷开始后的 20s 左右；各测量值的最大值均出现在最高转速附近，这显示出在暂态过程中，它们受转速变化的影响最大。最大值出现在导叶尚未完全关闭的情况下，因而水力因素也有一定的影响。

甩负荷过程中机组振动稳定性的表现也值得注意。如果假定甩负荷过程中的振动和摆度的最大值均由不平衡力和其他转频径向力所引起，则按照平方规律，当上升率为 48.18%时，离心力应增大到额定转速时的 2.20 倍。而振动和摆度实际增大的倍数均超过甚至是远远超过了这个倍数，见表 4.1。

表 4.1　甩负荷时振动和摆度的增大值

参　　数	与额定功率时的比值	与转速平方倍数的比值
上导摆度	3.03（93）	1.38
推力摆度	4.14（135）	1.88
水导摆度	5.57（53）	2.53
上机架径向振动	9.39（34）	4.27
下机架径向振动	29.4（8）	13.36
顶盖径向振动	20.98（39）	9.54

注　括号内的数值为额定功率，单位为 μm。

表 4.1 中的数据显示：①额定功率时的振动、摆度幅值都达到优良水平；②各导摆度

在甩负荷过程中的最大值，除推力摆度（没有下导）较大（559μm）外，上导（282μm）和水导摆度（295μm）都在合理范围内（没有超出导轴承间隙）；③甩负荷过程中固定支持部件的径向振动增大的比例和绝对值则显得有点大了，上机架320μm、下机架235μm、顶盖818μm。

额定功率时固定支持部件径向振动的幅值不大，表示机组转动部分的平衡状况良好；转速升高后幅值增大的倍数比较高，则说明动力响应的影响比较大，即动力放大倍数比较大；而动力放大倍数比较大则表示径向振动频率比较接近支持部件的固有频率；出现这种情况的原因则是支持部件的径向刚度不足。

【甩负荷实例2】

图4.60为三峡电站一台机组甩较大负荷（525MW）后的压力脉动变化的波形图（华中科技大学水机教研室课题组试验数据）。根据两个信号变化的趋势判断，它们可能都是尾水管压力脉动。

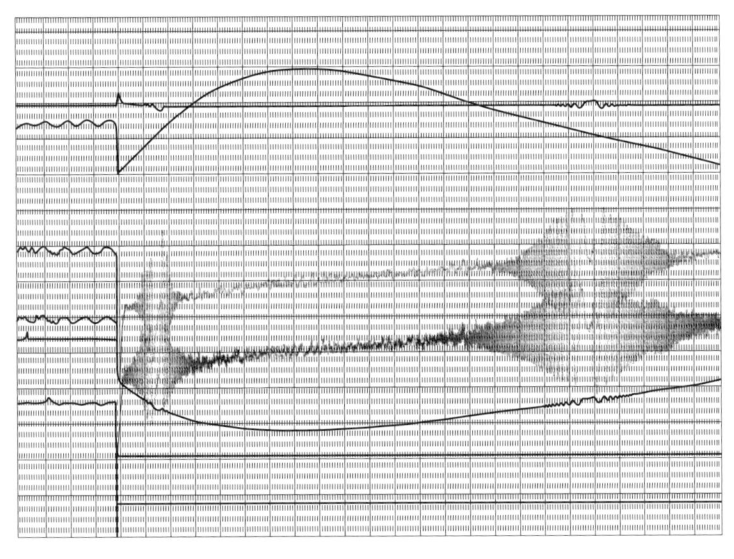

图4.60 甩负荷后的压力脉动波形图例

这张波形图最大的特点是在所记录的时段内，压力脉动有两次峰值出现和消失的过程：第一次峰值过程出现在转速上升阶段，历时比较短；第二次峰值过程出现在转速下降阶段，历时比较长。两次峰值的共同特点是：①峰值对应的转速基本相同；②在峰值出现的瞬间，波形都发生了畸变；③两次峰值具有相同的频率和最大幅值。

根据过去的经验和认识：峰值现象的出现意味着水体发生了共振，或者是由其他水体共振影响的结果；根据两个部位压力脉动具有相同的峰值特征判断，两者应是由同一种原因所引起；两次峰值均出现在相近的转速下，表明峰值现象的出现和转速有密切的关系，而与转速相关的压力脉动峰值应当是尾水管同步压力脉动及其引起的水体共振。其中可能性比较大的就是类转频压力脉动。

4.7.4 过速过程中的振动

过速试验常用于调速器的过速保护装置的整定。整定值大多在145%～155%额定转速范围。由于试验时的最高转速与机组的第一临界转速（约 2 倍于额定转速）比较接近，受动力响应的影响，机组的振动和大轴摆度幅值的增大将超过与转速的平方关系。个别机组也有出现共振的情况。

图 4.61 为拉西瓦电站 5 号机过速 129％过程上、下机架振动的波形图（华科同安在线监测系统数据，2009 年 4 月），在转速开始上升 24s 左右（横坐标每格 15s）上机架垂直振动和下机架径向振动突然增大并出现峰值，具有共振的特征。它们的最大幅值分别为额定转速时的 3.7 倍和 4.4 倍。

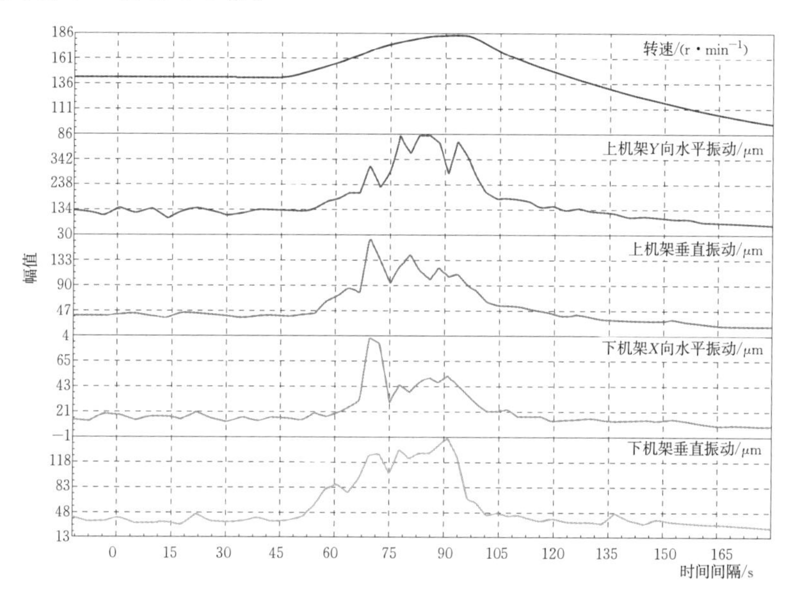

图 4.61　一台机组 129％过速过程中机架振动变化

4.7.5　暂态过程振动的评价

暂态过程在水电站运行中是不可避免的，但也希望暂态过程中机组的振动都在安全、可控的范围内。从振动稳定性角度，首先被关注的是暂态过程中是否出现共振、自激振动等异常情况；其次是暂态过程中出现的极值，以及这些极值对机组的影响，例如起动、停机比较频繁的机组对水轮机转轮叶片及一些连接部件疲劳破坏的影响等。

目前还没有评价暂态过程中振动的标准。根据作者的认识，暂态过程中振动水平的评价可根据三方面的条件进行：①暂态过程开始前机组的振动水平在允许范围内；②暂态过程中不出现任何形式的共振或自激振动；③暂态过程中的速率上升不超过设计值。

在满足上述三个条件的情况下，可以认为暂态过程中的振动水平是可以允许的。所谓“可控”也是这个意思。如果出现什么异常情况，就需要进一步评估由此带来的影响。

参考文献

[1]　孙建平，冯正翔，郑丽媛．二滩水电厂尾水压力脉动及其影响［J］. 水电能源科学，2007，25

(3)：57-59.

[2] 胡宝玉，张利新，钟光华．小浪底转轮叶片裂纹原因分析及处理措施［J］. 中国水利，2004(12)：41-43.

[3] 郑民生，马新红，李文长．小浪底电站转轮裂纹原因及处理措施［J］. 中国能源科学，2008，26(5)：153-155.

[4] 姚大坤，李至昭，曲大庄．混流式水轮机自激振动分析［J］. 大电机技术，1998 (5)：43.

[5] J. P. 邓哈托．机械振动学［M］. 北京：科学出版社，1960.

[6] 李启章，张强，于纪幸，等．混流式水轮机水力稳定性研究［M］. 北京：中国水利水电出版社，2014.

[7] A. Gajic，R. Oba etc. Flow Induced Vibrations and Cracks on Stay Vanes of a Large Hydraulic Turbine ［J］ // XVII IAHR Symposium Beijijg，China，1994，3：1283.

[8] 贾瑞旗，刘安国，刘杰．董箐电站机组异常噪音测试分析及水轮机减振措施［J］ // 中国电机工程学会水电设备专业委员会．第十五次水电设备学术讨论会论文集［M］. 北京：中国水利水电出版社，2011：93-99.

第5章　各种型式水轮发电机组振动简述

各种型式水轮发电机组的区别，首先在于水轮机的型式不同；其次在于结构型式上的不同，例如立式机组、卧式机组，其中立式机组中又有悬垂式、伞式和半伞式等；与上述两方面区别相关的是，它们的水力参数和特性也有相当大的区别。所有这些都会对机组的振动和振动特性带来实质性的影响。

各种型式水轮发电机组振动最明显的差别表现在：

水力激振力及其引起的振动是各种型式水轮发电机组最具特征的激振力和振动，也是它们之间的最大差别所在，是讨论各种型式水轮发电机组振动的主要内容。

由于结构上的差异，不同型式水轮发电机组的特征振动会有很大的区别。同样，各种型式水轮发电机组由机械缺陷引起的振动及其表现形式也会有明显不同。

各种型式水轮发电机组的振动也有一些共同的地方，例如：

（1）它们都属于旋转机械，都具备旋转机械的特征振动和振动特性。转动部分的不平衡及其临界转速是各型机组两项重要的技术指标。

（2）它们都具有水力、机械和电磁三种激振力，但只有电磁激振力是各型机组中最相似的一种。

（3）它们的振动随功率的变化趋势取决于水轮机压力脉动随功率的变化趋势。一般情况下，水力因素是机组振动水平的决定因素。

5.1　混流式水轮发电机组的振动

本书中水轮发电机组振动研究的内容，大部分是关于混流式水轮发电机组的，现简要归纳如下：

（1）大中型水轮发电机组多采用立式、半伞式结构，少部分及小型机组采用悬垂式结构，大轴、上机架、下机架和水轮机顶盖是机组主要的振动部件，大轴摆度、上机架、下机架和顶盖振动是机组的代表性振动量。

（2）水力激振力（以压力脉动为代表）是混流式水轮发电机组最主要的激振力。它分成常规激振力和异常激振力两类（第2章）。

图5.1为混流式水轮机的常规压力脉动和异常压力脉动随导叶开度（或机组功率或负荷）变化的分布示意图，图中①～③虚线所示为常规压力脉动，④～⑧所示峰值曲线为异常压力脉动。它们大致相当于设计水头或额定水头下的情况。它们出现的工况会随水头的变化而有所变化。详细说明可参看《混流式水轮机水力稳定性研究》[1]一书。

（3）机械缺陷是机组较强振动产生的重要原因。

（4）水轮发电机组的振动也分为常规振动和异常振动两类。常规振动是指不考虑动

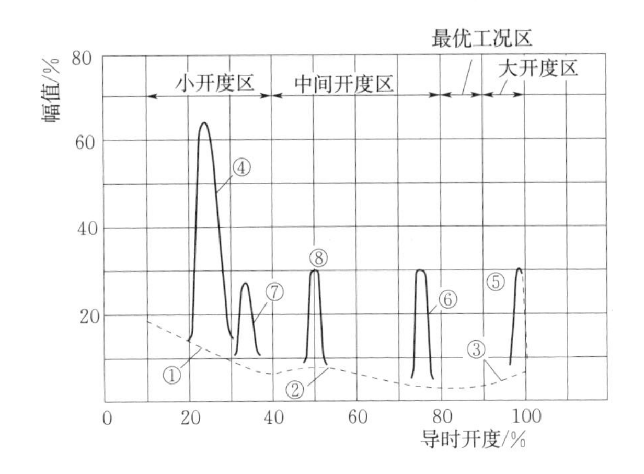

图 5.1 常规和部分异常压力脉动随导叶开度的分布示意图

①—小开度区压力脉动；②—涡带压力脉动；③—大开度区压力脉动；④—类转频压力脉动；⑤—大开度区异常压力脉动；⑥—高部分负荷压力脉动；⑦—低部分负荷压力脉动；⑧—涡带频率的异常压力脉动

力响应影响的一般强迫振动；异常振动主要是指共振、自激振动和偶然原因引起的强烈振动。它们可能由多种原因所激发，也可能发生在机组的各个部位。

（5）在发生共振的情况下，下述部件的振动也会成为关注的对象，如定子铁芯、转轮叶片、固定导叶、导水机构和厂房局部构件等。

作为一个例子，图 5.2 给出了一台大型水轮机转轮叶片出水边 4 个测点的动应力随功率的变化趋势图。其中测点 3 位于叶片正面出水边靠上冠处，测点 13 位于叶片正面出水边靠下环处，14 号测点位于叶片正面出口边中下部，15 号测点位于叶片正面出水边中上部处。实际上它也与机组振动或压力脉动随功率的变化趋势相似：

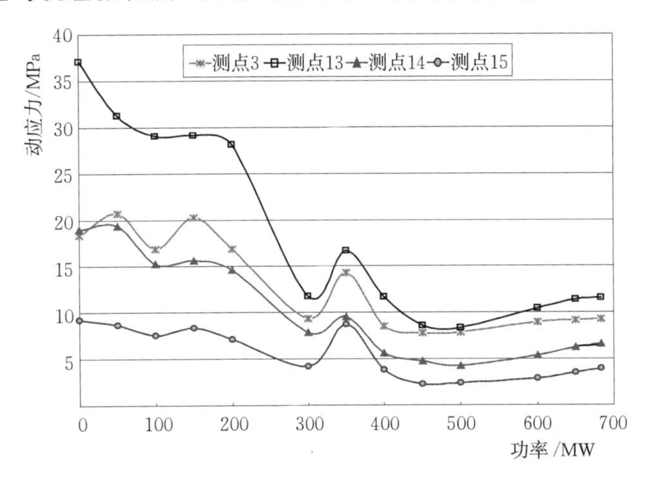

图 5.2 转轮叶片动应力随功率的变化趋势图

（1）小开度区（300MW 以下）动态信号比较大。空载工况时，测点 13 处的最大动应力幅值为 37MPa。

（2）300～450MW 功率为涡带工况区，也形成了一个不大的峰值区，最大动应力幅值为 17MPa。

（3）大开度区动态信号的变化不大，幅值相对也比较小，测点13处的最大幅值不超过12MPa。

更多例子请参见第2章和第4章。

5.2　轴流式水轮发电机组的振动

轴流式水轮机的压力脉动都与该水轮机水力和结构上的特点密切相关，主要如下：

（1）小开度区（即非协联工况区）压力脉动比较强，其中随机性成分比较多。

（2）叶片频率压力脉动比较强。这与轴流式水轮机的叶片数比较少且流量相对比较大相关。

（3）在部分负荷时，或轻或重地会在尾水管中出现涡带压力脉动。

（4）当转轮叶片数与导叶数之间存在大于1的公约数时，还可能产生较强的由动静干涉形成的压力脉动。

（5）转速频率压力脉动的幅值一般不大。

轴流式水轮机有两种类型：轴流定桨式和轴流转桨式。两者的水力稳定性情况有明显差别。

5.2.1　轴流定桨式水轮机的水力稳定性

轴流定桨式水轮机的高效区十分狭窄，效率曲线比较陡峭。当水轮机偏离最优工况时，不仅效率降低很快，而且压力脉动的增长速度也很快，如图5.3和图5.5所示。

振动幅值随导叶开度或功率变化的部分，都是由水力因素所引起的，定桨式水轮发电机组也不例外，如图5.3所示。

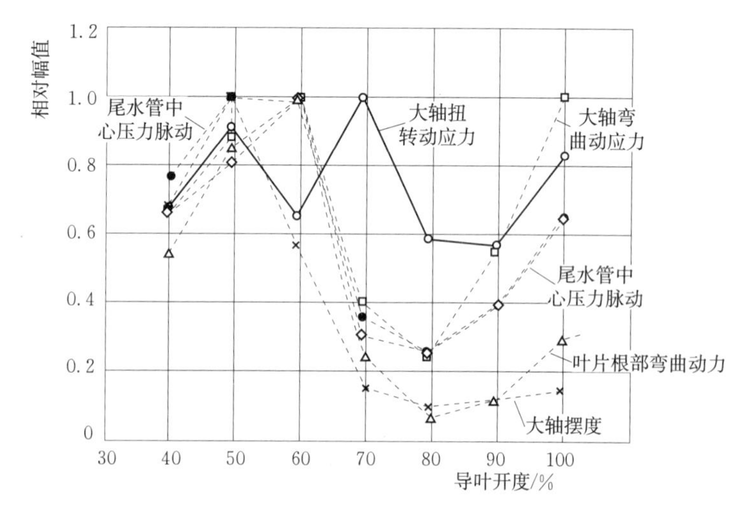

图5.3　轴流定桨式水轮发电机组动态信号随导叶开度变化的例子

图5.4为同一台轴流定桨式机组的大轴摆度瀑布图。图上显示出了该水轮机几种压力脉动及其引起的振动或摆度：①频率为1.3Hz的转速频率成分；②频率为转速频率1/3～1/5的涡带频率成分（幅值最大的一个峰值）；③5.3Hz为叶片频率成分；④50%开度以

下为小开度区，随机性和周期性并存的压力脉动都可能引起机组的某种共振，图上出现的一些峰值就与上述频率压力脉动和转动部分的前三阶临界转速频率（2.6Hz、3.9Hz 和 5.2Hz）以及转动部分的扭转振动固有频率（6Hz）比较接近有关。

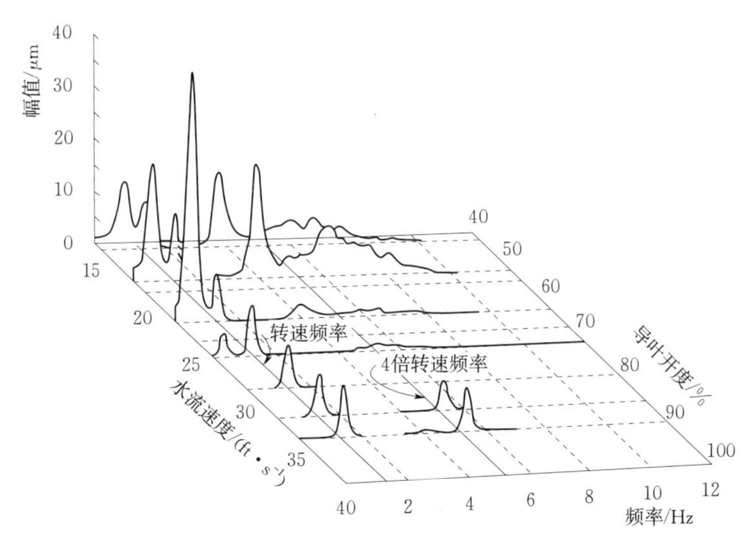

图 5.4 大轴摆度瀑布图

5.2.2 轴流转桨式水轮机的水力稳定性

转桨式水轮机的最大优点在于，在“转桨”范围（即协联工况区）内，水轮机相当于在定桨水轮机的最优工况点运行。此时，既达到了水轮机的高效率，也使水流达到了最稳定的状态，压力脉动最小。

图 5.5 所示为各叶片角定桨工况下水导摆度随功率的变化趋势。它反映了这样的基本规律：各叶片角下的最小振动幅值与协联工况（虚线）同样功率下的振动十分接近，表明了水轮机在协联关系下运行时水力稳定性比较好的特征。

图 5.6 所示为各叶片角定桨工况下水轮机效率随功率的变化，各叶片角下最高效率点的连线就是导叶开度和转轮叶片角度之间的协联关系曲线。

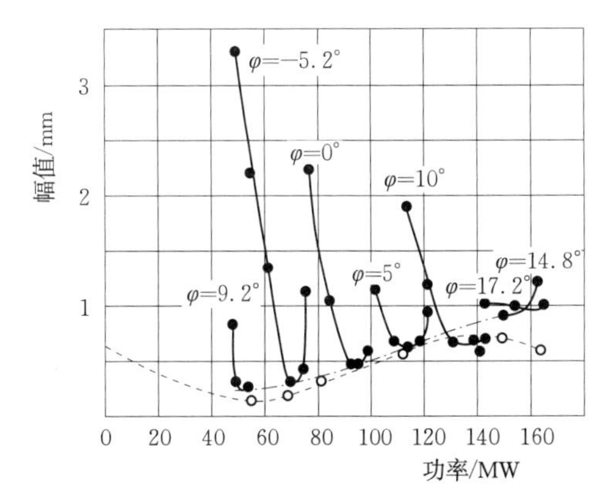

图 5.5 定桨工况下的水导摆度

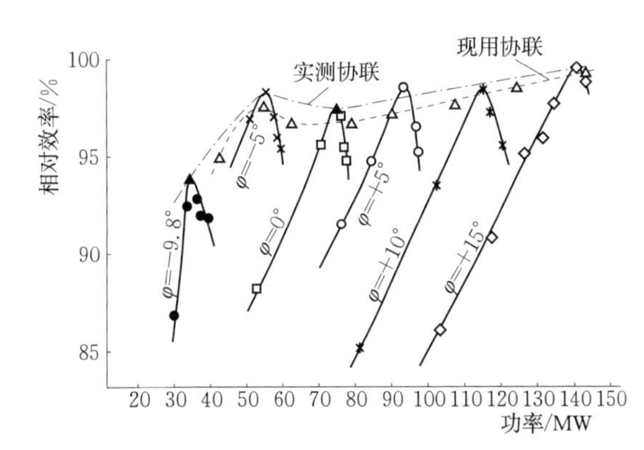

图 5.6 定桨工况下的相对效率

对照这两张图就可看出，各叶片角定桨工况下的效率曲线和振动曲线成镜像关系。这是按最小振动得到的协联关系曲线有时可以替代按效率最高得到的协联曲线的原因。

转桨式水轮机也存在一些水力稳定性问题：

（1）在水轮机的小开度区（30%～40%额定功率以下），水轮机实际上是在最小叶片角下作定桨运行的，水轮机中的压力脉动幅值比较大，频率范围也比较宽。后面的几个例子也都表明，转桨式水轮发电机组的异常振动都出现在这个区。同样的，在最大负荷或超负荷区运行时，水轮机也是在最大叶片角下作定桨运行，压力脉动也会逐渐增大。

（2）在协联工况区的部分负荷范围会出现涡带压力脉动。这是因为转轮叶道内的水流并不按理想流线流动，在转轮的作用下，进入转轮的水流会具有相当大的离心力，并偏向叶道的外侧，使水流具有了一定的圆周速度，为产生涡带压力脉动或其他压力脉动创造了条件。

（3）转桨式水轮机的叶片频率压力脉动比较明显。这与转轮叶片数比较少，进、出口处水流分布的不均匀性比较大有关。如果叶片数和导叶数之间有大于1的公约数，还可能产生比较强的导叶、转轮叶片组合频率的压力脉动，或由动静干涉产生较强的叶片谐波频率压力脉动。

（4）水流由导叶出口到进入转轮之前需要转一个90°的弯，转弯处的水流会出现涡流、脱流以及由此引起的随机性压力脉动，也会增大转轮进口水流的不均匀性。

（5）固定导叶和转轮叶片尾部的卡门涡，也可能引起它们的共振。

下面几个实例可充分显示这种机组振动的特征。

5.2.3　转桨式水轮发电机组振动实例

1. 出现共振的实例

转桨式水轮发电机组在小开度区（非协联工况）发生共振的情况并不少见，可出现在不同的部件，激振力也不完全相同。但有一点是共同的：共振部件的固有频率都不高，比较容易与水轮机压力脉动的频率重合。

【上机架—定子机座系统垂直共振实例】

图5.7为大伙房电站原装的转桨式水轮发电机组协联工况和定桨工况上机架垂直振动随功率的变化趋势（中国水科院1963年的测试结果）。试验机组为ZZ587-LH-330，额定水头25.2m，转速214.3r/min，转轮叶片6枚，导叶16枚，发电机为悬垂式。

图5.7所显示的主要情况如下：

（1）在2～5MW功率之间，上机架垂直振动出现了凸出的峰值现象，显然是具有共振特征，而其随功率而变化的特征显示它是由压力脉动所引起的。

（2）协联工况下的上机架垂直振动变化趋势与叶片角为－10°的定桨工况几乎完全相同，在其他叶片角下，也在该功率范围出现峰值。这表明水轮机在5MW以下功率范围的定桨工况下运行时，上机架垂直方向都会发生共振现象。

（3）共振区上机架垂直振动的频率在10～15Hz之间变化，平均值约为转速频率的3.5倍，约为叶片频率的1/2次谐波。

（4）当水轮机进入协联工况（6MW及以上）运行时，上机架垂直振动幅值多保持在20μm上下，充分显示了转桨式水轮机的良好水力稳定性和机组的运行稳定性。

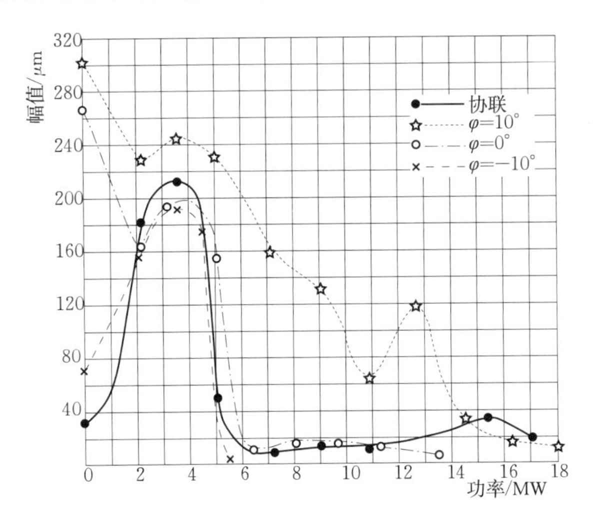

图 5.7 上机架—定子机座系统的垂直共振

（5）不出现共振时，在不同叶片角的定桨工况下，机组振动、摆度变化的基本规律是：①随功率的增大而减小，这是由于水轮机工况逐渐接近最优工况的结果；②大叶片角时的振动比小叶片角时大得多，这显示了水流冲角和水轮机流量的共同影响。

（6）共振区，上机架的径向振动和大轴摆度的主频仍然是转速频率，这表明上机架的共振不是由转动部分的不平衡所引起的。

【推力机架（下机架）和顶盖垂直振动实例】

在图 5.8 所示的两种水头下，顶盖和推力机架垂直振动在 20MW 附近都出现了很高的峰值（吴道平．万安水电厂 3 号机组稳定性试验报告［R］. 2004 年 2 月—2005 年 10 月），从幅值的变化比例上判断，它们应当是发生了共振，而且激振力为水轮机的压力脉动。

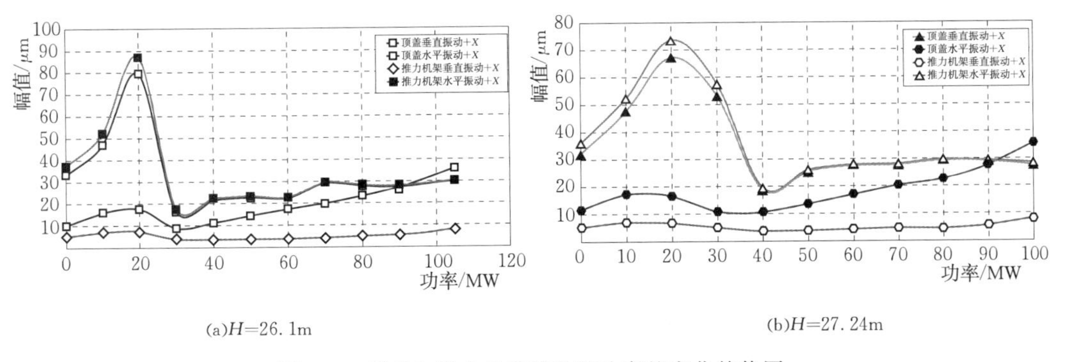

图 5.8 顶盖和推力机架振动随功率的变化趋势图

图 5.9 显示，在 20MW 左右的工况区，尾水管压力脉动没有出现类似图 5.8 那样的峰值，只是压力脉动幅值稍大。由此判断：顶盖和推力机架的垂直振动峰值是由常规压力脉动所激发。

根据已有的经验，小开度区尾水管压力脉动具有广谱特征，且其频率要比转速频率高许多。激发推力机架和顶盖垂直振动的共振是可能的。

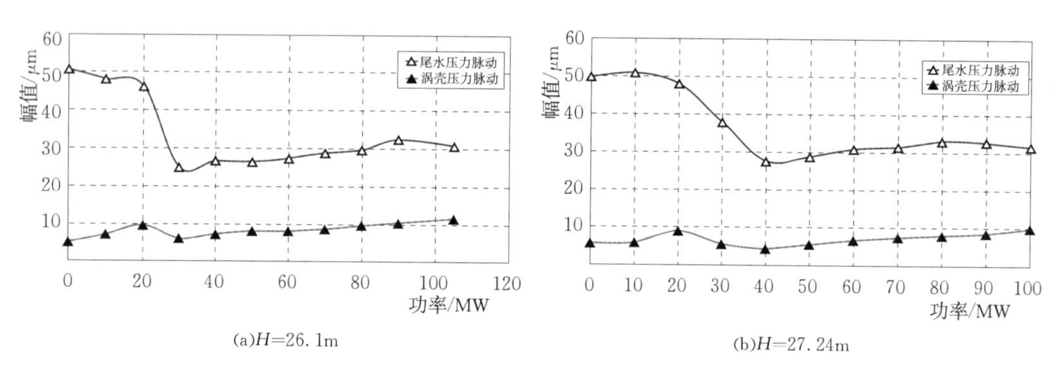

图5.9　压力脉动幅值随功率的变化趋势图

当水轮机的运行水头上升时，振动区有扩大的趋势，如图5.10所示。出现最大振动值的功率也有所增大。

图5.11为负荷20MW时水导摆度的频谱图。该工况下水导摆度的主要频率成分及其分频值为：0.64Hz（74.8Hz）、0.128Hz（72.5Hz）、2.57Hz（63.0Hz）和1.28Hz（56.2Hz）。其中1.28Hz为转速频率，其他均为转速频率的倍频或分数频它们都不会是推力机架或顶盖的固有频率。

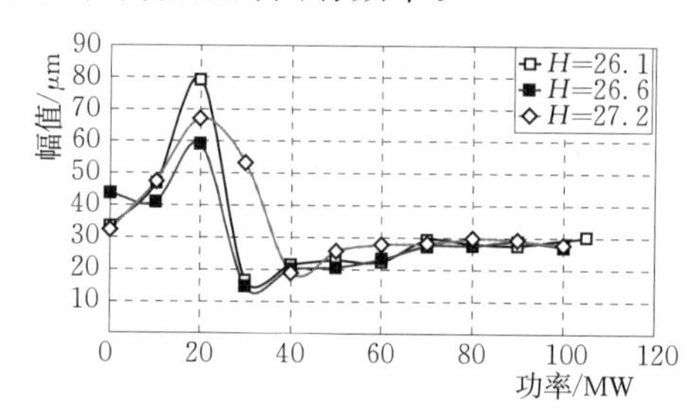

图5.10　顶盖垂直振动随水头的变化趋势图

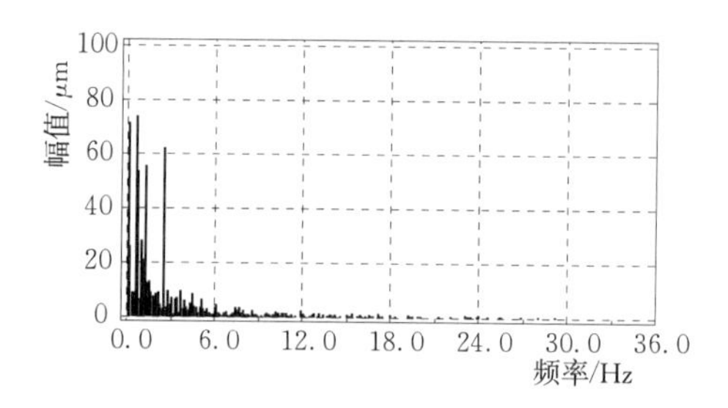

图5.11　20MW时水导摆度的频谱图

【转动部分共振实例】

图5.12为葛洲坝电站2号机的一次试验结果（中国水科院2003年试验数据）。图上显示：水导摆度在约35MW时出现了极大的峰值，多次实测结果表明，对应峰值的频率是变化的，变化范围为2.05～3.1Hz。根据已有的经验判断，它是由导轴承间隙的较大变化（增大）所致，这种情况在其他电站也出现过。

图5.13所示为不同转速的试验结果。图上显示：对应大轴摆度峰值的频率为3.1Hz，它显然就是转动部分当时条件下的临界转速频率，但并不是当时的转速频率。这表明：图5.12中水导摆度的峰值是由转动部分的共振产生的，其随功率而变化的特点表明，它是由压力脉动所激发。

机组转动部分的第一临界转速计算值为4.6Hz（276r/min），与实测固有频率（2.0～3.1Hz）相差甚大，这也再次证实，导轴承间隙对转动部分的临界转速影响很大。在对水导轴承进行改造后，导轴承间隙不再变化，共振现象也就不再出现了。

葛洲坝电站3号机的水导摆度也出现了峰值现象，但幅值比图5.12小得多，如图5.14所示（中国水科院．葛洲坝3号机振动稳定性鉴定试验报告[R]．1983）。

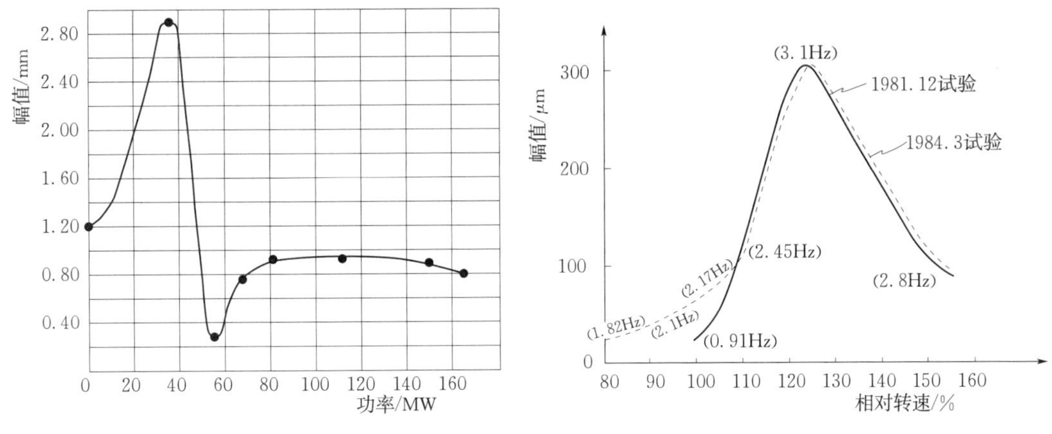

图 5.12 水导摆度随功率的变化　　图 5.13 水导摆度随转速的变化

图 5.15 为水轮机支持盖下压力脉动趋势图，它的峰值与水导摆度的峰值完全对应，频谱分析结果表明，两者峰值对应的频率也完全相同。这说明图 5.14 的峰值现象是由压力脉动引起的强迫振动，而不是共振的结果。

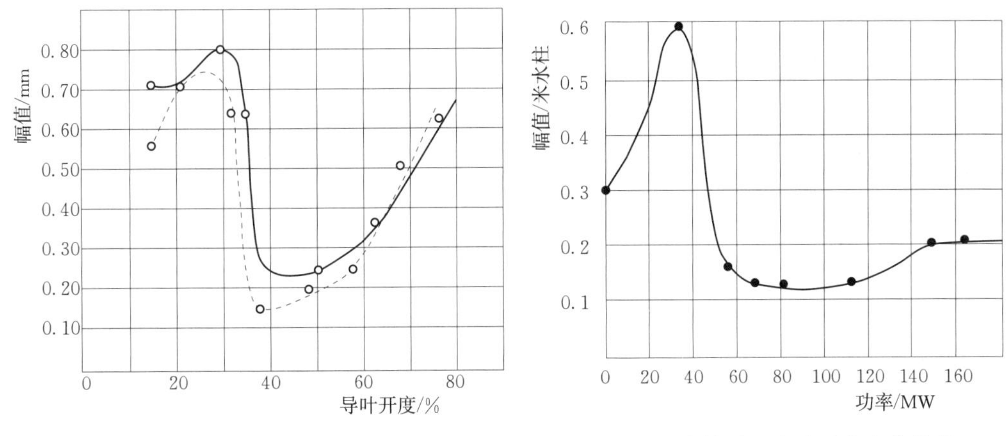

图 5.14 水导摆度随导叶开度的变化趋势　　图 5.15 支持盖压力脉动的变化趋势

2. 轴流转桨式机组出现自激弓状回旋的实例

俄罗斯有几个电站的轴流转桨式水轮发电机组的转动部分出现了由自激弓状回旋引起的转动部分和支承部分振动剧增的情况[2]，同时，顶盖下压力脉动、导叶和控制环振动都出现了相同的频率。主要情况是：①自激现象出现在大负荷区或超负荷区（图 5.16 中阴影区边界上的数字为功率，单位为 MW）；②自激振动的频率约为转速频率的 2 倍（图 5.17），与转动部分的一阶临界转速频率计算值相近；③出现自激振动机组的水导轴承，既有油润滑的巴氏合金轴承，也有水润滑的橡胶轴承。图 5.17 为其中一台机组非自激和自激两种情况下水导轴承振动的波形图和功率谱图。

该文章作者的统计结果显示：自激振动均发生在导叶的出水角相当于或大于导叶来流角的情况下。分析认为，在这种情况下，作用于机组转动部分的静态径向力下降而使导轴承中的摩擦力下降，使转动部分处于“不稳定平衡状态”，在某种条件下变为负阻尼

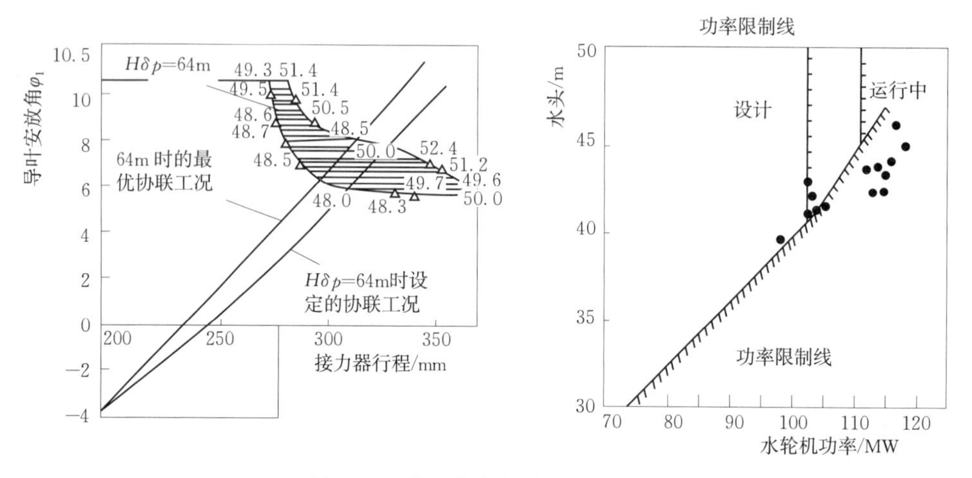

图5.16　出现自激振动的工况分布

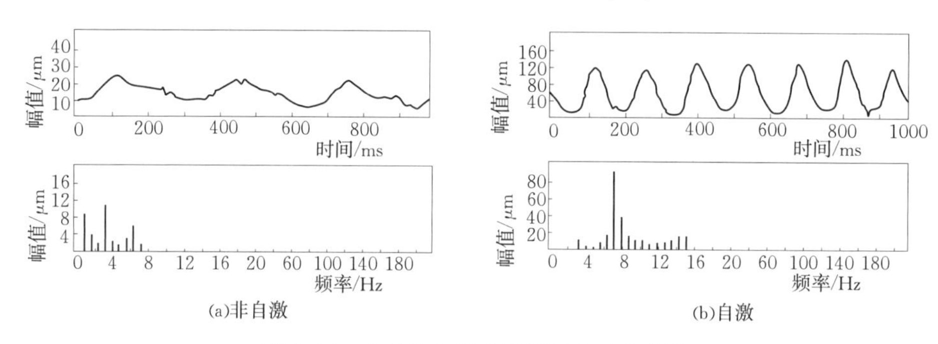

图5.17　水导轴承振动波形图和功率谱图

时，就会导致转动部分自激弓状回旋的产生。

根据笔者的理解，上述情况类似于水泵水轮机的导水机构自激振动的产生机理：即当导叶开度处在导叶水力矩接近于零时，导叶旋转的摩擦力很小，十分易于被不稳定水力激振力所激发而产生导水机构的自激振动或共振。上述例子中，所指“在导叶的出水角相当于或大于导叶来流角的情况下，导轴承中的摩擦力减小”，实际上也是这个意思，所不同的仅仅是，在上述例子中，处在接近自由状态的是转动部分本身，同时也是导轴承摩擦力减小的基本原因。

3. 水力不平衡的实例

轴流式水轮机的水力不平衡是由水轮机转轮叶道出口的尺寸不一致引起的，导致叶道出口开口不一致的原因有多种，需要具体检查确定。

图5.18（a）为万安电站3号机水导摆度趋势图，图上显示出水力不平衡比较明显。初步检查已经发现转轮各叶道开口尺寸不一致，如图5.18（b）所示。可以看出：开口比较大的叶道分布在一边，开口小的叶道分布在另一边，水力不平衡必然出现。

实测结果还表明：各相对叶道的开口差值随叶片角的变化而变化，而且不成比例。例如，当叶片角从β_2减小到β_1时，2～3和5～6两个叶道的开口差几乎没有变化；6～1和3～4两个叶道的开口差减小约40%；而1～2和4～5两个叶道的开口差则增大1倍

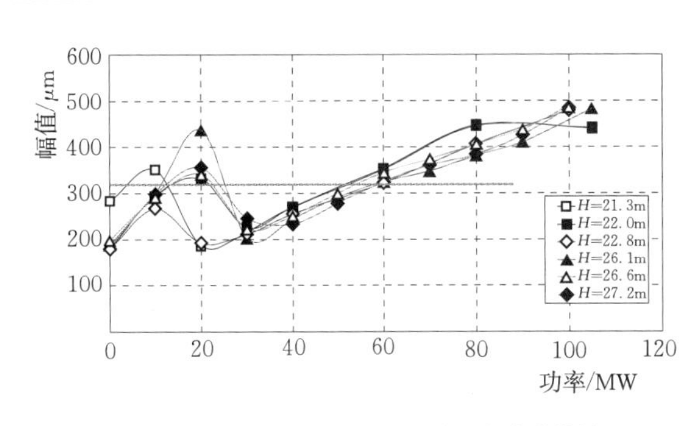

(a)水力不平衡比较大的水导摆度趋势图

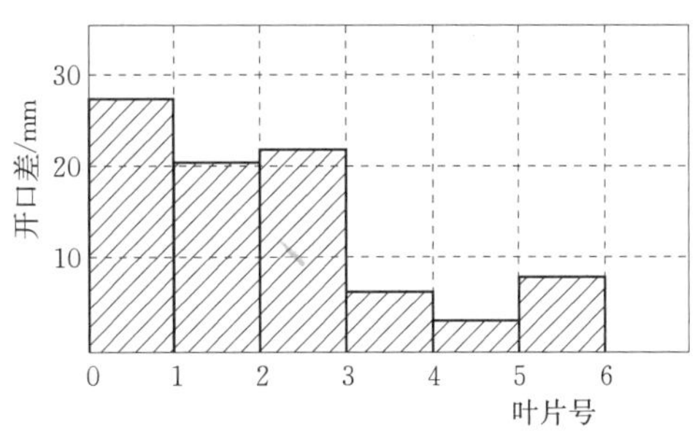

(b)各叶道平均出口差柱状图

图 5.18 水力不平衡与各叶道出口平均开口差值分布图

多。因此，水力不平衡力不仅随流量变化，还随叶片角的变化而变化。

水力不平衡对大轴摆度特别是水导摆度的影响比较大，其特征是随水轮机流量的增大而增大。它对机组振动的影响有三种可能的表现形式（参看 2.1.3 节水力不平衡力），图 5.18 (a)是比较常见的一种，图 5.12 和图 5.14 也是如此。

4. 转桨式水轮机中的涡带压力脉动和振动

从图 5.12 葛洲坝电站 2 号机的一次现场试验结果（图 5.12）中可以看到，在 50MW 以上的协联工况区，水导摆度中除了具有转速频率的成分外，在中间负荷范围（60～150MW）还出现了相当大的涡带频率成分，其频率在 1/2～1/6 转速频率范围，涡带频率分量的最大值为 640μm，约与转频分量幅值 720μm 相当。

图 5.19 为广西平班电站水轮机水导摆度的瀑布图和频谱图（奥技异电气技术研究所．广西平班电厂 1 号机组状态评价分析报告［R］. 2012），图上 78～120MW 功率范围内的 0.16～0.31 倍转速频率的信号就是由涡带压力脉动所引起。可见，转桨式水轮机在协联工况下出现涡带压力脉动情况并不罕见。

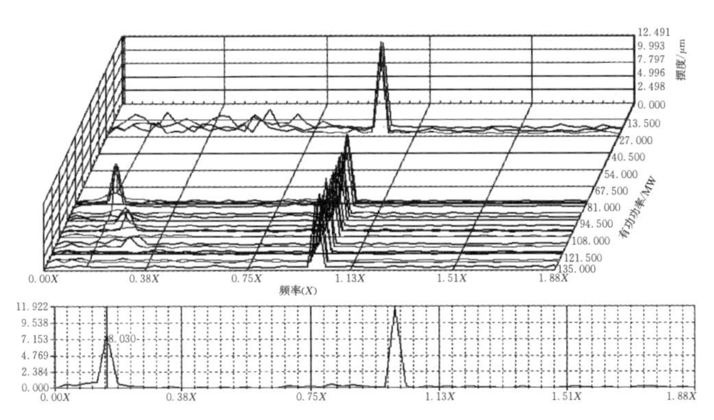

图 5.19 平班电站转桨式水轮机出现涡带振动的情况

5.3 水泵水轮机/发电电动机机组的振动

除冲击式水轮机外，其他的反击式水轮机（混流式、轴流转桨式、斜流式、贯流式等）都可用作可逆式水泵水轮机，也有单独的抽水蓄能泵组，它们本质上就是水泵。所有这些抽水蓄能机组中，混流式水泵水轮机的应用最为广泛，本章介绍的内容也以这种机组为主。

可逆式水泵水轮机的特征振动也都是由水力原因引起的。在水轮机工况下，它的常规压力脉动与常规混流式水轮机没有原则性区别；但它的异常压力脉动与常规水轮机的差异较大。水泵工况下的水力稳定性相对好一些。

混流式水泵水轮机的暂态过程内容比较多，暂态过程中的水流情况也比较复杂，有些异常振动也会出现在暂态过程中。在本丛书的《混流式水泵水轮机水力稳定性研究（暂定名）》一书中将对它们作比较详细的讨论，这里仅作简要介绍。

5.3.1　水轮机工况下的水力稳定性

1. 水轮机工况下的压力脉动

水泵水轮机作水轮机运行时的常规压力脉动也包括小开度区压力脉动、中间开度区的涡带压力脉动和大开度区压力脉动，只是幅值和频率上与常规混流式水轮机有所区别。

（1）小开度区压力脉动。小开度区的压力脉动一般比常规水轮机强烈，其频率范围也比常规水轮机大，主要原因是：①水头高、流速大，水流对转轮叶片进口的水力冲击比较强烈，由此产生的随机性和周期性压力脉动都比较强烈；②部分水泵水轮机的小开度“S”特性区产生的水力不稳定现象比较明显；③水泵水轮机的转速比较高，转轮叶片对进口水流的撞击作用比较强，是产生叶片频率和随机性压力脉动的主要原因之一。

（2）中间开度区压力脉动。中间开度区的涡带压力脉动特性和规律与常规混流式水轮机相近。它的相对幅值比较小，但它的最大绝对幅值也都在 10m 水柱上下。受转速和结构上的影响，涡带压力脉动对机组振动、摆度的影响比常规水轮机小。

（3）大开度区压力脉动。大开度区压力脉动一般都比较小，是水力稳定性最好的工况区。

水轮机运行时的异常压力脉动与常规水轮机的差异很大。常规混流式水轮机中经常出现的异常压力脉动，在水泵水轮机中很少出现。

高水头水泵水轮机的尾水位比较高，在水轮机方式下运行时，尾水管中一般没有空化空腔，发生尾水管水、气联合体共振的可能性很小，故高、低部分负荷压力脉动、涡带频率的水体共振等就不会出现。

尾水管同步压力脉动引起的类转频压力脉动不会发生，但动静干涉压力脉动可能引起引水管路中的水体共振。

作水轮机运行时还会产生其他压力脉动，主要包括迷宫间隙压力脉动、叶片频率压力脉动和卡门涡等。

（1）迷宫间隙压力脉动。高水头水轮机转轮的迷宫结构比较复杂而且间隙比较小，产生较强迷宫间隙压力脉动的概率比较大。迷宫间隙压力脉动会增大转轮和大轴摆度，一定条件下还可能激发转动部分的自激弓状回旋。

（2）叶片频率压力脉动。水轮机工况下的叶片频率压力脉动产生于无叶区，主要由转轮叶片对进口水流的撞击产生，除主频外，也会有一定数量的谐波成分出现。

叶片频率压力脉动比较强是混流式水泵水轮机压力脉动的一个特点，无论是水泵工

况或是水轮机工况都是这样。其主要原因是：①水泵水轮机的转速比较高，转轮叶片对水流的撞击作用比较强；②水泵水轮机转轮叶片数比较少，转轮进口处叶道的圆周向开口比较大，使进口的水流不均匀性比较大；③与导叶和转轮之间的间隙（无叶区宽度）比较小有关。

（3）卡门涡。与混流式水轮机一样，卡门涡出现在固定导叶、活动导叶和转轮叶片的尾部。它不激发这些叶片的共振时，影响可以忽略不计。

2. 动静干涉产生的压力脉动

动静干涉产生的压力脉动可能成为水泵水轮机水力稳定性的决定性因素，故而备受关注。

（1）动静干涉及其产生的压力脉动。

在水轮机工况下，转轮进口不均匀水流是所谓的动态信号，对固定测点而言，它是一个周期性动态信号，其频率等于转轮叶片数乘以转速频率。导叶出口不均匀水流是所谓的静态信号，但对转轮而言，它也是一个周期性动态信号，其频率等于导叶数乘以转速频率。两种信号互为周期性动态信号，又相互感知，反复叠加。在一定的条件下，两者的叠加就会产生比较强的叶片频率或其谐波频率的压力脉动。这就是动静干涉。

除水泵水轮机外，常规混流式、轴流式和贯流转桨式水轮机也都存在动静干涉现象，有时也能产生较强的压力脉动。

在水泵水轮机中，动静干涉产生的压力脉动主频多数是叶片频率的某阶谐波频率。当转轮叶片数与导叶数之间有大于1的公约数时，动静干涉压力脉动的主频也可等于叶片频率。

动静干涉压力脉动的幅值受水轮机诸多结构因素和水力因素的影响，不同电站、不同转轮、不同的设计理念，它们的动静干涉结果会有相当大的差别。

动静干涉产生的叶片频率谐波压力脉动与常规的叶片频率压力脉动有本质的区别：①产生机理不同；②两者的主频不同；③两者随水轮机工况（流量）的变化趋势不同，图5.20是两种压力脉动典型情况的对比。

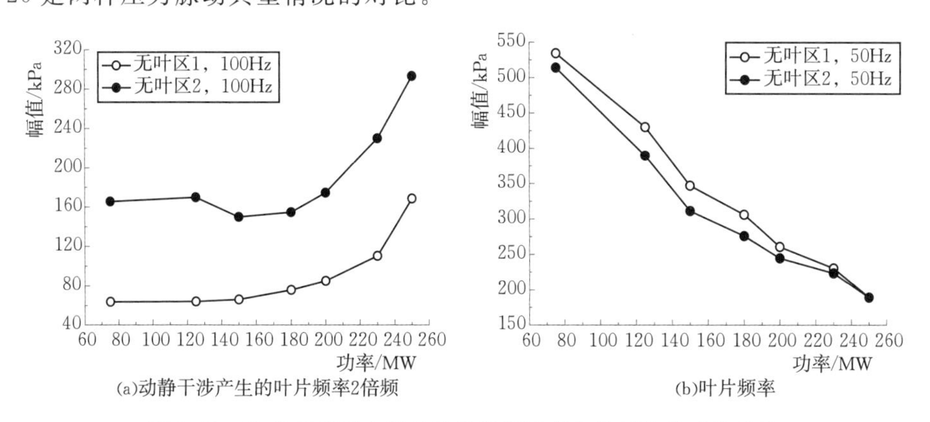

图5.20 叶片频率压力脉动和动静干涉产生的压力脉动的对比

（2）动静干涉压力脉动主频的确定。

动静干涉压力脉动的主频对应的叶片频率的谐波次数 m 由导叶数 Z_0 与转轮叶片数 Z_r 之比值中的整数来确定。例如：转轮叶片数9、导叶数20时，$Z_0/Z_r=2.22$，则动静干涉产生的压力脉动频率的主频为叶片频率的2次谐波频率；再如，转轮叶片数为6、导叶数为20时，$Z_0/Z_r=3.33$，则动静干涉产生的压力脉动频率为叶片频率的3次谐波频率；若转轮叶片数为6、导叶数为28，$Z_0/Z_r=4.67$，则叶片频率的5次谐波频率压力脉动为动静干涉压力脉动的主频。

（3）影响动静干涉结果的主要因素。

1）导叶数和转轮叶片数之间是否具有大于1的公约数，具有大于1的公约数时，其基波频率（叶片频率）相对较低，幅值较强；没有公约数时情况相反。

2）比值Z_0/Z_r接近整数的程度。接近整数时，动静干涉产生的压力脉动幅值较强。比值Z_0/Z_r为整数时，动静干涉产生的压力脉动幅值最大。

3）转轮叶片数。叶片数比较少的水轮机，由动静干涉产生的压力脉动可能比较显著，例如轴流式、贯流式水轮机和混流式水泵水轮机。

4）导叶出口与转轮进口之间的距离。距离越近，动静干涉效果越强。

5）机组的转速。转速高时，所产生的动静干涉压力脉动就越强。

（4）动静干涉压力脉动的波形性质和传递。

无叶区中动静干涉压力脉动波形可为行波，也可为驻波。

无叶区的动静干涉压力脉动可以向蜗壳传递，蜗壳中的压力脉动波形也可为行波或驻波。其驻波产生的条件与无叶区不同。

无叶区动静干涉压力脉动的频率和波形主要显示的是转轮叶片的影响，导叶的影响则没有明显地显示出来。分析认为，这可能是因为导叶频率信号的频率比较高、幅值又比较小的缘故。

（5）动静干涉压力脉动对电站和机组振动的影响。

产生于无叶区并传递到蜗壳的动静干涉压力脉动，对机组和厂房或其构件的振动都会产生一定的影响，有时是很大的影响。例如，引起厂房或其构件的较强振动或共振；引起引水管路水体的共振，并由此引起厂房建筑物的较强振动或共振；可能引起水轮机顶盖的较强振动或者节径式共振；使顶盖周围的固定螺栓承受较大的动载荷；可能引起转轮的节径式共振；所有共振都会伴随有较强的噪声等。

5.3.2 水泵工况下的水力稳定性

水泵水流的流向、流态、水流流动的动力来源等，都与水轮机工况不同。故在各种水泵工况下，流道中的各种压力脉动也都与水轮机工况有明显的区别。但总体而言，它比水轮机工况下的水力稳定性好一些。

1. 水泵工况压力脉动产生的原因和机理

水泵工况下压力脉动的特点和特征，都与它们产生的原因和机理相关。

（1）水泵转轮出口水流对导叶和固定导叶进口的冲击。这是这部分流道（在水轮机中叫无叶区）中压力脉动较强（图5.23）的主要原因。压力脉动的主要频率成分为叶片频率和随机性频率。

（2）水泵进口转轮叶片对进口水流的冲击。这是水泵工况下叶片频率压力脉动的重要产生原因。即使在水泵的最优工况下，这种情况仍然存在。

（3）水泵较小流量工况下转轮进口回流。当水泵的出口流量小于进口流量时，回流

就会出现。回流出现将使吸水管水流发生重大变化，其后果是：转轮叶片对水流的冲击加剧；吸水管内水流的旋转速度将导致低频压力脉动和同步压力脉动的产生；也会产生进口水流对转轮叶片的冲击。

(4) 当相对流量小于 0.8 时，转轮进口水流具有正冲角；当相对流量大于 1.25 时，进口水流具有负冲角，这两种情况下都可能产生比较明显的压力脉动。

2. 水泵压力脉动随工况的变化

实际运行时，水泵水轮机的水泵工况都在它的所谓最优工况下运行。对应各种流量的水泵最优工况用水泵特性曲线即 $\eta—Q$ 曲线表示，图 5.21 就是一个例子[4]。

由图 5.21 可以看到：对应每一个导叶开度，都有一个最高效率点和一条 $\eta'—Q'$ 曲线；对应不同的导叶开度，就可以得到一组 $\eta'—Q'$ 曲线，这组曲线的包络线就是该水泵的 $\eta—Q$ 关系曲线。如果水泵沿这条包络线运行，就可以保持最高效率。

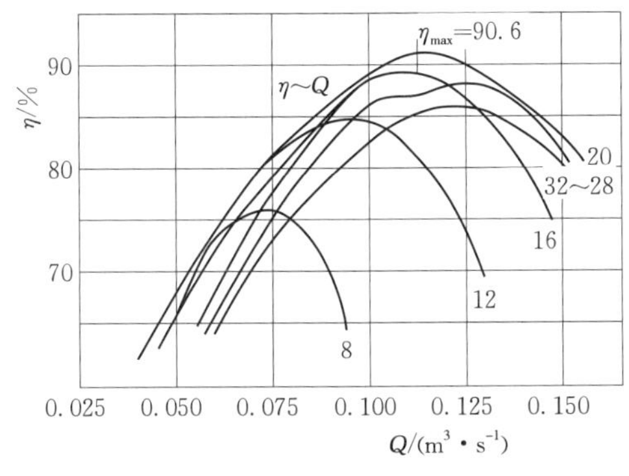

图 5.21 水泵水轮机水泵的 $\eta—Q$ 特性曲线

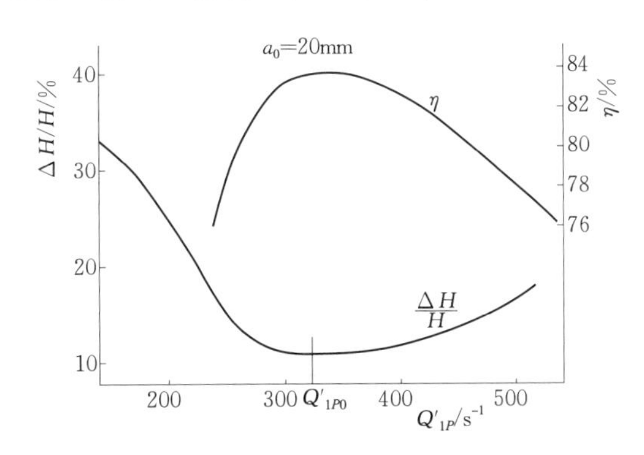

图 5.22 效率最高时压力脉动最小

对应每个导叶开度的 $\eta'—Q'$曲线，同时存在一条压力脉动幅值随流量变化的 $(\Delta H/H)'—Q'$曲线，而最低压力脉动工况对应的正是水泵在该导叶开度下的最高效率工况，如图 5.22 所示。水泵的 $\eta—Q$ 曲线就如同转桨式水轮机的协联关系曲线，当水泵沿这条曲线运行时，既可以保持最高效率，同时也使压力脉动最低。

水泵在最优工况下运行时，压力脉动的产生主要原因就只有一个，即水泵出口水流对导叶和固定导叶的冲击。这是水泵工况下无叶区压力脉动幅值最大（图 5.23），压力脉动主频为叶片频率的原因。

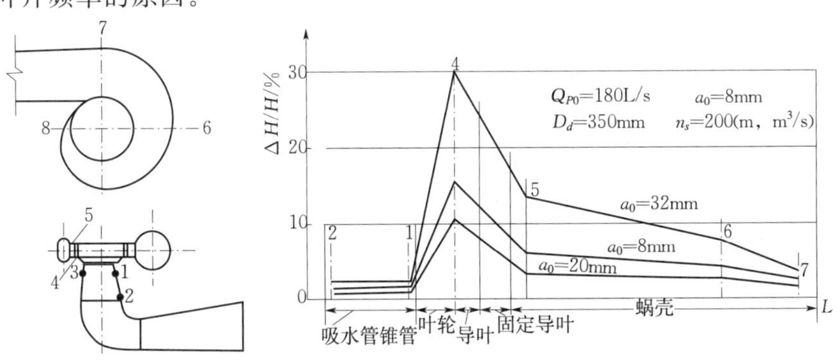

图 5.23 水泵工况各测点压力脉动的分布

模型试验也给出了相似的结果，如图 5.24 所示（唐中一．混流可逆式水泵水轮机水泵工况压力脉动试验研究［J］．1982）。试验结果还表明，无叶区上、下两个测点（测点 5 和测点 2）压力脉动的幅值和频率均有明显的差别。后来的数值模拟计算也得到了类似的结果。

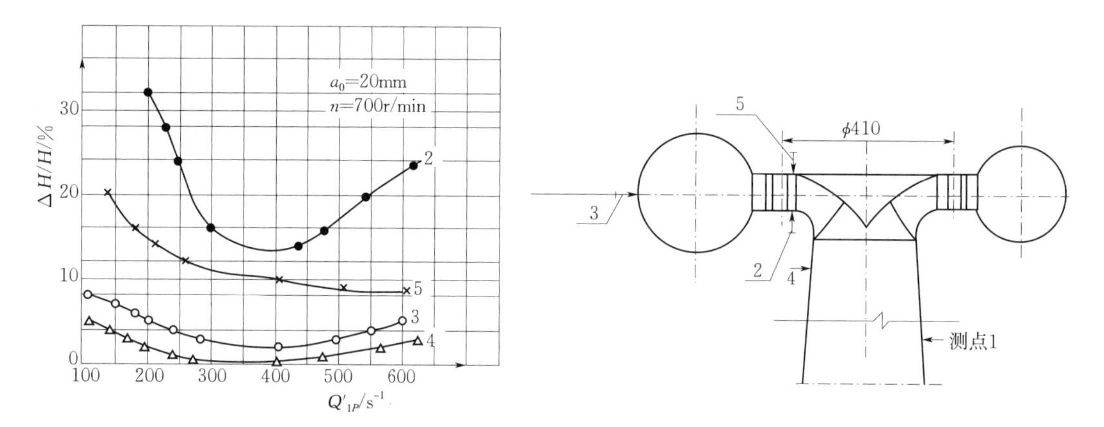

图 5.24　水泵各部位的压力脉动幅值

3. 压力脉动的频率特性

水泵工况下，转轮与导叶之间（无叶区）压力脉动的频率可能包括如下一些成分：

（1）叶片频率及其谐波频率。

（2）导叶频率。在固定测点测到的导叶频率压力脉动，是导叶进口水流不均匀性叠加到转轮出口水流上之后测到的。

（3）转速频率。作为旋转机械，由于各种旋转部件的不完全对称，转速频率的脉动信号始终是存在的。

（4）随机性压力脉动。由转轮出口水流对导叶和固定导叶的冲击所引起，是无叶区中必然存在的。

4. 影响压力脉动幅值的因素

影响水泵工况压力脉动的因素有多种，它们已被相当多的模型和现场试验所证实：

（1）水泵水力设计的影响。转轮叶片进口、出口叶道的形状、无叶区的宽度等都对无叶区压力脉动有明显的影响。图 5.25 是几种相关因素对无叶区压力脉动影响的试验或统计结果，其中图 5.25（c）显示的是不同设计的水泵水轮机压力脉动的差异。

（2）水泵运行条件的影响。当水泵沿效率最高的包络线运行时，它的压力脉动就可以达到最小，当水泵偏离最优工况运行时，压力脉动就会增大。

（3）吸出高度（空化系数）的影响。吸出高度对压力脉动的影响也已为诸多模型试验结果所证实，图 5.26 为一个例子[4]，其中图 5.26（a）为压力脉动幅值随空化系数变化的情况，图 5.26（b）为临界和非临界情况下压力脉动幅值随单位流量变化情况的对比。图 5.26（a）中，σ_c 为对应于 η（效率）的临界空化系数（试验时为 0.166），当空化系数 σ 接近 0.1 时，压力脉动幅值迅速增大，到略小于 0.1 时，幅值达到最大，此后随 σ 的减小压力脉动幅值急剧减小。这种情况和混流式水轮机中涡带频率异常压力脉动随空

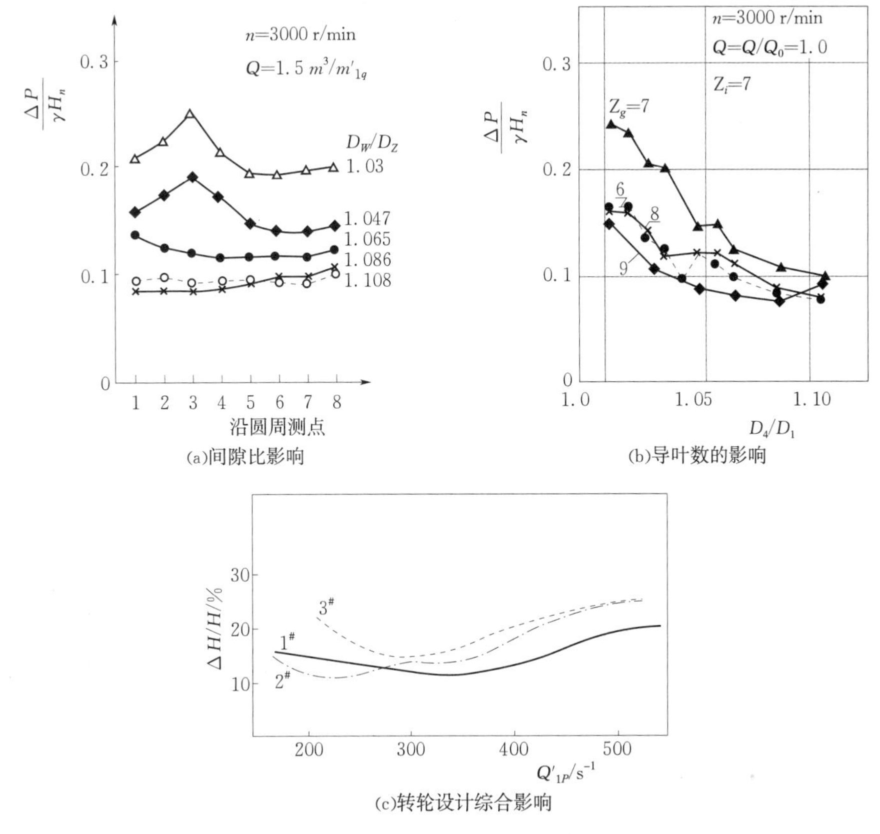

(a)间隙比影响

(b)导叶数的影响

(c)转轮设计综合影响

图 5.25 转轮设计对无叶区压力脉动的影响

化系数的变化趋势几乎完全相同。对应压力脉动峰值的空化系数就称为对应压力脉动的临界空化系数（用 σ_p 表示）。

临界情况下，无叶区压力脉动的主频为叶片频率和 2 倍叶片频率。临界空化系数会随许多因素而变化，图中所示数值为对应试验条件下的结果。

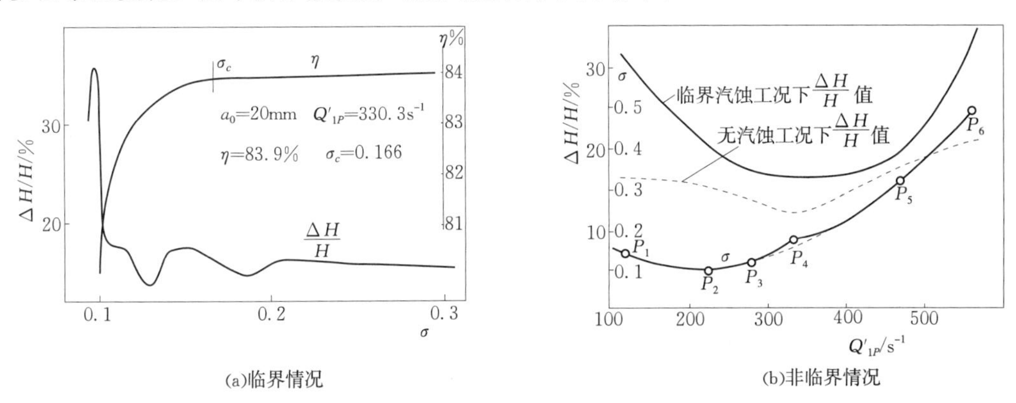

(a)临界情况

(b)非临界情况

图 5.26 空化系数对无叶区压力脉动的影响

即使不在临界情况下，无叶区压力脉动也会随单位流量而变化，图 5.26（b）中的虚线为一个例子，图中最下面的实线为水泵在包络线上运行时的压力脉动。

5.3.3 暂态过程中的水力稳定性

1. 主要的暂态过程

水轮机和水泵两种工况下的暂态过程主要有以下各项：

(1) 两种工况下的开机过程。

(2) 两种工况下的停机过程。

(3) 水轮机工况的甩负荷过程。

(4) 水泵工况的断电过程。

(5) 两种工况下的工况转换过程。

混流式水泵水轮机最具特征的水力稳定性都出现在它的暂态过程中，而且多数都与水泵工况或水泵功能或性能相关。例如：水轮机工况在起动过程中可能出现的所谓“S”型水力不稳定区；水轮机或水泵起动时导水机构可能出现的自激振动或共振；水泵断电后暂态过程中出现的水力不稳定性等。

各种暂态过程下的水力不稳定性有很大的差别，而且通常都比正常运行时强烈，过程中的水流状态也比较复杂。

在现代技术条件下，上述水力不稳定现象都已经有了成功的对策。这既反映了科学技术的进步，也是这种机组得以广泛应用的技术基础之一。

正常条件下，水轮机工况的暂态过程与常规水轮机没有明显差异，水泵工况下的起动、停机过程也与常规水轮机或离心泵没有什么差别。图5.27和图5.28分别是一台水泵水轮机机组两种工况下的停机过程（奥技异电气技术研究所．十三陵水电厂2号机状态分析报告［R］. 2009），两种过程下的机组振动变化都是很平稳的。

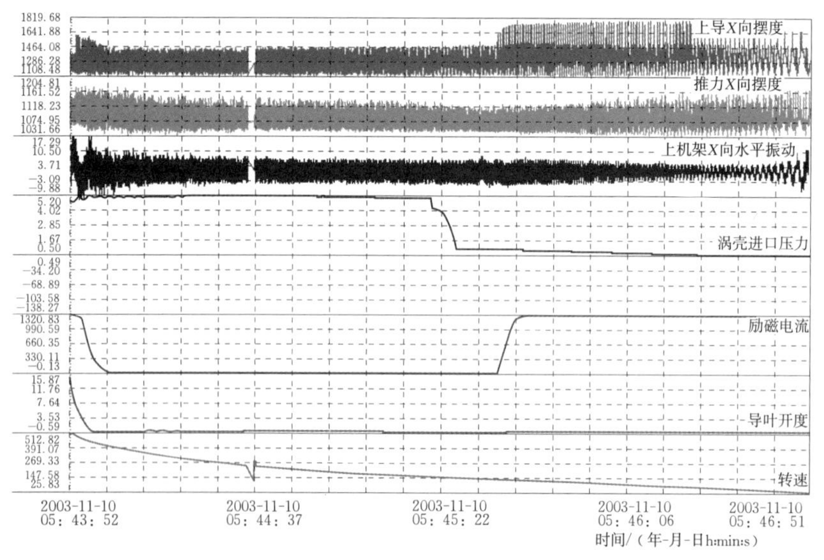

图5.27　水轮机工况停机过程波形图

2. 水泵水轮机的“S”不稳定区

“S”区是指水泵水轮机全特性曲线上用虚线围起来的部分，其形状像反转的“S”，如图5.29（a）所示。水轮机的飞逸（即空载）曲线（即图上的$M_{11}=0$的曲线）也正好落在这个区。

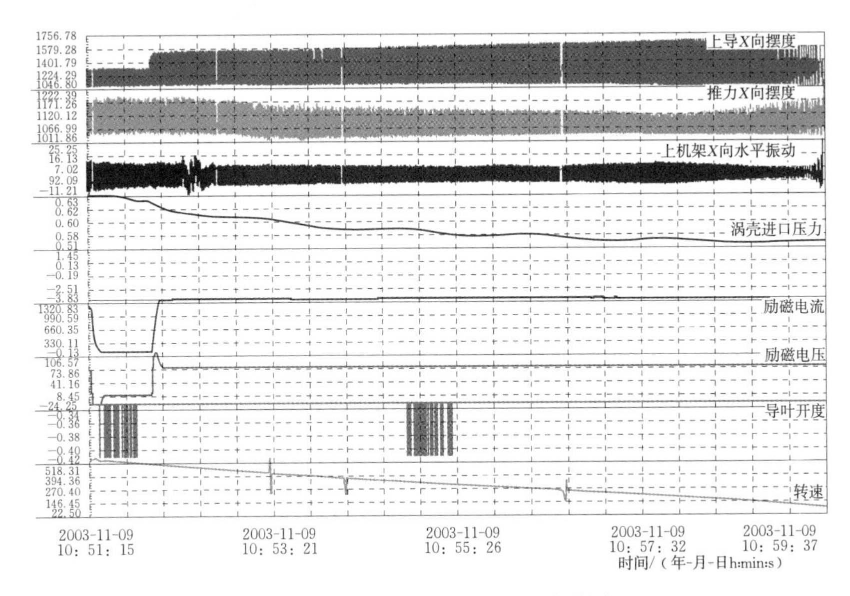

图 5.28 水泵工况停机过程波形图

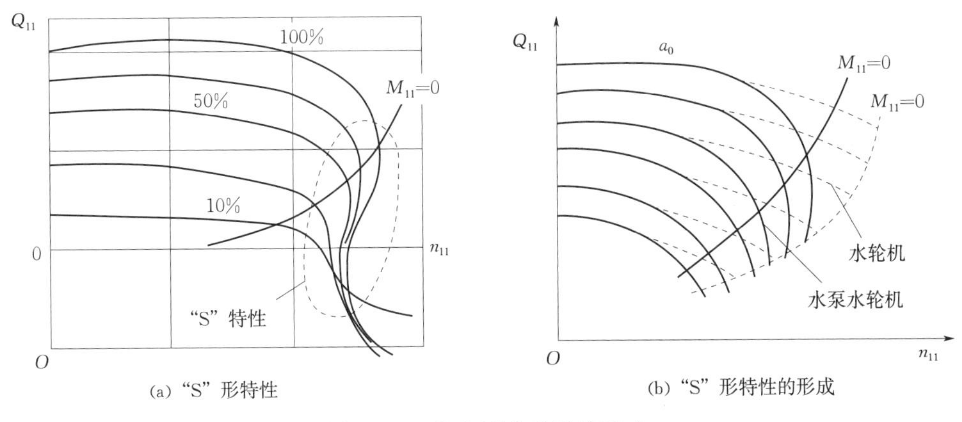

图 5.29 "S" 形曲线及其形成

在水轮机工况下，水流由蜗壳经转轮流向尾水管。但空载情况下，进入水轮机的水流在离心力的反作用下，将产生回流的趋势，使水流速度降低，流量减小，于是开度线向下弯曲，转速也有所下降，并可能在其惯性的驱动下进入水轮机制动区，这就是"S"区产生的机理。如果离心力足够大，将把进入转轮的水流反向推出，进入反水泵区，并使水轮机进入"制动"工况。

由图 5.29 可以看出，在"S"区内，同一单位转速下将对应 3 个不同的单位流量，其中一个是负值，水轮机可以在飞逸、制动和反水泵三种工况之间反复变换，形成水轮机工况—水泵工况交替出现的情况，造成"S"区水流不稳定和压力脉动的产生，同时引起水头的波动，使机组的转速产生波动，给机组的空转和并网带来困难。图 5.30为一台水泵水轮机的水轮机工况下不同转速试验结果的级联图（奥技异电气技术研究所．溪口 2 号机状态报告[R]. 2009)。出现在额定转速附近的较强随机性、广谱压力脉动就是"S"不稳定区的特征。

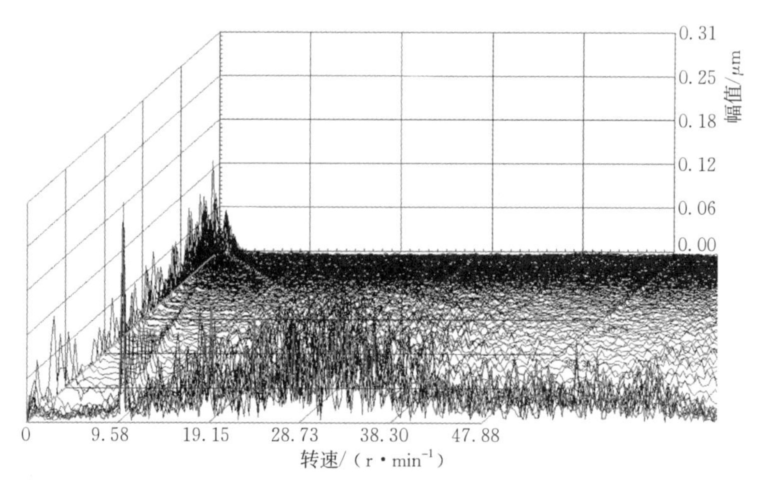

图 5.30 下机架径向振动变转速级联图

"S"曲线的形状和出现的工况位置与水轮机的参数、水力和结构设计有关。通常高水头水泵水轮机的"S"特性更明显一些，它所产生的不稳定性更强烈一些。对同一台水泵水轮机，低水头或高单位转速下"S"曲线的特点更突出一些。

采用"非同步导叶"可以减小或消除"S"不稳定区对水轮机起动的影响。其机理有两个方面：①仅仅开启非同步导叶时，导叶的开度相当大，使水轮机超出了"S"区；②由于导叶开度比较大，转轮前的压力将比小开度时高，转轮流道中出现逆流的可能性减小或消失。

现在已经能够通过改进转轮的结构和水力设计避免"S"不稳定区出现在水轮机的运行区，但形成"S"不稳定区的因素仍然存在。

3. 水泵水轮机水泵工况断电

在不加控制的情况下，可逆式机组水泵断电后的暂态全过程由水泵工况开始，经水泵制动工况到水轮机工况，最后到水轮机飞逸工况。在有效控制的条件下，例如，水轮机的导水机构和球阀或引水管路进口快速闸门动作正常，则水泵断电后的暂态过程很快就会结束。

在水泵断电后的暂态过程中，最危险的情况是在最高水头和最大导叶开度下出现的飞逸。飞逸对机组振动的主要影响因素是转速的升高。

4. 可逆式机组的工况转换

正常情况下的工况转换有多种：例如由水泵工况转为水轮机工况，由水轮机工况转为水泵工况，调相工况与负荷工况的相互转换等。这些情况下的暂态过程虽然比常规水轮机要复杂一些，但都是在可控制的情况下进行的，一般不会产生意外的不稳定影响。

5.3.4 水泵水轮机组的常规振动

水泵水轮机在水轮机工况下的常规振动和常规水轮机基本相同，图 5.31 为两台机组上机架垂直振动随功率的变化趋势图（华中科技大学水机教研室课题组试验数据），它基本上显示出了水轮机工况下机组常规振动的基本特点：小负荷区的振动比较大，随功率的增大呈减小的趋势；中间负荷区左右略受涡带压力脉动的影响；大负荷区的振动稳定性比较好，由于试验水头比较低，振动幅值有增大的趋势。

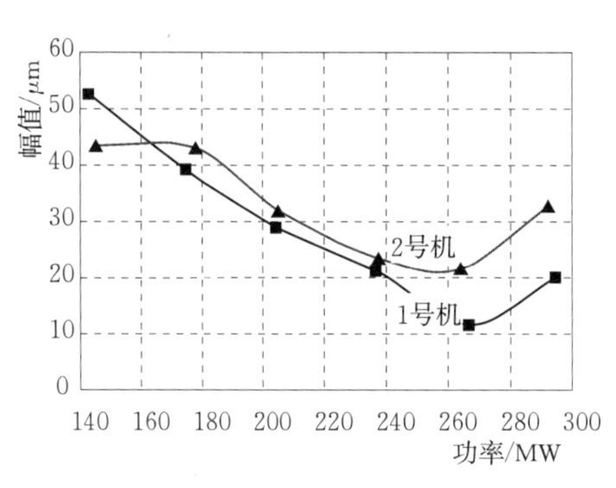

图 5.31 两台水泵水轮机组上机架垂直振动变化趋势

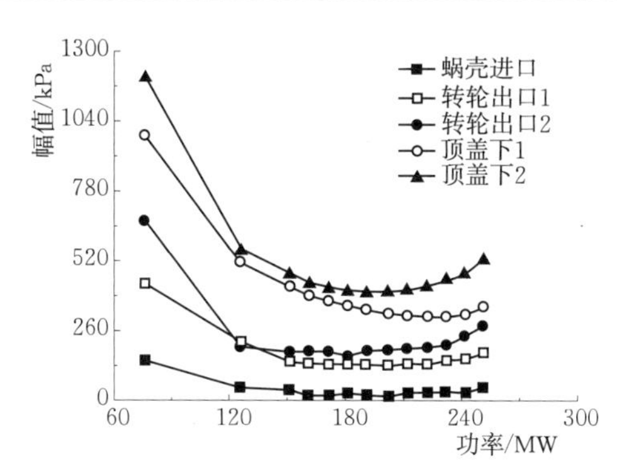

图 5.32 压力脉动随功率的变化趋势

图 5.32 为另一电站水泵水轮机工况下的压力脉动测量结果（中国水科院试验数据）。它与图 5.31 中振动随功率的变化趋势基本相同。

图 5.33 显示的是一个中间负荷区尾水管涡带压力脉动的幅值比较大的例子，但它对机组振动、摆度的实际影响并不明显。

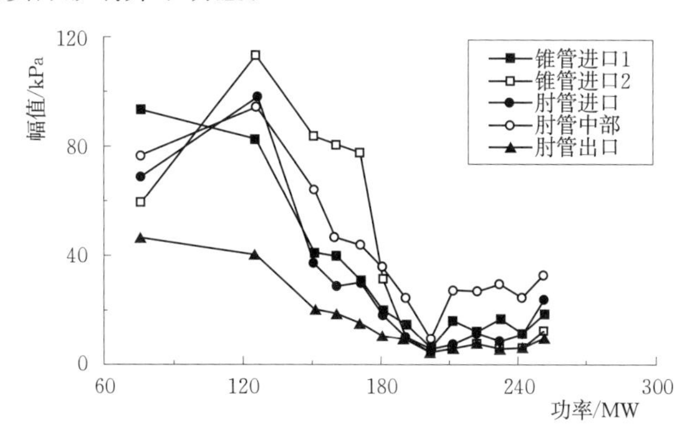

图 5.33 水轮机工况下的涡带压力脉动

图 5.34 为一台蓄能机组在各种水头下运行时的振动在线记录的统计结果（奥技异电气技术研究所．十三陵 2 号机状态报告［R］．2009），图的左侧为水泵工况，右侧为水轮机工况。从这样的统计图上仍然可以看出水泵水轮机常规振动随功率的变化趋势。

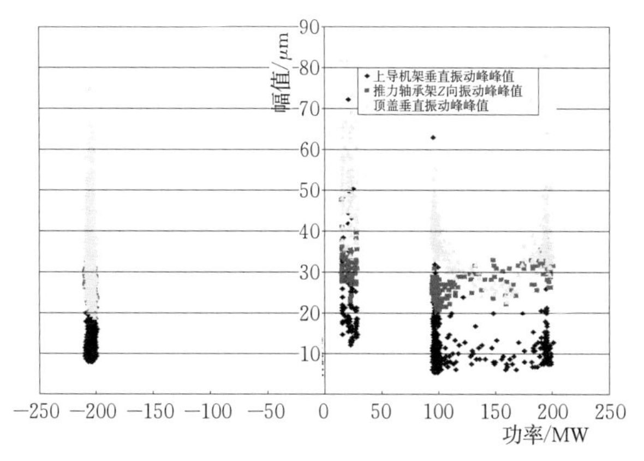

图 5.34 水轮机和水泵两种工况下的振动统计图

5.3.5　水泵水轮机的自激振动

水泵水轮机中也可能出现各种不同的异常振动。

(1) 转轮或顶盖的共振。转轮或顶盖的节径共振出现在水头或扬程极高水泵水轮机上的可能性比较大。当由动静干涉产生的较强压力脉动的频率与两者的固有频率一致或相近时就会发生。

(2) 导水机构共振。国外电站一台机组在开机过程中出现过这样的情况（W. Colwill，等. Yards Creek电站的改造［J］. 国外大电机，1996（2）：52）。

(3) 导水机构的自激振动。国外早期的水泵水轮机出现这样的情况比较多，国内电站也偶有这样的情况发生。

(4) 迷宫泄漏引起的故障。故障包括引起转动部分的自激振动；在上、下迷宫间隙不匹配的情况下可能引起抬机及由此引起的一系列故障等。

(5) 厂房共振。当厂房的局部构件的固有频率与水泵水轮机的压力脉动频率一致时，就可能引起这些构件的共振。

【水泵工况导水机构自激振动实例】

宜兴抽水蓄能电站机组在一次水泵工况正常停机过程中出现了自激振动。自激振动在导叶关至14%（图5.35折线）时发生，图5.35所示为导叶关闭过程及机组各部位的振动速度，其中顶盖垂直振动的振动速度达100mm/s。强烈振动持续的时间不长，但其对导水结构造成的损害很大。

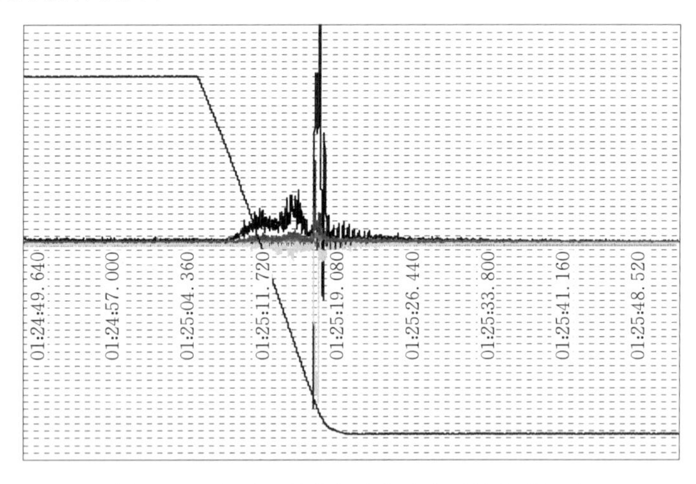

图5.35　水泵工况停机过程中出现的自激振动

【水轮机工况导水机构自激振动实例】

在一次水轮机工况过速后的停机过程中，宜兴抽水蓄能电站机组也出现了自激振动。在机组甩50%负荷后的停机过程中，当导叶开度关闭到约7%、转速降低到约107%（图5.36右侧纵坐标）时，机组出现短时间的强烈振动，并伴有异响，机组振动、摆度、压力脉动同时大幅度增大，数个导叶摩擦装置失步。

图5.36所示为几个测点处的压力脉动，图上出现在转速下降过程中异常增大的压力脉动信号就是强烈振动出现的瞬间。图中脉冲最高的线为无叶区的压力脉动。

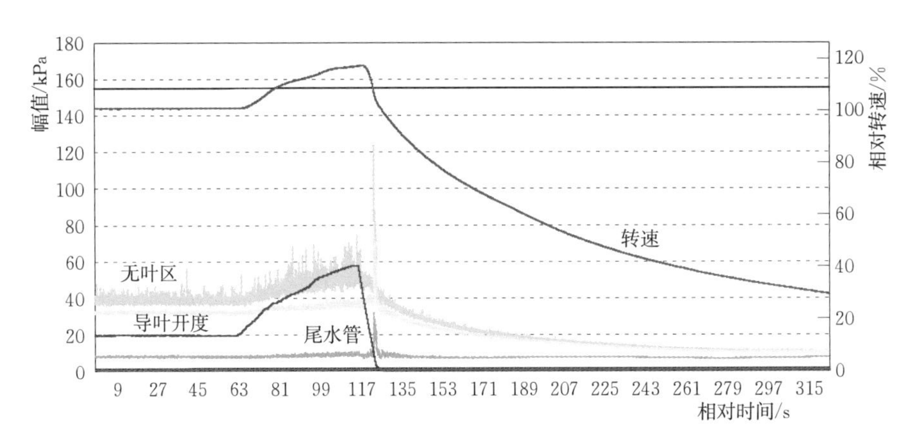

图 5.36 水轮机工况停机过程中的压力脉动异常现象

通过试验、计算和分析认定：激发和维持上述导水机构的自激振动的能量来自导叶立面间隙（缝隙或导叶开口）进、出口的压力差；能量输入振动系统的控制反馈机构则是导叶及其扭转振动；导叶的振型为扭转振动。根据振动波形图得出的导水机构固有频率在 100～120Hz 之间。图 5.36 中压力脉动的测量结果也证实了上述结论。

5.3.6 其他异常振动

1. 抬机现象

天荒坪电站 2 号机曾经出现过抬机现象。在一次小修后，当机组负荷由 200MW 转到 300MW 运行时，上导、下导、水导摆度增大，推力轴承温度由 50℃降到 25℃，油封温度下降到 25℃，水轮机室噪声异常，上迷宫压力在 0～1.5MPa 间剧烈波动，顶盖垂直振动由 1.37mm/s 增大到 8.4mm/s。将负荷减到 200MW 后，上述现象仍不消失。

停机检查得到的情况是：机械部分未发现松动、破损；转轮平衡孔、叶片、泄流环、上冠下环外缘、底环上表面等处发现有碳酸钙凝结等；梳齿端面内侧磨掉 2～5mm（成斜面）；固定部分的铜梳齿侧面均匀磨蚀并密布浅坑，但不是泥沙磨损形成的鱼鳞坑或空蚀造成的蜂窝状坑；引水隧洞壁上有大量的白色沉淀物。

发生抬机的基本条件和机理是：当转轮下腔向上的总作用力（水压力）大于上腔的总作用力与机组转动部分重量之和时，转动部分就能升起来，出现抬机现象。

在出现抬机现象之前，机组已安全运行了两年多时间。这表明，此次抬机现象的出现不是水轮机先天的固有缺陷所引起，而是由后天的条件变化所致。而这个条件的变化导致转轮上、下腔压力的相对关系发生变化，进而导致抬机现象的出现。

现场检查看到：转轮外迷宫结垢，使转轮上部外迷宫间隙减小；上梳齿发生磨蚀，使间隙增大。这两个因素的变化都导致上腔压力降低，反向轴向水推力增大。

检查结果还表明，转轮下腔内迷宫间隙变化不大。这又进一步表明，抬机现象的出现主要是由转轮上腔压力减小引起的。

华中科技大学水轮机教研室课题组对这个现象进行了深入的现场试验和计算研究（华中科技大学流体机械教研室．天荒坪电站 2 号机抬起现象原因分析 [R]. 2003）。

2. 引起厂房振动的实例

图 5.37 为张河湾电站厂房测点铅垂方向振动峰值随功率的变化趋势（中国水科院试

验数据)。它与水轮机无叶区叶片频率2倍频(100Hz)压力脉动的变化趋势[图5.20(a)]相同,其主频也是100Hz。这表明厂房振动就是由这个频率的压力脉动所引起。

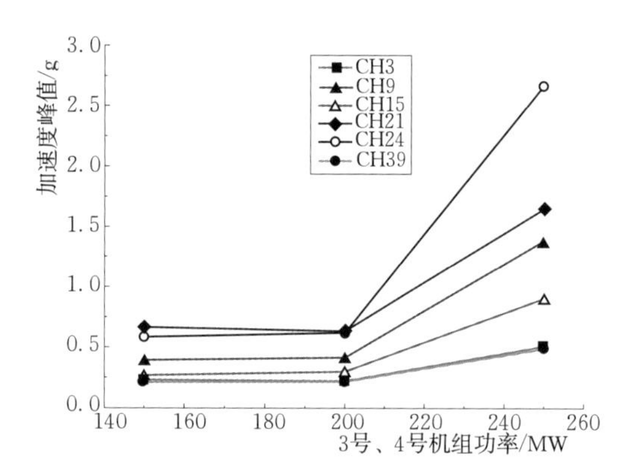

图5.37 厂房铅垂向振动峰值随功率的变化趋势

5.3.7 小结

(1)混流式水泵水轮机工况下的常规压力脉动具有与常规混流式水轮机基本相同的特征。水轮机工况下唯一可能出现的异常压力脉动是由动静干涉产生的无叶区压力脉动,其频率通常为叶片频率的谐波频率。

(2)混流式水泵水轮机水泵工况下的压力脉动幅值,在正常运行方式下都比水轮机工况时小,主要由水泵转轮出口水流对导叶和固定导叶的撞击所引起,主频为叶片频率。

(3)水泵水轮机两种运行方式下的振动水平一般都比较好,但在一定的条件下,可能出现导水机构的自激振动或共振。

(4)水泵水轮机的暂态过程比常规水轮机复杂,在暂态过程中有出现异常振动的可能性。

(5)高水头、高扬程水泵水轮机的迷宫结构比较复杂,间隙也比较小,出现较大迷宫间隙压力脉动的可能性比较大。

5.4 冲击式水轮发电机组的振动

1. 冲击式水轮机的水力稳定性

冲击式(水斗式)水轮机利用水流的动能(速度)推动转轮旋转。水斗的结构设计使每一个水斗与水流(水柱)相接触的全过程,都通过分水刃和水斗内表面的形状的共同作用稳定地进行,两相邻水斗之间水流的衔接也是渐变而稳定的。因此,正常情况下,冲击式水轮机不存在足以引起机组振动的水力因素,而且动能转换效率比较高。

2. 冲击式水轮发电机组的振动

与所有的旋转机械一样,冲击式水力发电机组上可能出现的振动有:①不平衡振动;②由电磁原因引起的振动。冲击式水轮机的转速都比较高,对不平衡现象比较敏感,对转动部分的平衡要求也比较高。不平衡振动在冲击式水轮发电机组的振动稳定性中占有

比较重要的地位。

不稳定的水力因素也会偶然发生。例如尾水位由于偶然原因而升高，触及或淹没部分水斗，这时就会产生强烈的振动；如果水轮机喷嘴的空蚀或磨损比较严重，由喷嘴出来的水流比较混乱，不仅影响水轮机的效率，还会引起随机振动和噪声。

3. 一个自激振动实例

国内一座小型冲击式电站曾经出现压力钢管异常振动现象（北京中水科工程总公司．对双流园电站钢管振动的初步看法和建议 [R]. 2011）。

（1）电站基本情况。电站安装冲击式水轮发电机组两台，单机功率 5MW，水头 330m，双喷嘴。调速器为数字式，2008 年 8 月投运。压力钢管为明管，长 946m，设镇墩 14 个，支墩 105 个，一管双机，呈“卜”字形布置，1 号支管长 13m，2 号长 4m，主管直径 1.1m，支管 0.8m，壁厚 10～18mm。

（2）异常现象简介。2011 年 8 月 16 日，1 号机带 2850kW 功率运行，因电网故障甩负荷至 0kW，此后带厂用电 50kW 左右继续运行 15min 后，压力钢管水压强烈波动，造成钢管震动，导致镇墩破坏，钢管伸缩节退出 18cm，从而漏水。

（3）修复后的试运行情况。2 号机正常运行，1 号机手动开机、空载运行，钢管压力 3.5MPa 左右，压力脉动幅值 0.1～0.2MPa，钢管振动正常；调速器自动开机，上喷嘴和下喷嘴同时开启，机组空载，钢管压力 3.5MPa 左右，压力脉动幅值 1MPa，钢管振动幅值 2～4cm，机组不能运行。

多次试验都得到相同的结果：无论是单机运行或是双机运行，仅在 1 号机自动开机时出现异常现象。

（4）异常现象的特点

1）异常现象是在机组运行一年后发生的，这表明：异常现象并非“与生俱来”，而是在机组或其某些部件的状态发生变化后出现的。

2）异常现象仅出现在 1 号机上。如果假定机组本身是一样的，即并没有差别，则两台机的差别就只出现在支管长度和位置上。

3）1 号机的异常现象都是在自动开机情况下出现的，这表明：异常现象的出现与调速器有关。

4）钢管的强烈振动应当是源自钢管压力的强烈脉动。但钢管中没有自己产生压力脉动的条件。

5）压力钢管水压强烈摆动的出现和消失都需要几分钟到十几分钟的过程。这表明：钢管水体波动能量是逐渐积累和输入的。

6）1 号机的喷针接力器漏油。这似乎是一个微不足道的现象，但其可能具有举足轻重的作用。

7）1 号机的振动都发生在小开度情况下。

（5）异常现象产生原因分析。

首先，分析认为，在没有外来激振力存在的情况下，只有自激振动可能引起钢管水压的强烈波动。这是进行进一步分析的基础。

其次，分析认为，自激振动由喷嘴和接力器的往复抽动所引起。只有喷嘴的往复运动所产生的水锤效应能使钢管中产生压力脉动，而喷嘴的持续抽动，将使钢管压力脉动逐渐增大。

最后，喷嘴和接力器的抽动由调速器控制并由压力油提供能量，这是自激振动得以激发和持续的根本原因。

基于上述分析，自激振动产生的过程可叙述如下：喷嘴和接力器的泄漏使喷嘴和接力器产生最初的运动；最初运动改变了水轮机的流量，由此为调速器提供了最初的正向调节信号；调速器的过调和运动系统的惯性作用又为调速器提供了反向调节信号；这样，调速器的正向和反向调节就会持续进行下去，为喷嘴和接力器自激振动的激发和维持创造了条件。

运行一年后才出现异常振动现象表明，异常现象与喷嘴的磨损和泄漏直接相关。

（6）结论。

双流园电站的钢管振动属于自激振动。自激振动最初的激发力来自调速器自动开机时产生的动态脉冲，这个动态脉冲因喷嘴的磨损而使调速器产生过调；过调后的反向调节引起钢管水体的初始压力波动；钢管压力脉动又促使调速器的正向调节，并激发钢管水体产生新的波动，并与原来的压力波动叠加在一起。钢管压力脉动对调速器的反作用促使调速器进行再次的调节，从而又激发钢管水体促使新的压力脉动。如此反复不断地调节、激发和叠加，使钢管压力脉动幅值达到很高的程度，同时激发起钢管的振动。

自激振动的激发和控制机构是自动运行状态下的调速器，维持振动的能源是接力器油液压装置中的压力油，被激发的是钢管水体和钢管，它们共同构成一个完整的自激振动系统。

参考文献

[1]　李启章，张强，于纪幸，等．混流式水轮机水力稳定性研究［M］．北京：中国水利水电出版社，2014.

[2]　Ильин С Я，等．水电机组转动部分的自激振动［J］．库强，译．国外大电机，1998，4：61.

[3]　刘冀生．混流式水泵水轮机压力脉动试验研究［J］．清华大学科学报告，TH83021（No.152）．

[4]　梅祖彦．抽水蓄能发电技术［M］．北京：机械工业出版社，2000.

[5]　魏显著，高峰，等．水泵水轮机模型与原型无叶区压力脉动数值模拟分析［J］．//中国电机工程学会水电设备专委会，等．19次学术讨论会论文集［C］．哈尔滨：黑龙江科学技术出版社，2013.

第6章　卧式水轮发电机组的振动

6.1　卧式机组及其振动

6.1.1　卧式机组结构的主要特点

许多类型的水轮发电机组都可设计成卧式机组，如混流式、轴流式、冲击式等。但大型卧式机组以贯流式水轮发电机组最多。

从水力设计上看，卧式水轮机和立式水轮机完全相同，它们都可能采用同一个模型水轮机的水力试验结果进行设计。

卧式机组和立式机组的主要差别在结构上：

(1) 整体上看，卧式机组像是架在两个或三个轴承上的梁，这在相当程度上影响或决定了机组的受力状态、特征振动和分布规律。

(2) 卧式水轮发电机的径向轴承和推力轴承，在结构和功能上都与立式机组有重要区别。

(3) 除贯流式水轮机外，卧式机组可能有3个或4个径向轴承支承，用来承受转动部分的重量和其他径向力。径向轴承座通常为立式，直接固定在基础上或相当于基础的部件上，它的代表性振动为水平振动。

(4) 卧式机组的推力轴承仅承受由水力原因产生的双向轴向力。它常和一个径向轴承构成组合轴承，把水轮机和发电机分隔开来，成为两个相对独立的单元，有利于减小两个单元之间的相互影响。

(5) 卧式机组中的贯流式水轮发电机组的转动部分通常为双悬臂结构，即水轮机和发电机均为悬臂式，两个轴承位于水轮机和发电机之间。

贯流式水轮发电机组是卧式机组中的大型机组，结构上也与众不同。本章关于卧式机组的讨论（6.2节）也主要是针对这种机组的。

6.1.2　卧式机组的受力和振动

由于卧式机组固定支持部分在结构和功能上与立式机组不同，使转动部分和固定支持部件的受力和边界条件发生了很大的变化，会对它们的振动带来重大影响。振动的形式和内涵也有明显的区别。

6.1.2.1　受力

(1) 卧式机组受力的来源和性质同样是水力、电磁和机械三个方面，也有旋转机械特有的不平衡力和机械缺陷引起的激振力，其中水力激振力和水轮机的型式有关。不同的是机组各种部件的受力方式。

（2）径向轴承的受力是不对称的。水平方向上，它承受的径向力主要来自转动部分的不平衡力和压力脉动产生的径向力；垂直方向上，除承受转动部分的重量外，还承受来自转动部分的径向力。

（3）推力轴承主要承受由水力原因产生的轴向力。受转动部分悬臂的影响，镜板与轴承面上的受力（包括激振力）是不均匀的。

（4）大轴及其联轴螺丝承受的交变力比立式机组大。交变力由各种非转速频率的径向作用力和水轮机转轮的悬臂结构引起。这种交变力也会传递到固定支持部件（例如管形座）及其连接螺栓上，并可能引起这些部件的疲劳破坏。

6.1.2.2　卧式机组的振动

卧式机组的代表性振动是轴承座的振动。卧式机组的悬臂端也有比较明显的弓状回旋运动，水导摆度是其代表。

1. 径向轴承的振动

径向轴承的水平振动和垂直振动为卧式机组的代表性振动。轴承座相当于一个悬臂结构，水平（X 向）刚度相对比较低，竖直方向（Y 向）的刚度比较大，故在同样的激振力作用下，Y 方向的振动幅值比 X 向（水平方向）小得多，水平振动的轴心轨迹为长轴在水平方向的椭圆（图 6.4）。两个方向的振动不同是径向轴承振动的最大特点，也没有立式机组导轴承间隙影响的问题。

贯流式水轮发电机组的组合轴承除水平和垂直振动外，还有轴向振动。

2. 水导摆度

贯流式水轮发电机组的大轴摆度通常是指其水导摆度。

在卧式机组中，大轴摆度同样是转动部分弓状回旋运动的直径。与立式机组不同的是：在径向轴承的长度范围内，大轴摆度与轴承的振动基本相同，在轴承以外，大轴摆度由轴的弹性变形和轴承的振动组成。

受水轮机端悬臂结构的影响，竖直方向的摆度要比横向摆度幅值大得多，轴心轨迹为长轴在接近竖直方向的椭圆（图 6.5）。

3. 卧式机组机械缺陷引起的振动

卧式机组中也会出现由机械缺陷引起的振动。这和立式机组没有区别。例如：叶片数和导叶数相差一枚时出现的异常振动[1]，丰海电站贯流式水轮机由转轮室内壁不平顺引起的振动和噪声等（参看 6.2.3 节［例 2］）。

6.2　贯流式水轮发电机组的振动

贯流式水轮机有多种型式，用于大中型水轮发电机组的多数都是灯泡贯流式水轮机。图 6.1 为最常见的灯泡贯流式水轮发电机组的剖面示意图，本章也主要从振动稳定性的角度讨论这种机组，而且也主要是讨论它的水力振动，更全面的知识请参看相关专著。

贯流式水轮机的运行水头比较低，尺寸比较大，多数都做成转桨式的。它的流道比较短、直，水力稳定性比轴流转桨式水轮机更好。但也会由一些具体的原因或缺陷，在少数贯流式水轮机上引起比较强的压力脉动或比较明显的机械振动。

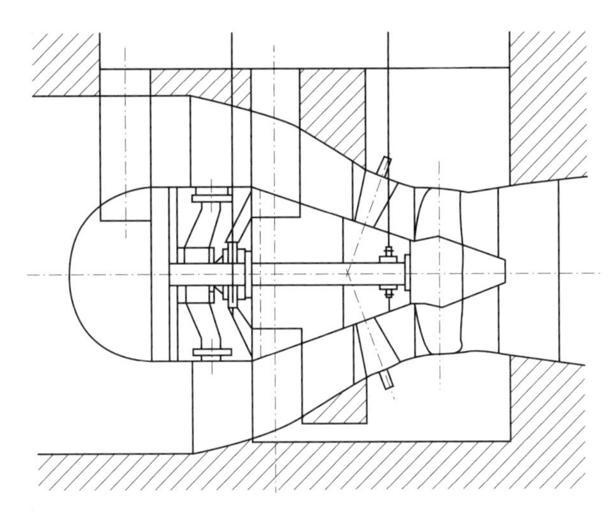

图 6.1 灯泡贯流式水轮发电机组剖面图

6.2.1 贯流式水轮机的水力稳定性

（1）贯流转桨式水轮机具有和轴流转桨式水轮机基本相同的水力稳定性特点：当水轮机在转桨工况下运行时，水力稳定性很好，表现为最低压力脉动与最高效率工况相对应；当水轮机在定桨工况下运行时，其高效区很窄，偏离高效工况后水力稳定性迅速恶化。图 6.2 为一台贯流式水轮机的一组定桨工况下效率和出力波动的对应曲线，就充分显示了这样的特点。出力波动由压力脉动所引起。

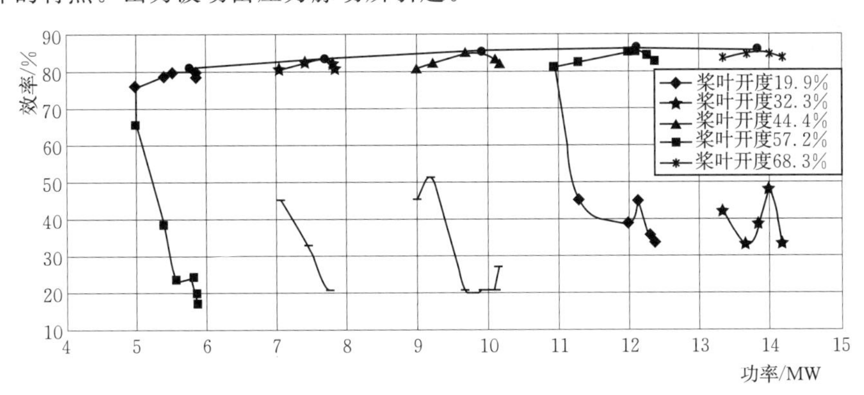

图 6.2 定桨和协联工况效率与功率波动的对应关系

（2）贯流转桨式水轮发电机组在低负荷区运行时，同样也是在最小叶片角下作定桨工况运行。这些工况下，水轮机流道中的周期性和随机性压力脉动都比较强，如图 6.3 所示。在低水头、大负荷的定桨工况下运行时，也会出现比较明显的压力脉动，这在图 6.3 上也有所显示（奥技异电气技术研究所．长洲 6 号机组状态分析报告［R］. 2009）。但由于贯流式水轮发电机组在结构上与轴流转桨式机组的差异，在定桨工况区引起强烈振动或共振的情况比较少。

（3）转轮叶片数比较少，转轮叶片进口和导叶出口水流的不均匀性比较大，叶片频率的压力脉动相对较强，也比较容易因动静干涉而产生比较强的叶片频率的谐波频率压力脉动，特别是在导叶数与转轮叶片数之间有大于 1 的公约数时。

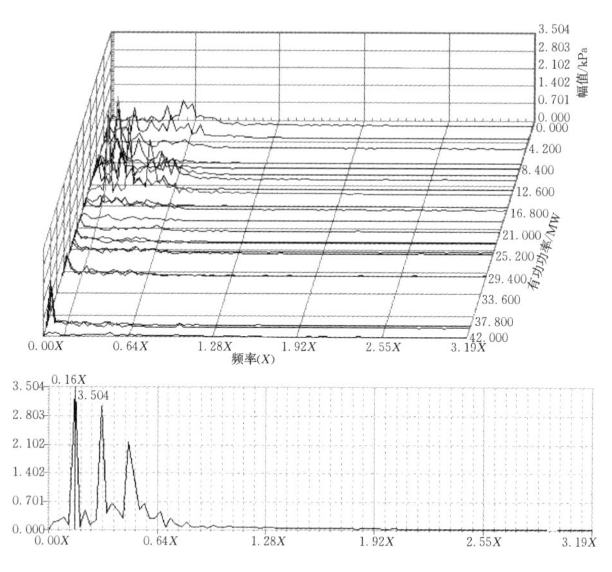

图 6.3　转桨贯流式水轮机尾水管压力脉动瀑布图和频谱图

(4) 产生水力不平衡的情况相对比较多，且多数是由转轮叶片的操作机构零部件尺寸偏差所引起。

(5) 在过渡过程或飞逸过程中，机组的转速上升可能比较大，对振动、摆度的影响也比较大。

6.2.2　结构及振动的特点

(1) 贯流式水轮发电机组具有卧式机组振动的所有特点和特征，例如轴承的水平振动比垂直振动大，轴心轨迹图为扁圆形，如图 6.4 所示。

(2) 双悬臂结构的贯流式水轮发电机组，水轮机转轮和受油器分别在两个悬臂的顶端，受重力的影响，竖直方向的大轴摆度幅值比较大，轴心轨迹图为竖向扁圆形，如图 6.5 所示。

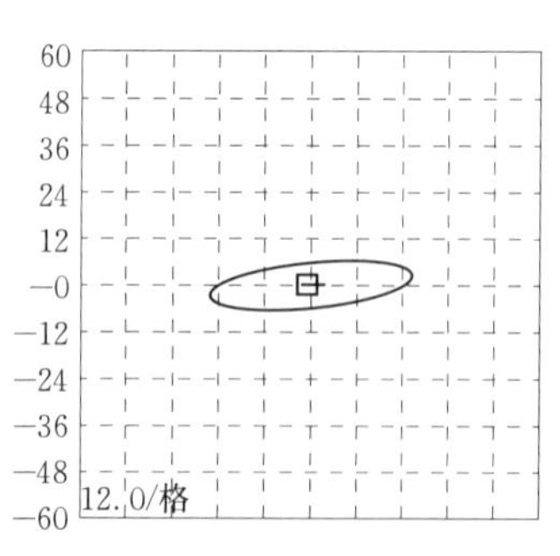

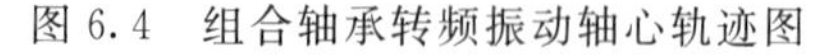
图 6.4　组合轴承转频振动轴心轨迹图

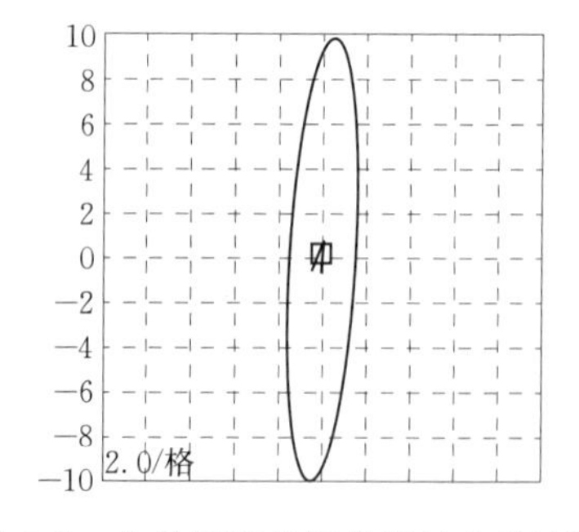

图 6.5　水导摆度转频分量轴心轨迹图

(3) 转轮室暴露在外面，它的振动相对比较大（图 6.10）。

(4) 有时会发生转轮叶片与转轮室碰摩和发电机转子与定子碰摩的情况。可能影响这些部位碰摩的因素有：运行时转轮室间隙或发电机空气隙不均匀或比较小；转轮室或发电机定子变形或有不圆度；大轴摆度比较大等，这些因素还可能叠加在一起。

6.2.3 贯流式水轮发电机组振动实例

【例 1】 桥巩电站贯流式机组的振动

桥巩电站贯流式水轮发电机组的单机出力 60MW，水轮机额定水头 13.8m，转轮直径 7.45m，转轮叶片数 5 枚，导叶数 16 枚，额定转速 83.3r/min。以下为中国水科院的试验数据。

桥巩电站机组振动随负荷变化的趋势显示了这种机组有以下基本特点：

（1）小负荷区振动相对比较大，并随负荷的增大而减小，如图 6.6 所示。

（2）中、大负荷区振动水平良好，而且随负荷的变化不大，符合协联工况下水力稳定性良好的规律。

（3）图 6.7 为压力脉动随功率的变化趋势，它与图 6.6 机组振动的变化趋势基本相同，表明机组振动随功率的变化趋势是由水力因素所决定的。

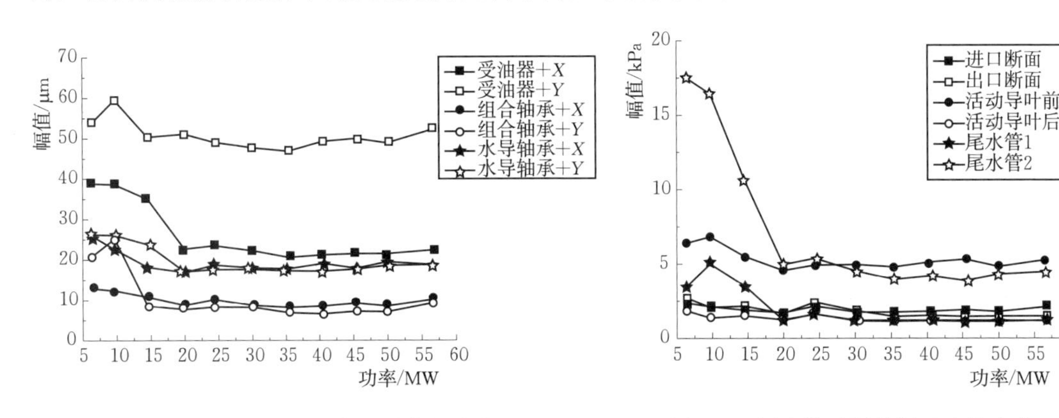

图 6.6 机组振动幅值随功率的变化

图 6.7 压力脉动幅值随功率的变化

频谱分析得出的结果是：

（1）在协联工况下，机组振动和大轴摆度的主频为转速频率。

（2）在非协联工况下，机组的振动以低频为主，在小开度区的较大功率下，叶片频率的 3 倍频为主频，转速频率为次频。

（3）组合轴承振动中的 2 倍频比较明显，显示发电机转子可能有一定的椭圆度。

（4）水导轴承振动（图 6.8）中的 1.39Hz 为转速频率，6.9Hz 为叶片频率，21Hz 和 35Hz 分别为叶片频率的 3 倍频和 5 倍频，其中叶片频率 3 倍频的幅值仅次于转速频率的幅值。根据比值 $Z_0/Z_b \approx 3$ 判断，叶片频率 3 倍频压力脉动的影响比较大是动静干涉产生的结果。

（5）进水口压力脉动的主频率为叶片频率 6.9Hz，其次为 35Hz 和 21Hz（图 6.9）。后两者可能都存在动静干涉的影响。

（6）进水口压力脉动和水导轴承振动频谱中含有的 100Hz 成分，这可能是由发电机定子铁芯的极频电磁振动对压力脉动传感器和振动传感器影响的结果。

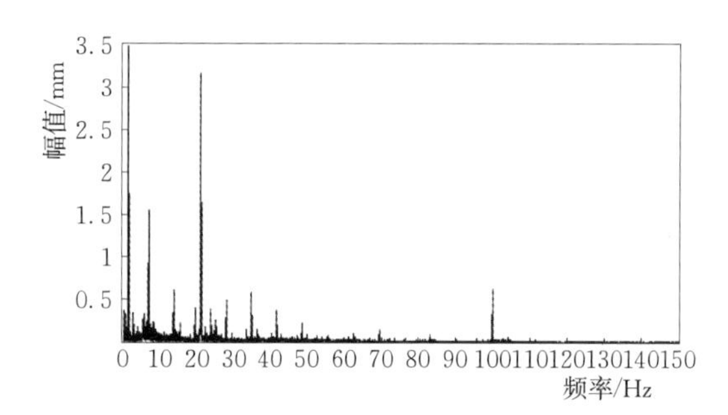

图6.8　水导轴承＋X向振动频谱图

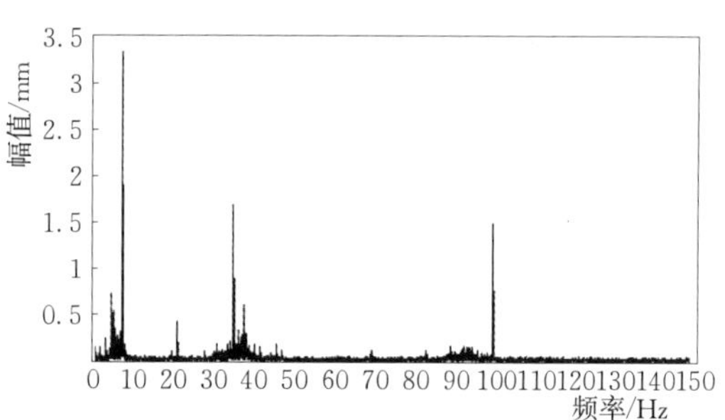

图6.9　进水口压力脉动频谱图

【例2】　丰海水电站机组的异常振动和噪声

丰海水电站的灯泡贯流式水轮发电机组为双悬臂式结构。水轮机额定水头9.9m，额定转速136.4r/min，转轮叶片4枚，导叶16枚，发电机额定功率15MW。

机组初投入运行时，首先发现的是：当水轮机桨叶开度超过40%就出现类似于拖拉机或蒸汽机车开动时发出的“嘭、嘭、嘭……”那样的异常响声，响度非常高，其频率为转速频率的4倍；此后又发现机组的4倍频振动比较大，而且随负荷的增大而增大。为此进行了多次现场试验和分析。

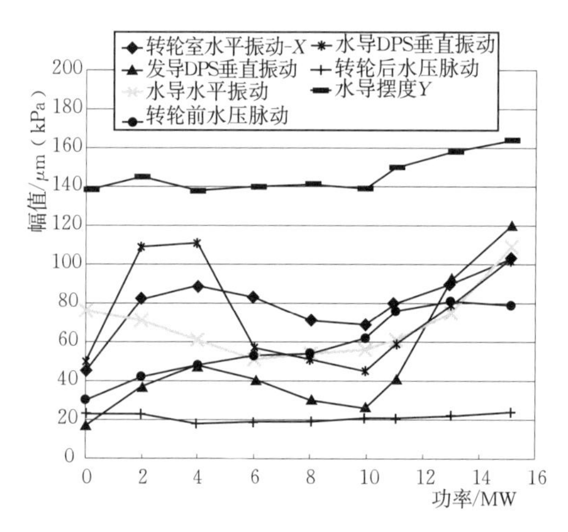

图6.10　机组振动、摆度和压力脉动

图6.10为毛水头13.7m时的一次现场试验结果（闵占奎．丰海水电站2号机振动试验报告［R］．2006）。

（1）根据观察，试验水头下，开始出现异常声响的功率接近11MW，相应的桨叶开度为45.7%，导叶开度为56.9%，异常声响的频率为4倍转速频率，也与叶片频率相同。

（2）约自10MW功率起，机组振动和摆度随功率的增大而较快增大，这不符合转桨式水轮机的水力特性。

（3）水轮机在0～6MW功率范围运行时，机组振动、摆度比较大，这与水轮机在非协联工况下运行相关。

（4）转轮室振动及转轮前压力脉动主频均为4倍频（9.09Hz）；各轴承的振动和水导摆度的主频均为转速频率；在小负荷区和最大负荷时，也有明显的低频压力脉动和振动。

1. 转轮室4倍频压力脉动产生原因分析

测量结果和分析结果都表明，转轮室的4倍频振动是由转轮前的4倍频压力脉动所引起的，如图6.11所示（图中横坐标每格为4倍转速频率，即4倍频）。因此，分析4倍频压力脉动的成因就成为关键。

（1）4倍频压力脉动的特点。4倍频压力脉动有以下主要特点：①机组一转动起来，4倍频压力脉动就立即出现，并且是主频，如图6.12（a）所示；②4倍频压力脉动的幅

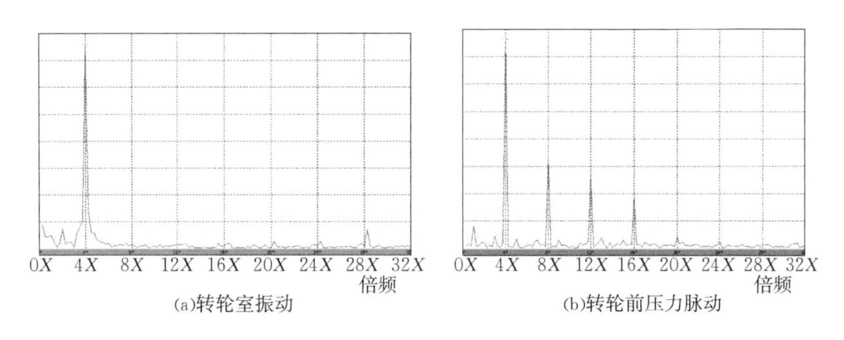

图 6.11　13MW 时振动与压力脉动频谱图的对比

值随负荷的增大而增大，最大相对幅值达到 60%以上（图 6.10）；③4 倍频压力脉动的前几阶谐波分量也比较明显，其分频值同样随负荷的增大而增大。

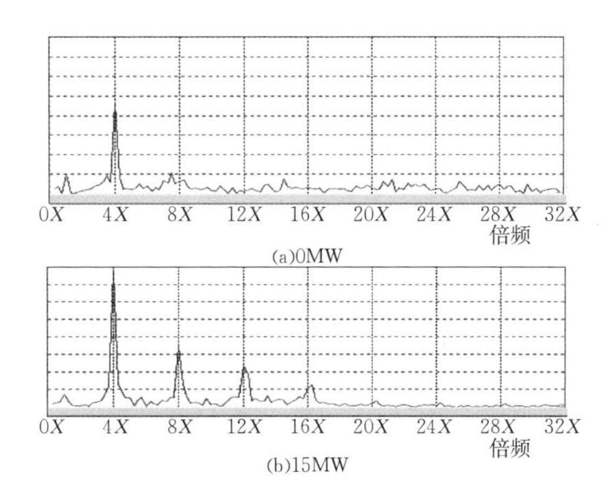

图 6.12　空载和额定负荷两工况转轮前压力脉动频谱图

（2）4 倍频压力脉动产生原因分析。表面上看，4 倍频的压力脉动就是叶片频率的压力脉动。但从水轮机流体力学的角度，贯流式水轮机（还有轴流转桨式水轮机）在协联工况下，转轮前不可能因进口水流的不均匀性直接产生高达 60%相对幅值的压力脉动。首先分析认为：这么大压力脉动的出现意味着有其他重要的影响因素，例如水体共振、叶片进口和导叶出口不均匀流动的叠加等。进一步的分析得出，贯流式水轮机不可能出现这样频率的水体共振，因而较强压力脉动只能是两种不均匀水流叠加的结果。

丰海电站水轮机叶片数为 4、导叶数为 16、两者恰好具有公约数 4，因此，转轮叶道和导叶叶道两者之间就有了严格的对应关系。这样，尽管叶片频率和导叶频率的初始压力脉动幅值都不大，但经过反复、快速、精确地叠加后，将很快使转轮前压力脉动达到一个和当地水流能量相应的最大值。上述叠加作用就是在严格的“相同相位”条件下发生的。实测的转轮前压力脉动波形图（图 6.13）也证实了这种情况的存在。图 6.13 上的低频为 4 倍频，即叶片频率，反映转轮进口水流的不均匀性；每个 4 倍频波形上叠加的 4 个较高频波形，反映的就是导叶出口水流的不均匀性的影响。实际波形就是叶片频率和导叶频率两种信号反复叠加的结果，这也就是动静干涉的结果。

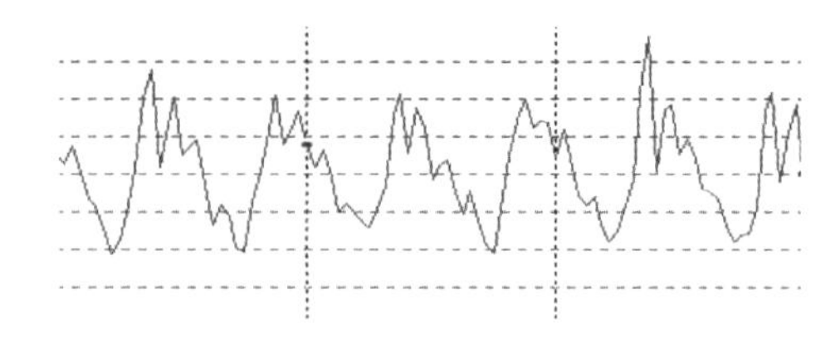

图 6.13　转轮前压力脉动波形图（13MW）

2. 异常声响产生原因分析

异常声响具有如下特征：

（1）异常声响出现在较大负荷及转轮叶片开度 40%以上的工况区。由此判断，它的出现与流量和叶片的位置有关。

（2）最大异常声响出现在转轮室的人孔处。

（3）异常声响出现的同时，机组的振动也有所增大，但和 4 倍频振动出现的起始工况（空载，图 6.12）并不一致。

（4）异常声响出现的初始阶段（较小开度和功率时），可短暂地出现 1 倍频和 2 倍频声响。

（5）补气可以稍微减轻异常声响。

现场试验结果还得出异常声响与下述因素没有直接关系：

（1）异常声响的频率虽然是 4 倍频，但它不是水流与转轮叶片撞击的结果。这是因为，异常噪声是出现在协联工况区的。

（2）异常声响不是由各个轴承处发出来的。轴承缺陷引起的噪声，其主频通常是转速频率。

（3）异常声响不是来自转轮与转轮室的碰撞。转轮室间隙增大到 5mm 时，噪声仍然没有明显变化。

最后得出，异常声响的产生原因是：位于转轮室上部的进人孔人孔门与转轮室内壁不齐平（内表面凹进），当叶片外端的裙边通过人孔时，由于间隙的突然增大而使空化气泡破灭，它与随后的水冲击一起产生了异常声响。

将上部人孔门封死并保持与转轮室内表面齐平后，异常声响就不再出现了。

【例 3】　抱子石水电站

抱子石水电站的贯流式水轮机除额定水头高一些外，其他与丰海水电站水轮机的几何参数相同：转速 136.4r/min，转轮叶片 4 枚，导叶 16 枚，双悬臂结构。

图 6.14 为 2 号机在毛水头 14.6m 时的振动、摆度的一次试验结果（吴道平，龚强．抱子石水电站 2 号机组振动测试分析报告［R］. 2011)。与图 6.10 相比可以发现：各测量信号的变化趋势都是随负荷的增大而增大。几乎与丰海水电站机组完全一样。

频谱分析得出的结果是：转轮室振动的主频为 4 倍频（9.09Hz），它们的 2 倍频（18.18Hz）也同样存在，只是幅值比较小，水导轴承振动的主频为转速频率（2.37Hz）。

抱子石水电站水轮机的试验结果反映了这样的事实：转轮叶片数和导叶数的不良匹配都会导致转轮前出现强烈的压力脉动，并引起转轮室的较强振动。这也表明，当转轮叶片数与

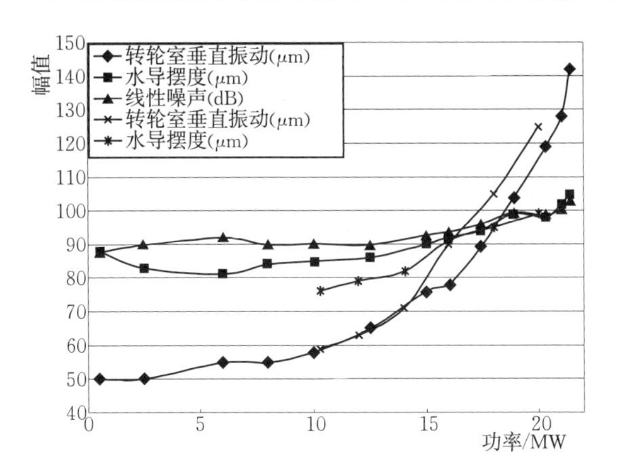

图 6.14 抱子石水电站 2 号机组的振动、摆度

导数之间存在大于 1 的公约数时，即使在协联工况下，也会产生相当强烈的压力脉动。

【例 4】 转轮与转轮室碰磨实例

一篇文章（褚镇敏．沙县城关电站水轮发电机组异常声响成因探讨［J］．水力机械技术，2006，4）中介绍了一台贯流式机组的水轮机转轮与转轮室碰摩并产生异常噪声的例子。

首次启动当转速达到 84r/min 时，转轮室开始出现轻微的金属碰撞声，频率与转速同步。88～104r/min 时声响到达高峰；108r/min 以上声响消失。检查发现，转轮室上部 120°范围有擦痕，下部也有较小擦痕；个别叶片外缘有擦痕。叶片外缘的局部磨去 0.5mm 后情况无任何变化。在做发电机短路试验时，励磁电流加到一定值后，声响骤然消失。有、无异常声响两种情况下的振动、摆度没有明显区别（振动 0.01～0.04mm，水导摆度 0.10mm）。

检查结果显示，转轮和转轮室都存在不圆的情况，两者还可能存在偏心。

对机组碰磨现象的特点进行分析可得出：

（1）碰磨在转速高于 84r/min 时出现，而在转速高于 108r/min 时消失。这应当是反映了陀螺效应的影响或作用。在高转速时，陀螺效应将使转动部分的摆度减小，有利于碰磨现象的消失。

（2）励磁电流加到一定值后，碰磨噪声消失。当发电机的电磁不平衡力与转动部分的机械不平衡力之间的相位差大于 90°时，两者就相互抵消了一部分，使总不平衡力减小，于是转轮的摆度减小，碰磨噪声消失。

（3）转轮叶片外缘磨去 0.5mm 后碰磨噪声依然存在，这表明转轮的摆度大于 0.5mm，但碰磨的程度应有所减轻。

【例 5】 水力不平衡实例[2]

贯流式水轮机同样存在水力不平衡并引起振动的情况，它具有与转桨式水轮机相同的特征。

图 6.15 为广西红花水电站机组振动、摆度幅值随功率的变化，随功率的增大而增大是它们的共同特征，这也是水力不平衡的典型特征之一，其中尤以水导摆度为甚。

在额定功率下，水导轴承振动随水头的升高而减小的趋势，是水力不平衡力的另一个特征，也是随水轮机流量的变化而变化的一种表现形式（图 6.16）。

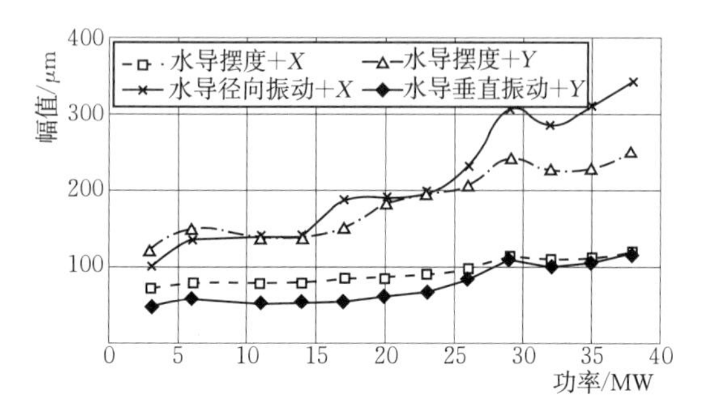

图 6.15　振动、摆度随功率的变化趋势图

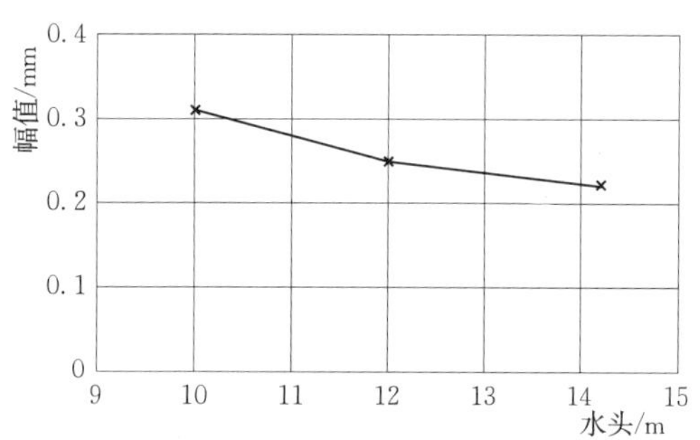

图 6.16　水导轴承径向振动随水头的变化

图 6.17 为水导轴承振动的波形图和频谱图。转速频率几乎是它唯一的频率成分。

上述数据充分说明：试验水轮机存在比较明显的水力不平衡力。

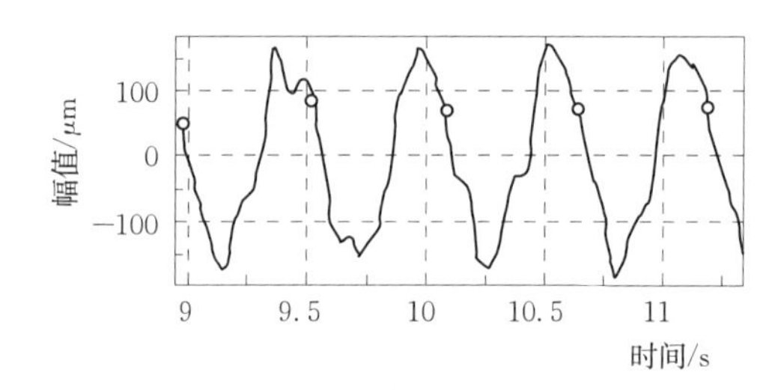

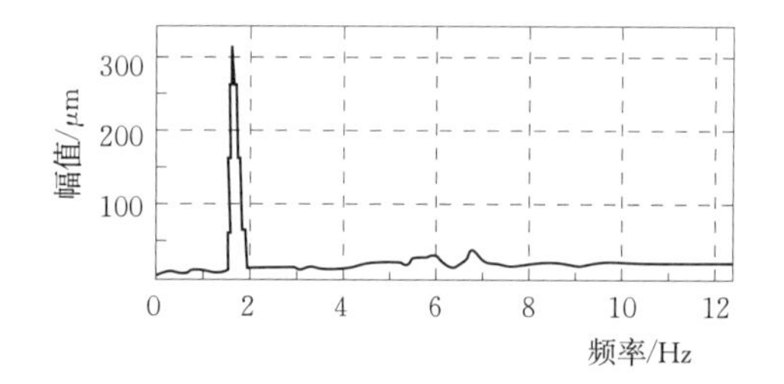

图 6.17　水导摆度的波形图和频谱图

试验机组的现场检测发现，转轮接力器缸体与转臂 4 个连接板的销孔中心距存在明显偏差，更换连接板后水力不平衡情况大幅度减小。

6.2.4　小结

贯流转桨式水轮发电机组没有什么普遍存在的特征水力振动，即便是在小负荷区的非协联工况下，也很少出现由压力脉动引起的机组部件共振或强烈振动的情况。这主要是由贯流式水轮机的水力稳定性比较好和发电机组结构上的特点所决定的，也显示了卧式机组与立式机组在振动上的区别。

动静干涉在无叶区产生较强压力脉动的情况，在贯流式水轮机中同样存在，特别是在导叶数比较少而又与转轮叶片数之间有大于 1 的公约数时，动静干涉压力脉动将更加强烈，并引起机组的较强振动。

6.3　其他卧式机组的振动

其他卧式水轮发电机组主要包括：卧式混流式水轮发电机组；卧式轴流式水轮发电机组；卧式冲击式水轮发电机组等。

这些卧式机组的水力振动可简单归纳为：

（1）它们的水力振动原因和规律与立式机组基本相同。

（2）它们由机械、结构原因引起的振动本质上与立式机组相同。

（3）卧式机组多为中小型，水力因素对振动的贡献一般都比较小。

参考文献

[1] J. 邓哈托．机械振动学［M］. 北京：科学出版社，1960.

[2] 任绍成，蒋光斌，等．红花电站2号机组水导振动分析及处理［J］. 水电站机电技术，2015，38（3）：49-51.

第7章 振动诊断的基础知识及应用

本书的出发点和落脚点都在于水轮发电机组振动问题的诊断。一般说，有了正确的诊断，振动问题就可迎刃而解。

振动问题的诊断，需要有一定的理论知识作基础。基础理论知识可以提供解决问题的思路，有的也可以直接给出问题的答案。

振动问题的诊断，也需要掌握丰富的实践经验。振动问题的出现随机性很强，特别是那些由各种机械缺陷所引起的振动问题。实践经验对这些问题的认识、诊断和解决可提供直接或间接的帮助。

水轮发电机组的功能、结构和运行等诸多方面的特征决定了它的振动将涉及很多学科的理论知识和相当的技术知识。

机械振动学是研究机械振动规律的学科，研究或者诊断水轮发电机组的机械振动问题，不了解机械振动学方面的基本知识是不可思议的。

水轮发电机组是我们的研究对象，它既是振动体，也是各种激振力的来源，当然需要对水轮机和发电机的工作原理、结构、功能、性能、受力、振动特性、激振力的产生和传递等各种相关知识有相当熟悉的了解。

水轮发电机组的振动问题常常和机组的安装、调整和运行等有关，有些振动问题还直接与部件的缺陷或安装偏差相关，了解这些方面的知识对有些振动问题的分析判断也是必需的。

振动试验、振动测量、振动数据分析是赖以进行振动问题分析和诊断的依据，这方面的知识、技术和技能是进行振动问题研究的基本功。测量机械振动的传感器本身就是一个振动系统，它的特性、参数、选择和使用也离不开机械振动学知识。

事实上，一些物理学、数学上的基本定理也常常是分析振动问题时有用的工具、入门思路或基础。

总之，掌握的知识（也包括实践经验）越多，思路就越宽，对问题的分析和判断就会更容易、更准确。不言而喻，对知识的灵活运用也是非常重要的。

本章并不系统、全面介绍这些理论和知识，仅仅介绍其中与实际应用密切相关的部分概念以及一些应用例子，或者仅仅是对一些知识的提示为读者提供一些方便。更多的相关知识需要读者对相关专著的阅读。实际上本书也是应用这些基本知识解决实际问题的一个实例。

7.1 机械振动学知识及应用

7.1.1 机械振动学的研究内容

任何振动现象或振动系统都可用图7.1所示的框图来表示。图中“输入（激励）”就

是激振力，泛指振源；“输出（响应）”即是所谓的振动数据或现象，传递函数则是两者之间的比例系数，由振动系统的特性所决定。机械振动学的研究基本上就是框图中的三者及三者之间的关系。

图 7.1 振动系统及其激励和响应框图

图 7.1 可用一个方程来表示

$$传递函数=\frac{输出}{输入},或\ H(f)=Y(f)/X(f)$$

$H(f)$、$X(f)$、$Y(f)$ 分别代表传递函数（它反映振动系统的振动特性）、输出和输入。从数学上来看，它们分别是脉冲响应函数 $h(\tau)$、输出函数 $X(t)$ 和输入函数 $Y(t)$ 的傅立叶变换。上述关系式也是所有测量传感器工作原理的表达式。

上述关系中，已知任何两者，就可以求出第三者，这也是实际上采用的研究方法。例如，实际工作中经常遇到需要判断振源的问题，它就属于已知系统特性和输出研究输入的问题，它的专业名词叫“环境预测”。再如用锤击法测量固有频率，也用这个关系式的原理进行计算。

广义的机械振动学的研究内容包括以下一些方面。

1. 理论研究

理论研究主要包括两方面的内容：①为振动系统建立数学模型或振动方程；②研究复杂振动方程的求解方法。

凡是需要进行振动控制和振动计算的振动系统，都需要为它们建立物理模型、数学模型或振动方程。但在本书中，基本上只是应用已有的机械振动学理论中的结论分析或认识所涉及的振动问题。

2. 工程应用研究

机械振动学中的工程应用研究以解决工程中的实际振动问题为主要目的。本书的内容也属于这个范畴。工程应用研究包括的内容比较广，与水轮发电机组关系比较密切的有：

（1）转子动力学。研究转动部分临界转速的计算方法和控制。

（2）系统识别。根据输入和输出研究振动系统的特性，例如固有频率的测试等。

（3）流致振动。流体流动引起的振动是水轮发电机组中常见的振动现象之一。

（4）振动控制。在水轮发电机组中，振动控制的主要目的是：①控制常规振动幅值不超过规定的数值；②避免出现共振和自激振动现象。

（5）应用技术（振动利用）研究。它是机械振动学中理论结合实际的部分之一。

3. 振动测试技术

振动测试包括振动量、振动系统特征参数的测量和振动试验两个方面。

（1）振动试验。对于没有理论计算方法或理论计算含有某些不确定因素的情况，振动试验往往是获得振动问题答案最后的、唯一的也是十分有效的途径。因此，振动试验技术也是机械振动学中重要的研究课题。

水力发电机组振动试验的目的包括：了解机组的振动水平和变化规律；为分析振动产生和发生变化的原因提供依据；验证振动处理措施的效果。

（2）振动量的测量。振动量的测量包括振动位移、振动速度、振动加速度及其幅值、频率、相位的测量、激振力的测量和振动系统特性参数（如刚度、阻尼、固有频率、振型、动力响应特性）的测量等。

（3）数据分析。有的振动量或振动系统特性参数可以通过测量直接获得，有的则需要通过对测量数据的分析或计算获得。对于后者，便需要对已测得的数据进行进一步的分析或计算。有时，数据的分析或计算方法也是需要研究的内容。

4. 振动诊断

振动诊断包括：①对某一具体振动问题的产生原因、机理、影响因素的分析和判断；②对振动体振动状态或模态的判断，这种判断既有振动机理和影响因素方面的判断，也有振动发展程度及其对振动系统安全影响的判断。

振动诊断是水轮发电机组振动研究的中心内容，本书的所有内容都是围绕这个中心的。

7.1.2　机械振动的分类[1]

机械振动有许多分类方法，这些分类方法在今后的振动问题讨论中多数都会碰到。识别振动的性质是进行振动问题诊断的方法和途径之一。

7.1.2.1　按激振力性质分类

1. 自由振动

自由振动是振动体在受初始激发后，在没有外力作用下的“余振”，它不需要持续地输入能源，但需要初始激发。自由振动的频率就是振动系统的固有频率。在振动系统有阻尼的情况下，振动幅值逐渐衰减直至消失（图7.2）；在无阻尼的情况下，系统维持等幅振动。

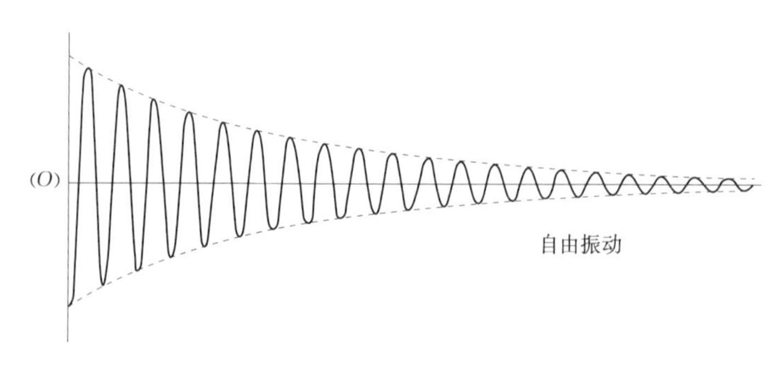

图7.2　有阻尼自由振动过程图

自由振动的规律完全由振动体本身的特性所决定，常常利用自由振动确定振动体的振动特性，例如，固有频率、阻尼特性、模态参数等。工程上采用锤击法测量振动体的固有频率，其原理就基于此。图7.3显示的是对一枚导叶固有频率试验数据进行传递函数分析和相干分析的结果，由此可以确定比较重要的若干阶固有频率。

在水电站中，可以利用甩负荷所产生的卸载冲击后的自由振动确定一些振动体的固

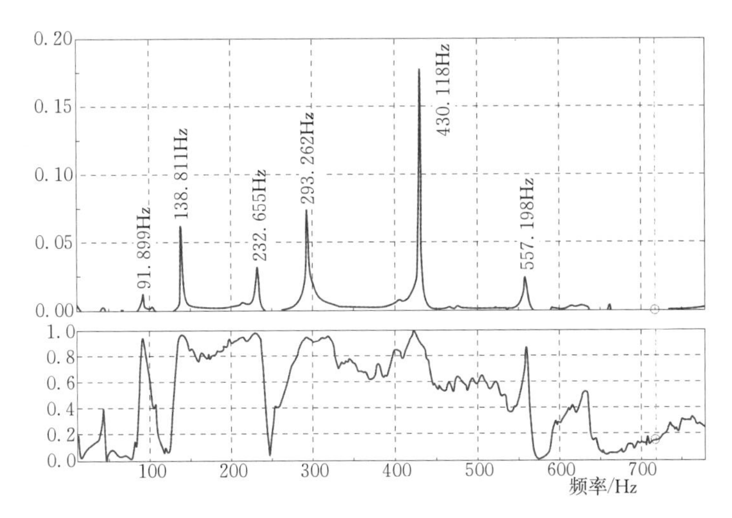

图 7.3 测量固有频率时的传递函数和相干函数分析实例

有频率。图 7.4 为一个甩负荷后蜗壳压力脉动波形图，第 11 秒后的波形即为引水管路水体自由振动的波形，它的频率就是引水管路水体的一阶固有频率。

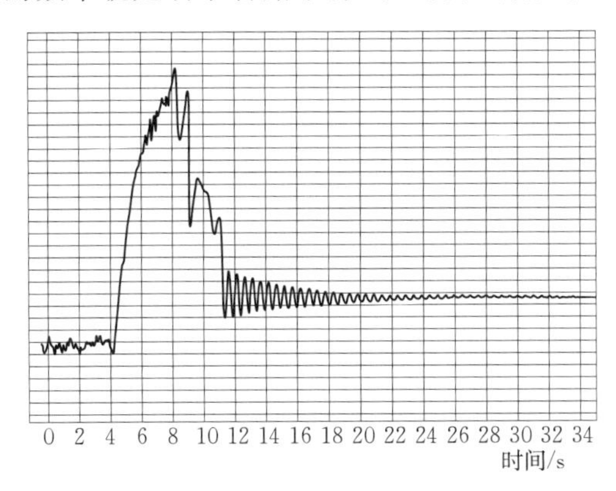

图 7.4 甩负荷后的蜗壳压力脉动波形图

2. 强迫振动

强迫振动是由具有交变性质的激振力所激发的振动。振动频率就是激振力的频率，在线性假设条件下，振动位移和激振力的一次方成比例。水轮发电机组中的常规振动都属于这种振动。

共振是强迫振动中的一种特殊情况，通常认为它是激振力频率 f 与振动体固有频率 f_0 一致时的振动现象。共振有许多“与众不同”的特性，也有它的特殊应用，详见 7.1.5 节。

3. 自激振动

自激振动由振动体本身的运动或振动所引起，这是它被称为“自激振动”的原因。振动体自身的周期运动将一个不具交变性质的稳定能源的能量周期地输入到振动系统中去，激发和维持系统的振动，当振动体的运动停止后，这种振动也就消失了。关于自激振动的进一步讨论请参见 7.1.6 节。

7.1.2.2　按振动规律分类

1. 简谐振动

简谐振动或称谐和振动是指可用一个正弦函数表示其规律的振动。它是最简单的周期运动，也是分析复杂振动的基础。表示振动的各种基本量（频率、谐波频率、振幅、有效值、平均值等）也都是以简谐振动为基准的。

理论上，简谐振动既可以是单一出现的振动，也可以是复合振动中的谐波成分。严格意义上的简谐振动是一种理想化的振动，实际上并不存在。

在工程振动问题中，有时可以把某种振动近似当作简谐振动，也有很多情况需要进行波形分析，以得出复合振动的各个简谐振动分量。在进行共振分析时，就会遇到频谱或波形分析这种情况。动平衡试验也是在简谐振动条件下进行的。

2. 复合振动

复合振动是指需用两个或两个以上正弦函数表示的振动。工程中的实际振动多数都是复合振动。只有在某种频率成分的振动幅值占绝对优势（例如80%以上）时，才可近似地把它看作简谐振动。

复合振动有两种情况，一是由不同频率激振力激发的振动的叠加，例如由涡带频率和转速频率叠加的情况（图7.5）；二是由具有基波和谐波成分激振力激发的振动，涡带压力脉动及其引起的振动就含有明显的谐波成分（图7.6）。

对于由多种原因引起的复合振动，需要分析每种原因的特性、作用及其对整体振动的贡献，这是比较常见的情况；对于同一种激振力的谐波分析，通常有比较明确的目的如共振分析等，并应该在此目的下对分析结果进行评价。

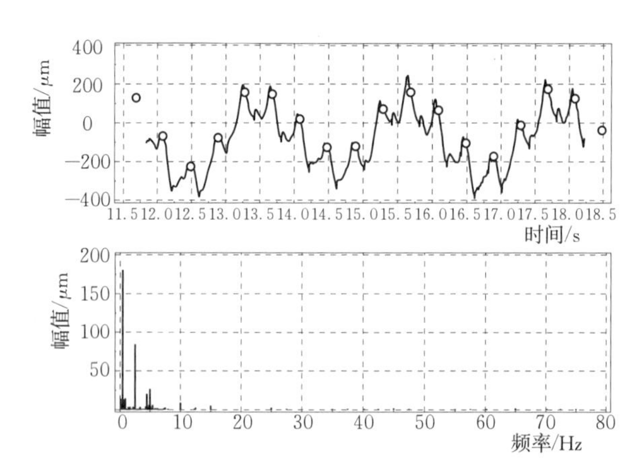

图7.5　转频和涡频组成的复合振动波形和频谱

3. 随机振动

随机振动是指不能用简谐函数或简谐函数的叠加来表示的振动。另一种说法是，任意两个时刻的振动都是不重复的振动就是随机振动。

通常习惯上把水轮发电机组稳态运行时的振动当作周期振动。但在小开度时，随机振动成分也比较强，如图7.7所示。

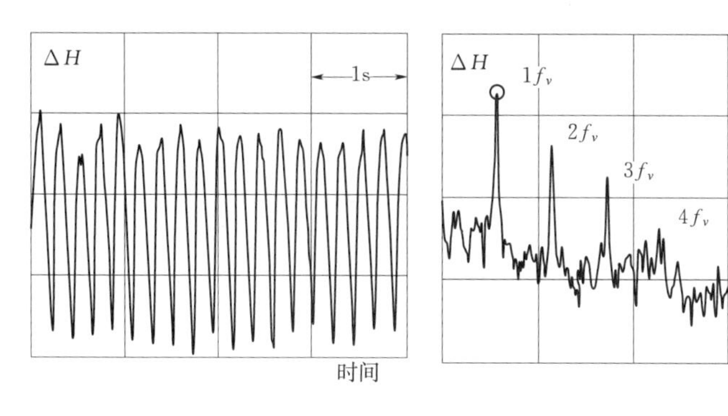

图 7.6 典型涡带压力脉动的波形和频谱

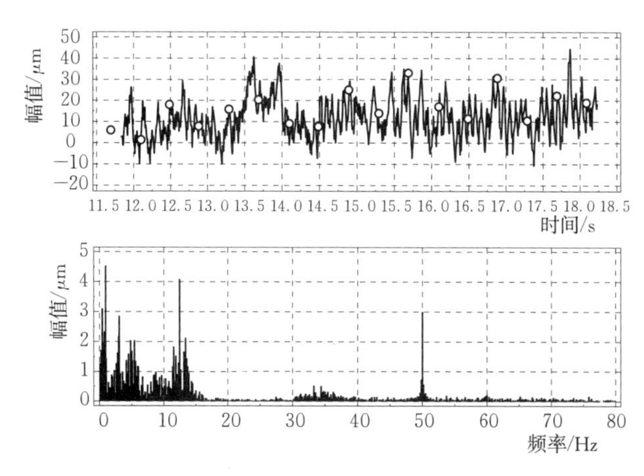

图 7.7 含有明显随机成分的振动

4. 复杂振动

复杂振动由复合振动和随机振动叠加而成。本质上说，水电机组中的许多振动都属于复杂振动。只是常常为了简化分析，人为地忽略了其中的随机成分或其中的次要成分。

7.1.2.3 按振动变形分类

1. 直线振动

直线振动的振动轨迹在一条直线上。直线振动有纵向振动和横向振动两种：纵向振动，指振动体上的质点沿轴线方向的振动；横向振动，指振动体上的质点垂直于轴线方向的振动。它们都是对振动体结构而言的相对方向概念，而且都是综合振动在相应方向上的分量。

水轮发电机组中固定支持部件的径向振动和轴向振动，都属于直线振动。

2. 扭转振动

扭转振动是指振动体上质点所作绕某一轴线的往复转动（圆周向振动），如轴的扭转振动、旋转对称部件的圆周振动等。在水轮发电机组上，伴随发电机功率摆动出现的大轴扭转振动是比较多见的，但真正成为问题的扭转振动并不多见，转动部分的扭转共振现象的出现更是少之又少，本书 4.2.4 节介绍了一个这样的例子。

7.1.2.4　按自由度分类

（1）单自由度振动。单自由度振动是指可用一个坐标表示的振动。

（2）多自由度振动。多自由度振动是指需要两个及以上自由度表示的振动。它可由多自由度或单自由度激振力所引起。

水轮发电机组上很少真正的单自由度振动，多数振动现象都属于多自由度振动。实际测量的往往是多自由度振动在某个方向上的分量。

理论上，传感器应当是一个单自由度振动系统，但实际上也并非如此，“横向灵敏度”就是表示和限制传感器在非测量方向上灵敏度的指标。在选择振动传感器时，也同时需要关注这个指标。

7.1.2.5　按振动位移与激振力的关系分类

（1）线性振动。线性振动定义为，振动量与激振力的一次方成比例。水轮发电机组的常规振动也都作了线性化假设，忽略了一切非线性因素的影响。

振动传感器的线性范围，实际上也是忽略了一些非线性因素的影响。

（2）非线性振动。不言而喻，在非线性振动系统中，振动系统的位移或变形不与激振力的一次方成比例。线性振动系统在动力响应范围内的振动都是非线性的。但在可接受的误差范围内，也可把它当作是线性的。这就是所谓的线性化假设。传感器的线性频率范围也是这么规定的。

7.1.3　表示振动的量和参数

表示振动的量有三个，而表示振动量的参数则有许多，采用哪些振动量和振动参数，需根据研究对象和所研究的问题确定。下面首先利用最简单的单自由度简谐振动方程引出最基本的振动量和参数。

1. 振动方程

振动方程是描述各振动量和激振力之间关系的数学表达式。本质上它就是牛顿第二定律。不管振动现象是简单的还是很复杂的，它们都可以用下述最简单的、单自由度简谐振动的振动方程或者它的某种集合或某种变异形式来表达

$$ma + cv + kx = p_0\cos\omega t \tag{7.1}$$

式中4项分别是：惯性力 ma、阻尼力 cv、弹性力 kx 和外力 $p_0\cos\omega t$。在稳定的振动情况下，外力 $p_0\cos\omega t$ 和由它激发的 ma、cv、kx 三项力之和相等。其中 a、v 和 x 分别为振动加速度、振动速度和振动位移，它们反映的是振动体在外力 $p_0\cos\omega t$ 作用下的响应，m、c、k 分别为振动体质量、阻尼系数和弹性系数，反映的则是振动体的振动特性。

2. 表示振动的量

由基本振动方程可知，表示振动的量有三个：①振动位移，表示振动质点偏离平衡点的距离；②振动速度，表示振动质点位移的速度；③振动加速度，表示振动质点运动的加速度。对于不同的研究对象，需要的或适用的振动量不同，而对于转速较低的水轮发电机组，所需要的振动量是振动位移，有些条件下也用振动速度。

对于简谐振动，振动位移、振动速度和振动加速度三者之间的关系如式（7.2）所

示。对于非谐和振动，这种关系不存在。

$$x=x_0\sin\omega t \quad v=x_0\omega\cos\omega t \quad a=-x_0\omega^2\sin\omega t \tag{7.2}$$

式中：x_0、$x_0\omega=v_0$ 和 $x_0\omega^2=a_0$ 分别为振动位移、振动速度和振动加速度的单振幅。

3. 表示振动量的基本参数

表示振动量的参数有多种，讨论水轮发电机组振动问题时所需要的基本参数主要如下：

（1）幅值（或振幅）。对于以正弦函数表示的简谐振动，各种振动幅值的定义如图 7.8所示。

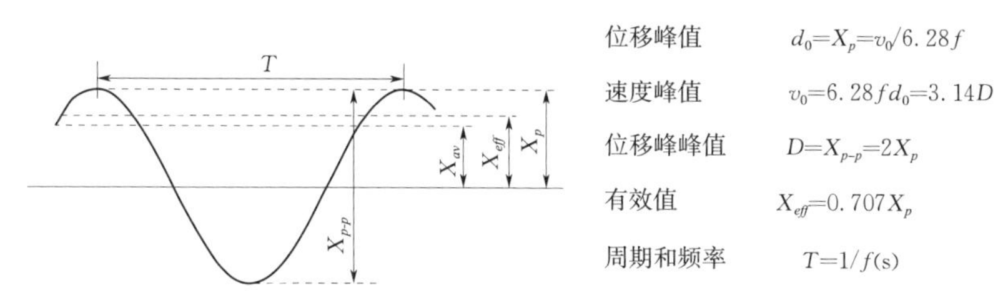

图 7.8 简谐振动的各种幅值

数学上，振幅表示正弦量的最大值，也叫峰值，它的 2 倍值叫峰峰值，或双振幅；对于复合振动，振幅表示为该复合振动下振动质点偏离平衡位置的最大距离；在同一个复合振动波形中，峰值与谷值的差也叫峰峰值。对于不对称振动，峰峰值为在同一波形中峰值和谷值之和，或同一波形中最大值与最小值的代数和。所谓“同一波形”与所分析的频率有关。

除上述峰值和峰峰值外，表示幅值的参数还有平均值、均方值（功率谱值）、均方根值（有效值）等，根据用途确定需要的幅值形式。

水轮发电机组振动中采用的是峰峰值，并简称为幅值。在自动数据处理的情况下，如不指明，多系平均峰峰值。对于复杂振动，常用通频值表示。为避免偶然因素的影响，常取一定置信度下的平均值。当分析某种因素对振动的影响时，采用与该因素相应频率的分频值表示。

对振动水平进行评价时，所选用的幅值表示形式必须和所用的评价标准使用的幅值形式一致。

（2）频率。频率是指每秒钟周期量的循环次数，单位是赫兹，符号是 Hz。

频率是反映振动规律的重要参数。不少振动现象仅仅根据频率就可以判断它的产生原因。

（3）相位（角）。凡周期量都存在一个表示周期量瞬间位置的参数，即相位。相位可以是空间的（位置的），也可以是时间的，视周期量的性质而异。在线性振动系统中，两者往往是相关的或一致的。例如测量机架 X、Y 两个方向的转频径向振动，两测点的空间相位差是 90°，波形图上的时间相位差同样是 90°。

相位用正弦量相对于某一基准的偏移值（角度）表示。水轮发电机组的振动相位，多用轴的某一部位（如键槽）或转动部分上某一部件（如某一磁极）作参考点。

相位最常见的用途有：①确定平衡配重的位置；②判断振动的性质（如在共振情况下，激振力和振动位移之间的相位差是 90°）；③判断振动体的振型，根据振型可进一步判断引起振动的原因。

7.1.4　表示振动系统振动特性的参数

表示振动系统振动特性的参数也有许多，最基本的也是在水力发电机组振动中最常用的振动特性参数有刚度、固有频率，有时也会用到阻尼、振型等参数。

1. 刚度

与机械振动幅值直接相关的是系统或振动体的刚度。在线性假定下，振幅与刚度成正比。

刚度的定义是：产生单位变形所需要的力或力矩，它的倒数叫柔度是指单位力所产生的位移或单位力矩产生的角位移。对于不同的振动和变形，刚度有不同的定义，也有不同的名称。例如：

（1）对应于直线形位移或振动的刚度叫线形刚度，简称刚度。水力发电机组的振动，除轴的扭转振动外，常规振动都属于线形振动。

（2）对应于轴扭转振动的刚度叫扭转刚度，定义为产生单位角位移所需的扭矩。

（3）在振动系统的线性变形范围内，振动位移和激振力成正比，振动系统的刚度为常数，这样的刚度称为静刚度。

（4）当振动系统对激振力产生动力响应时，即当激振力频率和振动体固有频率之比逐渐接近 1 时，在同样的激振力下，振动位移将相应逐渐增大。这时振动体的刚度将称为动刚度，随两种频率比的变化而变化。

在工程实际中，根据不同的精度要求，当激振频率与振动体固有频率之比小于某个值时，就近似认为对应的刚度为静刚度。这是系统振动线性化假设的内容之一。

（5）振动量与激振力不成线性关系的非线性振动，振动系统的刚度是振动量（振动位移）的函数，这就是非线性刚度。

刚度和强度是两个截然不同的概念，其物理意义和在工程机械中的作用完全不同。强度对应的是材料的应力、受力或承受载荷的能力；刚度对应的则是材料或部件受力后的变形或位移。在相当部分的工程机械中，强度和刚度两个指标往往需要同时满足。

2. 固有频率

振动系统作自由振动时的频率称为固有频率。该频率只与系统本身的质量（或转动惯量）、刚度和阻尼有关。当阻尼比 $\zeta<0.2$ 时，固有频率受阻尼比的影响比较小。在实际水轮发电机组振动的研究中，一般不考虑它对固有频率的影响。

同一振动系统的固有频率还与其振型相关，即固有频率和它的某一阶振型相对应。理论上，任一振动系统都具有无限多阶次的振型和固有频率。在实际工程中，往往是前若干阶振型比较重要。但混流式水轮机转轮叶片的卡门涡共振都是在高阶固有频率下发生的。

3. 阻尼

阻尼是振动系统对振动能量或激振力的耗散作用。

振动体的阻尼力和振动速度的一次方成正比。比例系数为黏性阻尼力系数，常以 c 表

示，$\varepsilon=\frac{c}{\sqrt{2m}}$为阻尼系数，式中 m 为振动系统的质量。

在有阻尼单自由度系统中，当阻尼力大于某一定值时，系统将只作逐渐返回其平衡位置的非周期运动。这时的阻尼力系数叫临界阻尼力系数，以 c_c 表示。阻尼力系数 c 与临界阻尼力系数 c_c 之比叫阻尼比，即

$$\zeta=\frac{c}{2\sqrt{mk}} \tag{7.3}$$

这就是在共振曲线图上看到的阻尼比表达式。阻尼比有时也用 D 表示。

水轮发电机组振动系统阻尼的构成大致包含三部分：机械结构阻尼、流体阻尼、流体和机械联合体阻尼。它们都比较小，故一旦发生共振，振动都十分强烈。

4. 振型、模态和模态参数

研究模态和模态参数的主要目的是研究振动体在共振状态下的振动特性，在此基础上研究共振的识别、预测和预防。

(1) 振型、模态和模态参数。广义的振型是指振动系统的中性面或中性轴上的点偏离其平衡位置的最大位移所描述的图形。它有非共振情况下的振型和共振情况下的振型两种情况，其中共振状态下的振型称为模态振型。

模态就是共振情况下振动系统的形态。模态参数就是表征共振情况下振动系统的振动特性参数，其中最重要的是固有频率，其他还有：模态质量、模态阻尼、模态刚度、模态振型等，它们随模态的不同而不同。

在模态即共振状态下，振动体的质量、阻尼、刚度等一般都要比非共振情况下降低(减振装置的情况相反)。这从式 (7.1) 上可以看出：在共振条件下，a、v 和 x 将增大。在激振力不变的条件下，为保持方程式等号两端相等，代表振动系统质量、阻尼和刚度的 m、c、k 必然要减小。减小的比例与 a、v 和 x 的放大系数成反比。

(2) 固有频率计算。模态计算中最重要的是固有频率计算。在现代的技术条件下，进行水轮发电机组中振动系统的固有频率和振型计算并不困难，关键是一些边界条件的合理设定。例如水介质对转轮叶片各阶固有频率的衰减程度就是不确定的，可能在20%～40%甚至更大的范围内变化。

转轮叶片的固有频率比较密集，高阶情况下相邻阶次固有频率的数值差别不大，在确定振型与固有频率关系时，有时也会遇到困难。表 7.1 为一台 6m 直径转轮叶片的模态计算结果，转轮叶片的实测共振频率分别为 276Hz、355Hz 和 670Hz。

表 7.1　一台 6m 直径转轮叶片模态计算结果

阶次	固有频率/Hz	模态阻尼/%	折算到水中频率/Hz
1	52.0	5.38	39.0
2	90.7	2.49	68.1
3	107.8	1.42	80.1
4	121.7	0.1	91.3

续表

阶次	固有频率/Hz	模态阻尼/%	折算到水中频率/Hz
5	130.8	0.1	98.1
6	142.1	0.1	106.6
7	152.7	0.54	114.5
8	168.3	0.1	126.3
9	204.7	4.1	153.5
10	220.6	0.98	165.5
11	240.7	1.15	180.5
12	264.9	2.88	198.7
13	271.6	0.16	203.7
14	295.4	0.98	221.6
15	320.2	2.74	240.2
16	360.4	0.98	270.3
17	401.8	1.86	301.3
18	424.2	5.38	318.2
19	456.9	0.1	342.7
20	481.5	2.74	361.2

（3）模态振型计算。模态振型是振动系统模态计算的结果之一。图 7.9 为混流式和轴流式两种水轮机转轮叶片模态振型计算结果的例子。这些计算结果可能对叶片裂纹产生原因的判断有所帮助。

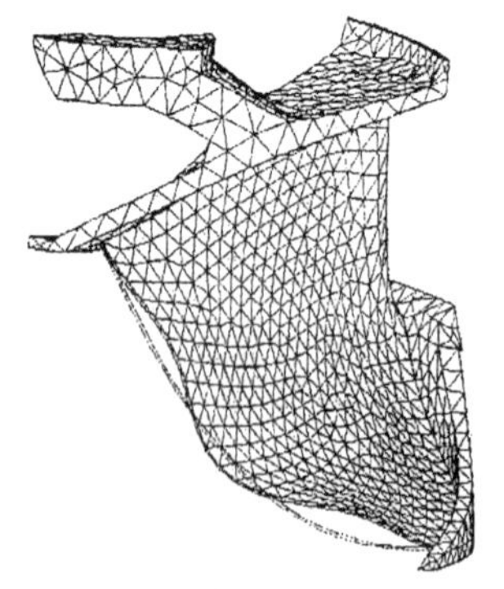

(a)混流式水轮机转轮叶片出水边第5阶弯曲振型

(b)轴流式水轮机叶片的第5阶振型

图 7.9　转轮叶片振型计算结果实例

7.1.5　共振

共振是强迫振动中的一种特殊情况，它有三种不同的定义，其中最常用的是：激振力频率和振动体固有频率相一致时的振动状态。研究共振的目的常常集中在以下方面：

①判断共振现象是否发生；②进行共振现象的预防和处理。

1. 共振曲线

共振曲线是指强迫振动情况下，振动量随激振力频率与振动体固有频率之比 $\lambda=f_c/f_0$ 变化的规律。描述幅值变化关系的曲线叫幅频特性曲线，描述振动相位变化关系的曲线叫相频特性曲线，统称并简称共振曲线。

共振曲线反映了振动系统许多重要的特性。凡是发生共振的情况，其幅值变化规律都具有共振曲线的特征。

作为基础和最简单的例子，图 7.10 为简谐力作用下单自由度系统的幅频特性曲线和相频特性曲线。

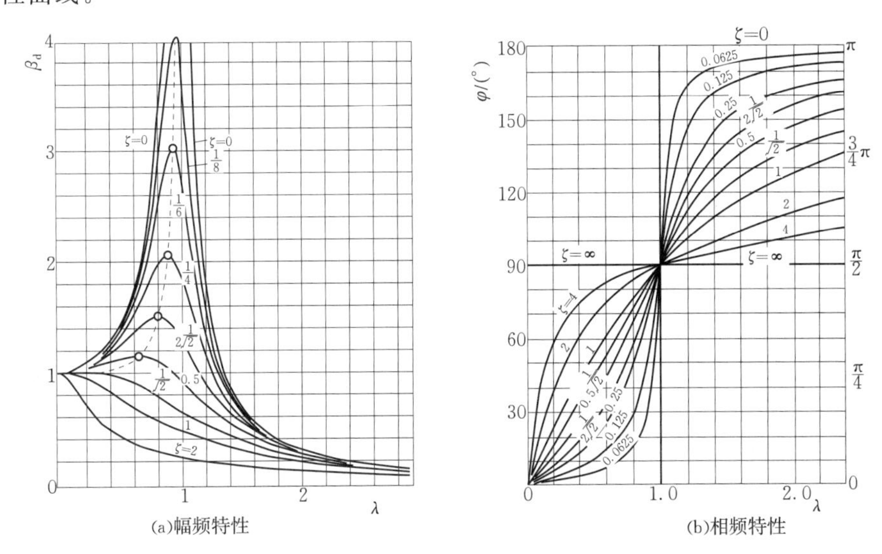

图 7.10　共振曲线

2. 动力响应

响应是振动系统在外力作用下产生的变化（位移或运动）。

当外力为静态力时，所产生的位移为静态位移。静态位移仅仅取决于作用力的大小。对于线性振动系统，静态位移与作用力呈线性关系。

当外力为随时间而变化的交变力时，振动系统产生的运动就称为系统对该外力的动力响应。所产生的位移称为动态位移。动态位移不仅仅与激振力的幅值有关外，还与振动系统的固有频率和阻尼密切相关。所以，动力响应定义为：在激振力幅值不变的情况下，振动体振动幅值随激振力频率（常用激振力频率与振动体固有频率的比值 λ 表示）变化的现象。动力响应的程度用动力放大系数表示。

单自由度有阻尼系统对简谐激振力的响应（振幅）表示为

$$A=\frac{A_{st}}{\sqrt{(1-\lambda^2)^2+(2\zeta\lambda)^2}} \tag{7.4}$$

式中：A_{st} 为与激振力幅值相等的静态力作用下系统的静位移；λ 为激振力频率 f_c 与振动系统固有频率 f_0 之比；ζ 为阻尼比。

由式（7.4）可知：

当 $f_c=0$ 即 $\lambda=0$ 时，$A=A_{st}$，这是纯静态响应的情况。

当 $f_c=f_0$ 即 $\lambda=1$ 时，$A=\frac{A_{st}}{2\zeta}$，这是“典型”的共振情况，也是共振的定义之一。共振时幅值达到最大，并仅取决于振动系统的阻尼比。

比值 $A/A_{st}=\beta$ 为动力响应系数，当 $\lambda<\sqrt{2}$ 时称为动力放大系数，当 $\lambda>\sqrt{2}$ 时为动力衰减系数。

比值 A/A_{st} 随 λ 和 ζ 变化的关系称为幅频特性曲线，即图 7.10（a）所示曲线。它清楚地显示了频率比和阻尼比对动力响应的影响。

共振时，振动体的振动十分强烈的机理是：当激振力频率与振动系统的固有频率相等时，每个振动周期的激振力与振动系统振动位移相应的恢复力都具有相同的相位，从而可使两者最大限度地叠加在一起，激振力不断地作用，使叠加不断地进行，于是振动幅值越来越大，直到振动系统的阻尼力与激振力相等时为止。这意味着，当激振力频率和振动体的固有频率相同时，从激振开始到达到最大幅值需要或有一个过程。

非共振时的叠加效应约相当于两种不同频率信号的叠加：当两种频率比较接近时，叠加将产生类似“拍频”那样的波形，幅值也明显增大；当两种频率相差比较大时叠加效应就比较弱，从而接近静态响应的结果。

水轮发电机组中的共振比较强烈的原因在于：机组及其部件的阻尼比比较低（大致在 0.1～0.05 的范围内）。由式（7.4）和图 7.10 可以看出：动力放大系数可以达到相当高（例如 5～10）的水平。水体的阻尼比 ζ 比机械部件更低一些。

3. 幅频特性曲线的分区

理论上，在 $\lambda>0$ 的情况下，动力放大系数都大于 1，振动系统对激振力的响应都属于动力响应范围。

但在实际机械工程上，常根据幅频特性曲线和实际应用，近似地把共振曲线分为准静态区、共振区和惯性区三个区。图 7.11 为一个分区方案的例子。图中 A 为准静态区（$\lambda<0.6\sim0.7$），B 为共振区（$0.7\leqslant\lambda\leqslant1.3$），C 为惯性区（$\lambda<1.3\sim1.4$）。

在水轮发电机组振动的测量和分析中，比较有实用意义的是共振区和准静态区的规定。

一般而言，共振区表示实际振动可以接近典型共振（$\lambda=1$）的程度，常用于机械设计的共振校核。准静态区则主要表示允许的测量偏差：允许偏差小，则准静态区相应较小，即标志准静态区范围的 λ 较小，反之亦然。

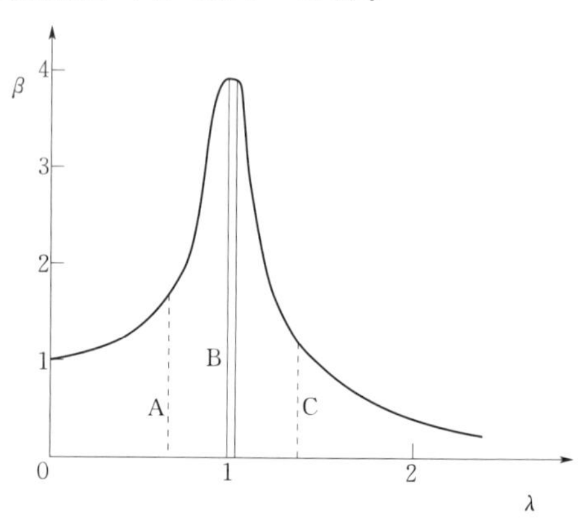

图 7.11　幅频特性曲线的分区

A—准静态区；B—共振区；C—惯性区

表 7.2 为阻尼比 $\zeta=0.05$、频率比 λ 为不同值时的动力放大系数 β 的计算例子，放大系数小数点后的数值乘以 100%就是非线性误差的百分数。例如传感器（它的阻尼比一般为 0.7），如果允许的非线性误差为 10%时，它的最高使用频率约为固有频

率的 30%。如果不考虑传感器的非线性误差，则振动体的非线性误差允许值为 10%时，它的最高线性频率范围为振动体固有频率的 30%，这也是振动体振动的线性假定的频率上限。

表 7.2　　$\zeta=0.05$ 时 β 随 λ 的变化

λ	0.1	0.3	0.5	0.7	1
β	1.01	1.10	1.33	1.94	10.00

在水电厂的振动问题研究和处理中，往往只需要知道是否发生了共振或比较接近共振，不一定都需要进行动力响应计算。

4. 水轮发电机组中的共振

水轮发电机组中的许多部件都可以发生共振。实际发生共振的情况也不少见，在本书前面和后面的一些章节中都有这样的例子。

7.1.6　自激振动

自激振动是一种很有特性的振动，表现在：

（1）激发和维持自激振动的能源不具有交变性质，是一个恒定的“直流能源”。振动系统借助于本身的周期运动通过反馈控制机构周期地把能量输入到振动系统中来，使能量具有了周期性性质。

（2）自激振动的频率一般就是振动体的固有频率。从振动的运动学上看，它与共振是相同的。

（3）自激振动仅存在“有”和“没有”两种状态，没有类似于共振曲线那样的变化过程和曲线。当激发和维持自激振动的能量达到某种门槛值时，自激振动就突然出现（参见图 4.18）。在临界情况下，自激振动可以时而出现、时而消失。如转动部分的自激振动一旦出现，大轴摆度的正常幅值和频率立刻变到相当大的幅值和临界转速频率。

自激振动的产生需要一定的基本条件：

（1）它需要振动体具有初始振动，这是产生自激振动的初始条件。

（2）需要有一个稳定的、足够强大的能源。

（3）最重要的一点是，必须具有一个自激机构或者叫控制、调节系统，这个机构或系统通过反馈作用将能源和振动系统联系起来，并周期地把能源输入到振动系统中去。

在水电站的水轮发电机组中，自激振动的出现多数都与转轮迷宫间隙泄漏有关，这在参考文献 [3] 中已有详细说明，本书的 4.2.5 节也介绍了几个自激振动的例子。

在其他工程技术界，自激振动也时有发生，例如汽轮发电机组的半速涡振、飞机机翼的颤振、车床的“爬振”等，都是自激振动的典型例子。

在日常生活中，自激振动的例子可以说比比皆是。音乐是生活中不可缺少的内容，其中许多乐器就是基于自激振动原理的。例如，所有弦乐器的发声都是以干摩擦为能源的自激振动；所有的管乐器的发声都是以风力（气）为能源、以气柱为振动体的自激振动；风琴、手风琴则是以气流为动力、以簧片为振动体的自激振动；人类的语言、发声，实际上也都以气流（也可以说是风）为动力的，也是属于自激振动的范畴。至于旧水龙头的强烈振动也是由自激振动的典型表现。

7.2 其他专业知识

7.2.1 水轮机和流体力学知识

对水轮机的认识通常都从其工作原理开始，而对其工作原理的认识则是从流体力学开始的。故工作原理和流体力学方面的知识也是认识水轮发电机组振动的基础和钥匙。

然而，振动问题产生的基本原因或具体原因都不在于工作原理有什么问题，而往往是水轮机的工况偏离了它的原理或水力设计条件。这时，导致机组振动的压力脉动就会不可避免地产生，这是水轮发电机组中三大激振力之一的水力激振力（即压力脉动）产生的基本原因。而偏离了设计条件后压力脉动是怎么产生的，这也是一个流体力学问题。因此，无论是研究水轮机的工作原理还是研究水轮发电机组的水力振动，都需要对水轮机的流体力学的设计原理和偏离设计原理后导致压力脉动产生的流体力学原理都有所认识。

水轮机是水轮发电机组的动力来源，也是引起和维持机组一切振动能量的最终来源，而且还是其中重要的振动体或振动体的重要组成部分。这在本书前面部分都已经有了比较详细的介绍。

作为振动体，由各种机械缺陷（包括超值的偏差）引起的振动也是不可避免的，而且多种多样、富于偶然性和随机性。研究和解决这方面的振动问题，需要的不仅是水轮机专业理论，而是对设备或部件的设计、加工、安装、调整、运行等各方面的深入了解和尽可能丰富的实践经验。

7.2.2 发电机专业知识

发电机由两大功能部分构成：①发电机的机械部分——可以这样说，凡是看得见的部分都是发电机的机械部分；②发电机的电磁部分，它虽然看不见，但却能量强大。两部分都可能是激振力的产生者，又都可能是振动体，在水轮发电机组的振动中都有着举足轻重的作用。

电磁激振力是发电机所特有的，它们的产生都是和某种机械缺陷联系在一起的。

发电机的转动部分还是水轮发电机组中各种机械激振力（包括机械和电磁不平衡力在内）或机械缺陷激振力的主要来源。它们由各种机械缺陷、允许或不允许的偏差所引起。

一些机械、结构因素也对机组振动或激振力的产生有明显的影响，例如：发电机的结构型式（悬垂式、半伞式或全伞式）、导轴承的个数和推力轴承的结构型式等。

发电机部件的振动是水轮发电机组中最重要的指标性振动。研究和诊断水轮发电机的振动问题，对发电机机械和电磁两方面的知识有所了解是必需的。

7.2.3 试验和测量方面的知识

多数情况下，水轮发电机组振动问题的诊断和处理都是以现场试验数据为基础的。数据分析则是直接为振动问题的诊断提供依据。因此，振动试验和数据分析是振动问题研究的重要和基本手段，试验和测量方面的知识是相关研究人员的基本功之一。

为了获得正确的和满足需要的振动数据，需要在试验前进行充分的准备，例如制定完善的试验大纲、正确地选择和确定测点位置、正确地选择传感器和测试仪器、合理确定各项测试参数等；对所采集的数据进行完整的分析和整理；注意试验报告的完整性、系统性、规范化，为委托人或读者的阅读提供方便。

7.2.4 其他知识

1. 安装调整方面的知识

一些水轮发电机组的振动问题与安装调整偏差有关，后面有不少这样的例子。对这些情况的分析和判断就需要了解和熟悉相应的安装知识和规定。

水轮发电机组有些部件的质量是依靠安装调整来保证的，例如：发电机转子的圆度等。已有的例子表明，满足有关规程规定并不一定能满足机组振动稳定性的要求。

固定支持部件和转动部分是旋转机械的两大部分。盘车质量关系到这两大部分的运行稳定性和平顺性，它的重要性不言而喻。但也有的振动问题与盘车质量不佳直接相关。不能想当然地认为盘车不会有什么问题。

2. 设计、加工方面的知识或情况

由机组部件设计、加工方面的不足引起振动的情况也不少见。例如：发电机的推力头或者导轴承的滑转子与大轴的公差配合不合适，在运行时或运行后不久就出现松动，导致机组振动的增大和不稳定。如果镜板的刚度不足，在一定的条件下，会产生比较明显的轴向振动，导致镜板和推力头结合面发生空蚀，并继而引起机组振动的变化。有的机组导轴承瓦架设计刚度不够，在不平衡力和其他径向力的作用下产生比较明显的径向振动，出现大轴摆度超过导轴承间隙的情况。加工偏差超限引起水力不平衡的情况也时有发生。随机组尺寸的增大，部件的刚度将相应降低。在同样的相对激振力作用下，振动幅值就会增大。由此带来的对振动问题的影响也需要考虑。

3. 运行知识

运行的影响常常表现为一些因素长时间作用结果的积累。

如定子铁芯和转子磁轭的拉紧螺杆，在经过一段时间的运行和冷热变化后可能会发生热疲劳，使铁芯或磁轭的紧度发生变化并产生松动，这可能引起机组振动水平的变化和其他不良后果。

水轮机长时间在低负荷下运行会影响转轮叶片的疲劳裂纹的出现，进而影响其寿命等。

参考文献

[1] J. P. 邓哈托．机械振动学［M］．北京：科学出版社，1960.

[2] 机械工程手册编辑委员会．机械工程手册：机械振动（试用本）［M］．北京：机械工业出版社，1978.

[3] 李启章，张强，于纪幸，等．混流式水轮机水力稳定性研究［M］．北京：中国水利水电出版社，2014.

第8章　振动数据解读

机组或其部件的振动都是用各种不同的特征数据来描述的。数据解读就是根据这些数据把机组的振动状态还原出来，主要目的是：①用于判断机组振动的原因、机理和主要影响因素；②评价机组当前的振动水平；③预测机组振动的发展趋势。因此，数据解读是诊断技术最重要的一环。掌握了数据解读的方法，就是掌握了振动问题或机组振动稳定性状态诊断的钥匙。

数据有多种形式或表示方法，例如数值、数列、数值表和各种图形等。同一个数据可有多种不同的表示形式，用以表达或突出某种不同的内涵，并用于相同或不同的场合，显示设备的不同形态或振动现象的不同特征。

数据不仅具有显示机组状态的视在意义，还可能包含有反映机组状态的潜在物理意义。因此，有时也需要对数据进行引申解读。把这些相同和不同的数据及其各个表现形式的视在或潜在意义综合起来，就有可能比较全面地还原出机组的状态，或者对机组的振动原因等作出更准确的判断。这也就是数据解读或振动问题诊断的任务和意义。

8.1　数值解读

数值是数据最基本的表现形式。理论上，所有的数据或图形都可以用数值来表示。

数值有多种表示形式：单个的数值或一组数值，后者可根据需要或目的按一定的规律把它们有机地组合在一起。

单个的数字：可给出重要的或感兴趣的数值，例如最大值、主要频率等。

数列可给出某种数据随另一个参数的变化规律或变化趋势。

数据表可表示若干不同因素下测量值变化的规律；表示不同情况的对比；或者说明设备的某种状态；表示某类数值的汇总结果等。

根据测量的数值（频率、幅值、相位等）进行评价或诊断是最简单的方法。

有的数值可以直接表示设备的振动水平，如机架的水平振动、垂直振动、大轴摆度等。

有的数据可以直接表示设备的某种状态；如果与“前一次”的数值或某种“标准数值”相比，还可以判断状态的变化或进行水平评价。

有的数据（如频率）可以直接反映引起振动的原因。

因此，解读振动数值是进行振动分析、状态分析或评价的重要内容之一，也是进行振动或状态诊断的基本方法和内容。

8.1.1　幅值解读

幅值是最重要的振动量之一，它反映振动或其他信号的强度，也可以反映振动变化

的规律。在正常的状态监测情况中，首先关心的振动量往往就是振动幅值。机组或其部件的状态有时也可直接由幅值判定。

数据表的种类很多，常用的数据表为振动值随工况参数（功率、转速、励磁电流）变化的数据表、两种或多种情况下振动值的对比数据表、用于平衡配重的数据表、盘车数据表等。

表8.1为一个用于配重的数据表例子。从这个数据表中可以得到的信息有：①各部位振动、摆度的幅值和相位；②通过矢量分析可得到机械、电磁和水力三种不平衡力的相对大小；③电磁不平衡力比较大并近似与机械不平衡力相位相反；④额定功率时的上下机架振动和各导摆度都在优良水平，这与机械和电磁不平衡力幅值相当、相位相反有关；⑤但在甩负荷后和过速时，电磁不平衡力消失，上机架径向振动和各导摆度的幅值可能比较大。这种情况下，比较理想的处理措施是，在适当的时机（如大修时）减小电磁不平衡现象，在此基础上再进行配重以减小机械不平衡力。

表8.1　　转频幅值和相位数据表

工况	上机架振动 X		下机架振动 X		上导摆度 X		下导摆度 X		水导摆度 X	
	幅值/μm	相位/(°)	幅值/μm	相位/(°)	幅值/μm	相位/(°)	幅值/μm	相位/(°)	幅值/μm	相位/(°)
空转	181	36	8	86	415	51	216	59	204	136
空励	12	93	17	88	129	198	58	188	242	137
额定功率	29	261	9	108	110	257	39	258	105	150

有的数值表所表示的内容或规律也可以用图形表示。

8.1.2 频率解读

频率是反映振动规律及其产生机理最重要的振动量。有的直接根据频率就可以判断振动的性质和产生原因，例如：

（1）由机械原因引起的振动，其频率都是转速频率或其整倍数。

（2）发电机定子铁芯的100Hz及其整倍数频率的振动主要是由转子磁场和定子磁场相互作用产生的。

（3）发电机定子铁芯机械振动的转速频率及其整倍数频率主要是由转子不圆度引起的。

（4）由转轮进口叶道压力分布不均匀引起的压力脉动频率与叶片数和转速频率成整倍数关系。

（5）尾水管涡带压力脉动的特征频率在1/3～1/5转速频率范围。

（6）动静干涉压力脉动的频率为叶片频率的某次谐波频率。

8.1.3 相位解读

在解决振动问题时，振动相位主要用于判断不平衡力的方位及其变化。相位的解读不仅仅是用于平衡配重，还有其他多种用途，例如：

根据节线或节点两侧振动相位相反的特性判断节线或节点的位置。

激振力及其引起的振动位移之间相位差反映材料的迟滞作用，也能反映结构物（例如瓦架）的迟滞作用并间接反映其刚度水平。

大轴摆度和相应机架径向振动之间的相位差比较大，表明引起机架径向振动的不仅仅是不平衡力，可能还有其他作用力存在。

如果相位随转速或时间的变化而变化，就表明机组转动部分上可能有松动部件，而且松动部件沿圆周有一定的分布。

根据水轮机各流道断面上不同位置处压力脉动的相位特性（相同或者不相同）可判断压力脉动的性质及其对机组垂直、径向振动的不同影响。

8.2　图形解读

各种图形是表示数据的重要形式，这在前面已经见过很多。它们可以更多、更直观地显示或反映机组振动随不同影响因素变化的规律以及各种因素之间的相互影响。图形解读是振动诊断中的重要工作。

每一种图形都具有多种内涵，但它们不一定都与所研究的问题相关，也不一定都出现在同一振动现象中。因此，对图形的解读必须和所研究的振动问题及所分析的对象联系起来。

一个振动现象也可能需要通过对几种振动图形的解读来诊断，以使诊断的依据更充分，使诊断结果更符合实际。

在振动问题的分析或图形的解读中，有时会遇到没有定论的情况。这时可能需要依据现有的数据进行一些推论，或者进行必要的补充试验。

不同波形的解读有一些共同的关注内容，例如：①波形图对应的测点，这相当于该波形图的定义；②波形图对应的工况和相关工况参数，这是所解读波形图的背景情况或产生条件；③与相关测点的相关图形相对照，它可能是对所解读波形的一种旁证，也是基于对机组整体性的认识。

下面为对一些重要图形的主要内涵和解读要点的罗列。进行振动问题诊断时可灵活地、有针对性地应用参考。

8.2.1　波形图（示波图）

波形图相当于原始记录，它包含了所记录的全部信息，但并不都能直接显示出来，而仅仅是显示主要振动现象和特征。多数情况下，需要借助一些专门的数据分析软件对波形图所包含的综合信息进行专项分析，以获得所需要的具体数据或图形，然后再对这些数据或图形进行解读。当前，绝大部分测试设备或在线监测设备都具有所需要的数据分析或图形制作功能，为振动问题诊断提供了方便。如果掌握一些人工分析波形图的方法，当没有专门设备时，也会为问题的初步分析带来可能。

1. 波形图的主要内涵

不同测量值和不同工况下测量值的波形图会有很大的差别，所包含的内涵也不相同。汇总起来，可能直接从单个振动量的波形图、波形图组合或波形图的对比中得到的信息主要有以下方面：

（1）该工况下的最大混频幅值。

（2）主要频率或主要频率特征（周期性、随机性、复合性等）。

（3）三种不平衡力影响的相对大小。

（4）主要水力因素影响的大小。

（5）是否存在异常压力脉动。

（6）是否存在或接近共振或自激振动的情况。

（7）各种测量值随工况的变化。

（8）反映暂态过程全貌及主要数据。

2. 波形图解读要点

（1）注意波形图对应的工况。

（2）关注波形图的特征。

（3）抓住最感兴趣频率的信号。

（4）抓住主要或最感兴趣信号及其随工况的变化。

（5）注意相关测量值之间的相关关系。

3. 稳定工况波形图实例

（1）主频为转速频率的波形图。图 8.1 为一台机组的上导摆度和下导摆度在不同时间记录的波形图。图形显示，大轴摆度中的转速频率占绝对优势，波形图相当接近于正弦曲线。这表示两个导轴承的受力情况比较单纯，旋转运动相当平顺，三导同心度比较好，轴线的曲折度不大，但导轴承间隙较大。

转动部分上的机械缺陷所引起的径向力也可能具有相当好的正弦波波形，需要根据其他试验结果和现场检查确定。

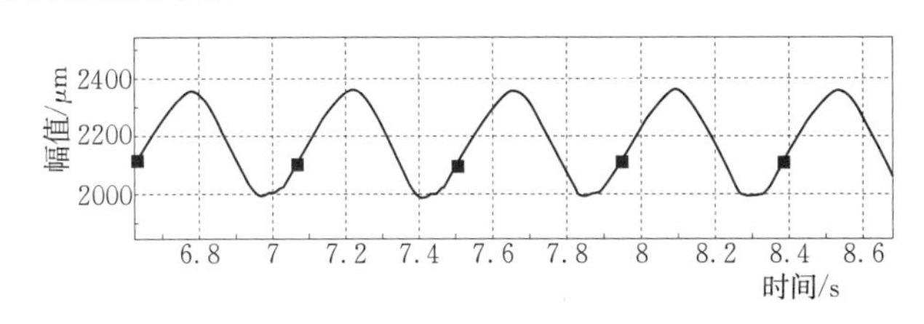

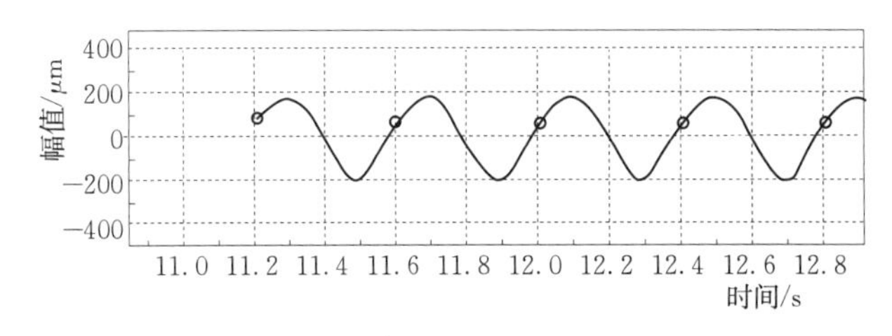

图 8.1 一台机组的上导（上）和下导摆度波形图

（2）主频为涡带频率的波形图。涡带工况区机组的振动、摆度波形表现为转速频率和涡带频率两种成分叠加的结果，图 8.2 是比较典型的例子，图中的低频是涡带频率，较高频率为转速频率。

图 8.3 显示，涡带频率信号占绝对优势，仅从波形图上的键相信号（圆圈）可以看出转频信号的存在，但幅值比较小，表明机组转动部分的平衡状况良好。

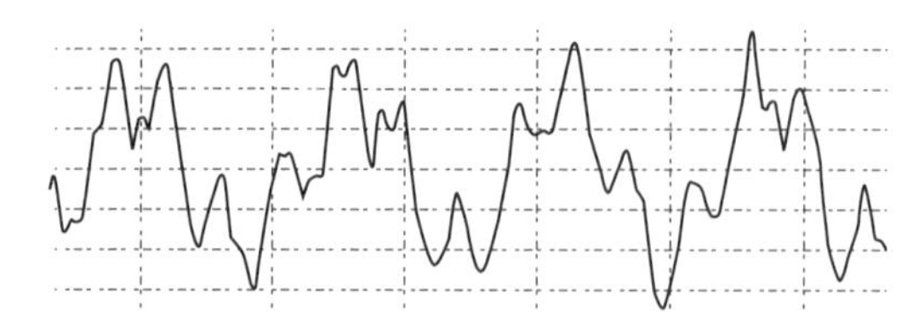

图 8.2　涡带频率和转速频率成分都较明显的波形图

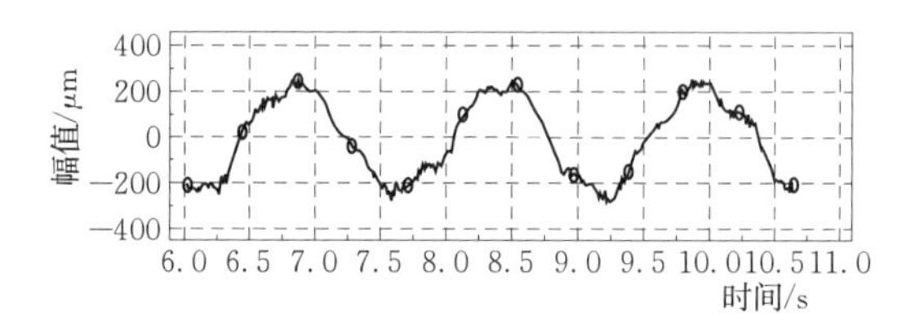

图 8.3　涡带频率成分占绝对优势的情况

(3) 随机性频率比较丰富的波形图。随机性信号的波形图主要出现在水轮机低负荷工况及超负荷或极大开度工况，且往往是随机性成分和周期性成分（如转速频率成分）叠加在一起，图 8.4 为两个例子。

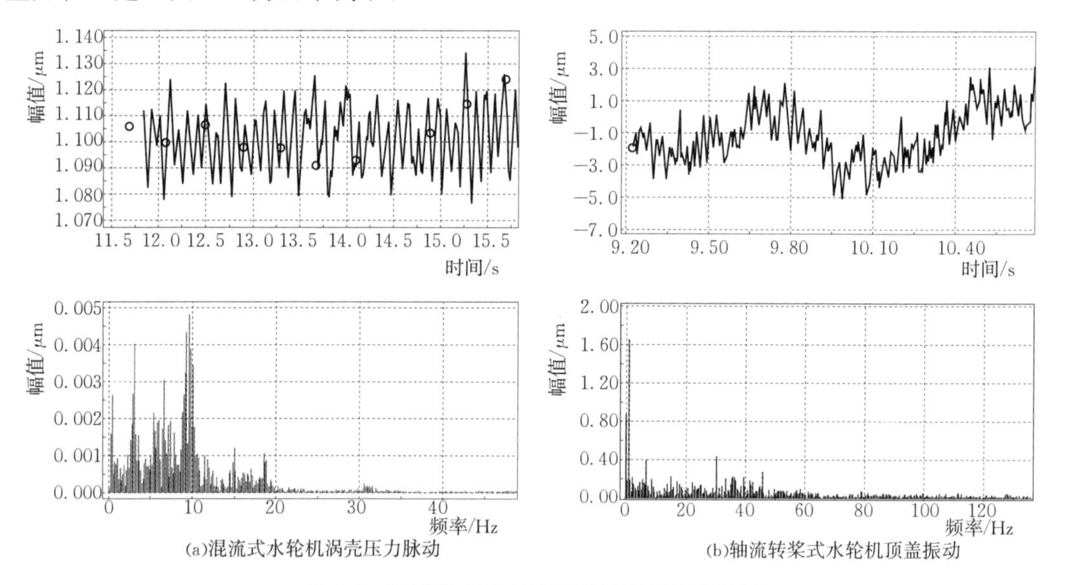

(a)混流式水轮机涡壳压力脉动　　(b)轴流转桨式水轮机顶盖振动

图 8.4　随机性信息比较强的波形图和频谱图

水轮机压力脉动中的随机成分频带比较宽，且幅值比较大，有时会引起机组某个结构部件的共振，也可能引起流道中水体的共振。

(4) 叶片频率压力脉动波形图。叶片频率压力脉动出现在各种型式的水轮机中，其中尤以水泵水轮机中最强，轴流式和贯流式水轮机中也相当明显。图 8.5 为一台水泵水轮机无叶区叶片频率的压力脉动波形，图中的圆圈为键相信号，两个圆圈之间为一转，转轮叶片数为 9。

叶片频率压力脉动通常都含有几阶谐波。当导叶出口和转轮进口水流的动静干涉作用比较强烈时，叶片频率的某一阶谐波的幅值会被增大。

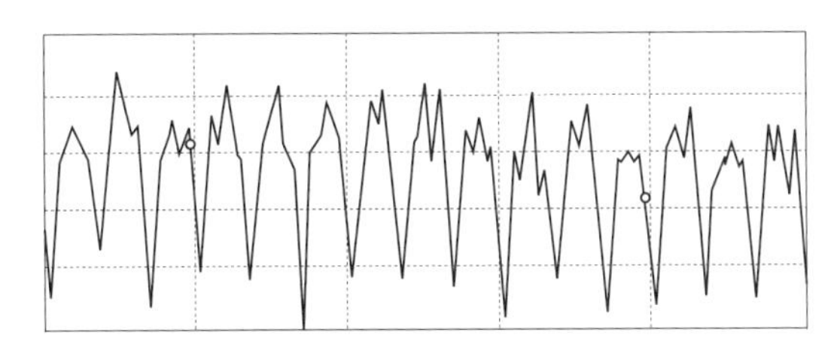

图 8.5 叶片频率压力脉动波形图

以上图 8.1～图 8.5 为华中科技大学水机教研室课题组试验数据。

（5）2 倍频成分比较明显的波形图。水轮发电机组振动、摆度中的 2 倍频主要由发电机转子的不圆度所引起，其他原因还有推力轴承翘曲、分段轴不对中等，需要具体检查确定。图 8.6 为一台发电机定子机座径向振动的波形图，图上显示有十分明显而有规律的 2 倍频信号，图 2.63 和图 2.64 也是这样的例子。

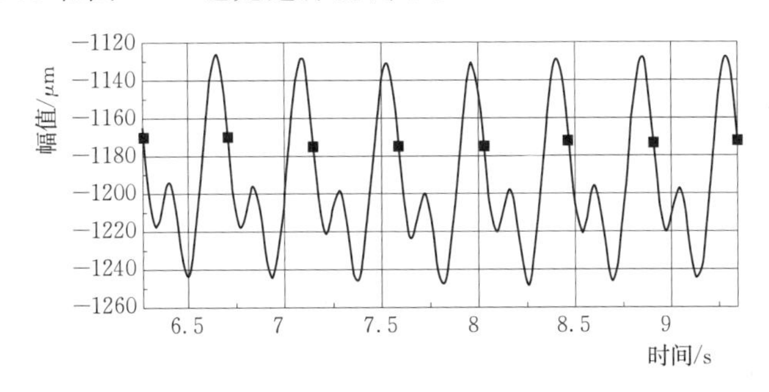

图 8.6 定子机座的水平振动波形图

（6）拍频。拍频是一种比较重要的波形形式，以下三种情况下都会出现拍频。

1）两个频率比较接近的信号叠加产生的“拍频”。随两种信号的频率与幅值接近的程度不同，拍频波形呈现不同的形状。当两个信号的幅值相同时，拍频波形更加典型，此时，最大幅值为两种信号幅值的代数和，最小幅值为零（图 8.7）。当两种频率信号的幅值不相等时，叠加后波形的内频为幅值较大信号的频率，外频（包络线频率）为两种信号的频率差，最大幅值为两种信号幅值的和，最小幅值为两种信号幅值的差。

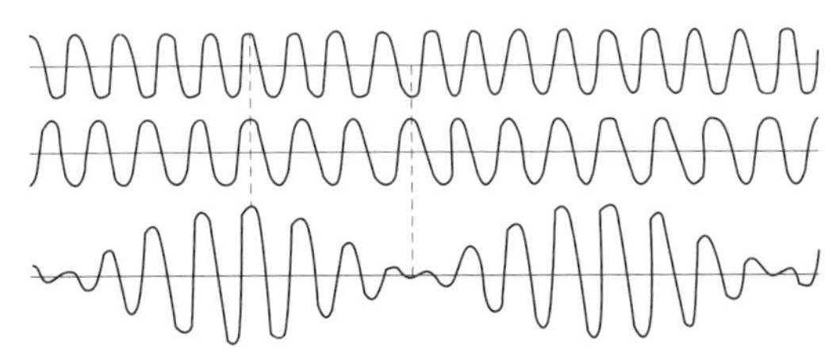

图 8.7 两种频率相近和幅值相等的信号叠加形成的拍频波形

2）亚共振时产生的拍频。当激振力频率与振动体固有频率接近（接近共振）时，也会产生拍频波形。此时，拍频波形的内频为振动体的动力响应频率和幅值，外频则是激振力频率和振动体固有频率的差。图 8.8 为涡带频率压力脉动激发引水管路（明管）亚共振时产生的拍频波形实例[1]。这个例子表明，拍频波形也可成为判断是否接近共振的判据。

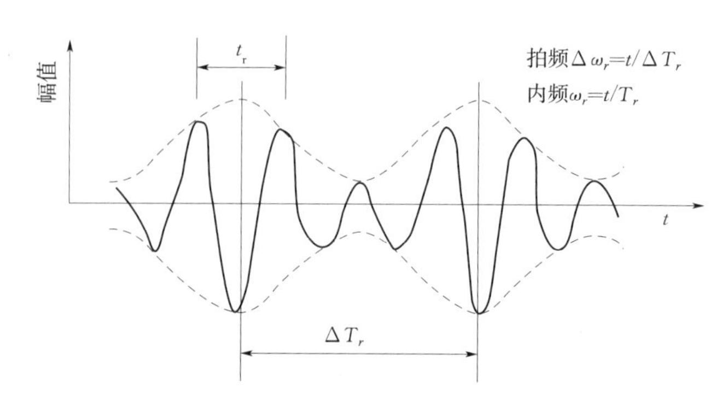

图 8.8　激振力与固有频率接近时的拍频波形

3）转动部分自激弓状回旋时的波形图。转动部分自激弓状回旋情况下，大轴摆度显示为转速频率和自激弓状回旋频率两者的叠加，图 8.9 为一个实例，图上的黑点为键相信号，两个相邻黑点之间为一转。可以看出，自激弓状回旋频率大约为转速频率的 2.5 倍。

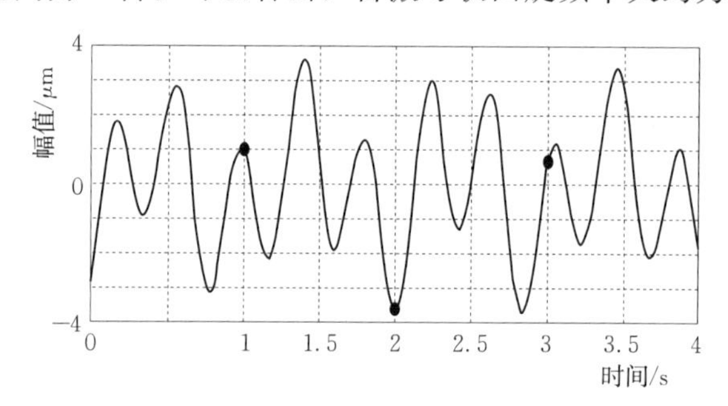

图 8.9　自激弓状回旋下的拍频波形图

4. 暂态过程波形图

暂态过程的波形图与稳定工况下的波形图有明显的不同，不同暂态过程波形图的解读重点也有很大的区别。其要点大致如下：

（1）暂态过程中各测量值的最大偏移值及其出现的时刻。

（2）最大振动幅值及其出现的时刻。

（3）甩负荷时的速率上升和压力上升。

（4）是否出现共振或其他异常（意外）现象。

（5）其他感兴趣的情况，如固有频率分析等。

从振动稳定性的角度，本书关注的常常是机组的转速上升和引水管路的压力上升。

第 4 章 4.7 节中的图 4.57～图 4.62 为几种暂态过程波形图的实例，并对它们作了简要说明，此处不再赘述。

5. 波形分析

波形分析可以把波形图中的周期成分分解成一系列的正弦波。与频谱分析不同的是，波形分析可以得到各正弦波之间的相位关系。

复杂的周期波形有两种情况：①同一种周期信号的基波及其谐波；②不同种类的周期信号，需要注意区分它们。

图 8.10 为一个波形分析的示意图，当赋予图中两种谐波信号以不同的意义时，它就

可以代表上述两种情况。

图 8.10 还可以用来显示波形的畸变，图 8.10（a）为没有发生畸变时的波形及其谐波的相位，图 8.10（b）为两个谐波的相对相位发生变化时的波形，与真实波形相比，记录波形也就发生了畸变。速度式传感器在 10Hz 以下的相频非线性区工作时，就会产生这样的畸变情况。

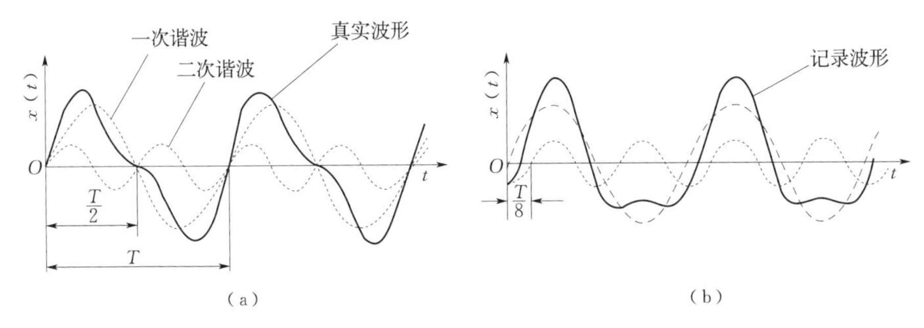

图 8.10 波形分析和畸变的示意图

8.2.2 趋势图

趋势图主要反映振动幅值和频率随各种工况参数变化的规律。它的解读往往就可以给出振动原因的初步或部分结果。

趋势图中的自变量主要为机组的工况参数，包括功率（或导叶开度）、水头、转速、励磁电流等。对这些趋势图的解读就可以区分和判断水力、机械和电磁三种激振力对机组振动的影响，以及影响的方式和程度。

其他可能的自变量还有水轮机的空化系数、温度、时间、几何位置等。

8.2.2.1 随功率变化的趋势图

1. 内涵

（1）反映正常运行时机组各测量值的综合水平。

（2）反映各测量值随功率（导叶开度或水轮机流量）的变化规律。

（3）反映水力因素对测量值的影响。

（4）反映异常水力因素的有、无及其对机组振动水平的影响。

（5）反映水力不平衡现象的有、无及其对机组振动的影响。

（6）反映是否存在异常振动（共振、自激振动）情况。

（7）反映机械和电磁因素对机组振动的综合影响水平。

2. 解读要点

（1）最大幅值，用于评价机组振动水平。

（2）常规压力脉动（一般是涡带压力脉动）引起的机组最大振动。

（3）异常压力脉动的有、无及其引起的机组最大振动。

（4）不平衡力对机组振动的贡献。

（5）其他重要情况。

3. 随功率的变化趋势图解读实例

图 8.11 为一台机组振动随功率变化的趋势图。对这张图的主要解读结果是：①在

40MW 工况时测量值出现了很大的峰值，全工况范围中的最大值也出现在这里，根据频谱分析结果判断，40MW 时的峰值振动是由类转频压力脉动所引起的；②几个部位的垂直振动对类转频压力脉动反应比较强烈，这表明峰值区振动系由具有同步特性的异常压力脉动所引起；③第二个比较大的幅值出现在中间负荷区，频谱分析表明，它由涡带压力脉动所引起；④涡带工况区以上大负荷区的振动、摆度变化不大，运行稳定。

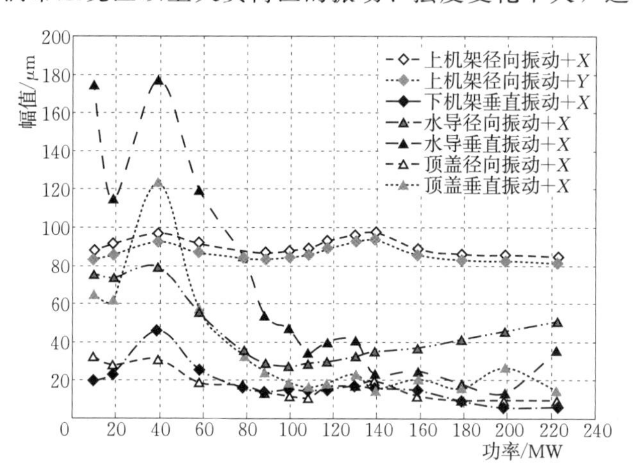

图 8.11　机组振动随功率变化的趋势图

有时也会看到图 8.12 那样的趋势图，它是由在线监测系统上一个时段内的记录数据构成的散点图（奥技异电气技术研究所．水口电站 1 号机状态报告［R］.2004—2005）。该机组为轴流转桨式水轮发电机组。

由于同一功率下的测量值是在不同水头、不同时刻得到的，因此，测量值中包含水头、功率的定义范围和不重复性的影响，但还是能够反映机组振动随功率变化的基本趋势。

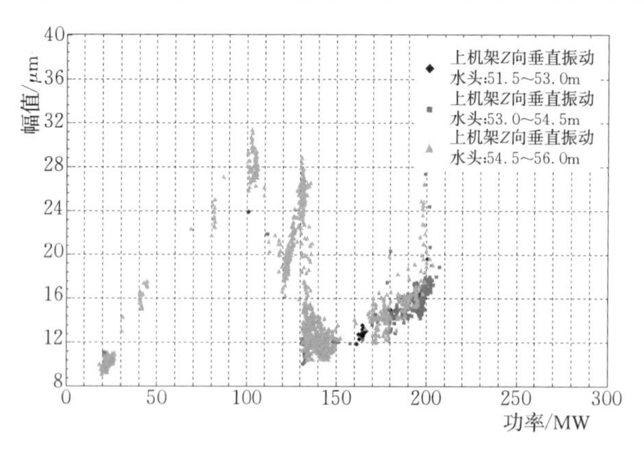

图 8.12　上机架垂直振动趋势图

由图 8.12 上可以看到的主要情况如下：

（1）在协联工况区以 103MW 为中心范围内出现一个相当强的振动区，根据出现的工况位置判断，可能是由涡带压力脉动所引起。

（2）在约 140MW 功率的协联工况区，上机架垂直振动出现了一个工况区十分狭窄的

尖锐振动区，它可能是由高部分负荷压力脉动所引起的。

(3) 在50～70MW功率范围内没有振动信号，据推测这可能是一个在定桨工况运行产生的较强振动区，机组不宜在这里运行。

所有上述情况，都可以根据频谱分析进一步确定。

第5章图5.7和图5.8都是轴流转桨式机组的振动、摆度随功率的变化趋势图。它们都显示了这类机组振动稳定性的共同特点。

8.2.2.2 振动值随转速的变化趋势图

1. 内涵

(1) 反映机械不平衡的水平及其影响。

(2) 反映转动部分机械缺陷的存在与影响。

(3) 反映是否存在共振或明显的动力响应等异常情况。

(4) 反映配重或其他降低振动措施的效果。

(5) 显示试验范围内振动部件的固有频率。

2. 解读要点

(1) 额定转速时的最大径向振动幅值。

(2) 径向振动是否与转速频率的平方呈线性关系。

(3) 振动相位是否随转速变化。

(4) 是否出现共振等异常情况。

3. 随转速变化的趋势图解读实例

机组振动与转速的平方成比例的情况比较多见，图8.13为一个实例（闵占奎．刘家峡水电厂1号机和3号机大修后稳定性试验报告[R]．2003），第2章图2.5也是一个实例。图中显示，两台机组的上机架径向振动的转频幅值均与转速平方大致呈线性关系，但并不与转速平方成一次方关系；而通频值的情况则有所不同，它与转频幅值相差1倍以上。这表明随机性因素及其他因素对空转时的机架径向振动有相当大的影响。

图线的斜率反映振动部件刚度的大小：斜率越大，刚度越小，反之亦然。

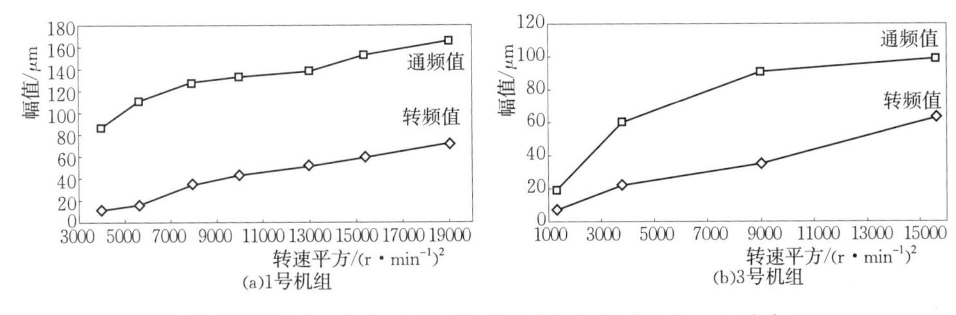

图8.13 机组振动的转频分量与转速平方呈线性关系的实例

图8.14为一台贯流式机组轴承振动随转速的变化趋势图，两者也大致呈线性关系，但略有随转速减小的趋势。

以下是两个机组振动不与转速平方成比例的实例。

图8.15显示，振动幅值约与转速平方成2次方关系，机架振动明显受到动力响应的

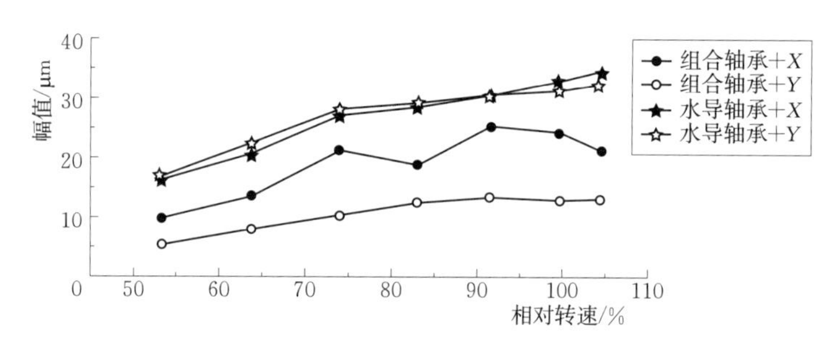

图 8.14　轴承振动随转速的变化趋势图

影响。这台机组为转速 333.3r/min 的水泵水轮机组。

图 8.16 显示，上机架径向振动幅值不仅不与转速平方呈线性关系，试验数据还表明，振动相位也随转速而变化（参看 10.1.2 节［例 2］）。

第 9 章图 9.5 也是一个上机架径向振动不与转速平方成比例的例子。

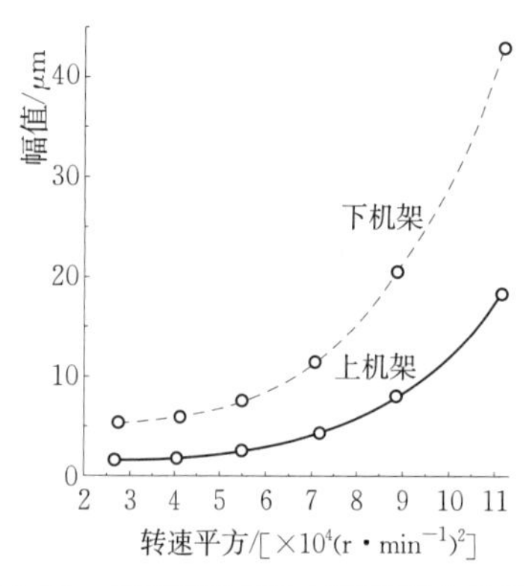

图 8.15　机架径向振动与转速平方的关系

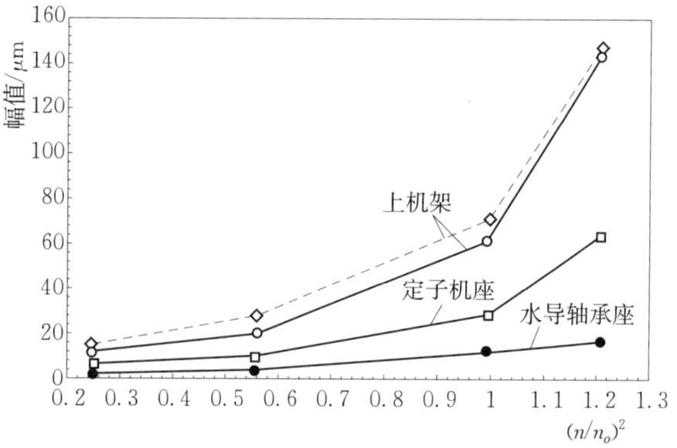

图 8.16　径向振动随转速频率平方的变化

8.2.2.3　振动值随励磁电流的变化趋势图

振动值随励磁电流的变化主要反映发电机转子机械缺陷对电磁激振力的影响。

1. 内涵

（1）励磁情况下的测量值与额定转速空转时测量值之矢量差表示电磁因素的影响。

（2）反映磁轭和磁极部分是否存在机械缺陷。

（3）反映发电机转子是否存在偏心度。

（4）反映转子磁极的电气缺陷。

（5）反映电气系统的某些缺陷。

2. 解读要点

（1）随励磁电流变化的趋势和对机组振动的实际贡献。

（2）是否存在振动幅值、相位的不稳定变化。

（3）与机械不平衡力的相位关系。

3. 随励磁电流的变化趋势图实例

图 8.17 为一台机组的摆度随励磁电流的变化（江西电力科学研究院试验数据），变化幅值很小表明电磁不平衡很小。

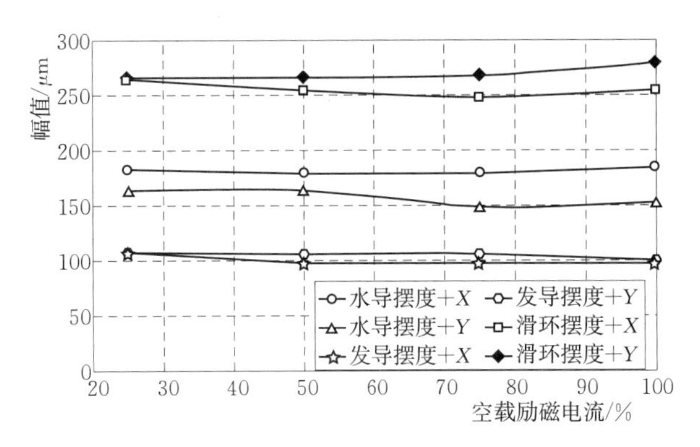

图 8.17 励磁电流对大轴摆度影响较小的情况

大轴摆度随励磁电流的增大而减小的情况，说明电磁不平衡力抵消了一部分机械不平衡力；当电磁不平衡力超过机械不平衡力时，总不平衡力又开始随励磁电流或电压的升高而增大，图 8.18 为一个例子。

图 8.18 为天生桥一级水电站 3 号机振动、摆度的一次测量结果。图上显示，上、下导摆度及上机架径向振动，在 80%额定电压以下是随电压的升高而减小，80%电压以上趋于稳定或略有上升，但水导摆度的变化情况略有不同。

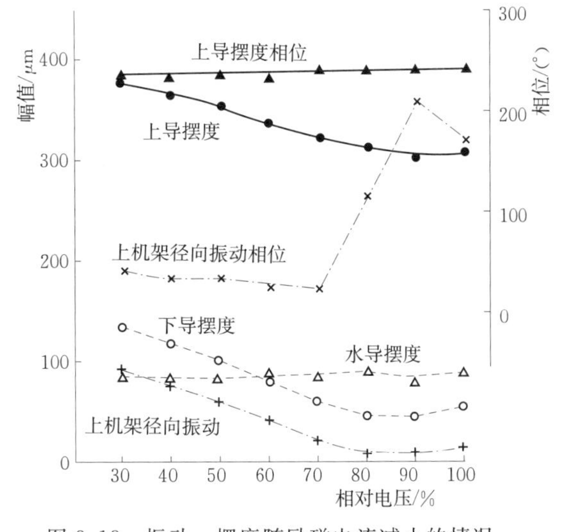

图 8.18 振动、摆度随励磁电流减小的情况

试验数据还显示，在相对电压 70%以下，上机架径向振动与上导摆度之间的相位差超过 180°；相对电压 70%以上时，两者的相位差快速减小，最小约为 30°。分析认为，这可能是大轴存在别劲现象的结果（参见 10.2.2 节［例 5］）。

8.2.2.4 测量值与测点位置的相关趋势图

一些测量信号（无论是幅值还是相位）有明确的位置分布特性，或者具有明确的空间振型，这时，测量值与测点位置就有了密切的相关关系。这种特性也有助于确认振动的特性和产生机理。

1. 内涵

（1）反映信号的位置分布特性。

（2）反映信号的传播特性。

（3）反映结构和受力的分布情况。

（4）最大值出现的位置。

（5）主频（在确定振型之后）。

2. 解读要点

（1）振动、脉动信号在同一横断面上各个方向的相位及其随工况的变化。

（2）振动、脉动信号沿流道上、下游信号相位的对比。

（3）振动信号沿振动部件的分布。

（4）最大值及其出现的位置。

3. 位置相关趋势图解读实例

与位置相关的最典型的实例是转轮叶片动应力的分布。

转轮叶片及振动部件上的动应力分布是典型的测量值与测点位置相关趋势图。图 8.19（a）为叶片动应力沿上冠分布的例子，图中 19 号测点位于出水边，15 号测点位于进口边。

图 8.19（b）为动应力沿叶片出水边的分布，其中测点 1 位于上冠处，测点 8 位于下环处。它的分布特征是：上冠和下环处的动应力都比较大，而中间位置比较小。

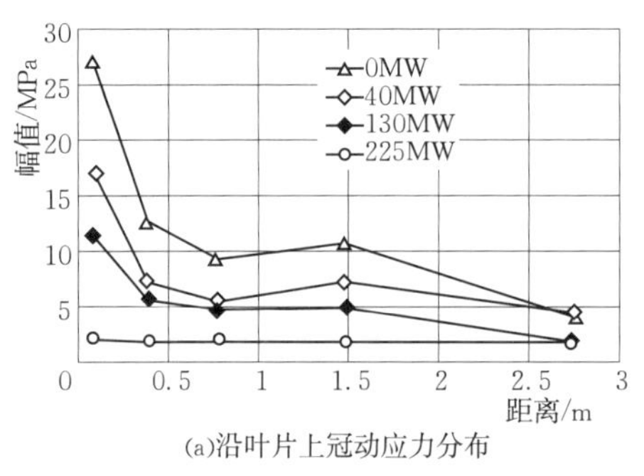

(a)沿叶片上冠动应力分布
（从左至右依次为19号、18号、17号、16号、15号测点）

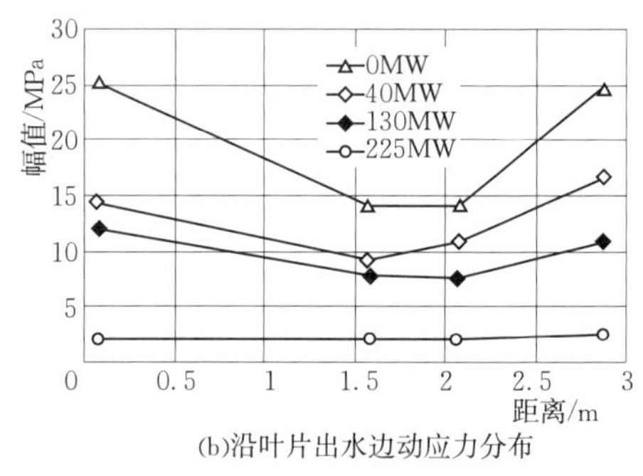

(b)沿叶片出水边动应力分布
（从左至右依次为1号、10号、9号、8号测点）

图 8.19　转轮叶片上的动应力分布趋势图

综合两张图上的信息就可得到这样的结果：混流式水轮机转轮叶片的最大动应力出现在出水边靠近上冠和下环处。这就是叶片裂纹总是出现在这两个部位的基本原因。

不同原因引起的定子铁芯极频磁振动也有明确的位置分布特征（参见 2.3.1.4 节）；定子机座径向振动沿高度的分布情况也是一个比较典型的例子。当上机架外端与风罩连接在一起或不连接在一起时，定子机座的最大径向振动会出现在定子机座的不同部位（参见图 3.7 和图 3.8）。

8.2.3　频谱图

频谱分析是最常用也是最重要的数据分析工具之一，常和激振原因分析密切联系在一起。频谱图则是频谱分析结果的显示形式。

频谱图是以频率为横坐标，以分频值为纵坐标的图形。根据频谱图纵坐标所表示物理量的不同，频谱图可以是幅值谱、功率谱、相位谱、各种谱密度等。在水轮发电机组振动研究中应用最多的是幅值谱。

许多周期性信号并非正弦波，其中包含许多阶谐波，它们都是周期性信号不可分割的部分。例如，典型涡带压力脉动就是如此（图 7.6）。不能用涡带压力脉动的基波值代替涡带压力脉动幅值。有的谐波还对机组振动有重要的影响。

因此，对于频谱分析结果也需要具体分析，并和频谱分析的最终目的联系起来。

1. 频谱图内涵

（1）显示振动的频率成分及其分频值的大小。

（2）显示不同频率成分或基波和谐波之间的相对关系。

（3）反映动态信号的周期和非周期特性。

（4）反映常规激振力（如不平衡力、涡带压力脉动等）影响的存在和大小。

（5）频谱图中的谐波成分有的可以反映机械缺陷（如发电机转子不圆度）的存在。

（6）反映是否出现异常振动。

（7）功率谱反映信号能量随频率的变化或能量分布情况，并且突出比较强的信号。

2. 解读要点

（1）主频和其他重要频率。

（2）主频及其他重要频率出现的工况范围。

（3）与已知的激振频率（如转速频率、涡带频率等）进行比较。

（4）分频值水平及与振动现象的对比。

（5）与待研究的振动问题联系起来。

3. 频谱图解读实例

（1）典型工况时的尾水管压力脉动频谱图。

图 8.20 为混流式水轮发电机组三种典型工况下的频谱图（华中科技大学水机教研室课题组试验数据）。图 8.20（a）显示小开度区尾水管压力脉动信号中随机性成分比较丰富；图 8.20（b）为中间开度区的典型涡带工况区的频谱图，分频值最大的为涡带频率成分；图 8.20（c）为额定工况时水导摆度的频谱图，图上显示的是水导摆度中转速频率成分占绝对优势的情况。

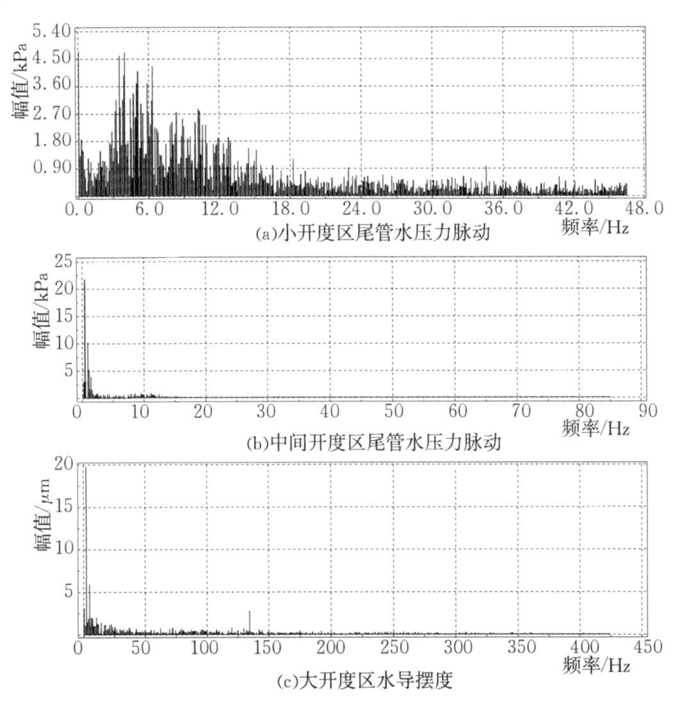

图 8.20 三种典型工况下的频谱图

图 8.21 为一台机组上机架径向振动的频谱图。在涡带工况，涡带频率是主频，转速频率为次频，2 倍频信号也明显可见。在额定工况下，转速频率占绝对优势，这间接显示

了水力稳定性非常好的情况，2 倍频依然存在，显示它与水力因素无关。

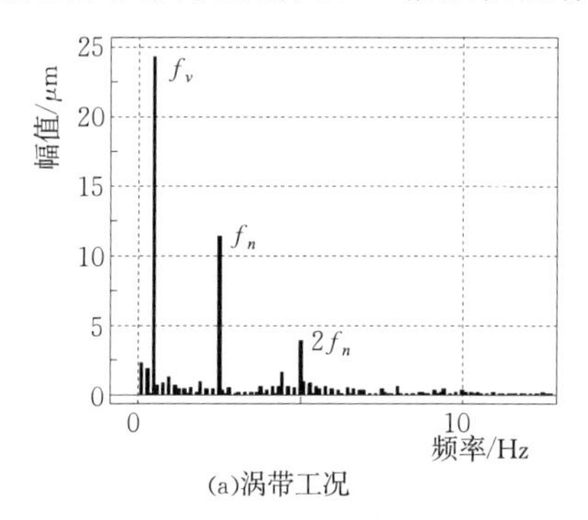

(a)涡带工况

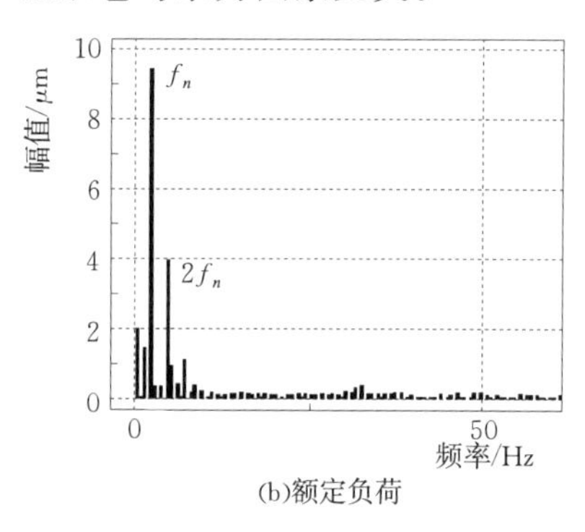

(b)额定负荷

图 8.21　上机架径向振动频谱图

图 8.22 为一台贯流式机组振动频谱图，机组的额定功率为 15MW（甘肃电力科学研究院试验数据.2006）。它显示了这台机组振动的主频为转速频率，其次为叶片频率，而且，叶片频率的谐波成分比较丰富。转速频率幅值比较大表明转动部分存在一定的不平衡。

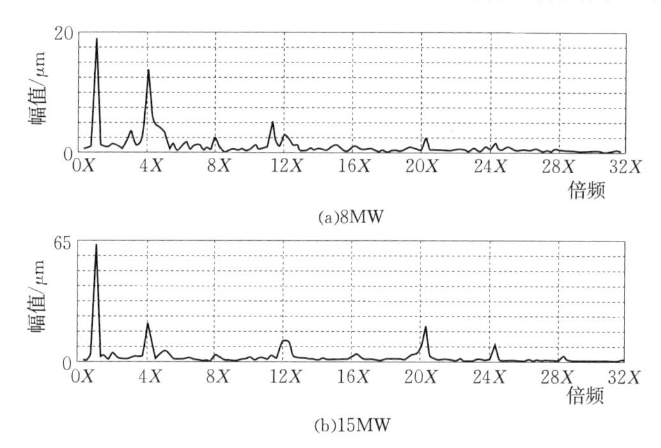

图 8.22　一台贯流式机组的水导振动频谱图

(2) 异常情况时的频谱图。

1) 共振情况下的频谱图。共振情况下的频谱主要表现在共振信号的幅值相对特别大。图 8.23 为激振力频谱与振动体振动频谱对比实例。图 8.23 (a) 为水轮机无叶区压力脉动的频谱图，图中分频值最大的信号为叶片频率的 2 倍频（100Hz），它的左侧为叶片频率的基波（50Hz）；图 8.23 (b) 为厂房立柱对无叶区压力脉动的响应。可以看出，100Hz 压力脉动分频值对厂房立柱振动的影响比较大，这是因为厂房构件的固有频率与 100Hz 接近、动力响应比较大的缘故。

2) 自激振动情况下的频谱图。图 8.24 为产生自激弓状回旋时三导摆度频谱图与非自激振动时三导摆度频谱图的比较（甘肃电力科学研究院试验数据.2006）。可以看出，非自激振动情况下的主频为转速频率，自激振动情况下的主频约为 2.5 倍转速频率，为转动部分当时条件下的第一临界转速频率。

3) 引水管路水体共振引起的顶盖振动的波形图和频谱图。图 8.25 为一台机组降速过

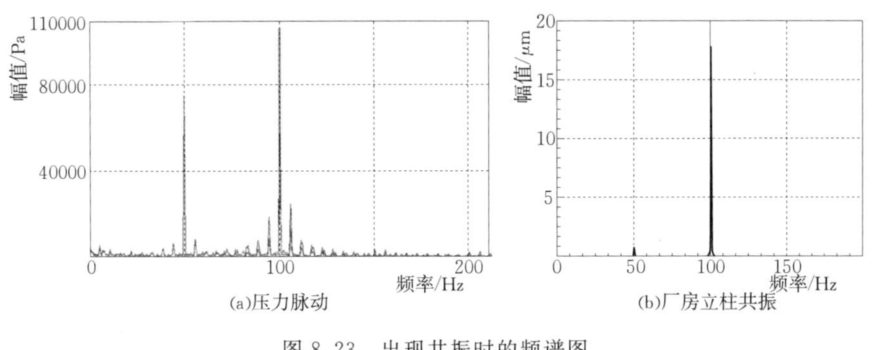

(a)压力脉动　(b)厂房立柱共振

图 8.23　出现共振时的频谱图

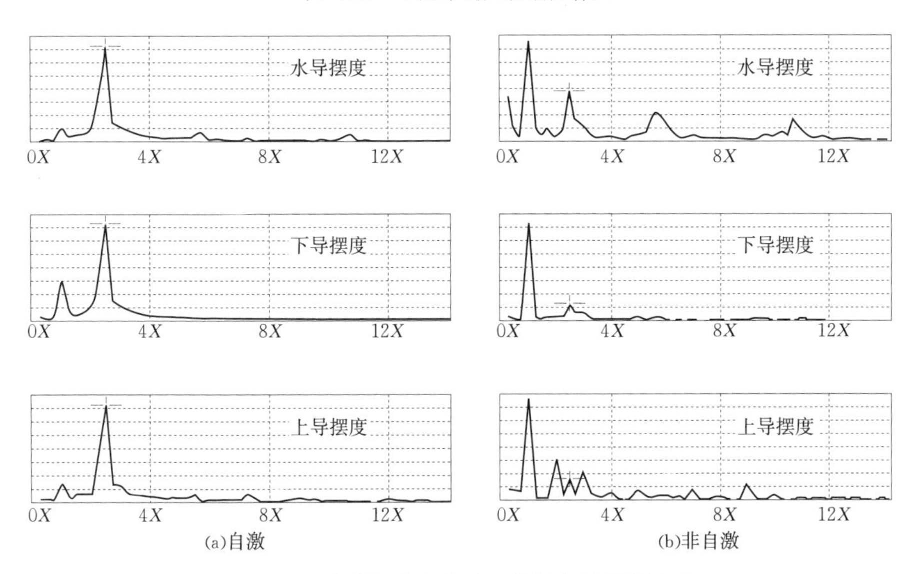

(a)自激　(b)非自激

图 8.24　自激与非自激时三导摆度频谱图对比

程中转速约在相对转速 93.3%时顶盖振动波形图和频谱图（华中科技大学水机教研室课题组试验数据）。图上显示：在这个转速上下出现了异常振动现象，其频率为 1.35Hz，略高于额定转速频率 1.25Hz，并与当时的转频振动（约 1.17Hz）成分形成比较明显的拍频现象。分析认为，频率 1.35Hz 的异常振动由类转频压力脉动所引起。由于是在空转工况下，顶盖振动中的随机性成分也比较明显。

8.2.4 瀑布图

瀑布图表示三个参数之间的相对关系，其中一个或两个是自变量。自变量通常是机组的工况参数（功率、水头、转速、励磁电流等），因此瀑布图同时也是单一振动量的趋势图随另一工况参数变化的情况。不同参数的瀑布图显示不同的内涵，其中以幅值和频率为因变量的瀑布图应用最多，它显示的是振动的幅值或频率及其分频值随工况参数变化的规律，也同时显示水轮机工况对测量值的影响规律。

瀑布图的样式随水轮发电机组的不同可能有很大的不同，各种工况参数和其他因素对振动量的影响和影响程度也不相同。因此，瀑布图解读需要和具体机组或具体机组的具体振动问题联系起来。

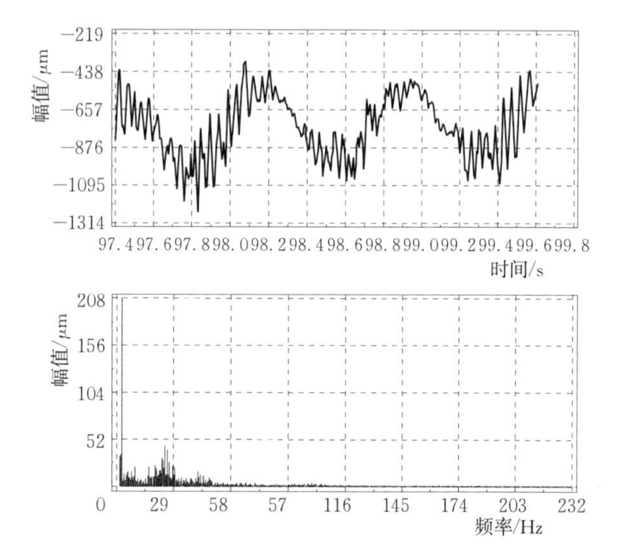

图 8.25　类转频压力脉动引起的顶盖振动波形图和频谱图

1. 瀑布图内涵

（1）当工况参数为功率时，反映各测量值的频率成分及其分频值随功率的变化趋势，同时反映水力因素对频率成分及其分频值的影响。

（2）当工况参数为功率和水头时，瀑布图显示的是测量值在全工况范围内的变化趋势，反映机组的常规振动情况和是否存在异常振动情况。

（3）当工况参数为转速时，瀑布图称为级联图，它主要反映机械不平衡力或转速频率径向力的变化趋势和是否存在其他异常振动情况。

（4）当工况参数为励磁电流时，瀑布图反映电磁不平衡力的变化趋势及是否存在异常振动情况。

（5）以功率谱形式显示的瀑布图反映测量值的能量水平随工况参数的变化趋势，并突出主频信号。

2. 瀑布图解读要点

（1）关注振动量（幅值和频率）随相关工况参数的变化趋势，并与所研究的振动问题结合起来。

（2）关注常规振动量（幅值和频率）随工况参数的变化趋势和是否出现异常情况，查看和分析与异常情况相关的信息。

（3）其他重要振动现象的相关信息。

3. 瀑布图解读实例

图 8.26 为水导摆度幅值随功率和水头两个参数变化的瀑布图[1]，它显示了水导摆度在全工况范围内的变化情况。这张图表明：影响机组水导摆度的主要水力因素是涡带压力脉动。涡带工况区水导摆度的最大值随水头的升高而增大，这也与涡带压力脉动随水头的变化规律相符合。

图 8.27 为一台混流式水轮发电机组大轴摆度幅值和频率随功率变化的瀑布图（图 8.27～图 8.38 均来自奥技异电气技术研究所的各电站在线状态分析报告）。图上显示：

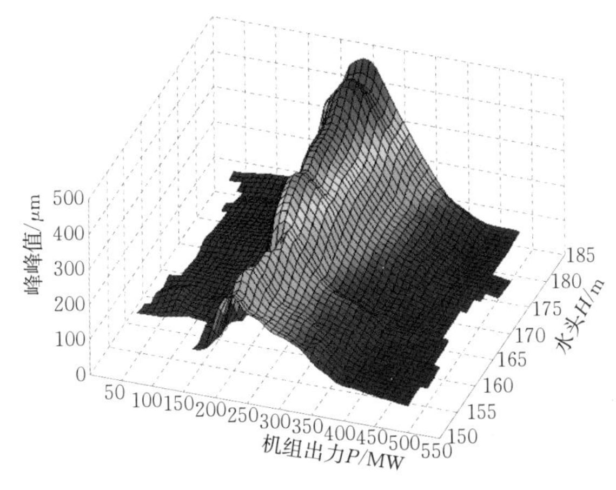

图 8.26 水导摆度随功率和水头变化的瀑布图例

①大轴摆度主频为转速频率，表明影响大轴摆度的主要是不平衡力；②涡带压力脉动对水导摆度也有一定的影响。

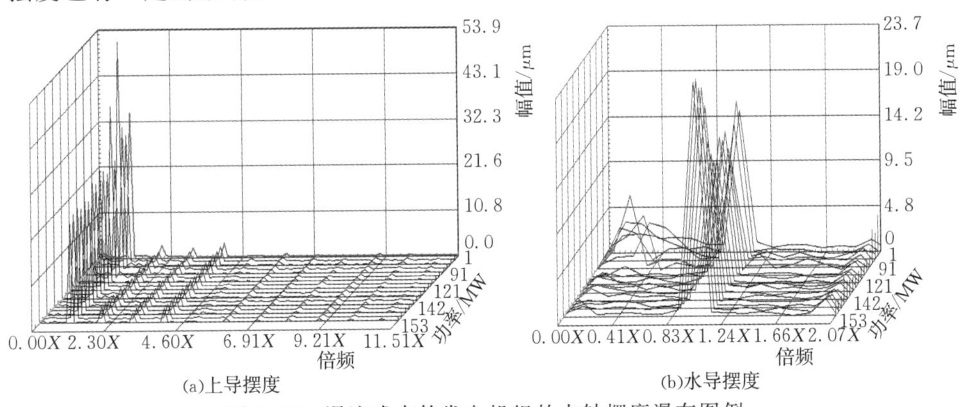

图 8.27 混流式水轮发电机组的大轴摆度瀑布图例

图 8.28 为一台轴流转桨式水轮发电机组大轴摆度的瀑布图，它显示了这类机组大轴摆度的典型特征：①大轴摆度以转速频率为主频；②在非协联工况区，水力不稳定因素的影响比较明显，其频率具有明显的随机性特征。

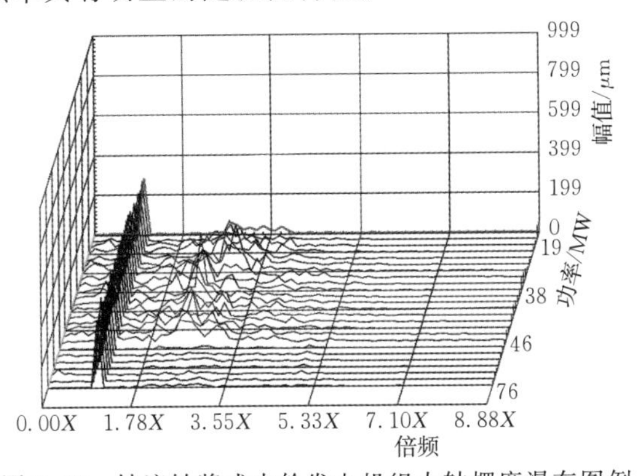

图 8.28 轴流转桨式水轮发电机组大轴摆度瀑布图例

图 8.29 为一台贯流式机组的水导摆度瀑布图，它显示这类机组振动的特点是：在非协联工况区（12MW 以下），水力因素对水导摆度有明显的影响，在协联工况区，水力因素的影响几乎消失；它的 2 倍频和 3 倍频幅值都大于 1 倍频幅值，这显然是由转动部分的机械缺陷所致。

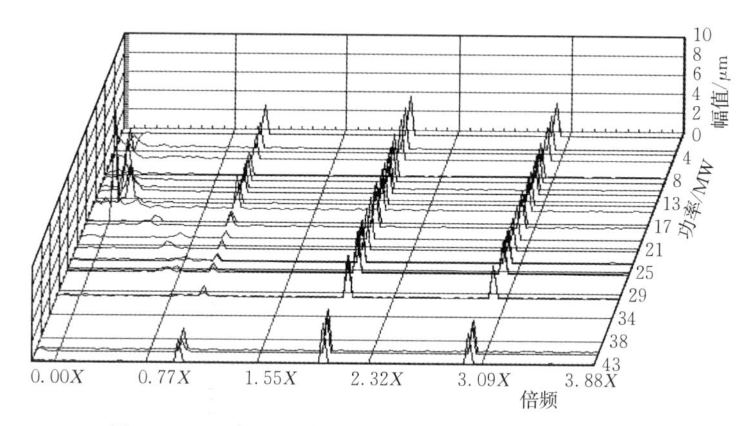

图 8.29　一台贯流式水轮发电机组的水导摆度瀑布图

图 8.30 为一台混流式水轮发电机组上机架垂直振动瀑布图，其中约 4 倍频信号比较强而且不随工况改变，具有共振的特征。此外，它的 2 倍频和 3 倍频幅值也比较明显。

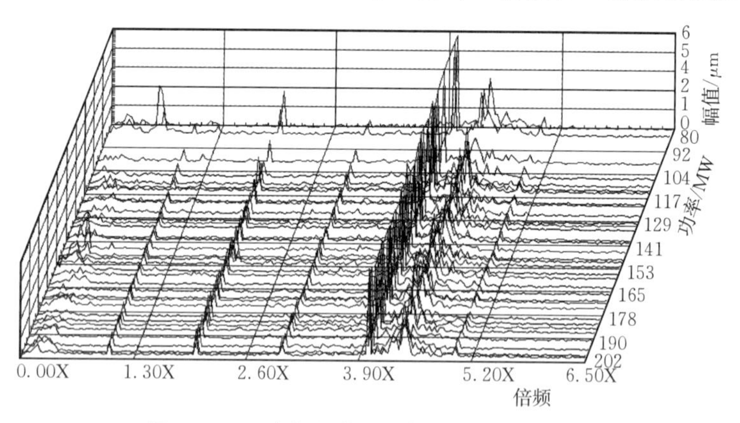

图 8.30　一台机组的上机架垂直振动瀑布图

图 8.31 为定子机座径向振动瀑布图，它的特点是 2 倍频、3 倍频幅值比较大，转频幅值相对比较小，表明发电机转子不圆度的影响比较大。

图 8.32 显示，在约 60MW 以下的小功率范围内，顶盖水平振动频率表现为随机性，频率范围多在 0.5 倍转频以下，其转速频率信号也不强。在大负荷范围，顶盖振动水平良好。

前面的图 4.55 除显示了振动值（分频值和频率）随功率的变化外，还凸显了厂房振动对振动测量结果的影响。

图 8.33 为无叶区压力脉动随功率变化的瀑布图。图上显示：常规混流式水轮机大负荷区的叶片频率（图中的 13 倍频）压力脉动也比较强，其幅值随流量（功率）的增大而有所增大。

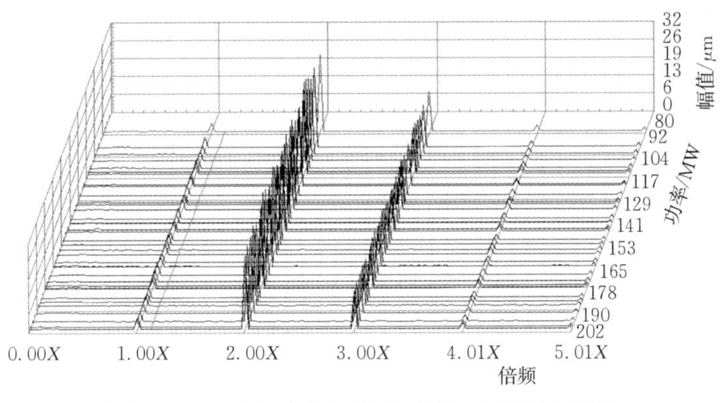

图 8.31 一台发电机定子机座的径向振动瀑布图

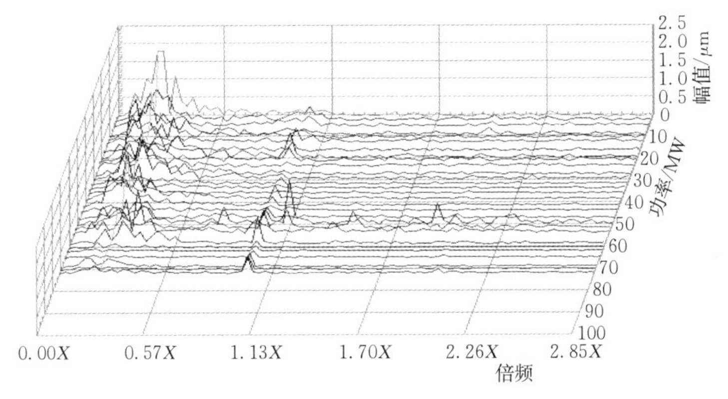

图 8.32 一台水轮机的顶盖水平振动瀑布图

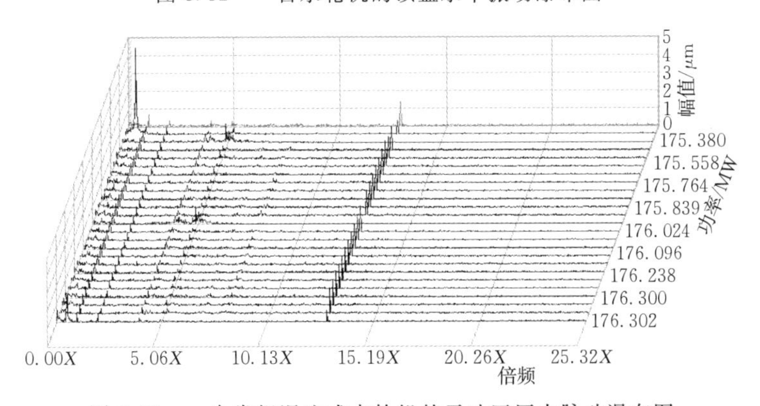

图 8.33 一台常规混流式水轮机的无叶区压力脉动瀑布图

抬机量反映机组转动部分承受的轴向力中的脉动分量。抬机量瀑布图最大的特点是：具有比较丰富的谐波分量，其基频为转速频率，图 8.34 为一个实例。

8.2.5 级联图

级联图是瀑布图的一种，专指振动量（幅值和频率）随转速的变化，特别是显示转速频率及其倍频信号随转速的变化，适于反映机械因素对振动的影响。级联图的特征是，由机械因素引起的 1 倍频及多倍频信号在瀑布图上均显示为以坐标原点为起始点的辐射形脊形线，对水力因素的影响也有所反映。

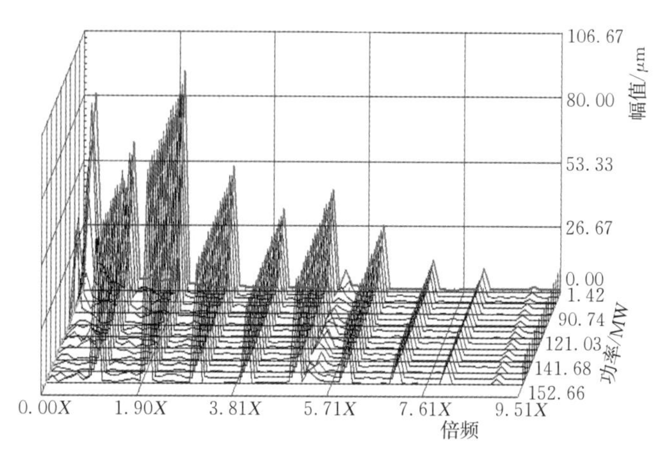

图 8.34　一台机组的抬机量瀑布图

1. 内涵

（1）转速频率分量反映不平衡力和机械缺陷引起的转速频率径向力的矢量和。

（2）2 倍频及多倍频信号反映机械缺陷的存在及其对机组振动的影响。

（3）反映各分频值随转速变化的趋势。

（4）不随转速而变化的信号频率显示的是振动部件的固有频率。

（5）非转速频率及非倍频信号反映水力因素的影响。

2. 解读要点

（1）1 倍频及多倍频随转速的变化。

（2）关注主频，它可以是 1 倍频或多倍频之一。

（3）有没有共振或其他突出情况。

（4）关注 2 倍频及多倍频的幅值。

（5）有没有振动体固有频率的显示。

3. 级联图解读实例

与瀑布图类似，不同机组、不同测点和不同条件下的级联图也是多种多样的。

图 8.35 为比较典型且影响因素比较单一的级联图。图上显示：①多倍频成分比较丰富，表示机组转动部分可能存在机械缺陷；②主频为 2 倍转速频率，可能表示发电机转子具有明显的椭圆度；③转速频率（2.08Hz）为次频，表示有一定的机械不平衡；④各倍频脊线之间的幅值比较小，显示水力因素的影响比较小；⑤起动和低转速时，转动部分摆度幅值比较大，这是大轴摆度级联图的特征。

图 8.36 为一台机组（额定转速 333.3r/min）的上机架振动级联图。图 8.36（a）为上机架径向振动：主频为转速频率；额定转速时的低频信号也比较强；5.6Hz 可能是其一阶固有频率，它与额定转速频率比较接近，有比较明显的动力响应影响。图 8.36（b）为上机架垂直振动：图中有两个不随转速而变化的频率，即 65.7Hz 和 15.4Hz，它们是上机架系统的轴向两阶固有频率；8 倍频（44.5Hz）比较显著，在它与 15.4Hz 相重合时（约 115r/min）出现了比较强的振动，显然有共振的可能性；图上最强的 65.7Hz 峰值出现在额定转速时，在其他转速时，这个频率的幅值比较小且少有变化，故它可能是由随机性压力脉动所激发。

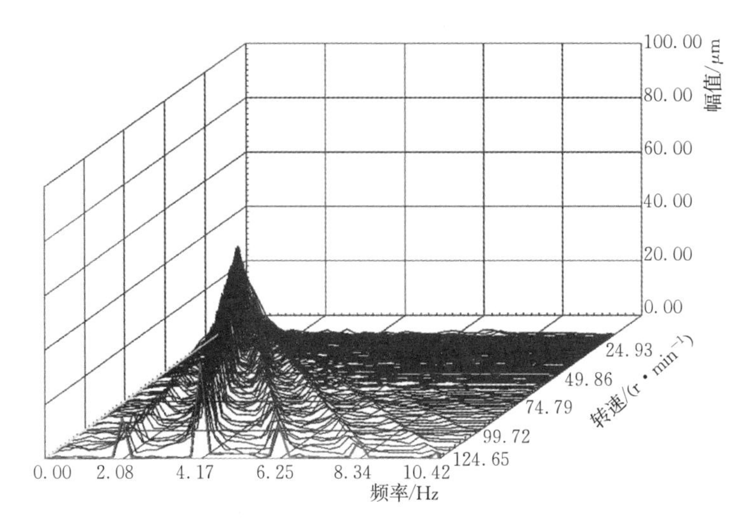

图 8.35 一台机组的上导摆度级联图

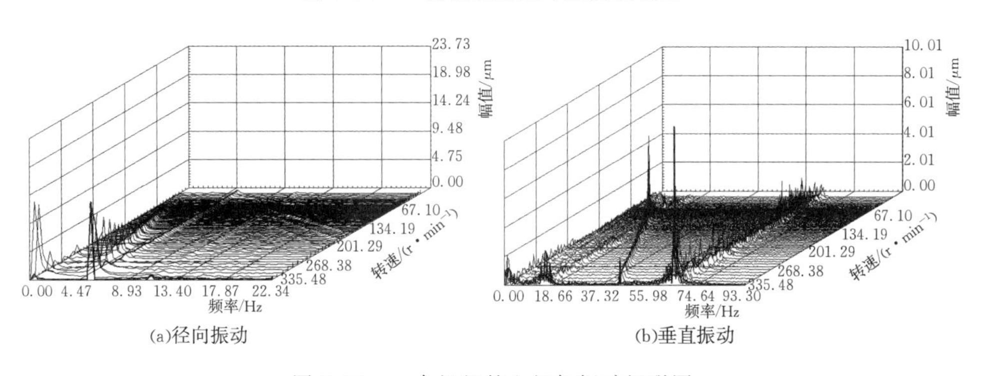

图 8.36 一台机组的上机架振动级联图

第 5 章图 5.30 为一台水泵水轮机下机架径向振动瀑布图，图上显示：转速频率的信号为主频，但随机性振动信号也相当显著，而且越接近额定转速越强烈。经分析认为，这可能是反映了水泵水轮机“S”区特性的影响。

8.2.6 轴心轨迹图

1. 轴心轨迹图的构成和特性

轴心轨迹图通常是指转动部分几何中心作弓状回旋运动时的轨迹。其他振动体如果具有 X、Y 坐标系中两个方向的振动分量，也可以作出轴心轨迹图。

轴心轨迹图可看作是振动体振动的“空间振形图”在测量平面上的投影，在水电机组中，测量平面就是垂直于转动部分轴线的平面。

水轮发电机组的振动、摆度常常含有两种或以上的频率。其中以转速频率分量构成的轨迹图相当于振动体空间波形图的基波，通频值中其他分量则相当于叠加于该基波上的谐波或次谐波。实际轨迹图则显示为各种频率信号叠加的结果。

转动部分轴心轨迹图的形状取决于多种因素的影响：

（1）转动部分产生和承受的作用力。

（2）导轴承及其支持部件对转动部分旋转运动的阻尼作用（约束力）。

（3）轴线的动态形状和姿态。

（4）镜板与轴线的不垂直度和波浪度。

（5）各导轴承的不平行、不同心度。

（6）推力轴承的不水平度、波浪度。

（7）发电机转子、定子不圆度及转子、定子不同心度。

（8）其他机械缺陷。

导轴承和推力轴承的状态是影响转动部分轴心轨迹图的主要因素。轴心轨迹图的形态也同样能在一定程度上反映导轴承和推力轴承的状态。

对于立式水轮发电机组，转动部分及其支持部件的结构基本上是中心对称的。因此，理想情况下，转动部分的轴心轨迹应当是圆形。但绝对对称的情况并不存在，故轴心轨迹成为某种椭圆形也是比较正常的。如果转动部分及其支持部件存在某种缺陷，则轴心轨迹图也会呈现多种多样的形状，甚至是奇形怪状。发现并判断这些缺陷的所在，就是解读轴心轨迹图的主要目的。

不规矩的轴心轨迹图往往由多方面的原因造成，需要经过对相关数据（包括盘车数据等）的细致分析和现场实地检查才可能确定。

基本相同的轴心轨迹图形状，它们的形成条件也不一定完全相同；某种条件的存在也不一定是某种轴心轨迹图出现的充分条件。在解读不同电站、不同机组的轴心轨迹图时，需要根据机组的具体情况具体分析。

转动部分各断面轴心轨迹图的形状和尺寸还受转动部分受力沿轴线分布的影响，在解读轴心轨迹图时常常也需要与各个断面的轨迹图甚至是动态轴线姿态图等联系起来。

轴心轨迹图与波形图一样，也包含了振动体相当丰富的信息，其中也包括分析和诊断相关振动问题或机械缺陷的重要依据。

2. 轴心轨迹图的内涵

（1）反映振动体所受主要径向力的综合结果。

（2）显示摆度或振动幅值的大小。

（3）显示主要频率成分。

（4）反映各导轴承是否存在不同心度、不平行度情况。

（5）反映推力轴承不水平度和波浪度的影响。

（6）反映大轴或轴线的某些姿态和形状。

（7）梅花瓣形的轴心轨迹表示在转速频率信号上叠加有倍频、多倍频或亚倍频信号。

（8）轴心轨迹图不规则或轨迹的突然变化，可能表示大轴在导轴承中有别劲现象。

（9）反映电磁不平衡力和水轮机工况的影响。

（10）反映发电机定子不圆度和偏心度的影响。

（11）多转轴心轨迹图上的键相信号组成的图形表示轴心轨迹图中心的轨迹。

3. 轴心轨迹图解读要点

（1）轴心轨迹图的形状特征。

（2）最大通频值。为轴心轨迹图的最大直径。

（3）主要频率成分及其与转速频率成分的对比。

(4) 额定功率下的轴心轨迹图是否规矩。

(5) 轴心轨迹图的稳定性(重复性)。重复性比较好表示导轴承支持刚度比较大和间隙比较稳定。重复性不好往往表示存在某些机械缺陷。

(6) 异常情况。

4. 大轴摆度轴心轨迹图解读实例

图8.37为一台机组最大功率下的三导摆度轴心轨迹图的一次测量结果[云南电力试验研究院(集团)有限公司试验数据.2006]。它显示的特点是:①轴心轨迹图都比较圆;②幅值都比较大;③轴心轨迹图的重复性很好。根据上述三个特点可以判断:各导轴承的间隙度比较大,但稳定性也比较好。

该机组历年的试验和检查结果表明:①幅值比较大是发电机转动部分不平衡力逐年增大的结果;②轴心轨迹图比较圆则是各导轴承间隙经较长时间运行后扩大,并使各导轴承的不同心度基本消除。从这个结果看,适当放大导轴承间隙有利于大轴的稳定运行。

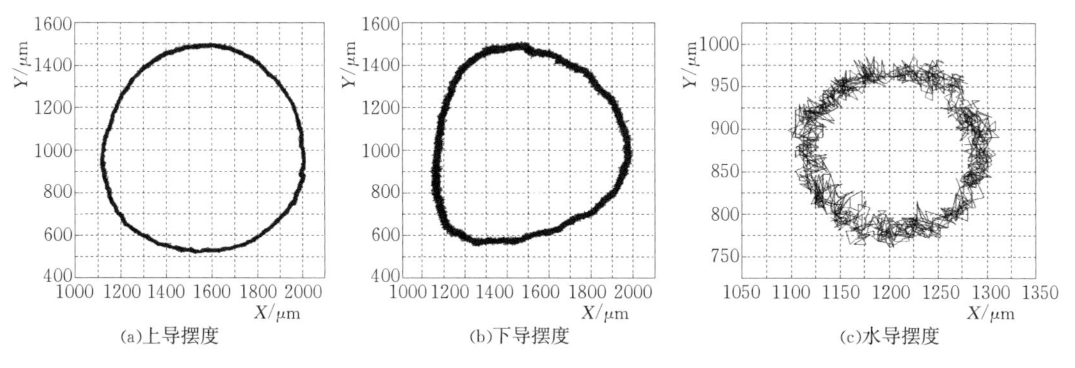

图8.37 一台机组最大功率时的三导摆度轴心轨迹图

图8.38是另一台机组额定功率时的各导摆度轴心轨迹图(华中科技大学水机教研室课题组试验数据),图中截面1为上导摆度、截面2为推力摆度、截面3为水导摆度,可看出:各导摆度的幅值都不大;根据轨迹图中键相信号位置的分布情况看,它的重复性也比较好;轨迹图的形状不很规矩,呈多边形、存在扭结等情况。额定功率下的水力因素影响比较小,故轴心轨迹图形状不规矩应主要由多种机械缺陷(如大轴别劲)所引起。

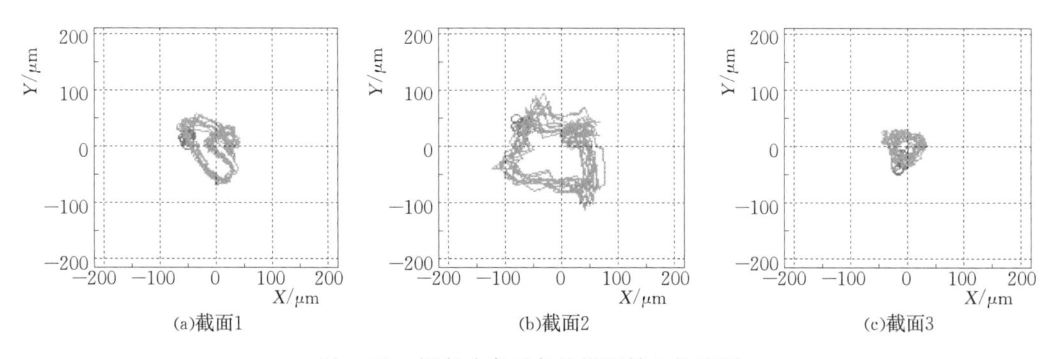

图8.38 额定功率时各导摆度轴心轨迹图

图 8.39 为典型涡带工况时的轴心轨迹图（出处同图 8.38）。它显示为涡带频率成分（大圈）和转速频率成分（小圈）两种信号叠加的结果。

图 8.40 为一台机组在额定功率下运行时的三导摆度轴心轨迹图（奥技异电气技术研究所．索风营 3 号机组分析报告［R］.2007）。额定工况意味着水力因素的影响比较小，故这种工况下不规矩的轴心轨迹图也同样是反映了机械缺陷的影响。而从三导摆度轨迹图的差异性看，机械缺陷可能有多种。

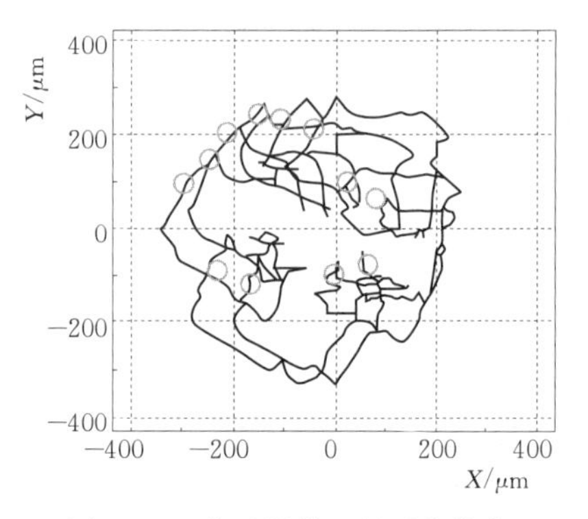

图 8.39　典型涡带工况下的推力摆度轴心轨迹图（截面 z）

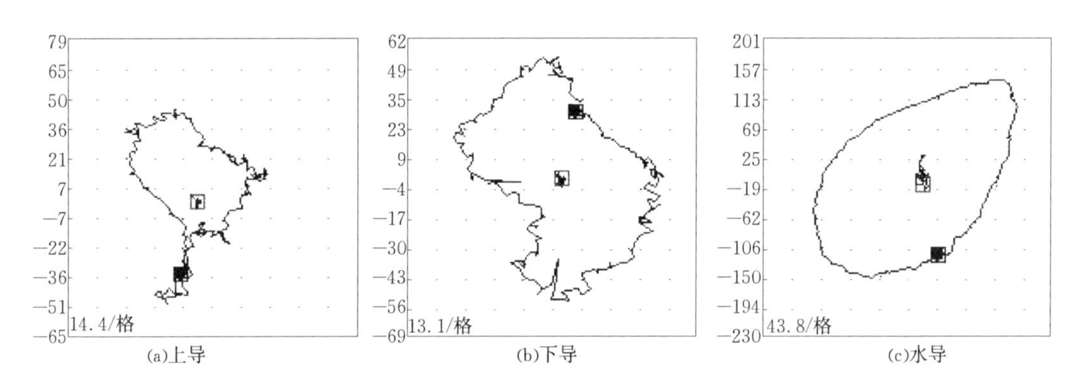

(a)上导　(b)下导　(c)水导

图 8.40　一台机组的三导摆度轴心轨迹图

图 8.41 为一台水泵水轮发电机组额定功率时的大轴摆度轴心轨迹图（华中科技大学水机教研室课题组试验数据）。图上显示：各导大轴摆度的幅值都比较小，轨迹图的重复性也比较好，显示机组转动部分运行比较稳定，但各导轴承可能有不同心情况。

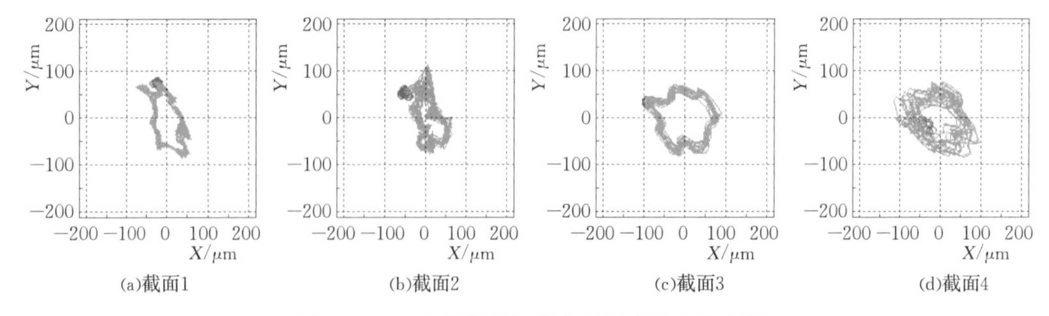

(a)截面1　(b)截面2　(c)截面3　(d)截面4

图 8.41　一台蓄能机组的大轴摆度轴心轨迹图

图 8.42 为一台贯流式水轮发电机组水导摆度的轴心轨迹图（奥技异电气技术研究所．长洲 6 号机组状态分析报告［R］.2008）。它显示了卧式机组轴心轨迹图的特点，其中杂乱的图形显示随机信号的影响。图 10.11 显示发电机定子不圆度的影响。

8.2.7　动态轴线姿态图

动态轴线的形状及其姿态的概念是基于立式机组及其弓状回旋运动的特点和转动部

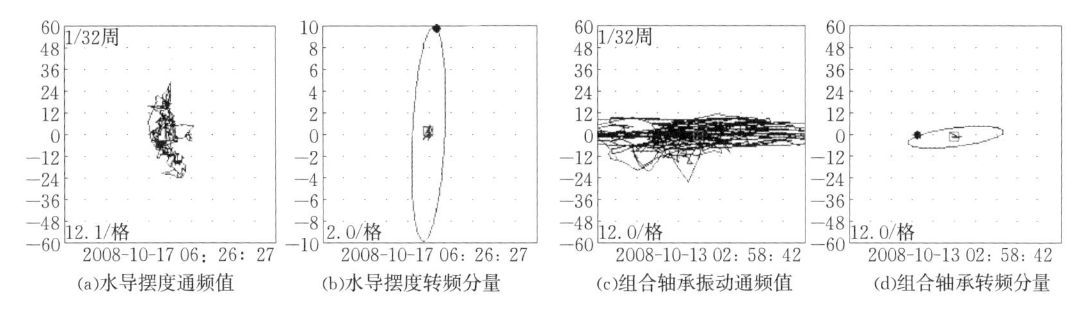

图 8.42　一台贯流式机组的轴心轨迹图

分配重的经验于20世纪80年代初提出的。

动态轴线姿态图和轴心轨迹图有着密切的关系，两者都是在同样作用力下产生的结果。所不同的是，轴心轨迹图反映的是转动部分上一个横断面的情况，而动态轴线反映的则是转动部分轴线的动态形状和姿态。两者的内涵和特点各有侧重，把它们结合起来将比较全面地显示机组转动部分的状态，为振动和可能存在的机械缺陷的诊断提供依据。

1. 轴线、静态轴线及其形状

轴线为转动部分各分段旋转中心的连线，有静态轴线和动态轴线两种。

静态轴线指转动部分静止状态下轴线的形状。对于单轴旋转机械，静态轴线就是轴的几何中心线；对于多段轴的情况，静态轴线为各段轴中心线的连线，其中，两段轴的轴线为平面折线，多段轴的轴线为空间折线。理想情况下轴线是一条直线，而且轴线与转动部分几何中心线的连线相重合。轴线和转动部分几何中心线的差别则反映转动部分加工和安装调整的偏差。

静态轴线的形状由盘车结果给出，其偏差主要由轴身与法兰接合面的不垂直度决定。盘车数据给出的就是实际轴线与理想轴线的偏差。静态轴线的姿态主要取决于镜板与轴线的垂直度、推力轴承的水平度和转动部分重量引起的推力轴承变形。

2. 动态轴线的形状及其姿态

动态轴线由形状和姿态两个因素构成。

(1) 动态轴线的形状。动态轴线的形状是指转动部分旋转情况下的轴线形状。与静态轴线的区别在于，动态轴线形状中叠加了由不平衡力和其他径向力产生的动态变形。

(2) 动态轴线的姿态。动态轴线的姿态是指它偏离上导中心与水导中心竖直连线的情况。它是静态轴线姿态和作用于转动部分上的各种力的综合作用结果。

对于立式机组，理想的动态轴线形状及其姿态是一条竖直线，实际的动态轴线的形状和姿态都显示为动态轴线相对于理想竖直线的位置偏差。

动态轴线的姿态可通过两种途径来调整：①改变轴线的受力的大小、方向和沿轴线的分布；②调整推力轴承、导轴承、镜板等的状态。

3. 动态轴线形状和姿态的图形表示

轴线的动态形状和姿态就是转子弓状回旋时的形状和姿态，它由大轴摆度的幅值(通频值或其转频分量)和相位及其沿轴线的分布来构成。

动态轴线的形状和姿态用其立面投影图或顶视投影图来表示。

（1）动态轴线的立面投影图。图 8.43 为一个动态轴线的立面投影图例子，图中的竖直线为理想情况下各导轴承中心的连线。各断面大轴摆度矢量的长度与摆度幅值成比例，矢量的方向用盘车轴号（也可用圆周上的角度）表示。把摆度矢量的端部（箭头）连接起来就是表示动态轴线形状和姿态的立面投影示意图。

动态轴线的形状和姿态多种多样，充分显示出转动部分受力和边界条件的随机性特点。

（2）动态轴线姿态的顶视图。图 8.44 为动态轴线顶视图的例子，图中的实线为动态轴线形状的顶视图，它也是把各导摆度矢量画在一个平面坐标上得到的。图 8.44 为两种工况下的动态轴线顶视图的比较，反映了水力因素对动态轴线形状和姿态的影响。

由于机组的动力来自水轮机，故从顶视图上看是顺时针旋转。根据经验判断，当水导摆度矢量位于顶视图旋转方向的最前端时，轴线处于最稳定的状态，如图 8.44 所示。相对而言，图 8.43 及其顶视图（图 8.45）的稳定性可能差一些。

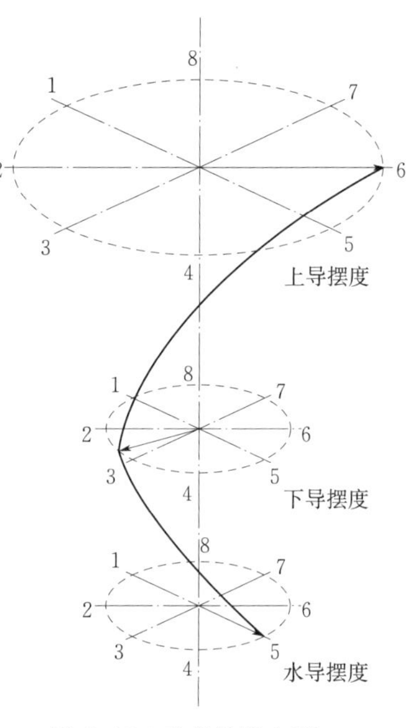

图 8.43　动态轴线立面投影图示例

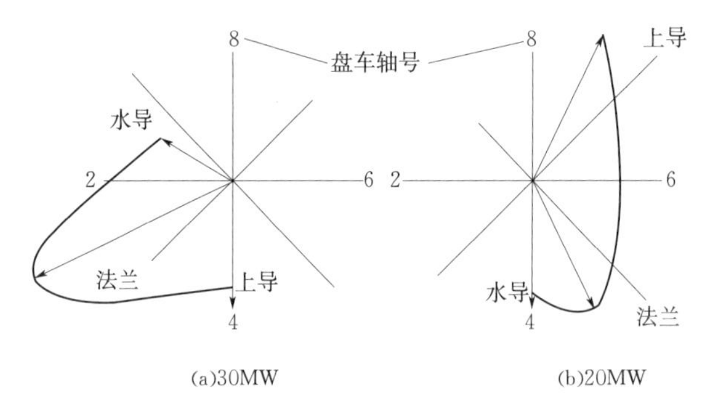

图 8.44　两种工况下的动态轴线顶视图对比

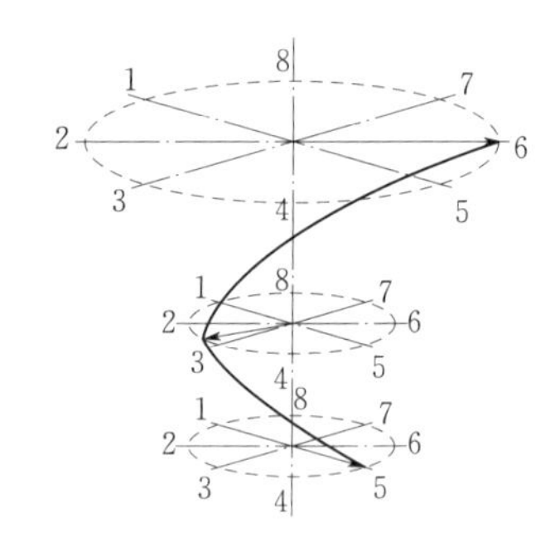
图 8.45　图 8.43 的动态轴线顶视图

4. 动态轴线姿态图的内涵

（1）反映轴线的动态形状和姿态。

（2）间接反映推力轴承和镜板的动态水平度和垂直度。

（3）反映转动部分产生和承受的转频和非转频径向力。

（4）反映各导摆度的幅值和相位。

（5）动态轴线姿态图和轴心轨迹图一起，可以显示轴在导轴承内的运动情况。

（6）反映机械、电磁和水力三种因素对动态轴线形状和姿态的影响。

（7）较低转速情况下的动态轴线形状反映静态轴线的形状。

（8）提供配重方面的信息，根据动态轴线的姿态确定是否及如何配重。

5. 动态轴线姿态图的解读要点

(1) 关注转速频率分量下的动态轴线姿态，它反映机组是否存在机械缺陷。

(2) 动态轴线的曲折度。

(3) 动态轴线的姿态（主要是铅垂度）。

(4) 各导摆度的幅值、相位和它们之间的相对关系。

(5) 随功率、转速和励磁电流的变化。

(6) 各导轴承或各断面轴心轨迹图的比较。

6. 动态轴线姿态图解读示例

图 8.46 是一个电站 4 台机组的动态轴线示例。图中 2 号、3 号机组的动态轴线及其姿态几乎完全相同，是难得见到的情况。

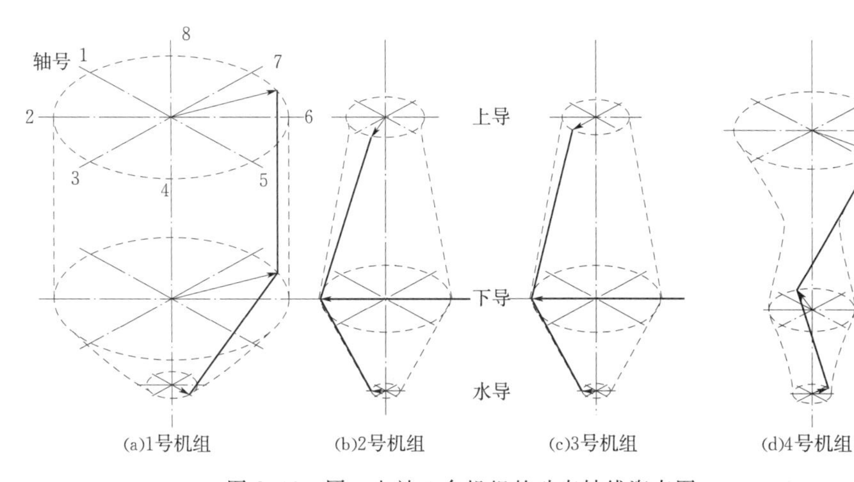

图 8.46 同一电站 4 台机组的动态轴线姿态图

图 8.46 为 20 世纪 80 年代初期提出动态轴线姿态这个概念时所画的动态轴线姿态图的立面投影图，图上的实线显示动态轴线的形状和姿态，虚线表示轴线旋转一周所描绘出来的图形。有时动态轴线也用曲线表示，如图 8.43 和图 8.44 所示。

图 8.47 为接近最优工况时一台机组的动态轴线形状及姿态图（奥技异在线监测系统数据），故水力因素的影响很小。图上显示：上导摆度比较大，水导摆度很小，动态轴线姿态图近似为一条以水导轴承为支点的倾斜直线（大轴实际上是有一定的曲折度）。图 8.47 上还给出了推力轴承、镜板的复合波浪度（137.5μm），两者的不垂直度偏大等情况，这应当是轴线倾斜的原因之一。此外，由下导和水导摆度幅值都比较小的情况推测，这两个导轴承可能存在不同心的情况。

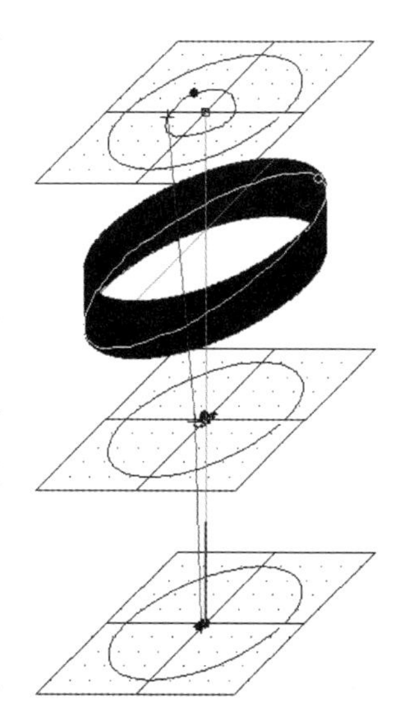

图 8.47 倾斜动态轴线姿态实例

图 8.48 为一台机组在两种转速下的动态轴线姿态图和轴心轨迹图的对比（奥技异在线监测系统数据）。图上显示：①两种转速下，轴线的形状基本相同；②轴线的曲折度比较明显，高转

速时更大一些；③轴心轨迹图形状不规矩，它显示各导轴承不同心、推力轴承可能翘曲；④低转速时，上导和水导处大轴旋转中心与高转速时明显不同，由此推测，低转速时大轴出现了偏靠情况。

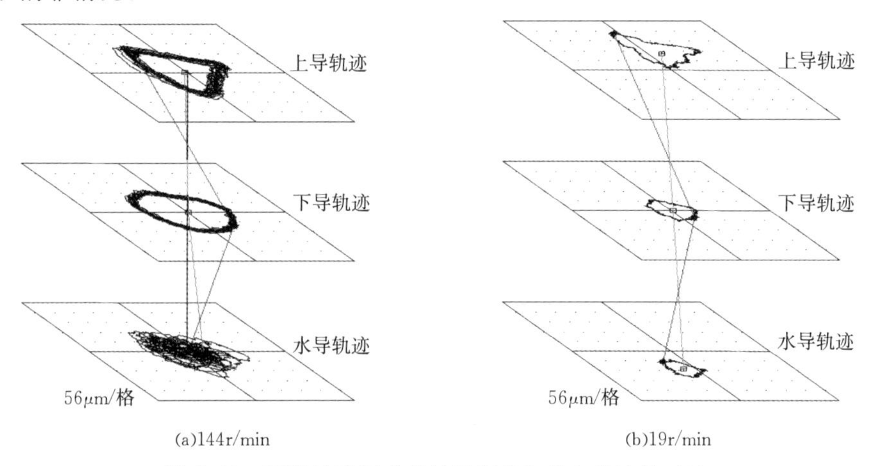

(a)144r/min　　(b)19r/min

图 8.48　两种转速下动态轴线姿态和轴心轨迹的对比

图 8.49 为一台机组加励磁前、后动态轴线姿态图和轴心轨迹图的比较（奥技异在线监测系统数据）。图上显示：①加励磁后，轴线的曲折度明显增大；②转动部分的旋转中心发生明显变化，出现明显偏心或偏靠的情况；③加励磁后，大轴摆度有所减小。上述情况所反映的情况是：①发电机转子存在明显的电磁不平衡；②发电机转子和定子可能存在明显的不同心；③转动部分存在明显的机械不平衡现象；④各导轴承存在不同心；⑤导轴承间隙可能较大。

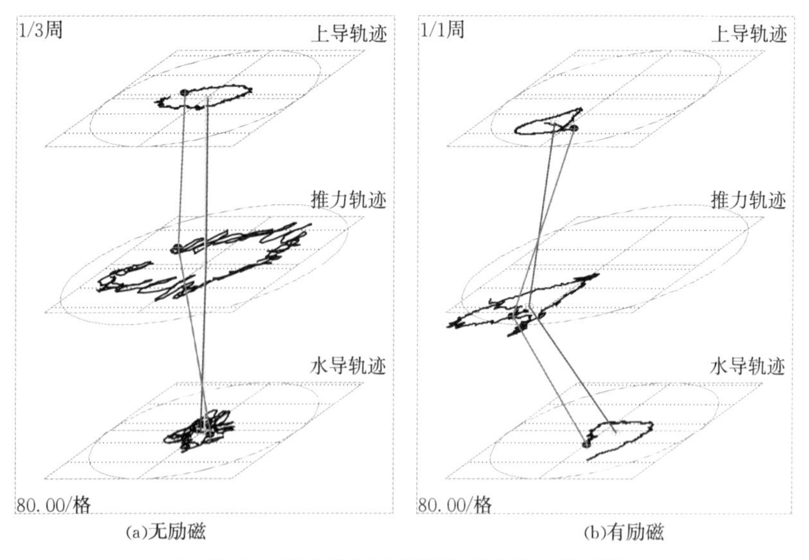

(a)无励磁　　(b)有励磁

图 8.49　励磁电流对动态轴线姿态图和轴心轨迹图的影响

图 8.50 为配重过程中动态轴线的形状及其姿态的相应变化。左侧第一张图为配重前的情况；后面三张图分别为三次试加配重的结果。四张图显示，经过三次配重后，各导摆度都明显减小，达到了比较好的配重效果。

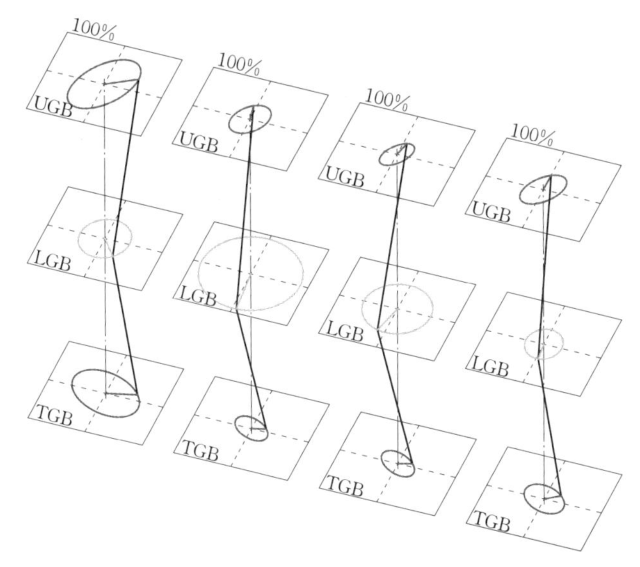

图 8.50 配重过程中动态轴线的相应变化

图 8.51 为一台机组投运一年后的大修前、后在低转速情况下的动态轴线姿态图，是按转速频率分频值作出的（奥技异在线监测系统数据）。对比两图可以看到：大修后，轴线曲折度并没有得到改善，仅仅是轴线曲折度的方向相反；大修后上导和下导摆度幅值都有所增大，仅水导摆度略有减小。

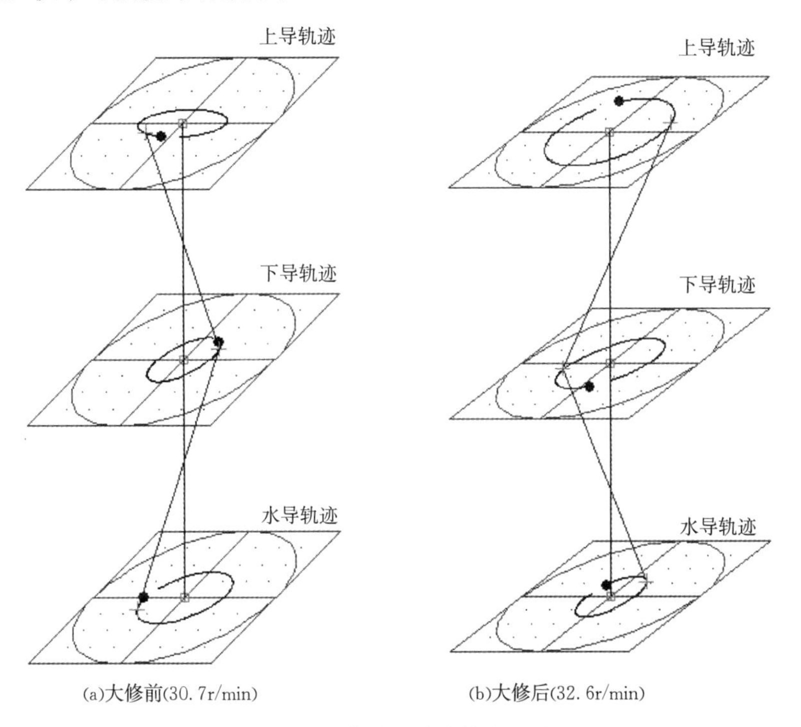

(a)大修前(30.7r/min)　(b)大修后(32.6r/min)

图 8.51 检修前后动态轴线的对比

8.2.8　其他图形

除上述根据振动测量数据构成的图形外，在振动分析中还可能遇到或需要其他数据构成的图形，例如根据盘车数据画的各种图（12.3 节关于盘车），根据安装或检修期间实测的数据画的转子圆度图、磁轭圆度图、定子圆度图，由空气隙监测装置得到的数据也可以得到这些图。这些图将在有关部分分别介绍。

参考文献

[1]　孙建平，冯正翔，郑丽媛．二滩水电厂机组尾水管压力脉动及其影响 [J]．水电能源科学，2007 (3)：57-59.

第9章 振动问题诊断

振动问题诊断就是对具体振动问题的性质、产生原因和产生机理等进行分析并作出合乎道理而又符合实际的结论，提出处理措施则是诊断的后续结果。

振动问题诊断，既有技术或方法层面上的问题，也包含从业者已有知识的深度和广度、所具有实践经验的丰富程度、对研究对象的了解程度和对已有知识（包括经验）的灵活运用并进行综合分析的能力。前者主要是前人的理论和经验的总结，后者则主要是业者知识和经验的积累。两者的有效结合，就可为振动问题的诊断提供最大的可能性。

诊断、数据解读或者是研究分析，其目标都是要“证实什么”或“否定什么”。通过这种证实和否定，逐步接近振动现象的真实本质并达到最终目的。

振动问题涉及两方面的因素：一个是激振力，另一个是振动部件的振动特性，即振动体对激振力的响应。本书第2章和第3章就是讨论这方面内容的。振动问题的诊断都与这两方面因素直接相关。

水轮发电机组中的规律性激振力多数是已知的，水轮发电机组中的主要振动部件的振动特性也基本上是已知的。如果对这些方面的知识或情况有一定的或相当程度的了解，即使不进行专门试验和详细分析，也可能对这些激振力引起的振动作出初步判断。

各种不同类型、不同型号、不同功率的机组，它们的结构、尺寸、功能不同或不完全相同。即使对同一台机组，激振力也将同时但不同程度地、直接或间接作用在机组的各个部件上。因此，这些部件的振动有相似的变化趋势，也有各自的不同特点。对这些差异性的关注和了解，将有助于对振动问题更深一步的分析和判断。

有些诊断难度的振动问题往往是由那些“偶然因素”引起的振动，或者是由多种因素引起的复杂振动或异常振动。第10章将介绍这方面的一些例子。前面有些章节也介绍了这样的例子。

9.1 振动问题诊断的一般方法

进行振动问题诊断的基本步骤是：①了解已有的振动现象、测量数据和相关背景情况，进行初步分析；②进行常规振动测量，获得相关数据，进行数据分析，以得到进一步的数据和图形；③进行数据解读，通过适当的推理，做出阶段性判断或最终判断；④必要时，进行验证性试验或补充试验或验证性处理；⑤对全部数据进一步的解读，提出最终判断和结论。在实际工作中，这些步骤往往是密切关联的。

初次进行振动诊断时，通常会遇到两方面的问题：一是如何入手，二是如何进行推理或分析。下面是一些经验和实例供参考。它们既不一定是最好的，也不会是完全的。

9.1.1　了解情况和获得数据

了解情况是进行振动问题诊断的第一步。在初步了解振动问题有关情况时，尽可能亲自调查，亲自感受，并广泛听取各方面的看法。然后，从专业的角度，对所有了解到的情况进行仔细地分析、甄别，为下一步的工作做好准备。

所有振动诊断都是建立在对相关数据分析的基础上的。常规试验和专门试验是获得数据的最重要、最可靠的手段。

对常规试验数据的解读可以得知机组振动的基本情况，例如：①机组的实际振动水平和特征；②确认水力、机械和电磁三方面激振力对机组振动的贡献；③确认机组转动部分的平衡情况；④确认是否存在异常振动等，并作出初步或最终结论。

当通过常规试验仍然不能作出明确判断，需要考虑进行补充试验或专门试验的必要性，以扩展调查研究范围和深度。

在了解和分析的过程中，注意细节十分重要。抓住细节，可能就抓住了问题的关键。这方面的能力和经验也需要通过不断地实践来积累。

9.1.2　振动诊断的入门思路

入门思路主要是指认识过程或推理过程的准备阶段，主要解决怎样开始、从哪里入手的问题。这里的“入门思路”是作者在进行各种不同振动问题诊断时所采用的，也有一些相关实例，供参考。实际上，这些所谓“入门思路”，也只有具有一定的实践经验才能比较容易地“进入”。

1. 找出主要影响因素

通过不同转速、不同励磁电流和不同功率三项试验得到的数据分析水力、机械和电磁三种因素对机组振动的贡献，找出主要影响因素。

2. 根据主要振动部件及主要振动特征判断

抓住主要矛盾和主要矛盾的主要方面是认识论的基本方法，也是分析和认识振动问题的基本方法。

（1）根据主要振动部件的主要振动现象判断。例如，某处大轴摆度幅值比较大时，既可能与径向力比较大有关，也可能与导轴承的间隙比较大有关，还可能与动态轴线姿态有关；机架的径向振动比较大时，既与不平衡力或其他径向力比较大有关，也可能与三导轴承的同心度有关；当水轮机顶盖和发电机推力机架垂直振动比较大时，可能与各种异常的同步压力脉动有关。

（2）根据主频率判断。各种激振力都有其特征频率，这是判断它们的主要依据，后面的《激振力诊断》部分有进一步的说明。

（3）根据振动、噪声随温度变化的规律判断。例如：随温度的升高而减小，这是定子铁芯叠片不紧引起的定子铁芯极频磁振动的特征；随温度的升高而增大，往往与热不平衡有关。

（4）根据振动随时间而变化的特征判断。随时间而增大的振动常常是由“热不平衡”所引起。

（5）根据振动特征判断。共振、自激振动及由水体共振引起的异常振动都有其固有的特征频率，可据以作出判断。

(6) 根据异常噪声特征判断。机组的有些振动同时伴有比较强烈并富有特色的噪声。例如：发电机的100Hz噪声是由定子铁芯的极频磁振动所引起的；出现在较大功率范围的单调金属噪声可能是由固定导叶或转轮叶片的卡门涡共振引起的。

3. 通过对比进行初步判断

(1) 与已知的经验或实例进行对比（横向对比）。与已有的经验进行对比，这是人们认识任何新事物时常常自觉或不自觉采用的方法。毫无疑问，已有的经验越丰富，可资对比的实例就越多。

(2) 与过去的情况对比（纵向对比）。通过与本机组过去的情况对比发现变化，根据变化进一步分析变化趋势、变化速度和引起变化的原因，这是进行状态趋势分析和预测的基本方法。

(3) 与各种激振力的特征对比。

4. 根据各测量值之间的相互关系判断

(1) 在相同的工况下，机组各部件承受的激振力性质相同，它们的变化趋势也会相同或相近。可通过它们之间的对比确认一些影响因素，或者否定一些因素。例如：如果大轴摆度和机架径向振动幅值都比较大，表明两者之间有对应关系；如果大轴摆度幅值比较大而机架径向振动幅值比较小，可能说明导轴承间隙扩大或者动态轴线姿态不够好；如果大轴摆度幅值比较小而机架径向振动幅值比较大，则表明大轴可能存在别劲情况。

(2) 如果厂房内噪声强烈而机组振动大致正常，这可能是厂房建筑物局部构件发生共振的特征。

(3) 发电机的功率振荡往往和水轮机尾水管涡带压力脉动或其他同步压力脉动相关。

5. 根据振动系统的振动特性判断

例如，根据相当多机组转动部分的第一临界转速频率约为额定转速频率的2～3倍的统计规律，如果机组大轴摆度的主频接近这个频率，则可能是发生了共振或自激弓状回旋。

6. 根据主要振动现象推断激振力来源

有的重要部件出现了原因不明的疲劳破坏。首先想到的是，该部件承受了一定的动载荷；其次，如果能排除材质不好的因素，则该部件承受的动载荷相当大；继而分析动载荷的可能来源。进行这些分析需要与机组的具体情况结合起来。

7. 通过试验和试处理验证

对于比较复杂的振动现象，有了初步诊断结果之后，有时还需要对诊断结果的正确性进行验证。其中，振动问题的圆满解决，是诊断结果正确性最好的验证。

在不能做出唯一判断时，常常采用试处理的办法确定某种诊断结果正确与否，试处理后的分析判断就成为诊断的一部分。

有时在处理的过程中发现还有另外的问题，例如通常把转速频率的振动首先归因于不平衡，并进行配重处理。但如果配重量非常大或不能达到预期效果时，则需要考虑是否还有其他机械缺陷存在，并进行引申分析和检查。

判断的正确性可通过下述分析确认：

（1）机理上是否说得通。

（2）能否说明或解释主要振动现象出现的原因。

（3）其他可能性的分析和结果。

（4）采取处理措施后的变化是否符合预期的结果。

如果通过上述分析和试处理仍然不能确定引起振动的确切原因，就只能把它当作一个新问题，继续进行试验研究。

9.1.3　水轮发电机组振动的一些基本规律

水轮发电机组振动中的一些基本规律是进行振动问题初步诊断的依据和捷径。

（1）随负荷而变化的一定是水力激振力。各种随功率而变化的趋势图都是这个规律的体现和例证。

（2）机械和电磁不平衡力分别在空转和空载时达到最大并保持不变，这是对前一规律的补充和说明，但它们引起的振动会受到其他振动的牵连影响而有所变化。

（3）单纯的机械不平衡力，一定与转速频率的平方呈线性关系。如果不呈线性关系，就一定还有其他影响因素存在。

（4）大轴摆度比较大而各机架的径向振动不大，这往往是导轴承间隙比较大的结果。

（5）大轴摆度不大而机架的径向振动比较大，大轴别劲是最可能的原因。而大轴别劲与各导轴承不同心直接相关。

（6）凡随工况参数（功率或开度或流量、转速、空化系数）的变化而出现陡峭峰值的现象大都是共振的结果。

（7）凡振动或配重效果随时间而不断变化的现象，意味着转动部分上有松动部件。

9.1.4　逻辑推理

对振动问题的分析、诊断过程，实际上就是推理过程或推理过程的片段。故在进行振动问题的诊断时，推理过程是不可避免的。科学、有序的推理可以加快推理或分析的过程，较快得到所期望的结果。了解推理方式的最大用处则是有助于开拓思路，并减少或避免走弯路。

逻辑推理过程是一个从“知其然”到“知其所以然”的过程。逻辑推理过程的本质就是：研究者对自己已有相关知识和经验的充分、灵活运用，也可能是反复运用的过程，其最终也是希望得到对所研究问题的明晰诊断。

进行推理需要两方面的基本条件：一是推理者的相关知识和实践经验；二是对相关情况尽可能全面和深入的掌握。

9.1.4.1　基本的逻辑推理方式

相关书籍（也包括本书）上介绍了一些推理方法，那都是“别人”利用他们的知识进行推理的经验总结、体会或认识。对于自己所面临的问题，只能是根据“自己已有的相关知识和经验”进行富于自己特点的推理。只是到最后（有了正确的诊断结果时）才可能意识到或总结出，对于所面临问题，怎样的推理才是最简单、最科学和最有效的。有意识地进行推理方面的尝试和应用，积累越来越多的实际经验，将大大地提高分析、判断和解决实际问题的能力。

逻辑推理方式有三种：正向推理、反向推理和混合推理。很多书籍和文章上都有清

楚、详细的定义和说明，下面仅作简略地介绍。

1. 正向推理

正向推理是由已知征兆事实到故障结论的推理。通俗地说就是：满足什么条件后，就有什么结论。这实际上就是条件和结论的统一体或定理。

举例来说，如果压力脉动出现在水轮机的中间开度区，其主频约为转速频率的1/4（这就是条件），就可判断该压力脉动为涡带压力脉动（这就是结论）。这个分析判断过程就是正向推理。

正向推理的主要优点是，用户可以主动提供与诊断对象有关的已知征兆事实，系统（这个系统可以是软件，也常常是自己的大脑）可以很快地对用户所输入的征兆事实做出反应，而且这种推理控制简单，容易实现，因此它比较适合于设备的在线监测和控制。

2. 反向推理

反向推理是由目标到支持目标的证据的推理，简单地说就是，先假定一个产生问题的原因，然后再去寻找与此相关的依据（事实），如果存在这样的依据或事实，就说明所假定的结论是正确的。

在10.1.2节介绍了一台小型悬垂式水轮发电机组的推力托瓦发生了疲劳断裂的现象。不言而喻，既然是疲劳断裂，推力轴承一定是受到了相当大的轴向动载荷，但如此大的轴向激振力是哪里来的？

首先，根据已有的认识和经验，水轮机中没有产生这么大轴向激振力的条件和可能性；其次，分析认为转动部分的重量和轴向水推力在一定的条件下可变为不均匀轴向激振力作用在推力轴承上，这是反向推理的第一个假定；第三，上述假定成立的必要条件是镜板存在较大的不垂直度，并且推力轴承不具备自动调节能力，这是反向推理的第二个假定。在这种情况下，转动部分的重量和水推力将周期、顺序地作用在每个推力托瓦上，因而形成了相当大的动态轴承力。

现在的任务是验证上述假定的真实性。对盘车数据的查证结果是：镜板确实存在较大的不垂直度，推力轴承为刚性支柱式，没有负载自调节能力。至此，两个假定依次被初步证实，诊断任务暂时告一段落。

但是，在问题没有得到解决之前，这个诊断结果还是没有得到实际验证的。根据建议，电站在检修时改善了镜板与轴线的不垂直度，虽然不是一帆风顺，最终还是使问题得到了解决。这时，对所述问题的诊断才算画上了一个完美的句号。

最后得出：推力托瓦疲劳断裂的原因和机理是：由于镜板的不垂直度，使作用在推力轴承上的轴向载荷分布极不均匀，当大轴旋转时，就会把总轴向载荷或其一部分变成一个顺序地作用到推力轴承轴瓦及其托瓦上的一个很大的轴向动载荷，这就是导致托瓦疲劳断裂的来源和产生机理。刚性支撑的推力轴承也为此作出了一定的贡献。

反向推理的一个主要优点是不用寻找和不必使用那些与假设目标无关的信息和规则。推理过程的方向性很强，而且能告诉用户它所要达到的目标及为此所使用的规则。

3. 混合推理

正向推理和反向推理是控制策略中两种极端的方法，各有其优缺点。正向推理的主要缺点是推理盲目；反向推理的主要缺点是初始目标的选择盲目。解决这个问题的有效办法是将正向推理和反向推理结合起来使用，即混合推理。混合推理控制策略有多种模式，其中最常用的模式是双向推理，即先根据征兆事实库中的已知征兆事实，利用正向推理初步确定候选故障集，然后，再利用反向推理进一步验证候选故障集中的故障是否存在。实际上，上述推力托瓦断裂原因推理的全过程就是混合推理，其中前一部分为正向推理，后一部分为反向推理。

上述三种推理方式有比较专业的术语来说明，推理也是由所谓“专家系统”（软件）进行的。所谓“事实库”就是众多实际例子的集合，所谓“规则”就是结论及与之相应的条件，也可以说是定理。

由上述关于逻辑推理的简单介绍也可看出，逻辑推理的进行也与业者已有知识和经验的丰富与否密切相关，即便是专家系统的建立也是如此。

对于异常或疑难事件，实际上采用的多数是混合推理，下面有不少这样的实例。

9.1.4.2　逻辑推理实践

1. “最好的”逻辑推理

由于事件或问题的性质不同、影响因素不同、复杂程度不同，实际上不存在适用于所有问题的、通用的所谓最好的逻辑推理。“最好的”逻辑推理仅仅出现在下述两种情况：

（1）针对某个或某种具体事件的、经过验证的、最便捷的推理方式。

（2）个人最熟悉的逻辑推理方式。它也是针对某个具体事件的推理完成之后并得到验证时才能总结确定的。

由于个人知识和经验上的差异，对于同样的问题或事件，不同的人可能会有不同的推理方式。针对某个或某类事件，自己最熟悉的推理方式，对自己来说就是最好的推理方式。只有通过不断地、大量地实践才能比较熟练地掌握对某方面问题（对本书来说就是水轮发电机组的振动问题）的分析、推理过程，并且体会到逻辑推理的内涵和妙处。

2. 作者的推理实践体会

针对一个具体问题，作者并不特别设计或事先确定用什么推理方式。往往是首先根据自己已有的知识和经验对问题的可能原因和不可能原因作出初步判断，然后再进行必要的试验、数据分析，以得出对初步判断的验证。

回顾所遇到和解决的诸多振动问题过程，虽然不可避免地会走一些弯路，但处理结果表明，作出的判断总体还是正确的，推理过程也都“自然地”符合正向推理、反向推理或混合推理。

基于此，面对具体的振动问题，本书作者不建议从业人员特别是初期从业者过分强调所谓推理或推理方式。重要的是，充分利用好自己已有的知识和经验。这样，也许推理就会自然而然地进行了。

比较而言，从机械振动的角度来说，水轮发电机组的结构和受力情况还是比较简单的，一般不需要进行很多复杂的推理。

对于新问题或疑难问题，在没有先例的情况下，已有的知识和经验可以指导你去学习、调研和进行创造性思维。这种能力可使人掌握任何需要的知识，解决任何面临的问

题。社会、科学技术就是这么发展的，功到自然成。

应用计算机技术、专家系统或所谓大数据技术进行自动推理和诊断，这是一个长远的目标，目前还不完全完全具备这样的条件。

现在，更多振动问题的诊断还是依靠人，即具有一定知识和经验的专业工作者。数据库就在每个从业者的大脑里，推理方式完全根据个人知识和经验来“自动地”选择和进行。

把上述有关推理的讨论做一个小结，可能得到下述结果：

（1）推理是一种分析、认识和进行判断的方法，无论是有意识地或者是无意识地，在寻求问题答案时，推理过程都是不可避免的。

（2）推理需要比较丰富的知识和实践经验，更需要对已有知识和经验的灵活、创造性应用。联想、举一反三、触类旁通等都属于这样的情况。

（3）推理有助于开拓思路，但最好的推理方式或推理过程是在得出结论之后得到的。在问题分析的初始阶段，不必拘泥于推理的方式的选择，从自己最熟悉的地方入手就是最好、最现实的入门。

（4）有时需要辨异、去伪存真。对一个问题的诊断，最终要得到的结果是：“它是什么”。然而，在得出这个答案的过程中，可能需要回答若干个：“它不是什么”的问题，这就是辨异或者去伪存真。

辨异也是一个推理的过程和结果，特别是对那些似是而非的情况，或者是具有相同或相近特征的情况，就需要通过反复、多方面的辨异才能最终得到正确的结果。

有时，一些似是而非的数据夹杂在测量信号中，这也需要辨异，以免被误导。

9.2 激振力诊断

振动是由激振力激发和维持的。在水轮发电机组振动问题的诊断中，激振力来源的判断是最重要的内容。激励诊断还包括激振力来自何种机械缺陷，甚至是机械缺陷来自哪些零部件。

对于强迫振动，它具有与其激振力基本相同的规律和特征。因此，根据振动特征和变化规律来判断激振力的来源是最基本的方法。

也有的振动问题会呈现出一些令人迷惑的现象。例如前面（4.5.1节）介绍的、由导轴承瓦架刚度不足引起自激振动的实例。

还有一些振动问题的诊断中包含一些未知的、需要研究的现象或问题。例如混流式水轮机中的一些异常压力脉动就曾经是一些未知其究竟的水力不稳定现象，现在仍然有一些现象需要继续研究。

但是，不管是什么激振力，它们都有各自的特性和随工况变化的规律，这是识别它们的主要依据。

下面从振动诊断的角度对已知的几种激振力特征进行归纳。

9.2.1 水力激振力（压力脉动）的诊断

常规和异常两种压力脉动的诊断方法有所不同。

9.2.1.1 常规压力脉动的诊断

常规压力脉动都与水轮机的工况直接相关，这是识别它们的有利条件。

1. 小开度区压力脉动的特征及诊断

（1）混流式水轮机，凡出现在约40%以下开度范围的压力脉动，都属于小开度区压力脉动；转桨式水轮机的非协联工况也大致在这个范围。

（2）压力脉动中包含比较强的随机性成分，也包含有或多或少的周期性成分，主频率范围多在几十赫兹以下。

2. 中间开度区压力脉动的特征及诊断

（1）中间开度区压力脉动主要是涡带压力脉动，出现的开度范围为40%～80%，最大幅值出现在50%开度左右，随水头而有所变化。

（2）涡带压力脉动的基频约为转速频率的1/4，波形中含有比较明显的谐波。

（3）部分转桨式水轮机在进入协联工况后，也有出现涡带压力脉动的情况。

3. 大开度区压力脉动的特征及诊断

（1）出现在90%以上的开度范围的压力脉动均属大开度区压力脉动。

（2）压力脉动中包含随机性成分、周期性成分，有时也会出现4～6倍转速频率的涡带压力脉动。

（3）压力脉动的幅值通常都比较小，当水头低于水轮机的设计水头时，压力脉动幅值随开度的增大有增大的趋势。

9.2.1.2 异常压力脉动的诊断

最常见的异常压力脉动都是由流道中某个部位的水体共振产生的。多数情况下，激发水体共振的是尾水管中的同步压力脉动。

1. 类转频压力脉动的特征及诊断

（1）由引水管路水体共振产生，最大幅值常出现在蜗壳进口，可传递到水轮机流道各处。

（2）其主频多在2倍转速频率以下，可大于、小于或等于转速频率，并与引水管路水体的固有频率相近或相同。

（3）可出现在40%以下或85%以上的开度范围，与水头有关，也有出现在暂态过程中的情况。

（4）水轮机顶盖、发电机推力机架等的垂直振动是类转频压力脉动引起的特征振动。

2. 高、低部分负荷压力脉动的特征及诊断

高、低部分负荷压力脉动都是相对于涡带压力脉动工况区的。

（1）高部分负荷压力脉动出现在涡带压力脉动区高负荷端（70%～75%开度范围），低部分负荷压力脉动出现在涡带压力脉动区的低负荷端（30%～40%开度范围）。

（2）两种压力脉动均由尾水管水气联合体共振产生，由尾水管同步压力脉动激发，可传递到水轮机流道各处。

（3）两种压力脉动的主频多数都在2倍转速频率以下或上下。

（4）两种压力脉动的出现或其最大幅值都对空化系数十分敏感。

（5）两种压力脉动都对机组的垂直振动影响较大。

3. 无叶区水体共振产生的异常压力脉动的特征及诊断

（1）这种异常压力脉动由固定导叶卡门涡所引起。

（2）一般出现在比较大的功率范围。

（3）所产生的异常压力脉动相对幅值可能达到60%以上。

4. 动静干涉异常压力脉动的特征及诊断

动静干涉压力脉动产生于无叶区，可出现在各种型式的水轮机中。

（1）动静干涉压力脉动的频率多数为叶片频率的2次或高次谐波频率。

（2）最大压力脉动幅值出现在无叶区，可传递到水轮机的上下游流道各处。

（3）一般情况下，动静干涉压力脉动幅值随水轮机流量（功率）的增大而增大，也有相反的情况，与转轮的结构和水力设计有关。

（4）可能引起厂房建筑物局部构件的共振。

（5）混流式水泵水轮机和贯流式水轮机中比较多见，且幅值比较大。

5. 转动部分自激弓状回旋在转轮迷宫中产生的异常压力脉动的特征及诊断

（1）转轮迷宫中有较强的压力脉动，其主频为转动部分的临界转速频率。

（2）机组固定支持部件的径向振动具有相同的主频。

（3）大轴摆度和机组径向振动的波形为转速频率和临界转速频率两种成分的叠加。

9.2.1.3 其他压力脉动的诊断

这里的"其他压力脉动"都是水轮机正常运行时产生的，不特指频率相同或相近的异常压力脉动。对它们的诊断同样是根据它们各自的特征。

1. 叶片频率压力脉动的特征及诊断

（1）叶片频率压力脉动产生在转轮的进口和出口。

（2）叶片频率等于叶片数乘以转速频率，也包括若干阶谐波频率。

（3）通频值随导叶开度的增大而减小，在最优工况时达到最小。

2. 迷宫间隙压力脉动的特征及诊断

（1）常规的转轮迷宫间隙压力脉动的主频为转速频率。

（2）压力脉动幅值随导叶开度的增大而增大。

3. 尾水管同步压力脉动的特征及诊断

（1）它的频率与它所激发的流道中水体共振的频率相同。

（2）小开度时的主频多在2倍转速频率以下，在90%以上开度时，它也可能达到4～6倍转速频率。

9.2.1.4 轴流转桨式水轮机非协联区的压力脉动的诊断

（1）压力脉动的特征是随机性和周期性并存，频率范围在几十赫兹以下。

（2）可能激发机组部件的共振。

9.2.2 不平衡力诊断

如果不考虑机械缺陷产生的转速频率径向力，可根据以下共同特征对水力、机械和电磁三种不平衡力进行初步判断。

（1）都是转速频率。

（2）幅值不随时间而变化。

（3）它们各自的相位不随工况和时间而变化。

（4）频谱图上显示为离散谱。

上述三种不平衡力和热不平衡还各具其他不同的特点。

1. 机械不平衡力的特征及诊断

其转频幅值与转速频率的平方呈线性关系，不呈线性关系或者经常发生变化，就意味着转动部分上可能存在机械缺陷。

2. 水力不平衡力特征及诊断

（1）水力不平衡力与水轮机流量呈线性关系。

（2）相同功率下，水力不平衡力随水头的升高而减小。

（3）水力、机械和电磁三种不平衡力的合力随功率而增大或减小，都表示水力不平衡力的存在。

3. 电磁不平衡力的特征及诊断

（1）在额定电压以下，电磁不平衡力的幅值近似与励磁电流呈线性关系，并在额定电压时达到最大。

（2）电磁不平衡力的产生意味着转子偏心度和不圆度的存在。

（3）加励磁后，总不平衡力的增大或减小都表明电磁不平衡力的存在。

9.2.3　电磁激振力的诊断

（1）100Hz 及其整倍数为极频系列电磁激振力的特征频率，其幅值随发电机功率（电流）的增大而增大。

（2）转速频率系列的电磁激振力由发电机转子不圆度和偏心度引起，可根据定子铁芯、定子机座的径向振动、大轴摆度等的波形图和频谱图确定。

9.2.4　机械缺陷激振力诊断

这种激振力既包含转速频率成分，也包括转速频率的 2 倍频和多倍频。机械缺陷激振力都与机组部件状态的变化联系在一起。

不同机械缺陷引起的振动还可能有其他比较明显的特征，在第 10 章中有进一步的说明及其相应的实例。

9.3　部件振动的诊断

9.3.1　一般情况

固定支持部件的径向振动是旋转机械的代表性振动。立式机组的推力机架和水轮机顶盖的垂直振动也是它们的代表性振动。

大轴摆度是水轮发电机组另一个代表性振动，也是转动部分唯一的代表性振动。

在水轮发电机组中，转动部分和固定支持部分以及它们的部件构成一个整体，只有它们都“和谐相处”时，机组才能稳定地运行。否则，就会出现不正常现象。“大轴别

劲”就是比较典型的例子。

共振是产生较强振动的重要原因。水轮发电机组中相当多的激振力的频率特性属于客观存在的条件，机组的结构设计应当避免共振或较大动力响应情况的出现。

立式机组的三大固定支持部件（发电机上、下机架和推力机架、水轮机顶盖）的受力情况可谓“大同小异”。

所谓大同，就是在同一种工况下，它们都承受同样的三种激振力的作用，并具有基本相同的变化趋势。

所谓小异，就是每个部件所承担的三种激振力的份额是不一样的，它们受力后的响应也是不同的。虽说是小异，往往更能反映每个部件的振动特征。

由某种机械缺陷所引起的振动，既具有一些共同特性，也有明显的差异性。这些差异性可能是进行诊断的重要依据。

水轮发电机组振动的诊断离不开数据的解读。数据解读时需要关注的方面也因问题的不同而不同，如“入门思路”一节介绍的情况。

9.3.2 发电机上、下机架振动诊断

9.3.2.1 径向振动诊断实例

【例 1】 涡带压力脉动引起的径向振动的诊断

根据涡带压力脉动的工况特征（出现在中间开度区，最大幅值出现在约 50%开度）和频率特征（主频约为转速频率的 1/4）进行涡带振动的诊断。

图 9.1 为一台中型混流式水轮发电机组上机架径向振动随功率的变化趋势图，中间开度区的峰值振动区就是涡带压力脉动引起的。图 9.2 为另一台机组上导瓦受力的涡带频率分量随功率的变化趋势图，尽管各块瓦的受力很不均匀，但它们都完全符合上述两个特征。

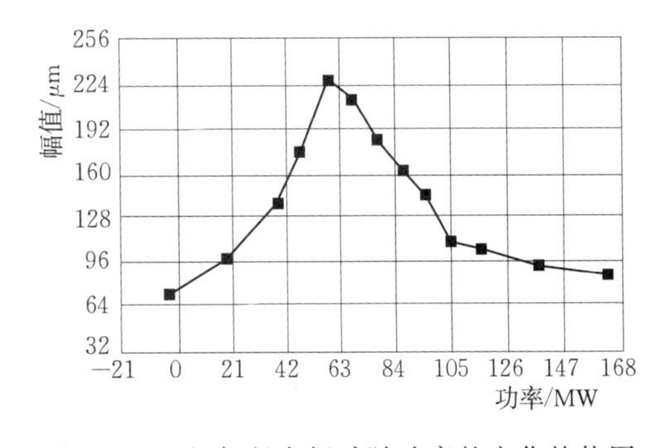

图 9.1 上机架径向振动随功率的变化趋势图

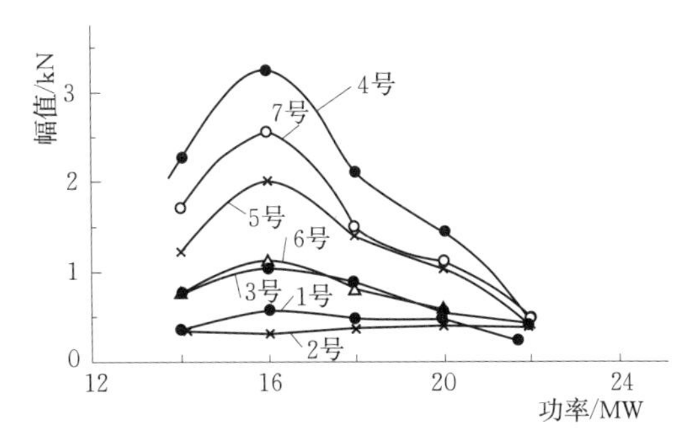

图 9.2 上导瓦受力的涡带频率分量

【例 2】 上机架径向振动峰值现象的诊断

峰值振动的出现有三个可能的原因：①激振力比较大并具有峰值特性；②由水体共振产生的异常压力脉动所激发的振动；③振动部件发生了共振。可根据它们各自的特征频率和随工况变化的规律确定。

图 9.3 为一台机组上机架径向振动随功率的变化趋势图。它有大小两个峰值，都出现在涡带工况区。频谱分析结果表明：出现在 135MW 的峰值，主频为 0.47Hz，约为转速

频率的 1/5.3，由涡带压力脉动引起；出现在 170MW 峰值的主频为 2.86Hz，相对频率为 1.14，这是高部分负荷压力脉动及其引起的振动的典型特征。

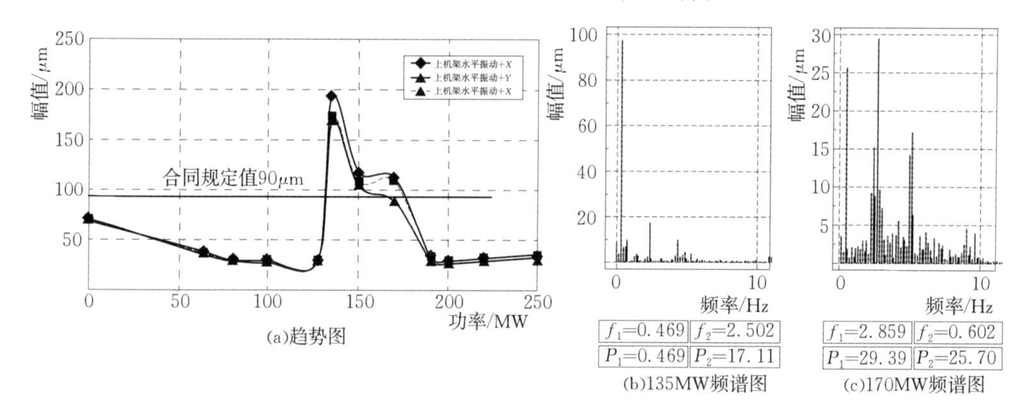

图 9.3　上机架径向振动中峰值及其频谱图

【例 3】　上机架径向共振的诊断

所有的共振都和激振力频率及振动体固有频率直接相关。在水轮发电机组中，与激振力频率相关的因素主要有两个：一个是转速，它改变的是径向力频率；另一个是压力脉动频率，与水轮机的工况有关。

图 9.4 为上机架—定子机座系统径向共振与转速相关的例子（甘肃省电力试验科学院试验数据）。该机为悬垂式，上机架为径向支臂式，额定转速 1000r/min。

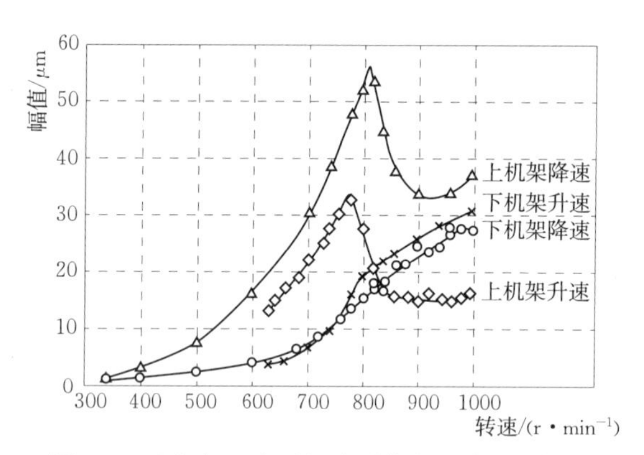

图 9.4　上机架—定子机座系统出现共振的情况

对这张图的解读可得到的主要结论有：

(1) 机组在升速过程中，上机架径向振动在 775r/min 转速时出现了峰值，但此时大轴摆度和下机架没有出现峰值。可见，上机架径向振动出现的峰值是上机架—定子机座系统共振的结果。

(2) 在降速过程中，峰值出现在转速为 810r/min 时。升速和降速两种过程中峰值出现的转速不一致的情况是普遍存在的，在机组的其他试验中也有类似的情况，其机理与著名的“磁滞现象”相似。

(3) 峰值对应的频率为当时的转速频率 13.6Hz。由此判断，共振系由不平衡力和其他相同频率的径向力所激发。

(4) 该机组的临界转速频率计算值为 31.7Hz (1900r/min)，与实测共振频率相差比较大。现场试验结果和分析认为，这可能与推力头、下导轴领的松动有关。

【例 4】 转动部分自激弓状回旋对上机架径向振动影响的诊断

转动部分自激弓状回旋时的上机架径向振动具有与大轴摆度相同的特征：

(1) 出现自激振动的前后，上机架径向振动振动幅值出现突然变化。

(2) 上机架径向振动的主频为转动部分当时状态下的第一临界转速频率。

(3) 在临界工况下，自激振动可瞬间出现或消失，中间没有明显的过渡过程。

图 9.5 为一台机组转动部分自激弓状回旋出现前后上机架径向振动和大轴摆度出现突然变化的例子，它完全符合上述特征。

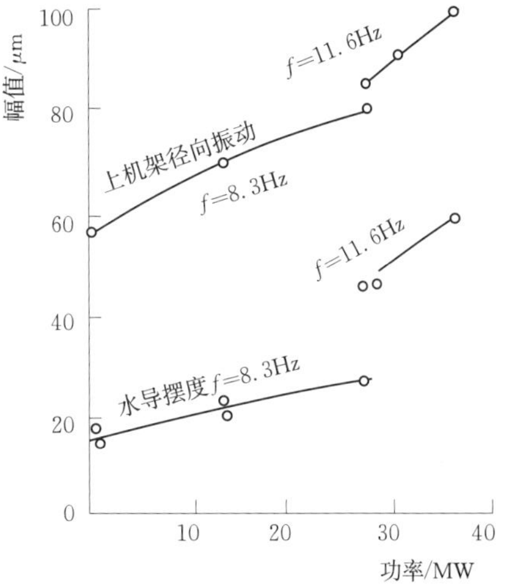

图 9.5 自激弓状回旋出现时上机架径向振动的突然变化

9.3.2.2 发电机上、下机架（推力机架）垂直振动的解读和诊断实例

立式机组的垂直振动主要出现在推力机架和水轮机顶盖上。推力机架可能位于上机架、下机架或水轮机顶盖上。

混流式水轮发电机组中，垂直振动激振力主要来自涡带压力脉动和异常压力脉动。

转桨式水轮发电机组中，垂直振动激振力的来源是小开度区（非协联工况）下的压力脉动。

卧式机组轴承的垂直振动由不平衡力、压力脉动等多种原因引起，通常幅值都比较小。

无论什么型式的立式水轮发电机组，推力机架垂直振动都有发生共振的可能性。

【例 5】 涡带压力脉动引起的垂直振动的诊断

图 9.6 为红林电站一台混流式水轮发电机组推力机架（上机架）垂直振动随开度的变化趋势图；图 9.7 为推力瓦受力的涡带频率分量变化趋势图。对它们的解读可得到如下主要结果：

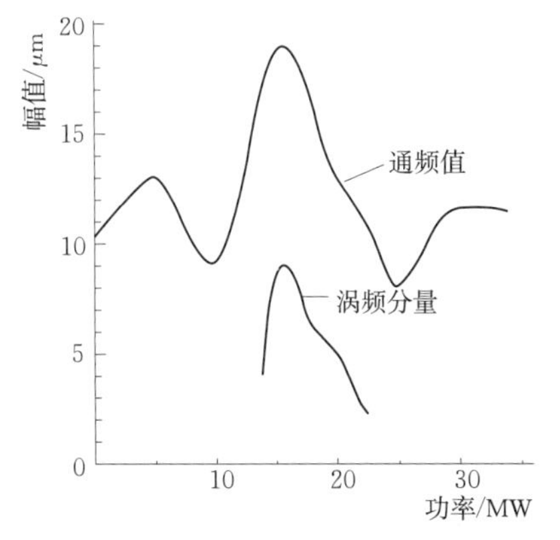

图 9.6 上机架垂直振动随开度的变化趋势

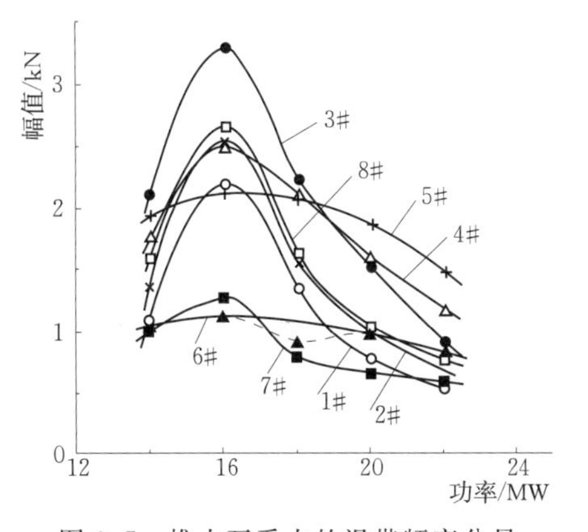

图 9.7 推力瓦受力的涡带频率分量

（1）涡带压力脉动是推力机架垂直振动最大的影响因素。

（2）涡带频率分量的变化趋势完全符合涡带压力脉动的工况特征。

（3）各推力瓦受力很不均匀，但随功率的变化趋势相同，也与图 9.2 上机架径向振动的涡带频率分量的变化趋势相同。

【例 6】　类转频压力脉动引起上机架垂直振动的诊断

类转频压力脉动对机组垂直振动的影响很大。图 9.8 为一台混流式水轮发电机组的上机架由类转频压力脉动引起强烈垂直振动的例子。对它的解读主要结果是：

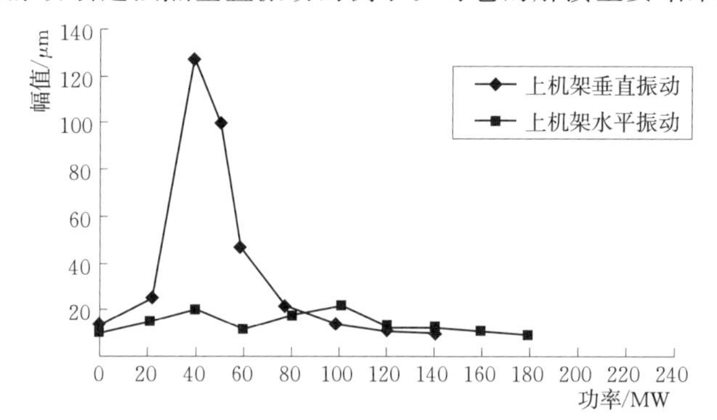

图 9.8　类转频压力脉动引起的上机架垂直振动

（1）在 20～80MW 之间出现一个强烈而又陡峭的振动区，峰值幅值超过 1300μm，出现在约 40MW 功率。

（2）振动区的主频在 2.2～2.5Hz 范围，为转速频率的 1.06～1.21 倍。

图 9.8 与图 2.28（a）类转频压力脉动出现于同一台机组，它们具有完全相同的特征，也是类转频压力脉动及其引起的振动的典型特征。

对上机架水平振动影响比较小，显示了异常压力脉动对振动影响的另一个特征。

【例 7】　转桨式水轮发电机组推力机架共振的诊断

转桨式机组的异常振动都出现在约 30%以下功率的非协联区。图 9.9 为一台轴流转桨式水轮发电机组的推力机架出现垂直振动共振的例子（江西省电力科学研究院试验数据）。对它解读的结果主要是：

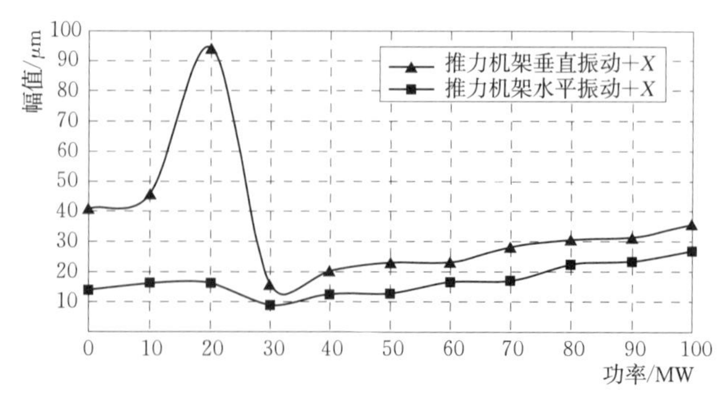

图 9.9　转桨式机组推力机架垂直振动趋势图

（1）在约 20MW 功率时出现了峰值，具有共振的特征。

（2）频谱分析得出峰值对应的频率为 7.27Hz，接近水轮机的叶片频率（7.69Hz）。

（3）随功率而变化的特征表明，激发推力机架共振的是压力脉动。

（4）推力机架的径向振动主频为转速频率，表明引起共振的压力脉动对它的影响比较小。

图 5.7 也是一台转桨式水轮发电机组上机架（推力机架）产生共振的实例。

9.3.3　水轮机顶盖振动的诊断

水轮机顶盖的功能、结构和受力比发电机上、下机架复杂，但它的振动响应情况实际上已被简化。下面为顶盖振动数据的解读和诊断实例。

【例 8】　涡带压力脉动对顶盖振动影响的诊断

前面图 4.1（c）、（d）两图分别是一台混流式水轮机顶盖的径向和垂直振动随导叶开度的变化趋势。它们主要显示了涡带压力脉动对顶盖振动的影响，此处从略。

【例 9】　类转频压力脉动对顶盖振动影响的诊断

类转频压力脉动对水轮机顶盖垂直振动和径向振动的影响不完全相同。

图 9.10 为一台混流式水轮发电机组高、低两种水头下的顶盖振动随功率的变化趋势图。对这两张图解读的结果主要是：

（1）低水头情况下［图 9.10（a）］顶盖振动有两个比较明显的峰值，其中出现在最大功率时的峰值系由类转频压力脉动引起。这与图 2.33 尾水管压力脉动的变化趋势几乎完全相同。

（2）高水头情况下［图 9.10（b）］，由类转频压力脉动引起的顶盖垂直振动峰值，出现在 45MW 功率。

（3）高、低两种水头下，振动峰值对应的频率与类转频压力脉动的主频相同，也与引水管路水体的固有频率相同。

（4）在低水头情况下，类转频压力脉动对顶盖径向振动的影响也比较明显。

（5）出现在 120MW 功率时的峰值系由涡带压力脉动引起。

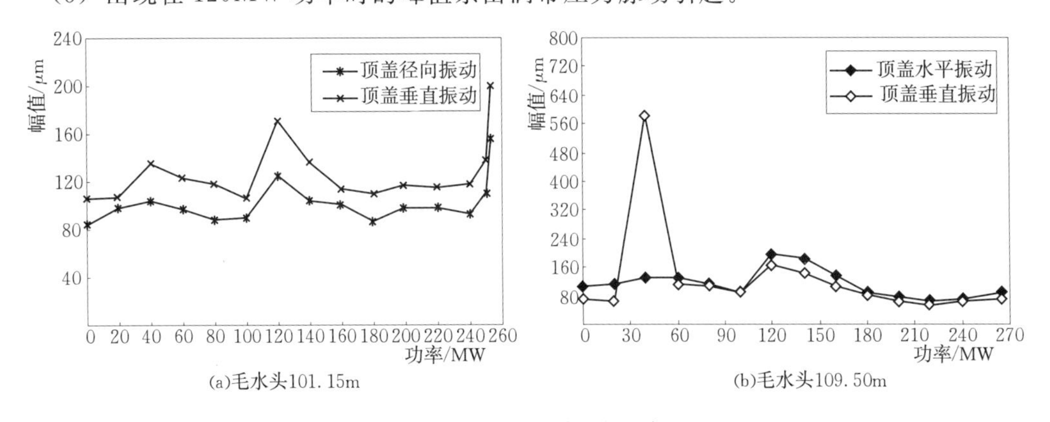

图 9.10　顶盖振动趋势图例

【例 10】　轴流转桨式水轮机顶盖振动的诊断

图 9.11 为一台轴流转桨式水轮机顶盖垂直振动和径向振动趋势图，它们与推力机架垂直振动（图 9.10）有相同的变化趋势，其解读结果也大致相同：

（1）在非协联区（30MW 以下）出现了明显的振动区，峰值出现在 10MW 或 20MW 功率时。

（2）共振区的幅值随功率而变化，表明它是由压力脉动所引起，其主频为7.27Hz。

（3）顶盖径向振动幅值变化不大，且主频为转速频率，表明引起峰值振动区的压力脉动对它的影响比较小。

（4）水头对顶盖振动有影响，但对径向振动和垂直振动的影响不尽相同。

（5）水力不平衡力对顶盖振动也有一定的影响。

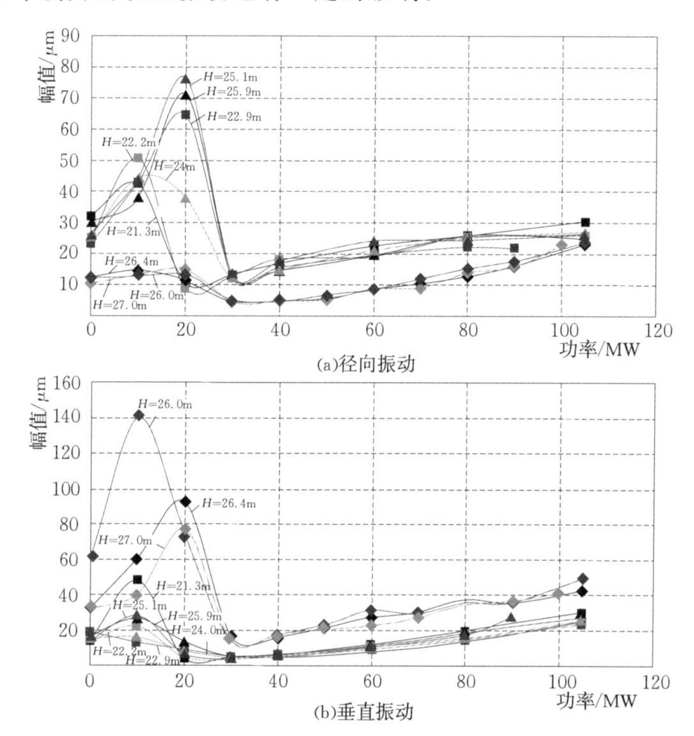

图9.11　转桨式水轮机顶盖的径向和垂直振动

水力因素和顶盖振动的进一步解读：

（1）图9.12（a）、（b）显示：顶盖和推力机架的垂直振动具有几乎完全相同的波形和主频（7.27Hz），表明它们是由同一种压力脉动所引起的。

（2）蜗壳和尾水管压力脉动中都包含很强的7.27Hz频率成分，显然，它就是引起推力机架和顶盖垂直振动的主要原因。

（3）同一电站另一台机组具有基本相同的振动特征，但推力机架和顶盖垂直振动的主频为7.69Hz，与叶片频率完全相同，并随功率的增大而增大。由此判断，2号机的7.27Hz压力脉动也与叶片频率压力脉动密切相关。

9.3.4　大轴摆度的诊断

大轴摆度的特征决定于它的受力特征。前已述及，转动部分的受力分为两类：一类来自于转动部分本身，它涵盖了水力、机械和电磁三个方面的激振力，其特征频率是转速频率或其整倍数；另一类来自于水轮机的压力脉动，其中最主要的是涡带压力脉动和异常压力脉动。

大轴摆度或者转动部分的弓状回旋运动，与自身状态和固定支持部件的状态密切相关。

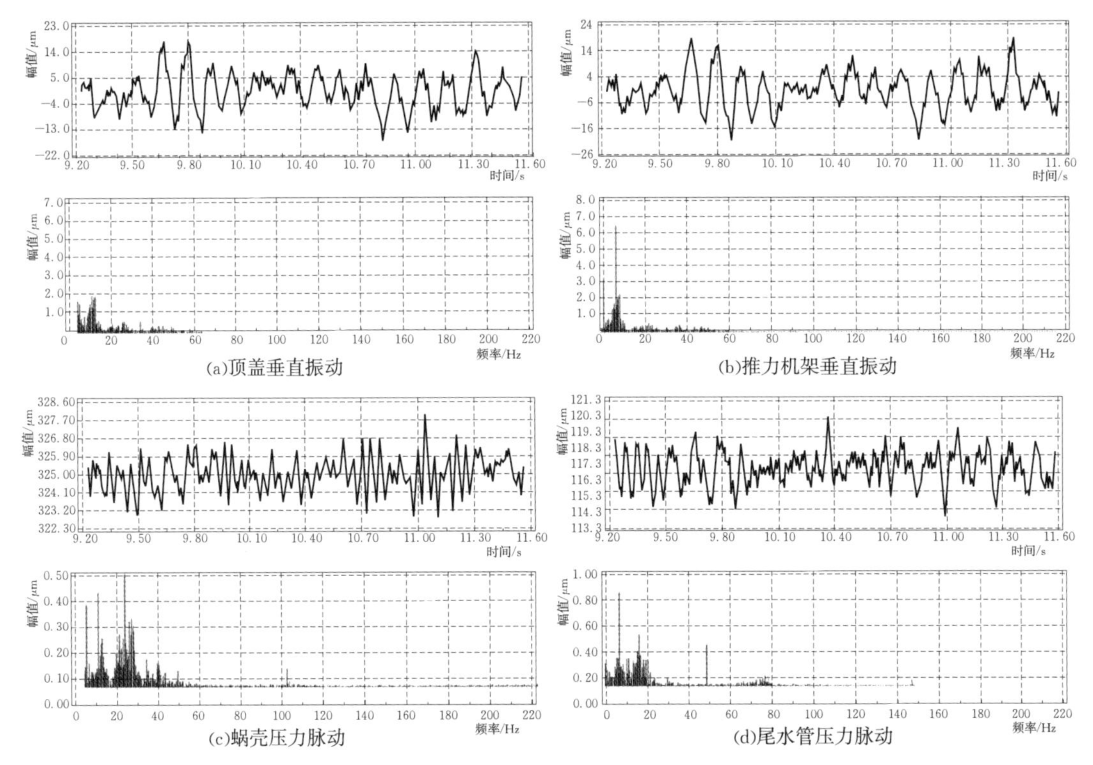

图 9.12 垂直振动和压力脉动波形图与频谱图对比

作为振动体，转动部分也会出现共振、自激弓状回旋、热不平衡等异常情况。这些异常情况可能成为大轴摆度的真正问题。

对大轴摆度的诊断也包含对这些因素的相关诊断。

下面为大轴摆度诊断的几个例子。

【例 11】 涡带压力脉动对大轴摆度影响的诊断

涡带工况区的大轴摆度具有与涡带压力脉动完全相同的特征，图 9.13 为一个例子。在较低的试验水头下，它出现的功率范围为 450～550MW，主频为 0.3Hz，约为转速频率的 1/4。图 9.13（a）为大轴摆度通频值；图 9.13（b）为 0.3Hz 以下的低频信号的分频值，突出显示出涡带压力脉动的影响。前面也有很多类似的实例，如图 4.3～图 4.7 所示。

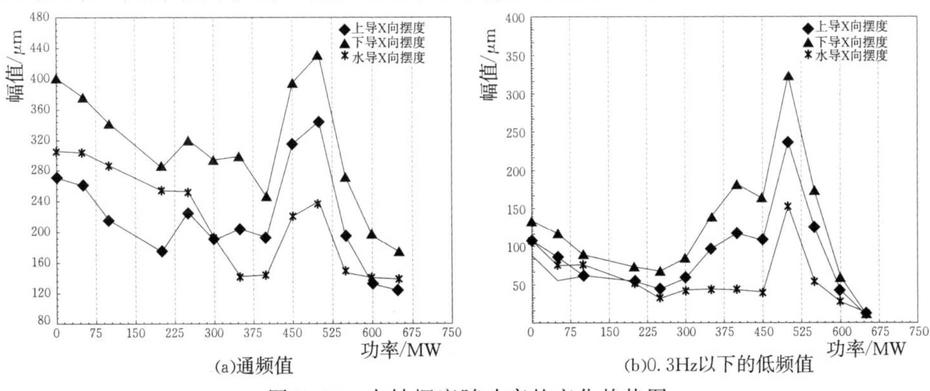

图 9.13 大轴摆度随功率的变化趋势图

【例 12】　异常压力脉动引起的大轴摆度诊断

异常压力脉动对大轴摆度的影响可通过其特征频率和出现的工况范围来判断。图 9.14为刘家峡电站 4 号机大轴摆度的一次测量结果。对该图的解读结果为：

（1）在全工况范围内，大轴摆度有三个峰值振动区，分别出现在不同的功率范围。

（2）以 20MW 为中心的振动区，其特征频率为 2.2～2.7Hz，略高于转速频率 2.05Hz，系由类转频压力脉动所引起。

（3）以 160MW 为中心的振动区，它出现在涡带压力脉动工况区的末端，系由高部分负荷压力脉动所引起。

（4）以 100MW 为中心的振动区，具有明显的涡带压力脉动的工况和频率特征。

前面的图 5.12 为转桨式水轮发电机组水导摆度发生共振的例子；图 9.5、图 4.18（a）为自激弓状回旋情况下的大轴摆度的特征形态。它们都具有鲜明的特征，比较容易识别和诊断。

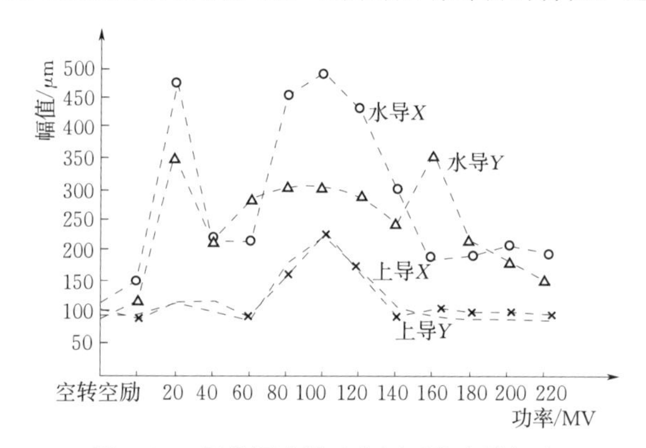

图 9.14　异常压力脉动作用下的大轴摆度

9.3.5　定子铁芯和定子机座振动的诊断

定子机座和定子铁芯承受的激振力种类基本相同，但两者之间的传递方向、幅值大小均不相同。

定子铁芯的极频磁振动只在发生共振时才比较强烈。可能引起定子铁芯极频共振的原因有多种，它们引起的共振具有不同的特征，这是对其进行诊断的依据，在 2.3 节已经讨论过，也介绍了国内水轮发电机组发生共振的例子。

极频磁振动的共振可以通过下述方法作初步判断：

（1）极频磁振动的主频为 100Hz。

（2）共振时伴有较强的 100Hz 噪声。

（3）极频振动幅值随定子电流的增大而增大。

进一步的判断或验证，请参看第 2 章 2.3 节。

比较多见的是定子铁芯常规振动的诊断。图 4.50 是一个“中规中矩”的定子铁芯振动随功率的变化趋势图实例，它主要由转频系列的电磁激振力所引起，也有水力因素的部分影响。

图 2.61 和图 2.62 说明的是转子不圆度对定子机座径向振动的影响，也是定子机座振动诊断的例子。

以下介绍一个少见的发电机定子异常振动及诊断实例，也主要是说明异常问题诊断

的入门思路、推理方向和倾向性结论的引出。

1. 基本振动情况

图 9.15 为三峡电站一台机组的定子铁芯和机座振动随功率的变化趋势图（图 9.15～图 9.21 均摘自奥技异电气技术研究所：三峡电站 18 号机组运行状态分析评价报告，2009）。它与众不同的地方在于：在约 100～300MW 功率范围（根据图 9.16 和图 9.17 确定）出现了十分明显的振动区，定子铁芯振动最大值超过 100μm［图 9.15（a）］，定子机座振动最大值更是达到 120μm［图 9.15（b）］。振动频率具有明显的随机性，频率范围为 10～30Hz［图 9.16、图 9.19 和图 9.20（b）］。对比图 9.15 和图 9.16 就可得知，随机振动的分量为振动区的主要成分。

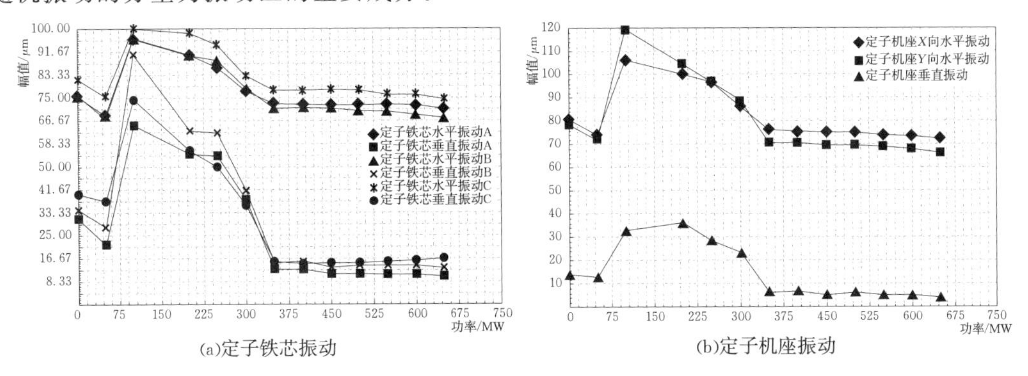

(a)定子铁芯振动　(b)定子机座振动

图 9.15　定子铁芯和机座振动通频值随功率的变化趋势图

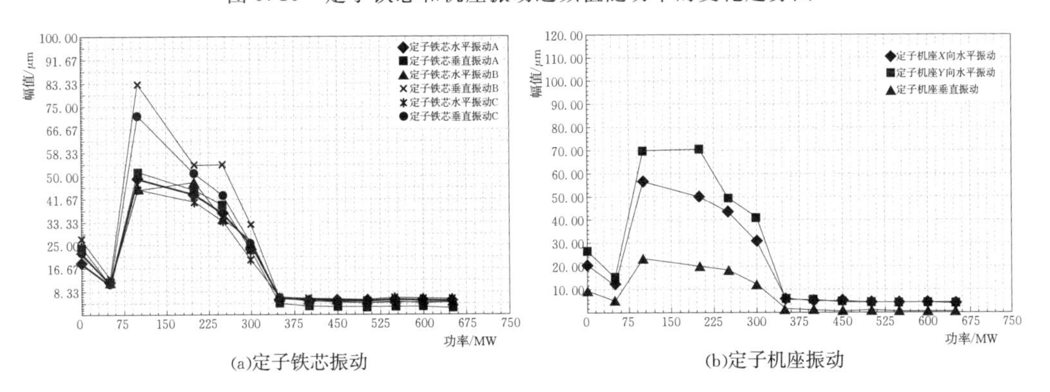

(a)定子铁芯振动　(b)定子机座振动

图 9.16　定子铁芯和机座振动 10～30Hz 分量随功率的变化趋势图

从图 9.17 空载工况下的频谱图上可以看出：在 100MW 功率以下，铁芯和机座径向振动的频率范围都在 6Hz 以下，显然与 100～300MW 功率范围的振动具有不同的激振力来源和性质。

2. 100～300MW 功率范围的异常振动原因分析

（1）随功率而变化的振动分量一定是水力因素的影响结果，这里在 100～300MW 功率范围出现的定子铁芯和定子机座 10～30Hz 振动也不例外。

（2）对比图 9.16、图 9.18 和图 9.19 可以看出，定子径向振动与顶盖压力脉动具有相同的变化趋势、相同的工况范围（100～300MW）和相同的频率范围（10～30Hz），表明引起定子铁芯和定子机座上述振动的水力因素就是顶盖压力脉动。

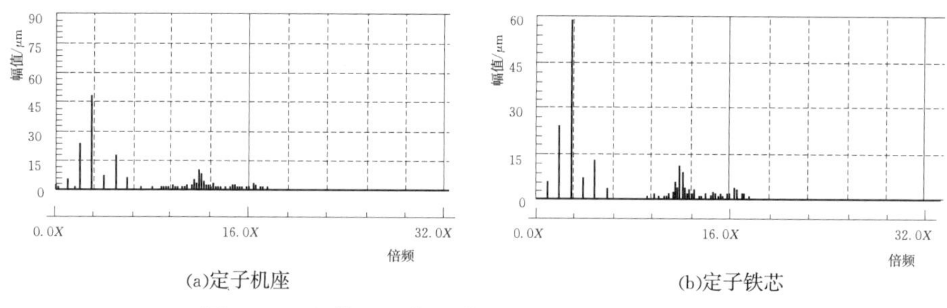

(a)定子机座　　(b)定子铁芯

图 9.17　空载工况定子铁芯和机座径向振动频谱图

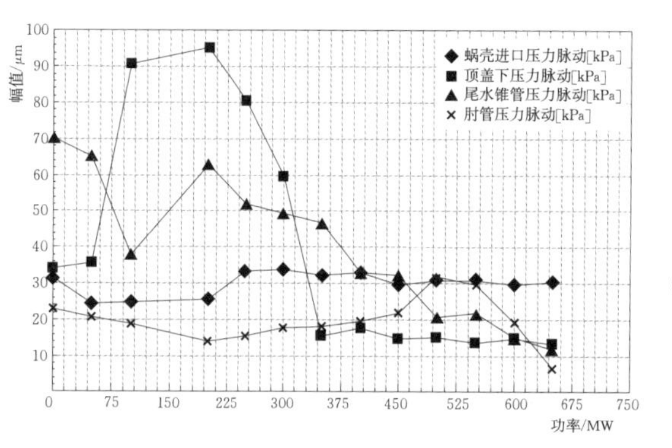

图 9.18　压力脉动随功率的变化趋势图

图 9.19　顶盖压力脉动瀑布图

(3) 图 9.20 (a) 和图 9.21 (a) 还显示：在 300MW 以下功率范围，下机架垂直振动中除了 10～30Hz 的频率成分外，在约 8Hz 以下频率范围还有相当强或者更强的随机性信号，两个频段也不连续。而顶盖压力脉动中则没有这样的信号，如图 9.19 和图 9.20 (b) 两图所示。这表明，两个频段的下机架径向振动系由不同的原因引起；也表明两个频段的压力脉动也是由不同的原因所引起。

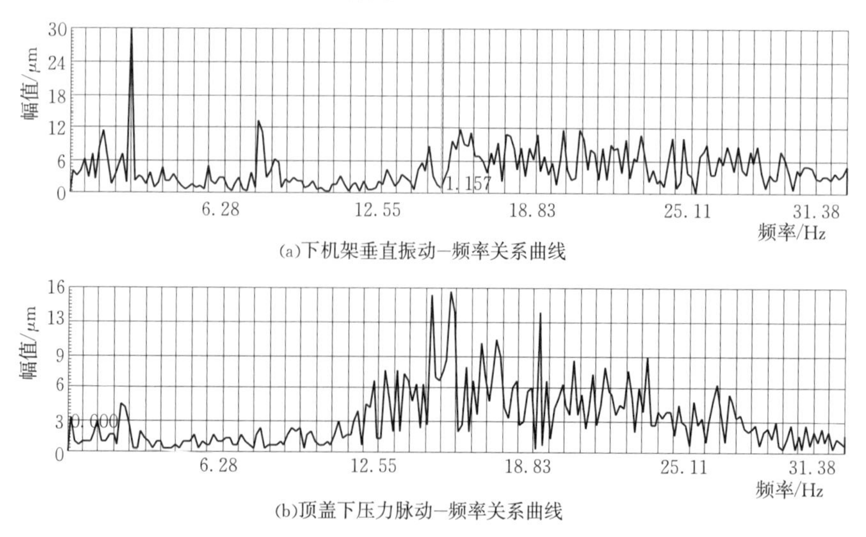

(a)下机架垂直振动—频率关系曲线

(b)顶盖下压力脉动—频率关系曲线

图 9.20　下机架垂直振动和顶盖压力脉动频谱图对比

3. 顶盖压力脉动对机组振动的影响

100～300MW 功率范围顶盖压力脉动对机组各部位振动的影响不同。

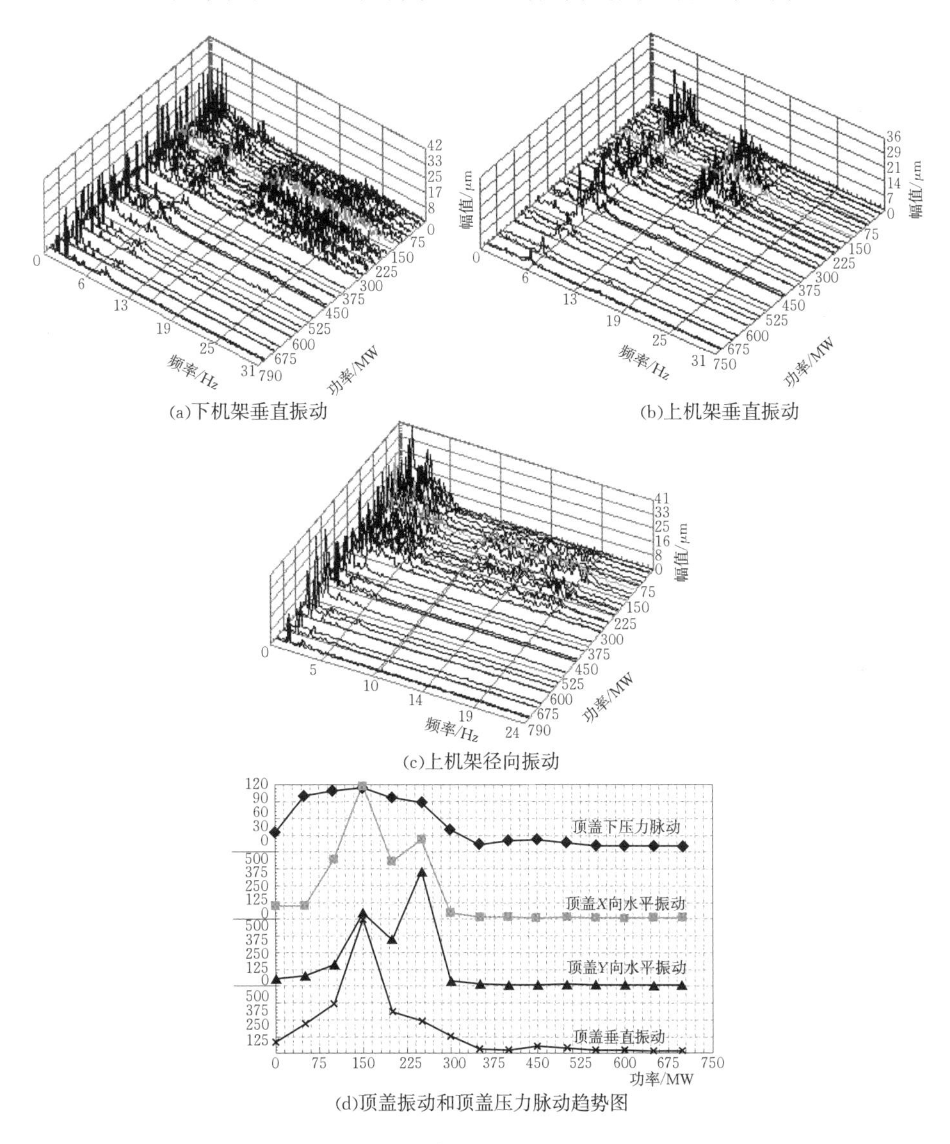

(a)下机架垂直振动

(b)上机架垂直振动

(c)上机架径向振动

(d)顶盖振动和顶盖压力脉动趋势图

图 9.21　100～300MW 功率范围上、下机架振动瀑布图的对比

(1) 下机架垂直振动的变化趋势与定子振动的变化趋势相同，频率范围也完全相同[10～30Hz，图 9.21 (a)]，显然也是顶盖压力脉动影响的结果。

(2) 半伞式机组的上机架也并不直接承受顶盖压力脉动形成的轴向力，上机架垂直振动的 6Hz 和 15Hz 两个频段，应是受径向振动牵连影响的结果。该两频段分别是上机架系统的两阶垂直振动固有频率 [图 9.21 (b)，参看图 4.30 及相关说明]，它们对同样频段的激振力比较敏感。

(3) 对上机架径向振动的影响比较小，频率范围也不相同 [10～20Hz，图 9.21 (c)]。

(4) 顶盖下是顶盖压力脉动的产生地，对顶盖垂直、水平振动的振动影响都比较大是可想而知的［图 9.21（d）］。顶盖振动比较大及变化比较大的功率范围也在 100～300MW 间，但它的垂直、径向振动对顶盖压力脉动的响应不完全相同。

（5）水轮机室的噪声随功率的变化趋势（图 12.3）也表明激振力来自顶盖压力脉动。

4. 激振力传递途径

根据激振力来自顶盖压力脉动推测：由顶盖压力脉动产生的 10～30Hz 激振力首先作用在定子机座上，而后传递到定子铁芯上；定子机座的振动或其激振力是由基础或机墩传递来的；顶盖压力脉动也会同时作用在转轮上冠，并通过转轮和大轴传递到下机架—推力机架上，激发 10～30Hz 的垂直振动。

5. 10～30Hz 顶盖压力脉动的特性

压力脉动的特性和特点与产生原因密切相关。

（1）出现在小负荷区，表明它和小开度区（转轮和尾水管中）的水流状态有关；但它又不是从空载开始，也没有 10Hz 以下的频率成分，表明它与常规的小开度区压力脉动的产生原因不同。

（2）在小负荷（100MW）段，它的出现具有突变性质，它的消失则是渐变的。

（3）压力脉动频率具有随机性，但有比较固定的频段（10～30Hz）。

（4）10～30Hz 频段主要出现在顶盖压力脉动中，但尾水管压力脉动中也有这样的频率成分（参看图 9.18 的尾水管压力脉动趋势图）。两者之间应有一定的因果关系。

（5）10～30Hz 频段顶盖压力脉动具有同步特性。这是它对机组垂直振动影响比较大但对各导摆度没有明显影响的主要原因，并表明它应当也是由某种具有同步特性的压力脉动所引起的。

（6）压力脉动频率具有随机性表明，引起顶盖压力脉动的因素也应具有一定的随机性。

（7）它产生于顶盖下，显然与顶盖及其以下（包括转轮上冠）的构件及其结构有关。

6. 关于顶盖压力脉动产生原因和机理的倾向性结论

（1）根据水力因素特点分析。

1）水轮机中大多数压力脉动的产生都与水流的旋转速度有关，这在《混流式水轮机的水力稳定性》一书中已经作了讨论。水轮机小开度区的水流完全具有这样的条件。

2）压力脉动出现在顶盖下，表明它的产生应和顶盖下及转轮出口处的水流状态有关。

3）受顶盖下对称性空间的约束，顶盖下水流应当是比较稳定的旋转水流，没有其他的扰动因素时，应不会“自动”产生什么压力脉动。

4）在功率超过 100MW 时才出现这种压力脉动的特点则进一步表明，顶盖压力脉动的产生可能与转轮出口靠上冠处的水流状态有更密切的关系。

5）众所周知，在小开度区，转轮上冠部位为回流区，开度越小回流区深入转轮的距离越大，随开度的增大，回流区的范围越来越小，试验水头下，回流区的功率范围大致是 0～450MW，顶盖压力脉动最大幅值出现在回流区功率范围的 50%左右，正是回流能量最大的工况。

（2）从压力脉动的特性方面分析。

1）顶盖压力脉动具有明显的同步特性，这表明引起顶盖压力脉动的水力因素也应具有一定的分布特性；10Hz 以下没有顶盖压力脉动信号可能也和多处扰动同时产生有关。

2）它的随机性特性表明，它的产生和稳定水流与某种结构性扰动因素的冲击作用有关。这也是它的频率范围不是很大的原因。

3）趋势图9.18显示，它不可能是由水体共振所引起，因为它没有显示出有共振曲线（图7.10）那样的特征。

4）幅值比较大特别是15～16Hz频率范围的幅值比较大，可能与顶盖下水流的动力响应有关，也可能与分布性扰动结果的叠加有关。

（3）从顶盖和转轮的结构上分析。

1）顶盖下近似为一个圆盘形空间，内部均为光滑的壁面，一般不存在什么扰动因素（例如分瓣转轮的组合法兰等），不具备产生较强随机性压力脉动的结构条件。

2）对小开度区回流产生扰动的因素可能有两个：转轮叶片和转轮上冠上的平衡孔。叶片频率或者是单个平衡孔的扰动频率为16.25Hz，与最大单个压力脉动幅值对应的频率范围接近。

（4）倾向性结论。

出现在100～300MW功率范围的10～30Hz顶盖压力脉动，是由小开度区尾水管中的回流与转轮叶片的相互作用产生，并经由转轮上冠上的平衡孔传递到顶盖下空间；因顶盖下空间水流的动力响应和扰动信号的叠加效应而使压力脉动幅值得到放大。

参考文献

[1] 孙建平，冯正翔，郑莉媛．二滩水电厂机组尾水管压力脉动及其影响［J］．水电能源科学，2007（3）：57-59.

第10章　机械缺陷引起振动的诊断

原则上说，水轮发电机组的各种振动都是与某种机械缺陷或某种情况下显示的机械缺陷相联系的。

水轮发电机组由许多的零部件所构成，其中任何零部件的缺陷或它们之间的配合偏差都可能会引起机械振动。

机械缺陷有零部件的缺陷和零部件状态偏离正常情况两种表现形式。

机械缺陷的产生原因也有两种情况：一种是机组零部件加工、安装和检修过程中产生的缺陷或过量偏差，另一种是零部件在机组较长时间的运行过程中产生的状态变化。

旋转机械的转动及其支持部分，都可能由于机械缺陷的存在而成为激振力源。

转动部分的机械缺陷是水轮发电机组振动和激振力最主要的来源之一，而且缺陷产生的概率也比较大。

轴承及其支持部分的机械缺陷是激振力的另一个主要来源，它不仅直接导致一些激振力的产生，而且还会影响或引起转动部分激振力的变化。

机械缺陷的产生是随机的，但它们产生的激振力还是相当有规律的。转速频率或其整倍数（即所谓“多倍频”），这是机械缺陷引起的激振力的最大特点。

转动部分机械缺陷产生的转频激振力往往以不平衡力的形式表现出来，但它们属于非典型不平衡力中的一种。也有例外的情况，例如自激振动也是由机械缺陷引起的，但它的主频就不是转速频率或其整倍数，而是振动体的固有频率。

机械缺陷引起的振动的诊断，实际上就是机械缺陷的诊断。由于机械缺陷引起的激振力具有共同的频率特征，故仅凭这个特征并不一定能判断机械缺陷的具体所在，还需要利用其他特征或条件仔细地辨别。此时，已有的实际经验和实际例子就可能有比较重要和直接的参考价值了。

前面讨论过的机组振动和大轴摆度中，实际上也有相当一部分与机械缺陷相关。

10.1　转动部分机械缺陷引起振动的诊断

转动部分的机械缺陷是激振力产生的重要根源，而且它引起振动的情况十分普遍，前面也已经介绍了许多这方面的例子。它们的诊断同样是根据各自的特征来进行的，例如：

随时间而变化的振动或摆度，是由热不平衡力引起的。从它引起振动或大轴摆度幅值变化的机理上看，它属于热不平衡力，而从热不平衡产生的机理上看，它属于机械缺陷引起振动或大轴摆度变化的情况。

推力头或轴领与大轴的配合不够紧时，也会产生大轴摆度及其相位随时间而变化的

情况。但这种变化富于随机性，也可能在温度升高后消失。

发电机转子的不圆度和偏心度是引起发电机转频系列电磁激振力的来源。它引起的振动可在许多形式的图形上表现出来，如波形图、频谱图、圆度图等（图 2.60～图 2.63 和图 2.65）。

水力不平衡现象也是由机械缺陷产生的。例如前面介绍的红花电站、葛洲坝电站、万安电站等曾经出现过的情况。

下面是其他一些机械缺陷引起振动的实例。

10.1.1 磁极和磁极键缺陷引起的振动诊断

1. 振动不稳定现象

一座电站的一台机组在投产运行几年后，发现机组振动存在一些不稳定现象。现场调查和试验得出如下结果：

（1）无励磁或有励磁升速时，机组转动部分上都会出现很大的附加不平衡力。

（2）振动幅值随转速频率平方变化的情况偏离线性关系甚远，如图 10.1 所示。当转速由 100%升高到 115%时，按平方关系振幅应增大约 32%，实际增大约 230%。

（3）约在 105%相对转速左右振动开始异常增大，约在转速降低到 90%～95%时，异常现象消失。

（4）无论上机架还是下机架，附加机械力和附加电磁力都同时出现，但它们的相位和大小有明显的区别，随转速变化的情况也相差很大。

（5）振动频率显示为比较单一的转速频率。

（6）高于额定转速时，大轴摆度和上机架振动的相位随转速而变化。

（7）配重能使上机架径向振动幅值发生较大和不规律的变化。例如一次配重时，初始结果是每 5kg 配重可减小振幅 0.02mm；再次加配重 10kg 时，上机架径向振动幅值反由 0.04mm 增加到 0.20mm 以上。

（8）甩负荷过程中上机架径向振动异常增大；甩负荷后，如果不停机，就不能恢复到原来的振动幅值。

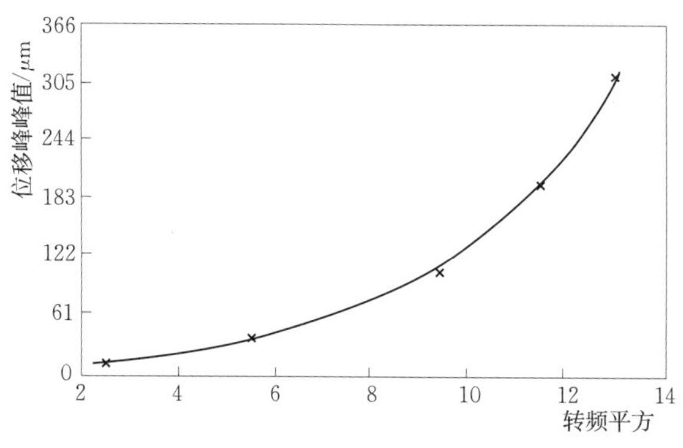

图 10.1 振动幅值随转速频率平方的变化

2. 初步分析和判断

（1）不稳定振动的转速频率特征说明，附加激振力是以不平衡力的形式表现出来的。因此，这个附加力必然产生在转动部分上。

（2）附加机械不平衡力和附加电磁不平衡力相伴而生。这表明，它们和转子磁极的状态变化有关。

（3）不稳定振动现象既可以产生又可消失，表明转动部分上的某个或某些部件的变形或位移具有弹性变形性质。

（4）机组振动相位随转速的变化表明，转动部分上的缺陷部件（如磁极）不止一个或不止出现在一个方向。

3. 现场缺陷检查结果

根据转速升高时振动相位发生变化的数据确定，在小修时拔出两个磁极进行检查。发现：①磁极键（通键）接触不良，磁极键在键槽内是倾斜的；②磁极键普遍松动，磁极可以产生相对于转子磁轭位移；③磁极线圈可以相对于磁极铁芯运动。

在对所有磁极键打紧后，机组异常振动现象明显好转，此后在大修时作了比较彻底的处理，异常现象消失。

10.1.2　镜板不垂直度引起推力轴承托瓦损坏的诊断

一台小型悬垂式水轮发电机组，投运不到一年就出现了推力轴承托瓦和导轴承托瓦断裂和开裂的情况，如图 10.2 所示。推力轴承托盘的断口显示具有疲劳破坏特征；下导轴承处，大轴被油槽盖板磨出数以毫米计的沟槽。

(a)推力轴承

(b)导轴承托瓦

图 10.2　推力轴承和导轴承托瓦断裂的情况

1. 推力轴承轴向动载荷的来源

疲劳破坏意味着推力轴承和导轴承承受了相当大的轴向和径向动载荷。这样大的轴向动载荷是怎样产生的？在 9.1.4.1 节中的“反向推理”部分已经作为例子对此进行了推理和分析。其结论是：推力托瓦承受的巨大轴向动载荷是由镜板的不垂直度引起的。刚性支撑的推力轴承也为此作出了一定的贡献。这是机械缺陷引起振动和相关部件疲劳破坏的一个典型实例。

2. 导轴承径向动载荷的来源

同样，由于镜板与轴线的不垂直度，机组运行时，在弓状回旋运动和附加不平衡力的作用下，导致轴领与下导轴承盖板产生碰磨。同时，也额外地对每块导轴承轴瓦施加一个相当大的动载荷，这是导轴承托瓦产生疲劳破坏的原因，也是大轴磨损的原因。

上述分析表明，无论是推力轴承托瓦的疲劳破坏还是导轴承托瓦的疲劳破坏，都与镜板的较大不垂直度相关。

10.1.3 下导滑转子偏心引起振动的诊断

一台机组在增容改造完成后的试运行中发现，大轴摆度和导轴承瓦温都比增容改造前增大、升高了，特别是下导摆度通频值超过500μm。

安装单位和电站提供的相关情况有：①轴线的盘车净摆度为上导为0、下导为180μm、发电机轴法兰为80μm、水导为80μm；②3号机下导有一个铬钢垫开裂过；③下导盘车摆度大的原因是下导轴领偏心，偏心的原因是：下导轴领松动，在加热后加垫时没有处理好，在一个方位上最大约有100μm的偏心。

现场试验结果显示：①机组振动、摆度的主频为转速频率；②上导摆度和下导摆度的相位与下导轴领偏心的方向相同；③下导摆度超过500μm，下机架的径向振动幅值超过100μm，且都不随功率发生明显变化。

综合分析得到的初步结论是：上述不正常现象产生的直接原因是下导轴领偏心。

基于上述初步分析结果，采取的处理原则是：通过配重改变径向力的相位，以消除轴领偏心的影响。具体方法是：在与轴领偏心相反的方向施加适当的配重，使大轴摆度相位发生相反的变化。

最终的配重效果是：下导摆度相位产生了210°的偏转，下导摆度通频值由470μm减小到184μm，下机架径向振动由54μm减小到18μm，上机架径向振动幅值由88μm减小到30μm，瓦温降低的情况如图10.3所示。

配重前，上、下机架的径向振动幅值并不很大，但瓦温比较高，表明大轴有别劲情况。

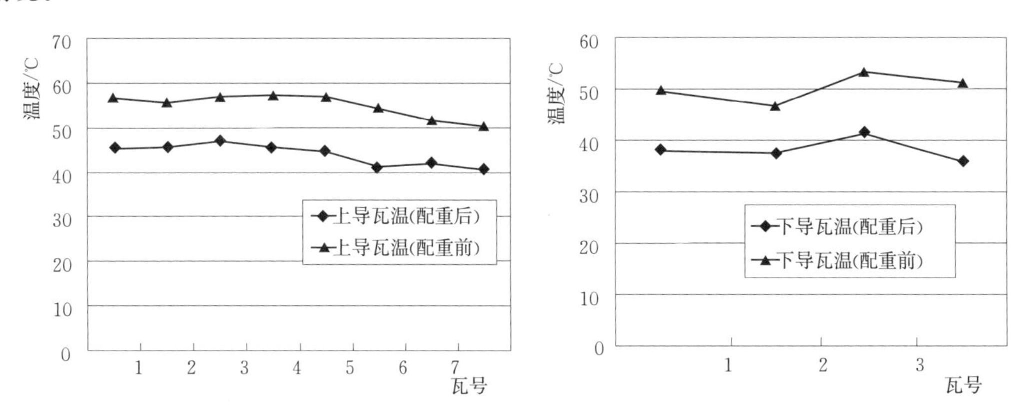

图10.3 配重前后瓦温的变化

10.1.4 推力头松动引起的大轴摆度不稳定现象诊断

一台新机组在安装完成后的运行中，在一些工况范围出现了大轴不稳定的晃动现象：大轴摆度幅值时大时小，摆度中心也时刻在变化。此前也做过配重，没有效果。后来了解到，推力头与大轴之间有0.08mm的设计间隙，目的是希望转动部分在运行时能自动对中。

经分析认为，对于悬垂式机组，在静止状态下，转动部分能自动对中，但在运行情况下，特别是在水力稳定性不大好的工况下，转动部分将会在不稳定水流的扰动下产生不稳定晃动。

基于上述分析和当时的实际情况，采取了一种临时处理方法：即用配重的方法使大轴偏靠一边，并保证机组在 75%以上负荷时可以稳定运行。配重后达到了预期效果。此后，在采取措施消除推力头与大轴之间的间隙后，不稳定晃动象就彻底消失了。

10.1.5　推力头和下导滑转子松动引起的异常振动

大岩坑电站机组的转速比较高（1000r/min），在额定转速下，机组就出现了不稳定振动情况，主要表现为：

（1）运行时，机组的振动、摆度幅值和相位不断发生变化，如法兰摆度的相位可在 360°范围变化。

（2）上机架径向振动中的非转速频率成分远大于它的转频分量。

（3）配重效果变化无常，配重去掉后，机组的振动、摆度也不复原，如表 10.1 中的数据所示（每格中的分子表示幅值，分母为相位）。

表 10.1　　配重去掉后振动、摆度不能复原　　单位：μm/（°）

项目	推力摆度	上导摆度	下导摆度	法兰摆度	水导摆度	上机架振动
配重前	204/295	47/278	278/272	105/144	62/300	58/249
配重后	359/258	356/275	256/258	95/277	22/294	68/—
去配重后	521/203	483/230	476/254	289/277	70/293	123/237

（4）机组径向振动幅值随运行时间而增大，图 10.4 所示为几次试验的结果。其中，转频分量约在 70min 后趋于稳定，通频值随时间增大的历时为 20～30min。

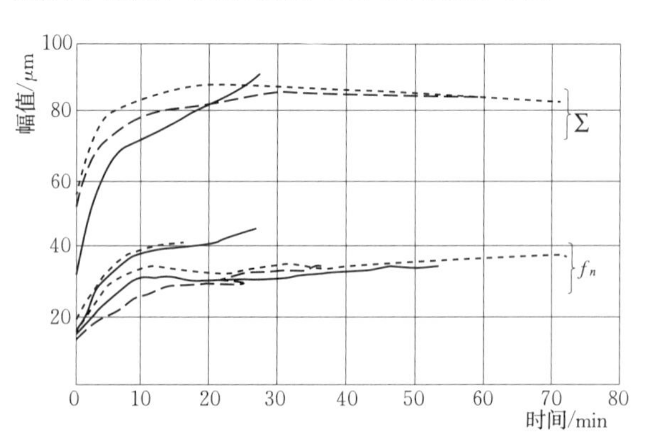

图 10.4　上机架径向振动随时间的变化

根据已有的经验分析判断，推力头和下导轴承滑转子松动可能是机组振动不稳定现象的产生根源。机组的额定转速比较高，推力头和下导轴领与大轴之间的设计紧度不够。机组的振动、摆度变化情况表明，在额定转速下推力头和下导滑转子就出现了松动。在增大推力头和滑转子与大轴的紧度后，振动不稳定现象消失。

两个部位的同时松动，增大了大轴旋转运动的不稳定性，从而增大了大轴摆度和机架径向振动幅值和相位的大幅度变化，也使振动、摆度信号中的随机成分增大。

随运行时间的延长，由于温度的升高，推力头、滑转子与大轴之间的间隙逐渐减小或消失，机组振动最终趋于稳定。

10.1.6 镜板和推力头接合面空蚀引起的振动

镜板和推力头接合面的空蚀，除对这些部件产生一定的损伤外，也因为腐蚀堆积物的产生而使接合面出现不平整情况，进而增大了镜板与轴线的不垂直度，最终增大了大轴摆度和振动。

如果镜板和推力头之间形成密闭空间并且镜板存在相对于推力头的轴向振动，就可能在两者之间产生很大的真空并导致两者接合面的空蚀。这种情况出现在镜板刚度不足或镜板与推力头连接螺栓刚度不足的情况下。这与利用磁致伸缩仪（或磁致振动仪）进行材料的空蚀性能试验的情况类似。

在推力头与镜板之间，有的有调节镜板垂直度的绝缘垫片，有的没有垫片。

在文献［1］一文中介绍了一个例子。该发电机为悬垂式结构，约运行一年半时间出现了下述情况：①厚约 2mm 的垫片，一部分被腐蚀完，残余部分，最薄处仅 0.1mm，最厚处 0.93～0.95mm，如图 10.5（a）所示；②推力头与镜板的接合面被腐蚀成蜂窝状，最深有 0.5～0.6mm，沿圆周一半较轻，一半较重，如图 10.5（b）所示；③镜板接合面的腐蚀比推力头严重，蜂窝状凹痕深度 0.8～0.9mm，圆周的一多半边缘被推力头压陷 0.1～0.15mm，如图 10.5（c）下部所示。文章作者认为，腐蚀的性质为空化空蚀。从图 10.5 上显示的现象看，镜板刚度可能偏低。

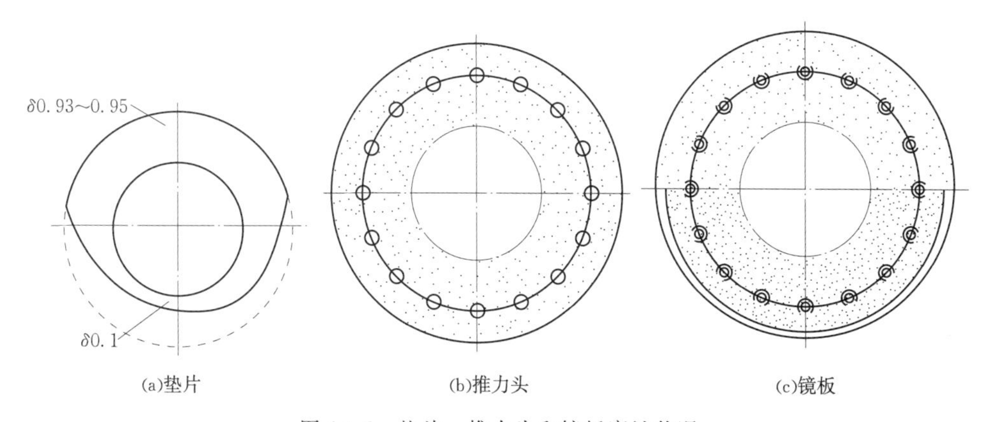

图 10.5 垫片、推力头和镜板腐蚀状况

十三陵电站机组推力头和镜板空蚀的形态与上述电站的机组不同，如图 10.6 所示。空蚀痕迹呈径向沟槽状，这显然是由推力头和镜板之间真空脉动式变化的结果。光亮带为非接触面和把合螺栓所在部位。

经过一段时间的运行后，在镜板和推力头的接合面上就出现由空蚀产生的所谓“高点”，即由空蚀产生的金属颗粒的堆积物，水导摆度就逐渐增大。在铲除了这些“高点”之后，大轴摆度就可恢复到原来的水平。但是，过一段时间，这种现象会重新出现。

(a)推力头

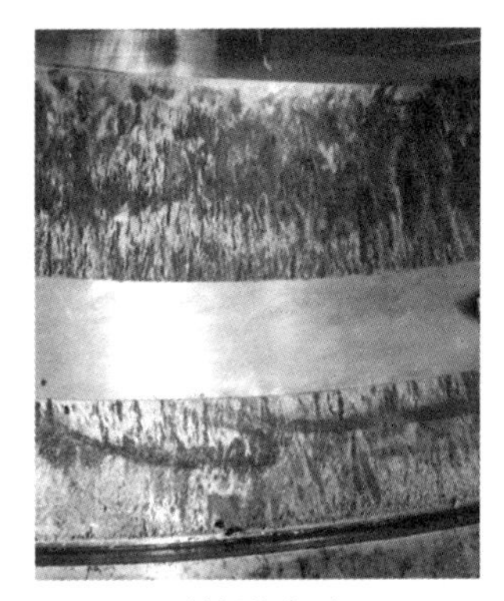
(b)镜板接合面

图10.6　推力头和镜板接合面空蚀后的形貌

在镜板和推力头接合面发生空蚀的现象在其他电站中也出现过，其基本原理是相同的。

10.1.7　磁轭叠片松动引起的故障

白山水电站资料介绍了一起因拉紧螺杆缺陷和磁轭叠片不紧引起事故的情况。一台发电机在试运行阶段进行1.45倍额定转速的过速试验，当转速升高到1.36倍（170r/min）时，发现转子制动闸环与闸板发生摩擦，产生不正常的响声与火花。停机检查发现：①发电机空气隙由安装时的27～29.7mm减少到24.15～25.15mm，转子直径平均增大8mm；②转子支臂与磁轭的间隙由1.5mm增大到5mm，而且键槽发生错位，最大达2.5mm；③径向磁轭键发生扭斜，同槽两键径向出现2.0mm间隙；④磁轭内沿每层冲片之间发生1.0～1.5mm的滑移，滑移发生在半极距的搭接处；⑤制动环与闸板的间隙由9～10mm减少到1～6mm，而且内侧间隙比外侧大，呈伞状，外侧个别部位已与闸板接触。

根据资料上的计算和分析，出现上述异常现象的基本原因是：磁轭拉紧螺杆的预紧力不够，在转速为170r/min时，磁轭片间的摩擦力小于磁轭片旋转时的离心力，于是磁轭叠片被甩出。此外，磁轭叠片采用的是半极距单向顺叠法，未能充分利用圆周向各叠片层之间的摩擦力，削弱了这种磁轭的整体性和强度。计算结果还表明，在磁轭叠片紧度不够的情况下，磁轭键的受力已经超过材料（45号钢）的屈服极限，导致磁轭键变形。

采取的处理措施：一是提高磁轭穿心螺杆的拉紧力；二是采用错开1个和1.5个极距的交替叠片方法，提高叠片之间的摩擦力；三是更换了所有的磁极键。处理后发电机就没有再出现过类似的情况。

这种极端现象很少出现，但在发电机运行一段时间后，由于种种原因使转子磁轭紧度松动的情况并不少见，也会对机组的振动产生明显影响，需要定期检查处理。

10.1.8　水轮机转动部分机械缺陷引起的振动的诊断

水轮机转动部分的机械缺陷也能引起机组的振动。例如由转轮叶道开口不一致产生的水力不平衡；由转轮迷宫泄漏引起的机组转动部分自激弓状回旋；转轮上下迷宫间隙不匹配产生的抬机现象；大轴的别劲现象实际上也与水轮机轴有关。这些在相关部分已经或即将进行讨论。

10.2　固定支持部件机械缺陷对机组振动影响的诊断

10.2.1　导轴承缺陷及其对机组振动影响的诊断

导轴承包括从轴瓦到轴承座之间的全部部件。导轴承缺陷，既包括导轴承及其附件的机械缺陷，也包括导轴承的调整偏差，后者可能是更多见的情况。

导轴承可能出现的缺陷及其对机组振动的影响主要表现在如下方面：

（1）导轴承间隙的变化。导轴承间隙增大可能产生的影响有：附加不平衡力增大；降低转动部分的临界转速，使易于被激发而产生共振（图5.12）或自激振动（图2.47）；增大迷宫间隙压力脉动，进而增大水导摆度。导轴承间隙过小会增加大轴别劲的可能性。

（2）各导轴承的不同心度、不平行度。可导致大轴别劲，引起或增大支持部件的振动，使瓦温升高等。

（3）瓦架的刚度不足。可增大大轴摆度以及瓦架振动的动力响应，并可能引起转动部分的自激弓状回旋。

（4）分块瓦各瓦受力不均匀。可影响大轴在轴领内旋转的平顺性，以阻力的形式影响大轴摆度及其支持部件的振动，也是多倍频产生的重要原因。

（5）导轴承油箱盖偏磨。

以下是一个导轴承结构缺陷影响机组振动的例子。

图10.7为一个电站机组的导轴承局部部件，其缺陷是：在抗重螺柱受力后，可以在支持垫块的平面槽中偏移，由此导致导轴承间隙的变化和大轴摆度的增大。

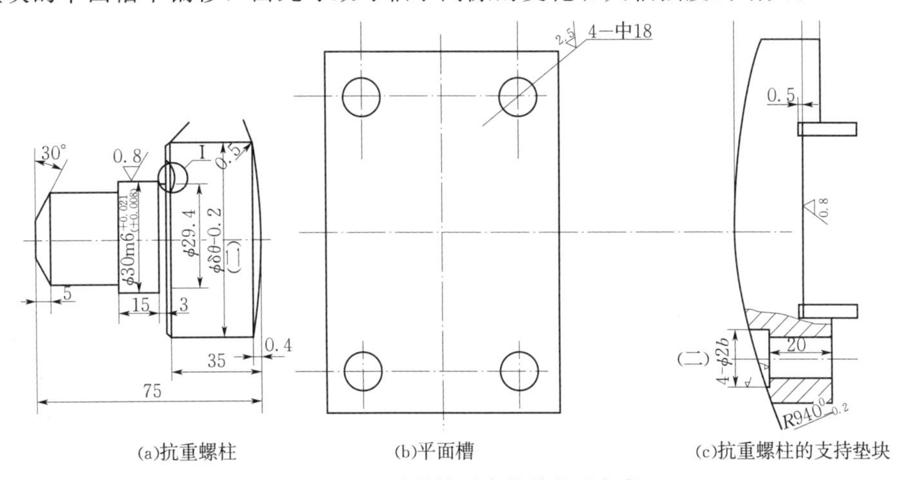

图10.7　一种导轴承支撑结构及部件

10.2.2　大轴别劲

大轴别劲是转动部分受各导轴承不正常约束而产生的运行不平顺现象，是三导轴承不同心、不平行可能导致的典型后果之一。在大轴别劲现象中，被别劲的是大轴，施加别劲的则是三导轴承的不正常状态。此外，大轴别劲也与转动部分的曲折度、镜板的不垂直度等情况有关。

轻重程度不同的大轴别劲现象并不少见，只有在它引起导轴承瓦温升高或上、下机架径向振动明显增大时才可能成为问题并引起注意。

三导轴承都可能分别成为导致大轴别劲的主角。因此，大轴别劲可能有多种表现。

直接显示大轴别劲的数据并不多，但也有一些现象或迹象有助于对大轴别劲现象的判断，有时也需要进行多方面的数据分析和对比才能判定。

以下情况可能与大轴别劲有关，但不一定都是大轴别劲的唯一结果。

（1）局部瓦温升高。大轴别劲情况下，导轴承对大轴的不正常约束都发生在局部导瓦上，这将使这部分瓦块的温度升高。这是大轴别劲最明显、最有力，也是最可靠的证据和特征。

（2）摆度幅值不大而机架径向振动比较大。当导轴承限制了大轴的自由运动范围，在依然存在的径向力作用下，就会出现机架的径向振动大而大轴摆度不大的情况。

（3）轴心轨迹图的不规则变化。自由和正常状态下，大轴的轴心轨迹图应当是比较平顺的圆形或略带椭圆形。当轴心轨迹图呈现不规则形状时，大轴别劲是可能原因之一。

（4）轴心轨迹图旋转中心的位移和变化。旋转中心的位移和变化，表明导轴承对大轴的约束有了变化。这种变化可能表示大轴的旋转运动受到了一定的限制。

（5）波形图变化和其他规律性信号的出现或消失。大轴别劲的情况下，大轴与导轴承之间的摩擦力比较大（但不一定是干摩擦），并可能由此产生较高频率的振动（属于自激振动性质）。这种情况的消失，则表示大轴原来的状态不够自然平顺。

（6）转动部分出现反向弓状回旋。当大轴与导轴承之间的摩擦力足够大时，导轴承对摩擦力的反作用力就可引起转动部分的反向弓状回旋。

大轴别劲可通过一些方法来验证。

（1）放大相关导轴承间隙。这是判断大轴在某个导轴承处是否别劲最直接的方法，也是消除或缓解大轴别劲影响的办法。放大该导轴承间隙可能出现的其他现象是：该处大轴摆度幅值增大，瓦温降低，但机架径向振动幅值可能减小。

（2）重新调整各导轴承的同心度。这需要有比较准确的盘车数据作基础，也需要关注转动部分和固定部分的同心度。

（3）试加配重并分析其效果。如果配重使别劲处大轴摆度减小，就可能减小大轴别劲的影响。

在10.1.3节中，介绍了南水电站一台机组因转动部分机械缺陷导致发电机上、下导轴承瓦温偏高并通过调整动态轴线姿态予以降低的例子，但之后大轴仍然存在别劲的情况，表现在水导轴承的瓦温仍然偏高。经分析认为，这是由于大轴水导轴承处仍然存在别劲现象所致。需要进一步调整转动部分的动态轴线姿态和三导轴承的同心度，以消除这种情况。

在一座电站的机组的试运行阶段，下导轴承轴瓦曾连续发生两次烧损事件。发电机上、下导轴承的设计总间隙均为1mm，水导轴承为0.8mm，这些都远大于国内设计的机组。现场试验结果显示，下导摆度最大幅值仅0.6mm，远小于导轴承间隙。这些数据表明：下导轴瓦两次烧损都是大轴别劲的结果。后来也是把下导轴承的间隙增大到1.2mm后，烧损事件才不再出现。更合理的措施是调整三导轴承的同心度

和减小轴线的弯曲度。

以下是其他几台机组出现大轴别劲的实例。

【例 1】 十三陵电站两台机组抽水工况瓦温偏高的情况

在一次检修后的试运行时，发电工况机组振动、摆度和各部瓦温都在合格范围之内，但在抽水工况运行 1 小时左右，有两台机组的 3 块水导瓦温快速上升到 75℃以上。放大导轴承间隙后，瓦温降低到 50～60℃，但大轴摆度幅值随之增大。显然，瓦温升高是大轴别劲的结果。

瓦温升高之所以仅仅发生在抽水工况下，是因为抽水工况时扬程比较高、流量比较大、水流在吸水管内大拐弯处产生了比较大的径向水推力并作用在转轮上，使机组的旋转中心发生位移，致使大轴别劲现象加剧。下述数据也可以说明这一点。

图 10.8 为水泵工况起动并达到额定转速时的大轴动态轴线姿态图。升速过程中，随转速的升高，大轴旋转中心向 Y 向偏移，其中尤以水导摆度为最，位移量达 300μm。这个结果表明，即便是三导轴承同心度比较好，也会使大轴偏靠，并可能使大轴别劲。统计结果也显示，＋Y 向水导摆度相对偏小，说明大轴是偏靠＋Y 向，或者说，＋Y 向水导轴承对大轴的约束力比较大，更容易发生别劲和瓦温升高的情况。

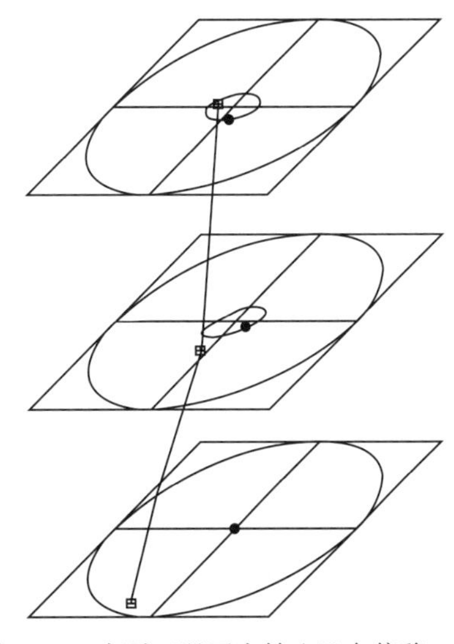

图 10.8 水泵工况下大轴＋Y 向偏移

可以推测，即使在发电工况下，这样的径向水推力同样存在，并可能已经接近引起明显的大轴别劲和瓦温升高的临界点。

【例 2】 格里桥电站一号机的大轴别劲情况

该机组出现的大轴别劲现象反映在如下方面。

1. 导轴承瓦温变化反映的大轴别劲现象

在试运行阶段，从起动到达到额定转速时，机组的振动、摆度情况正常。在过速试验过程中下导摆度曾达到 0.53mm，超过调整间隙 0.30mm，上导摆度也有所增大，同时振动、摆度相位发生了变化。

过速试验后检查发现，上导轴承的 12 块瓦、6 个直径上的总间隙（调整值为 0.38mm）发生了变化且差别很大：最大间隙 0.39mm 的有两个，间隙 0.35mm 的一个，最小间隙仅 0.17mm，还有两个方向的间隙分别是 0.23mm 和 0.25mm。下导轴承间隙也出现了类似的情况，最大 0.30mm，最小 0.20mm。

根据检查结果，对导轴承间隙进行了第一次调整：下导轴承设定间隙 0.30mm 不变，仅将比较小的间隙予以扩大；上导轴承的设定间隙由 0.38mm 减小到 0.32mm，并将各方向的间隙调整均匀。

第一次调瓦后试运行时出现的情况是：上导瓦的瓦温迅速升高，见表 10.2，上机架径向振动也有所增大。

表 10.2　　第一次调瓦后的上导瓦温　　单位:℃

时间	9：20	9：30	9.40	9：50	10：00	10：10	10：20	10：30	10：40
1 号瓦	21.6	32.6	41.1	42.0	44.3	47.9	49.3	51.5	53.5
2 号瓦	27.0	32.5	43.1	45.0	47.6	51.1	52.6	54.0	56.7

于是进行了第二次导轴承间隙调整：将上导轴承的总间隙恢复调整为 0.38mm，并使各直径方向的总间隙均匀。再次开机后，瓦温恢复正常。瓦温最高的 8 号瓦由 60.7℃降低到 48.9℃。表 10.3 为两次导轴承间隙调整后上导各瓦的温度分布和对比。

表 10.3　　两次调瓦后上导各瓦温度的比较　　单位:℃

瓦号	1	2	3	4	5	6	7	8	9	10	11	12
第一次调瓦	57.9	56.9	57.0	50.3	47.3	58.0	54.8	60.7	57.2	57.6	59.3	54.3
第二次调瓦	45.3	34.0	42.8	38.4	41.9	38.6	42.4	48.9	42.1	39.7	37.9	42.3

上述两次导轴承间隙调整前、后瓦温变化的情况表明，在第一次调瓦后，大轴产生了别劲情况，或者是大轴别劲程度比原来增大，并足以使上导瓦温明显升高。

2. 轴心轨迹图上显示的大轴别劲现象

两次调瓦前后的三种情况下，上导摆度轴心轨迹图的变化和差别都很大，如图 10.9 所示。当上导轴承间隙恢复到 0.38mm 后，轴心轨迹图［图 10.9（c）］并未恢复到原状［图 10.9（a）］。可见，恢复的只是间隙值，并没有完全恢复三导轴承的状态，因而，转动部分也没有恢复到原来的姿态。

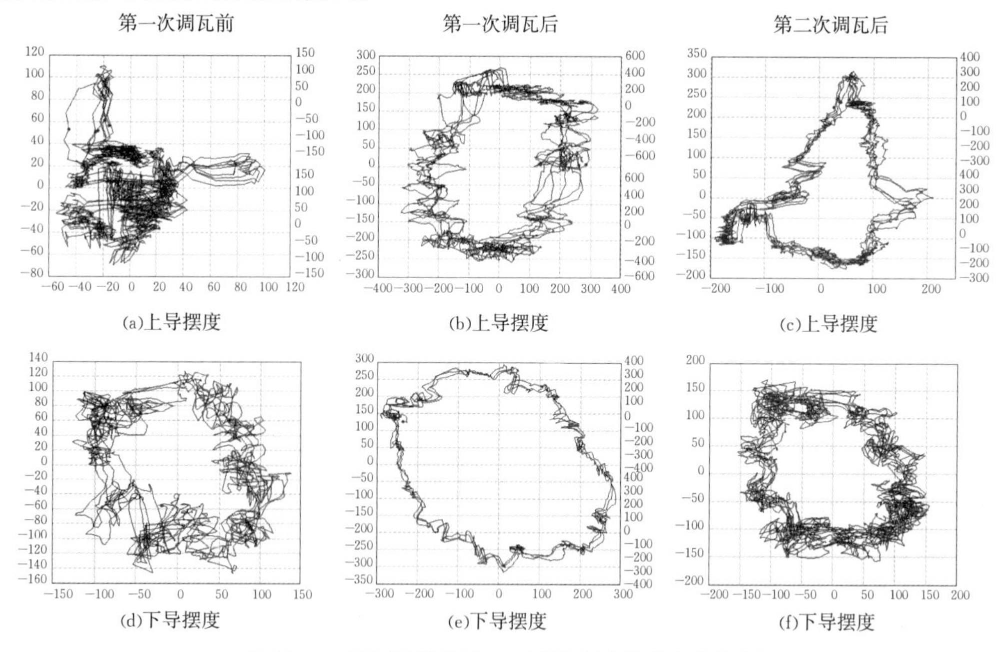

(a)上导摆度　(b)上导摆度　(c)上导摆度

(d)下导摆度　(e)下导摆度　(f)下导摆度

图 10.9　两次调瓦前后上、下导摆度的轴心轨迹图

第二次调瓦后，瓦温降低了，但上导轴心轨迹图［图 10.9（c）］却变得很不规矩。这既表明大轴在上导轴承中的运动是不平顺的，也反映了三导存在不同心的情况，只是由于导轴承间隙比较大，才没有出现瓦温较高的情况。

上述情况表明，第二次调瓦后，即使上导轴承瓦温恢复到比较正常的范围，大轴别劲现象仍然不同程度的存在。

3. 波形图反映的大轴别劲现象

图 10.10 为与图 10.9（a）、（b）、（c）对应的上导摆度波形图。图上显示：第一次调瓦后［图 10.10（b）］，$+X$ 向上导摆度的波形图中出现了比较规律的高频波，频率约为 45Hz，它可能是大轴的半干摩擦引起的。第二次调瓦后，上导摆度的波形也偏离正弦波较远，显得大轴旋转不够平顺，并与它的轴心轨迹图相对应。这些情况表明，两次调瓦前后都不同程度地存在大轴别劲现象。

下导摆度的情况也大致相同，仅第一次调瓦后的下导摆度波形图比较正常，其轴心轨迹图［图 10.9（e）］也大致正常。但它的摆度幅值却增大了一倍多，这同样表明，第一次调瓦前大轴处在别劲状态。

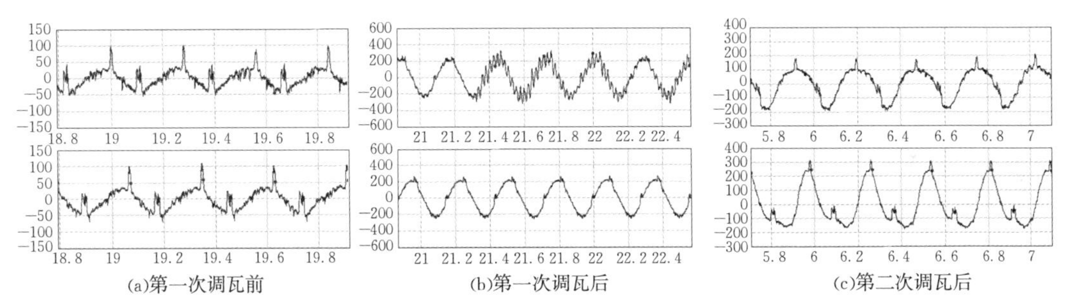

图 10.10　调瓦前后的上导摆度波形图

4. 转动部分反向弓状回旋反映的大轴别劲现象

正常情况下，转动部分弓状回旋的方向与机组的旋转方向相同，在波形图上表现为：$+Y$ 方向的波峰（或波谷）领先 $+X$ 方向的波峰（或波谷）90°。但图 10.10 上显示，两次调整导轴承间隙前后，都是 $+X$ 方向的波峰领先 $+Y$ 方向的波峰（波形图的上面一行为 $+X$ 方向）。故转动部分实际上是在作反向弓状回旋。反向弓状回旋只有在大轴与轴承发生干摩擦或半干摩擦时才会出现，而干摩擦或半干摩擦只有在大轴别劲时才能出现。

【例 3】　天生桥一级电站 3 号机的大轴别劲情况

天生桥一级电站 3 号机也出现过大轴别劲现象，主要表现在如下方面：

（1）大轴摆度幅值比较小而机架径向振动比较大。将下导轴承间隙由 0.40mm 扩大至 0.72mm 时，下导摆度明显增大，下机架水平振动幅值反而明显减小。这说明原来大轴存在别劲现象。在导轴承间隙扩大后，别劲情况有了较大缓解。

（2）大轴摆度对应的机架径向振动的相位差偏大。这台机组两者的相位差达到 110°。当上机架径向振动转频值减小到 20μm 时，两者的相位差仅约 20°。这表明，大轴原来就存在别劲情况。低转速的水轮发电机组，大轴摆度与相应机架径向振动的相位差都比较小，这是“刚性转子”的特性所决定的。

（3）下导轴承间隙放大前，配重没有取得预期效果，这与大轴摆度与机架径向振动的相位差比较大有关，而放大间隙后的配重使机架的径向振动转频分量接近于零。这个结果既表明大轴别劲对配重效果有明显的影响，反过来也表明大轴存在别劲现象。

（4）发电机定子有明显的不圆度和波浪度。这表现在加励磁后产生的较大偏心磁拉力引起转动部分的偏靠及偏靠方向的变化。图10.11为加励磁前、后上导摆度的波形图和轴心轨迹图的比较。它们显示了偏心磁拉力对大轴旋转运动的影响，也会影响大轴的别劲。

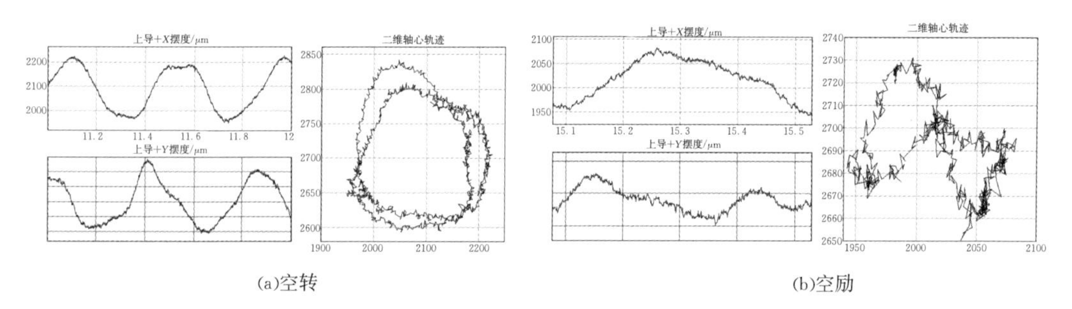

图 10.11　加励磁前后上导摆度波形图和轴心轨迹图的变化

导致大轴别劲现象的三导轴承不同心与盘车数据偏差比较大直接相关。

图10.12为一次盘车结果，图上显示的是大轴逐点顺序旋转一周在固定测点处测得的大轴8个轴号处的轴线投影图。不难看出，它们具有基本相同的形状，这显然不合理。根据这些数据不大可能准确地判断出大轴轴线曲折度的大小和方向，导轴承间隙的分配结果也就不会合理，当偏差超过一定限度之后，就会导致大轴别劲现象的出现。

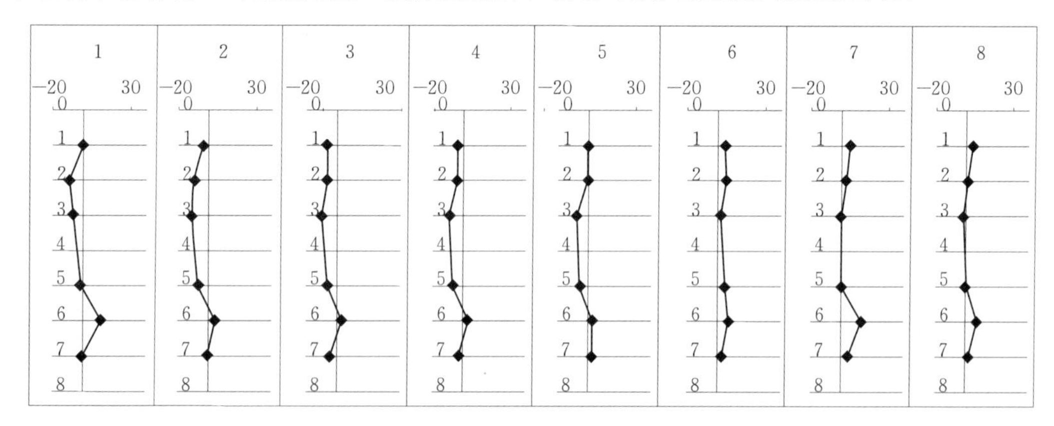

图 10.12　一次盘车的轴线投影图

通过上述讨论可得到启发：在轴线曲折度比较大的情况下，如果能保证三导同心度，则适当放大导轴承间隙，既不影响机组的振动稳定性，也可避免大轴的别劲。

10.2.3　大轴摆度大于导轴承间隙的情况

大轴摆度幅值大于导轴承间隙的情况在现场测试中不时会遇到。出现这种情况的基本原因在于：导轴承瓦架产生了比较大的径向振动并叠加在了大轴摆度上。这还与大轴摆度的测量方法有关：当大轴摆度传感器支架装在瓦架上时，就会出现这样的结果。

10.2.4 推力轴承引起的振动

推力轴承缺陷直接引起机组明显振动的情况并不多，但当推力轴承面不平整、各块瓦受力不均匀特别是翘曲时，它可能在机组的振动、摆度中产生2倍频或多倍频成分。第4章图4.35上的一块推力瓦的动载荷频谱图，就说明了这种情况，但它不一定引起机组明显的振动。

盘车时，有时会出现“2倍频”情况，即转动部分旋转一周出现两个峰值和谷值。图10.13就是一个实例（何少润．双峰摆度及其处理[R]．1981)。这种情况的产生与推力轴承、镜板的翘曲有关。

图10.14为另一电站一台机组的一次盘车结果（陕西电力科学研究院．2007年试验数据）。图上显示，也出现了2倍频的波形。镜板或推力轴承是否翘曲应在盘车前检查调整。

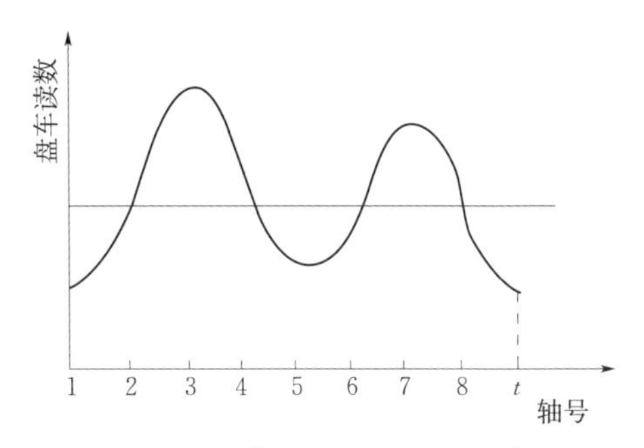

图10.13 推力轴承翘曲盘车时出现的2倍频波形

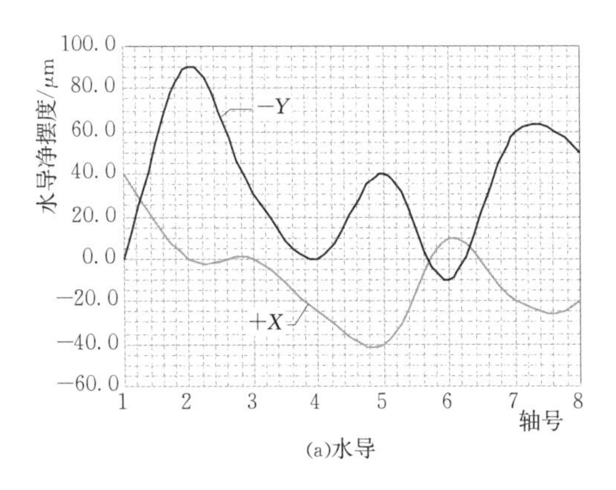

(a)水导

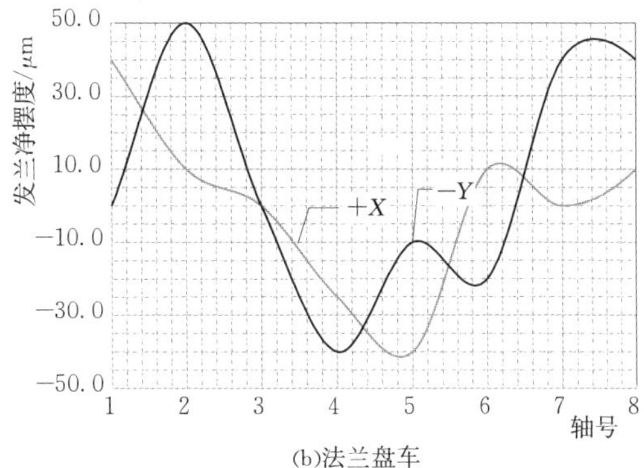

(b)法兰盘车

图10.14 一台机组的水导和法兰盘车静摆度曲线

10.2.5 多种机械缺陷引起的发电机振动

发电机还可能出现由多种原因引起的振动或事故，下面是一个电站的实例。对于这类振动的诊断，需要对每种因素作出判断，并可能需要综合考虑它们的相互影响。

该梯级电站三、四级共安装了8台结构、参数完全相同的36MW卧式冲击式水轮发电机组，发电机两端各有一台冲击式水轮机拖动，额定转速600r/min，发电机定子分为上、下两瓣，定子铁芯内径2700mm、外径3400mm、长度2200mm。

自投入运行以来，陆续出现了一些不正常情况：三级站发电机定子铁芯松动和波浪度情况，其中一台发电机定子铁芯的波浪度超过9mm，齿压板变形，端部硅钢片多处断齿；一台发电机的一根铁芯拉紧螺杆在运行中断开；有两台发电机发现两处压指出现断齿。为查明原因并为解决这些问题提供依据，包括作者在内的多家单位和人员于1975年在四级站3号机上联合进行了试验研究。

1. 定子铁芯振动试验结果

定子铁芯径向振动测点布置为：中部6个，端部5个，端部轴向振动1个，另有一个传感器测量轴承和机壳的振动。这其中包括定子铁芯的齿部、拉紧螺杆、齿压板等。

主要测量结果如下：

（1）铁芯径向振动幅值20～29μm。

（2）恒定励磁电流（300A）下的变速试验结果显示，在额定转速以下，定子铁芯的测点1、2、6有两个振动峰值：冷态时，一个出现在8.5Hz，另一个在34Hz；热态时，变为11Hz和40Hz；测点3在400r/min时出现峰值，如图10.15（a）所示。

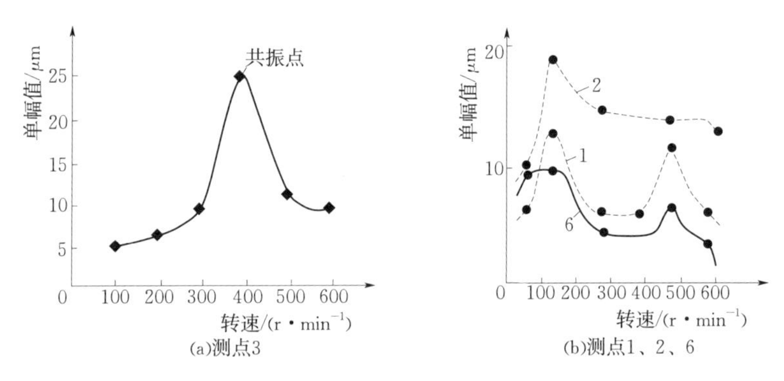

图10.15　恒励变速试验结果

（3）定子铁芯合缝处两侧的振动相位相反，表明该处接触不良，存在间隙。

2. 定子铁芯端部漏磁测量结果

两个漏磁测点分别安装在铁芯齿部和齿压板上，主要测试结果如下：

（1）在额定功率和额定功率因数下，铁芯齿部漏磁为1835高斯，相应的电磁力为0.135kg/cm^2。这种电磁力以100Hz的频率沿轴向作用在齿部，在齿部松动的情况下，足以引起齿部的振动，并导致齿部的疲劳断裂。

（2）在额定功率和功率因数为1.0时，铁芯齿部漏磁为2020高斯，比额定功率因数时增大10%，电磁力增大20%。

3. 拉紧螺杆应力测试结果

前后共在两块齿压板和两根拉杆上进行了测量，测点布置如图10.16所示。

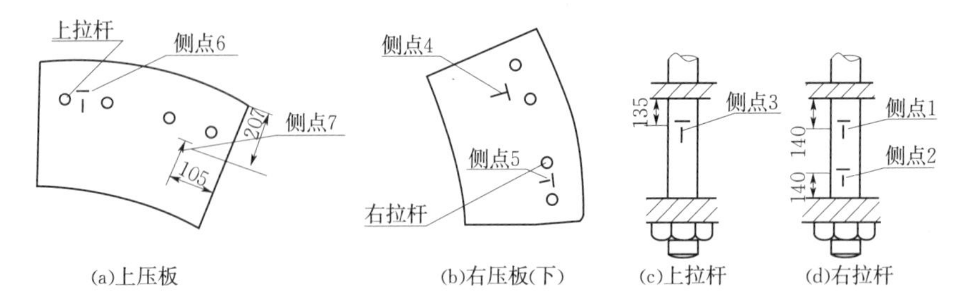

图10.16　应力测点布置图

（1）主要测量结果。拉紧螺杆的预紧力在1000kg/cm^{2}左右；压板的预紧力差别比较大，由+14kg/cm^{2}到−125kg/cm^2；拉杆在冷态条件下的最大动应力为168kg/cm^2，频率

范围为 20～150Hz，最大附加静应力为＋110kg/cm^2；压板最大附加静应力为－120kg/cm^2，冷态时最大动应力为 41.3kg/cm^2，主频为 100Hz 和 200Hz。

（2）分析和结论。

1）拉紧螺杆和压板的附加静应力主要由两者的温升（以冷态和停机状态为零）和热膨胀不一致所引起。

2）在机组稳定运行时，拉紧螺杆和齿压板都有比较大的动应力，这表明定子铁芯存在明显的振动，齿部尤甚。分析认为，动应力应主要来自定子铁芯的轴向振动，端部漏磁也有一定影响。

3）拉紧螺杆和齿压板的动应力和定子铁芯温度有密切关系：当铁芯温度上升到 40℃以上时，动应力锐减到 10kg/cm^2 以下。这表明定子铁芯具有冷态振动的特征，也间接表明，定子铁芯存在松动的情况。

4）拉紧螺杆的预紧力加上附加静应力和动应力，已经接近拉紧螺杆材料的许用应力 1200kg/cm^2，部分拉杆存在发生疲劳破坏的可能性。

5）由于结构上的原因（图 10.17），拉紧螺杆的预紧力大部分压在定子铁芯的定位筋上，这是导致定子铁芯松动、压不紧的主要原因。在压板与机座之间加上垫片，以减小定位筋的影响时，压板的弯曲应力迅速增大（6 号测点达到－506kg/cm^2），也证明了这一点。

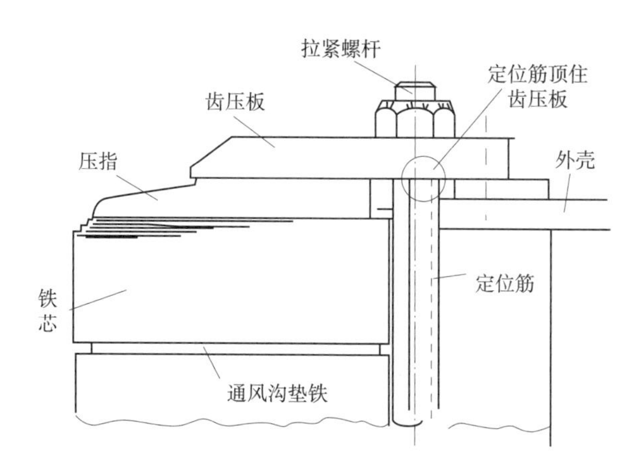

图 10.17 定位筋顶住齿压板示意图

4. 综合结论

（1）定子铁芯压紧结构不合理（主要表现在拉紧螺杆和定位筋处在相同的半径上，而且定位筋偏长），使定子铁芯叠片紧度不够，这是诸多不正常现象出现的基本原因；其次齿压板的刚度不够，在定子铁芯不均匀膨胀的作用下发生翘曲变形。

（2）拉紧螺杆中相当大的动应力证明了定子铁芯振动的存在。定子铁芯齿部是叠片紧度最低的部位，也是最薄弱的部位，发生疲劳断齿的可能性最大。

（3）拉紧螺杆的预紧力比较大（约 1000kg/cm^2），仅略低于材料的许用应力 1200kg/cm^2。考虑到一些不确定因素的影响，个别拉杆有可能出现疲劳断裂。

（4）定子铁芯的紧度不够为翘曲和波浪度的产生创造了条件。

10.3　异常振动的诊断

异常振动都比较强烈，这是把它们称为异常振动的基本原因。在第 2 章和第 3 章中已分别介绍了各部件的共振、自激振动和由异常压力脉动引起的振动及实例。这里仅将诊断的要点予以汇总。

10.3.1　共振的诊断

可据以进行共振诊断的特点主要如下：

（1）激振力频率与振动体固有频率相同。它既是共振的一种定义，也是共振产生的条件，并且是共振现象最重要的特征和判断依据。

（2）共振出现时，其幅值随激振力频率与振动体固有频率之比（或与之相应的工况变化）的变化是一个连续、渐变的过程，这个过程所描绘的曲线就是共振的幅频响应曲线。

（3）共振峰值与背景幅值相差较大。由于机械结构或水体的阻尼比都比较小，共振时的动力放大系数可能达到 5～10 的范围或更高。

（4）不同振动体的共振具有不同的产生条件和特点。这是对它们进行判断的重要依据。

前面介绍过的共振实例主要如下：

（1）负序电流引起的发电机定子铁芯共振。

（2）低于额定转速情况下上机架径向振动共振。

（3）高于额定转速情况下上机架径向振动共振。

（4）压力脉动引起的上机架—定子机座系统共振。

（5）转动部分发生的共振（弯曲共振、扭转共振）。

（6）卡门涡共振。

（7）各种水体共振。

10.3.2　自激振动的诊断

可据以进行自激振动，特别是立式机组自激弓状回旋诊断的特点主要如下：

（1）自激弓状回旋时的主频为机组转动部分的一阶临界转速频率。

（2）波形图显示为临界转速频率与转速频率两种分量的叠加。

（3）在自激振动出现前后的临界工况下，大轴摆度和机架的径向振动呈现突变的特征。临界工况下，自激振动表现为时有时无。

（4）自激弓状回旋可以出现在各种工况范围。出现的功率越小，意味着机组转动部分上的机械缺陷越严重。

（5）自激弓状回旋多出现在悬垂式机组上。

（6）没有与临界转速频率相同的激振力存在，是对自激振动的一种反证。

10.3.3　水体共振引起的振动的诊断

水体共振引起的振动的诊断，本质上就是水体共振的诊断。

水轮机流道中的水体共振有两种：一种是由尾水管同步压力脉动激发的水体共振；

另一种是由卡门涡激发的水体共振。两种水体共振的不同特点就是诊断的依据。

1. 尾水管同步压力脉动激发水体共振引起的振动的诊断

(1) 尾水管同步压力脉动的频率有三种:

1) 频率范围为 0.5~2 倍转速频率范围,可能出现在最优工况以下的所有工况。

2) 频率范围为 4~6 倍转速频率,出现在最优工况以上的大开度区。

3) 涡带频率,约为转速频率的 1/4,仅出现在涡带工况而且少见。

(2) 尾水管同步压力脉动引起的水体共振出现在比较固定的工况范围(图 5.1)。

(3) 对机组垂直振动的影响比较大。

(4) 已知的共振水体有三种:引水管路水体,尾水管水气联合体(含尾水隧洞水体)和水轮机无叶区环形水体。可通过压力脉动峰值出现的工况位置判定。

2. 卡门涡引起的无叶区水体共振及其引起的振动的诊断

(1) 无叶区水体共振频率取决于无叶区环形水体的圆周等效长度。

(2) 水体共振通常由固定导叶卡门涡所引起。

(3) 对厂房建筑物或其构件振动的影响比较大,也可能引起局部构件的共振。对机组振动的影响相对较小。

10.3.4 动静干涉压力脉动引起振动的诊断

(1) 动静干涉产生的较强压力脉动主要出现在混流式水泵水轮机和贯流式水轮机中。

(2) 其频率多数为水轮机叶片频率的谐波频率。

(3) 压力脉动幅值随水轮机流量的增大而增大。

(4) 可能对电站的厂房建筑物的构件(梁、柱、楼板等)的振动产生较大的影响,甚至引起它们的共振。

有关动静干涉的其他情况请参看第 5 章的 5.3.1 节。

10.4 综合机械缺陷引起振动的诊断

有些机组的振动与多种机械缺陷有关,有的机组的振动历经很长时间还不能稳定下来。在这些振动及相关机械缺陷的背后,可能还隐含着设计、加工、安装调整和运行检修等多方面因素的影响。

【例 1】 江垭电厂 3 号机振动问题诊断

这是笔者参与处理该电站振动问题的情况和结果。

1. 基本情况

水轮机为混流式,额定水头 80m,发电机为半伞式,额定功率 100MW,转速 187.5r/min,上、下导轴承总间隙约为 0.20~0.25mm,发电机轴为三段式。

新机组投运后出现的情况是:投运 10~20 天后下导轴承间隙就开始逐渐增大,1~2 个月后增大到 1mm 以上,下导摆度达到 0.80mm 以上。调整间隙后,又会重复出现上述情况,如此反复不止。运行约半年时的检查发现:除下导间隙已达 1mm 外,抗重螺丝松动,上机架外侧的千斤顶地脚螺丝断裂。振动主要表现为下导摆度的变化和增大,上导摆度正常且少有变化。配重可减小上机架径向振动幅值的 2/3,但对下导摆度没有明显影响。坚持运行一年后，按规定进行检查性大修，并根据初步检查结果改为“半扩大性”大修，以彻底查清并消除机组存在的缺陷。

机组大修开始阶段检查出的主要缺陷如下：

(1) 发电机上部轴与转子上法兰不同心，其偏差达到 0.16mm。

(2) 发电机上部轴的联结螺丝紧度不够。

(3) 发电机转子中心体上部止口失效，转子中心体上、下止口不同心。

(4) 推力头外缘（盘车时下导摆度测量部位）与发电机轴止口不同心，偏心值 0.16mm。

(5) 发电机转子的几何中心和旋转中心不一致，即存在偏心，磁极位置半径的正、负误差集中分布，最大均达 0.5mm 以上，而且，上、中、下三个断面也不同心，如图 10.18 所示，图中外圈文字为转子圆度相对于平均值的偏差，单位为 10^{-2}mm，内圈数字为磁极号。

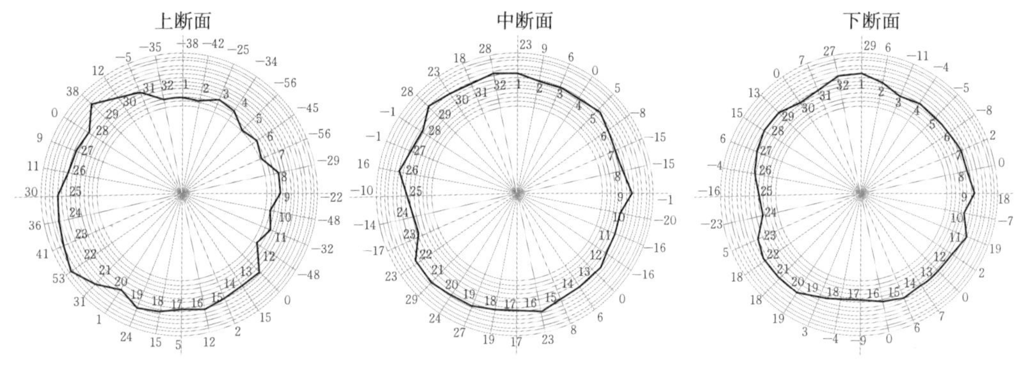

图 10.18　处理前转子圆度图

(6) 下导轴承的 8 个托瓦全部开裂，其中一个已断为两截，8 个铬钢垫也全部变形开裂。

2. 初步分析和判断

(1) 相关部件的损坏情况表明，下导轴承承受的径向力相当大，超过了它的承受能力。

(2) 根据湖南省电力试验研究院的测试结果，径向振动和大轴摆度的主频率为转速频率，波形接近于正弦曲线（图 10.19）。这表明，比较大的径向力来自机组的转动部分。

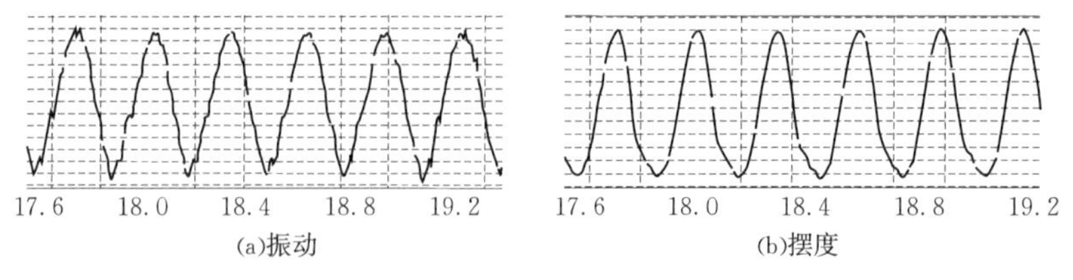

(a)振动　(b)摆度

图 10.19　振动、摆度波形图

(3) 发电机转子集中了转动部分最大的质量，只有转子偏心才可能产生那么大的径向激振力，而且转子偏心引起的径向力都是以不平衡力的形式显示出来的，机械不平衡力和电磁不平衡力相伴而生，相位相近。

(4) 已进行的配重处理并没有达到预期的效果，表明机组转动部分上还有其他比较大的缺陷。

(5) 根据发电机结构，发电机转子上产生的径向力，应大致按几何比例分配到上、下两个导轴承上。事实却是下导轴承受力特别大，上导摆度基本正常。这意味着有某个因素影响径向力的分配。在发现发电机上部轴连接螺栓松动的情况后，这种情况产生的原因就比较明确了：连接螺栓的松动使上导轴承不能正常承受转动部分的径向力。

通过上述分析和现场检查结果可以得到的两个主要结论是：

(1) 发电机转动部分上的多种机械缺陷引起相当大的径向激振力，并作用到导轴承及其支持部件上，导致它们的疲劳损坏。

(2) 由于发电机上部轴连接螺丝不紧，使大部分径向激振力都作用在下导轴承上。

3. 现场处理

对已发现的重大机械缺陷进行对症处理。

(1) 改善转子圆度和偏心度，打紧所有的磁极键。

(2) 以转子中心体下止口为准重新找正上止口中心。

(3) 重新盘车、调整各导轴承同心度、轴线曲折度及镜板垂直度等。

(4) 其他对症处理，如使连轴螺丝达到预定紧度。

4. 处理后的现场试验结果

处理后试验结果显示，即使在转速超过37.9%或者甩100%负荷的情况下，上机架的径向振动都能达到优秀的水平，运行一年后也没有发生明显的变化。

【例2】 天生桥一级电站3号机的振动

天生桥一级电站机组的单机容量为300MW，额定水头111.00m，筒式水导轴承，间隙0.50mm；发电机为半伞式结构，上、下导间隙分别为0.30mm和0.40mm，发电机轴为三段式，额定转速136.4r/min（转速频率2.25Hz）。

3号机组于1999年12月投运。2000年3月发现下导油槽内径向支撑筋板焊缝裂开；同年10月发现上机架支腿焊缝有一部位裂开；投运后，振动、摆度不断增大以至超标，导轴承间隙也不断扩大。表10.4为2000年5月，第一次配重前机组振动、大轴摆度转频分量。

表10.4 3号机振动、摆度转频分频值 单位：μm

工况	上机架径向振动	下机架径向振动	下机架垂直振动	上导摆度	下导摆度	水导摆度
空转	260	10	30	690	380	60
空励	560	10	30	970	670	100
296MW	520	30	30	（很小）	970	140

3号机的振动问题，前后经过近15年的试验、分析和处理，才逐步查明影响机组振动的各种问题，相应进行了处理，并使机组的振动稳定性水平不断得到提高。

1. 机组振动的主要特点

综合十几年来机组的振动、摆度及其处理过程可看出，3号机的振动是很富有特色的。这些特色为认识振动问题产生的原因提供了线索。

（1）3号机振动的最大特点是，投运十几年来，机组的振动、摆度一直不停地变化和增大。为此，每隔6～7年都要大修处理一次，其间还有若干次小修处理。每次检修都能使机组振动回归到允许水平，但每次处理后又会逐渐增大。可见，每次的处理都没有彻底消除引起机组振动变化的所有原因，或者是机组的某些部件存在不易消除的缺陷。

（2）不断变化着的振动和大轴摆度的主频都是转速频率，故每次的振动处理措施中都包括配重。

（3）振动、摆度的变化主要表现在上机架径向振动和上导摆度上。下导和水导摆度、下机架径向振动的变化比较小。

（4）历次配重量有逐次减小的趋势。这既表明转动部分上的机械缺陷或状态变化仍然存在或继续，也表明机械缺陷或其状态的变化速度在逐渐减缓。

（5）除不平衡状况的变化外，机组还出现过大轴别劲等情况。

2. 对振动问题的处理过程和认识

对3号机振动问题的认识过程是伴随着各次处理和配重逐步深入的。

（1）第一次配重380kg是在投运不到半年后进行的。最初的感觉是，这么大的配重量意味着转动部分可能存在较大机械缺陷。

（2）第二次配重240kg是在运行6年之后进行的，这次的感觉是，机组的转动部分肯定存在机械缺陷，并可能有所发展。

为了找到“肯定存在”的机械缺陷，在第二次配重后的检修过程中，对机组的相关部分进行了检查，发现了一些重大缺陷：

1）发电机磁极挂装结构及质量上存在问题。

磁极两端固定磁极径向位置的两个楔子板（长度仅约60mm）加工粗糙，材质也不够好，运行中已产生磨损、变形、位移，从而造成磁极径向位移和位置的不确定性。

磁极线圈和磁极铁芯之间的紧度不一致，两者之间存在间隙，加在线圈与铁芯之间的绝缘纸有的已经破碎飞出。

2）导轴承结构上的问题。

导轴承的支持结构和间隙调整方法与众不同（图10.7），靠增减垫片的片数调节间隙。

现场可看到：调节间隙的垫片严重变形、磨薄，有的已经穿孔；与调节垫片接触的环形面也有变形；与瓦架接触的铬钢垫大球面有明显的磨损，作用位置不稳定、不对中；瓦架上的接触面也有明显的凹陷和磨损；个别与大球面接触的地方有加工缺陷。

导轴承结构、间隙调节方式、材质、加工质量等诸多方面的缺点，使导轴承间隙易于发生变化（增大），这是机组振动、摆度不断增大的重要原因。

3）其他问题，如转子中心体上、下止口偏心0.09mm；转子存在0.6mm的偏心度等。

在对各种缺陷进行处理后，机组的振动、摆度重新又恢复到良好水平。

（3）第三次配重143kg是在又过了7年半之后进行的。此时，机组的振动、摆度又有了明显地增大。这表明：2006年发现的缺陷，仅仅是机组振动、摆度逐渐增大的部分原因，但不是全部原因。

此时，我们注意到机组振动、摆度逐渐增大的“缓变”特征（约6～7年为一个周期），并把目光转向发电机的转子磁轭。从结构上说，磁轭圆度发生缓变的潜在可能性最大，而且，发电机转子圆度的变化也应与磁轭圆度的变化直接相关。

3. 投运以来转子圆度的变化

图 10.20 为 1999—2015 年间所有的转子圆度数据示意图。图中 2006 年 12 月大修前的圆度为相对于 1999 年后 6 年中的圆度变化；2014 年 12 月的圆度为磁极重新挂装后相对于 2006 年的圆度变化。很明显，每经过几年之后，转子的圆度都发生了相当明显的变化。

图 10.21 为 2014 年检修开始时测量的转子圆度示意图，与图 10.20 相比，它更清楚地显示出：除转子圆度发生了明显变化外，转子的中心也发生了相当明显的偏移。

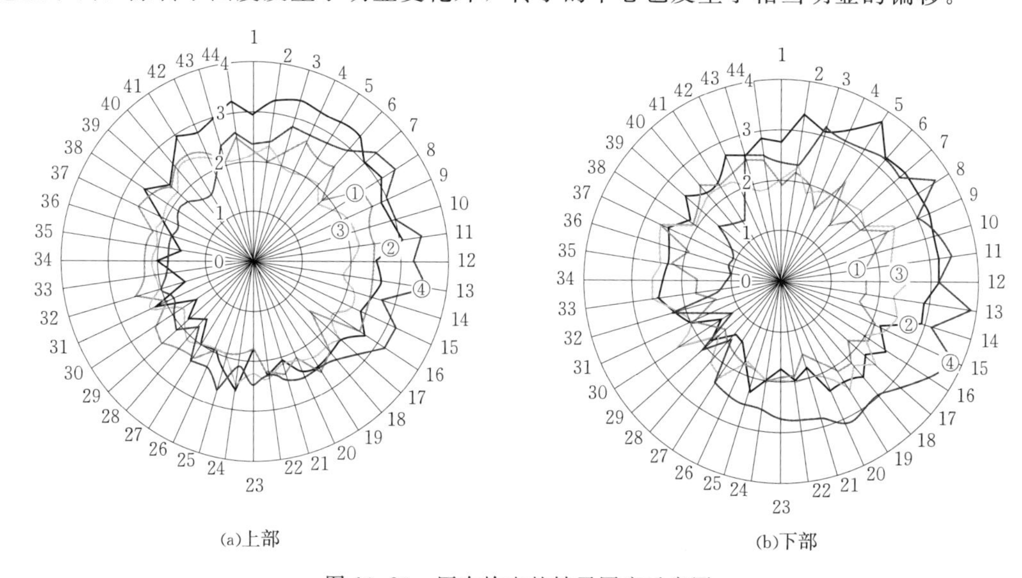

(a)上部　　(b)下部

图 10.20　历次检查的转子圆度示意图

①—1999 年安装；②—2006 年 12 月拆前；③—2006 年 12 月挂装；④—2014 年 12 月

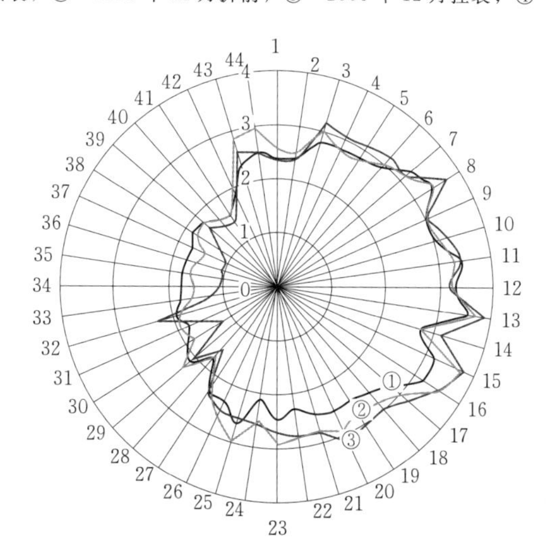

图 10.21　2014 年 11 月检修前的转子圆度示意图

①—上部；②—中部；③—中部；下部

4. 投运以来转子磁轭圆度的变化

图 10.22 为 1999 年（初始安装时）、2007 年大修后和 2014 年 12 月大修前三次测量的磁轭圆度图，图中显示了 2014 年 12 月的磁轭圆度相对于 2007 年和 1999 年的变化。由图上可以看到：如以安装时的磁轭圆度为准，磁轭中心一直不断地向右下方偏移。这表明，磁轭的圆度和中心确实是在缓慢地变化中。

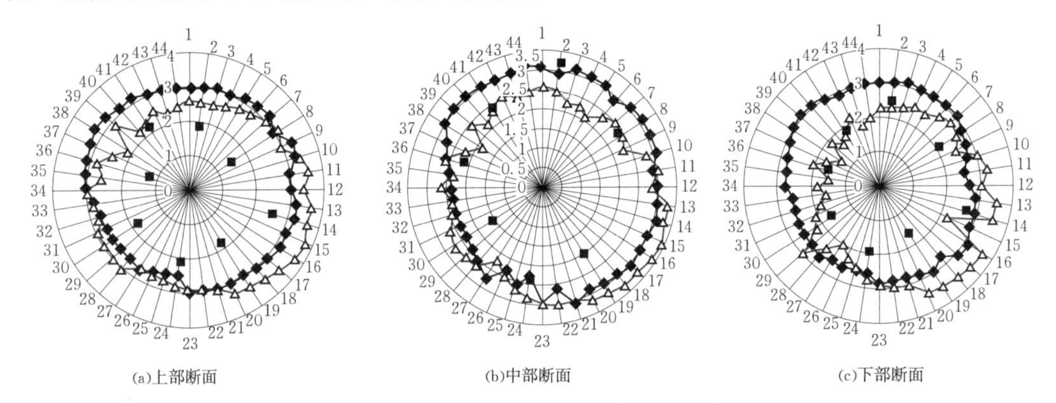

(a)上部断面　　(b)中部断面　　(c)下部断面

图 10.22　转子磁轭各断面圆度变化示意图

—◆— 1999年；—■— 2007年1月；—△— 2014年12月

5. 转子和磁轭两者的变形和中心偏移有相当高的重合度

转子和转子磁轭两者的变形和中心偏移有相当高的重合度，如图 10.23 所示。这表明，转子圆度和偏心度的变化有相当部分是由磁轭圆度和偏心度的变化引起的。

6. 定子、转子不同心及其影响

定子和转子的不同心可分成动态不同心和静态不同心两种情况。

在发电机无励磁情况下，动态不同心产生不平衡力和附加不平衡力；在有励磁情况下，还产生电磁不平衡力，它们都会引起或增大机组的转速频率振动和大轴摆度。在励磁情况下，单纯的静态不同心，定子会对转子施加一个方向不变的稳态作用力，其方向指向小空气隙方向，引起或增大转动部分对定子的偏靠，影响但并不直接引起振动或大轴摆度。实测结果显示，转子与定子的动态不同心（图 10.24）偏移量可达 0.5～0.7mm。

转子磁轭和转子圆度变化及其引起的转动部分旋转中心与其几何中心不一致，可能就是 3 号机振动、大轴摆度随时间缓慢增大的原因。

前面的图 10.11 为 3 号机一次中间试验时无励磁和有励磁两种情况下的上导摆度轴心轨迹图比较，它充分显示了定子不圆度、不同心度所产生的静态电磁力对转子运动的影响。

7. 大修期间的处理及结果

2014—2015 年大修时 3 号机采取的主要措施为：

（1）改善发电机转子的偏心度和不圆度及磁极的固定结构。

（2）紧固发电机转子磁轭，减小其变形的可能性。

（3）对磁轭键、拉紧螺杆、转子圆度、二次空气间隙等诸多方面进行了调整或处理。

（4）改善盘车方法，提高盘车质量。

（5）重新配重。

（6）消除其他相关缺陷。

2015 年的检修和处理后至今，3 号机的振动没有再发生明显变化，这表明它已经得到了比较彻底的解决。

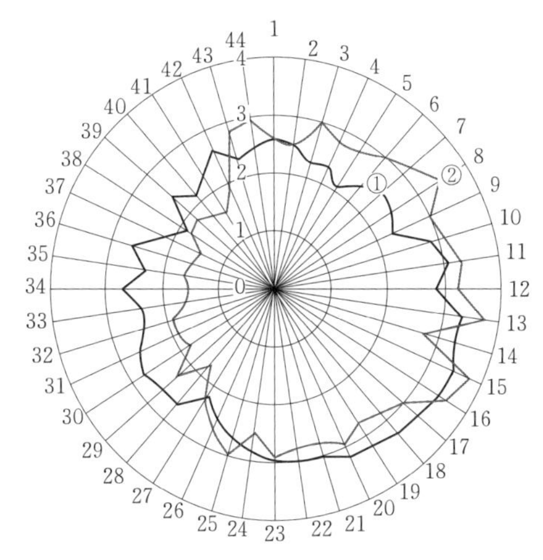

图 10.23　2014 年 12 月转子磁轭和转子圆度的对比

①—磁轭圆度；②—转子圆度

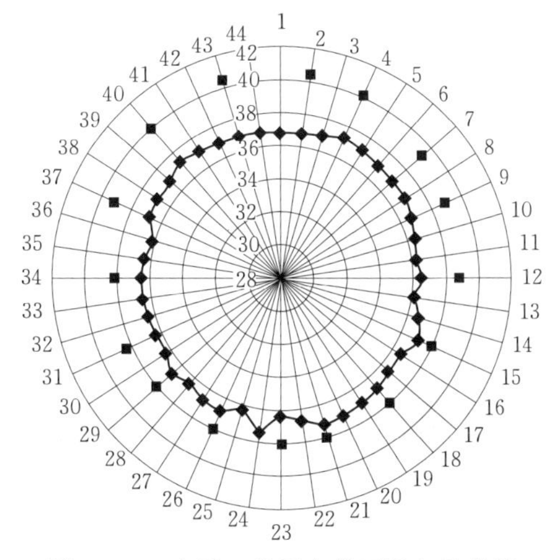

图 10.24　定子、转子上部不同心示意图

—◆—转子；—■—定子

8. 3 号机振动问题处理小结和展望

归纳起来，天生桥一级电站 3 号机振动问题的处理可得到如下结论：

（1）3 号机的振动问题是由多种原因引起和影响的结果。

（2）3 号机振动、摆度长周期的缓慢变化主要是由发电机转子磁轭的变形所引起，磁轭的变形也受多种因素的影响。

（3）加工、安装调整方面的缺陷也使机组出现了其他一些不正常现象。

【例 3】　居甫渡电站 2 号机的振动

居甫渡水电厂装有三台混流式水轮发电机组，单机容量 95MW。水轮机额定水头 54m，额定转速 136.4r/min。

投运发电后的一段时间，机组一直存在定子机座及上机架水平振动较大和机组空载及低负荷区运行时水导摆度偏大等问题。

1. 部分试验结果

下面为 60m 水头下的部分试验结果。

（1）变转速试验结果显示：各导摆度随转速的变化大于平方比例。

（2）变励磁试验结果表明：①电磁激振力对上机架水平振动的影响比较明显；②定子机座水平振动随励磁电流的增大而增大，其中的 2 倍频和 3 倍频比较明显（图 10.25），这与转子的不圆度相关（图 10.26）。

（3）变负荷试验显示：振动、摆度随负荷增大而减小的趋势反映了水轮机水力因素影响的特征，主要影响因素为小负荷区压力脉动和涡带压力脉动。

（4）水导摆度趋势图（图 10.27）显示：①最优工况时 250μm 的摆度值与机械因素

有关；②小负荷区水导摆度比较大（约 500μm），系水力因素与机械因素叠加的结果；③水导摆度幅值超过导轴承间隙（300μm），显示水导轴承的瓦架有比较明显的振动；④水导摆度随功率的增大而减小的趋势表明转轮存在明显的水力不平衡。

（5）配重试验结果显示：配重对水导摆度和定子机座振动没有影响，上导摆度和上机架水平振动略有减小。

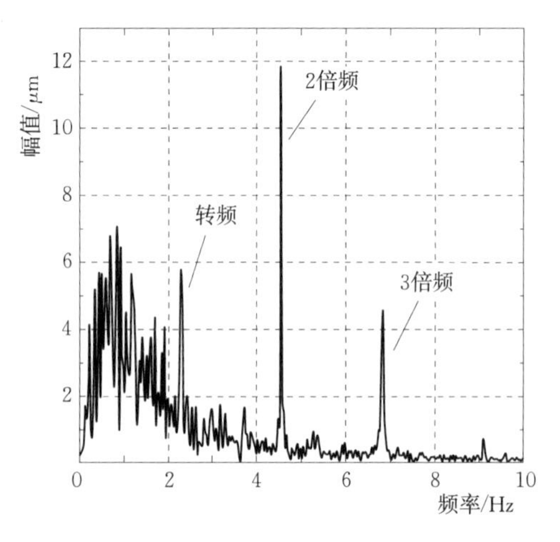

图 10.25　空载时定子机座径向振动频谱图

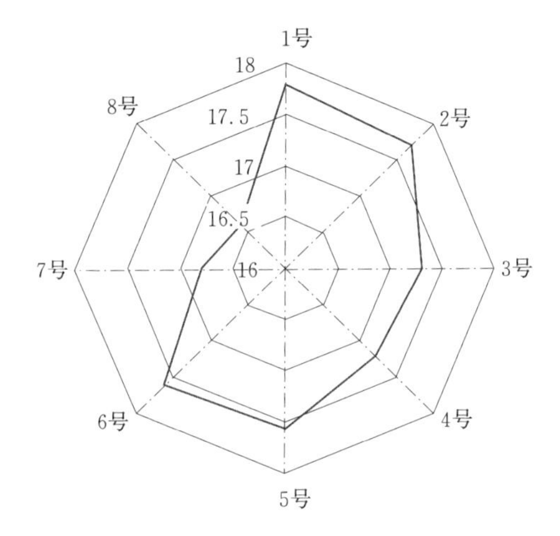

图 10.26　转子圆度示意图

（图中数字为相对偏差，单位 mm）

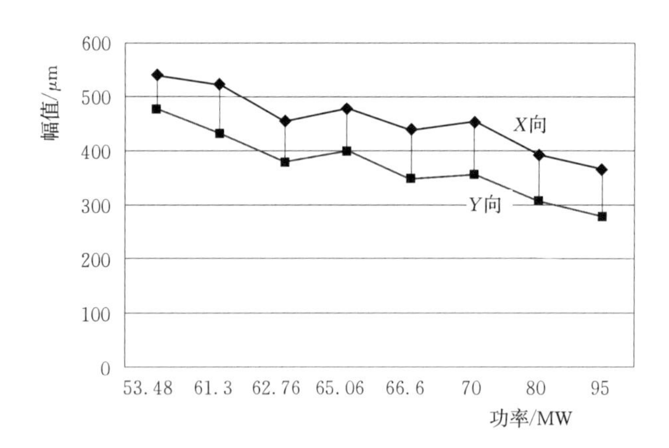

图 10.27　水导摆度随负荷的变化

2. 盘车数据分析结果

盘车数据分析得到的结果是：①盘车数据不符合基本规律；②盘车时轴线是倾斜的，镜板的不垂直度比较明显；③镜板有 2 倍频的翘曲；④法兰处有曲折度但比较小。镜板翘曲和不垂直度可能与盘车数据不规律有关。

盘车数据及相关图见 12.3 节中的［例 2］。

3. 分析与结论

对试验数据和相关情况的分析得出：居甫渡电站 2 号机部分部件振动和水导摆度比较大，系由机械、电磁和水力等多种原因共同引起。

（1）各导摆度幅值不与转速的平方成比例，可能有三方面的原因：一是转动部分上有缺陷（例如部件的松动）；二是比较高的转速可能比较接近转动部分的临界转速，动力响应比较大；三是导轴承间隙、动态轴线姿态变化等的影响。需要通过检查、分析确定。

（2）励磁情况下，上机架和定子机座径向振动的增大有两方面的原因：一是发电机转子存在明显的电磁不平衡；二是加励磁后多倍频（图 10.25）的出现使通频值增大。两者都与发电机转子的不圆度（图 10.26）直接相关。

（3）机组振动、大轴摆度随负荷的增大而减小的变化趋势是由水力不平衡所致。

（4）转动部分存在比较明显的不平衡和其他导致非线性变化的机械缺陷。

（5）水导轴承的瓦架存在明显的径向振动。

（6）影响振动、摆度的因素除机械不平衡外，可能还有镜板翘曲和不垂直度（图 12.26）、三导不同心等。但它们中的任何一项都不一定成为决定性因素。

4. 处理

电站首先采用的措施是增大水导轴承座的刚度。试验结果显示，只此一项措施，水导摆度就已经降低到允许值范围内，但其他机组上并没有取得同样的效果。这表明影响每台机组振动、摆度的主要因素是不一样的，也显示了影响因素的多样性。

参考文献

[1] 陈绍，陈炳枢．水轮发电机镜板与推力头及其间垫片的腐蚀和结构的探讨 [J]．大电机技术，1998，(4)：29－31.

第 11 章　振动的原则性控制和预防

11.1　振动的原则性控制

振动控制包含两方面的内容和含义：预防性控制和运行时的控制。最终目的都是要把机组的振动水平控制在允许的范围内，只是采取的措施和适用的场合不同。

预防性控制应用于电站和机组的设计阶段，也包括安装调整阶段的部分工作。对机组的振动水平进行预测和控制，使机组振动水平在可预见的运行条件下不超过规定的数值，这是机组结构设计的重要目标之一。

运行时振动水平的控制用于机组试运或已投运的情况下。当机组的振动水平超过允许值时，采用适当的措施进行处理，使机组的振动水平回归到允许的水平，或者改变运行方式，避开振动较强的工况区运行。

11.1.1　质量管理

机械激振力都是由各种机械缺陷引起的，因而，机组及其部件的设计、加工、安装、检修质量的控制和相关质量标准就特别重要。质量控制贯穿在电站的规划设计到设备投入运行的各个阶段和各个方面。

1. 控制相关部件的设计和加工质量

部件的设计、加工质量是实现机组振动稳定性的根本保证。它对机组稳定运行的影响是长期的，也不一定都能通过后期的安装或检修来改善。

对于重要的振动部件要进行必要的振动设计或共振校核，并把它们纳入设计规范和基本技术条件。前面介绍的一些实例［例如图 9.4、图 4.29（a）等］就反映了这方面可能存在的问题。图 11.1 为一台水泵水轮机水导瓦架的不同转速试验结果，500r/min（额定转速）时的径向振动幅值显然是太大了，而且增大的速度和趋势表明它已经比较接近共振情况。这可能是设计阶段没有进行必要共振校核的结果。

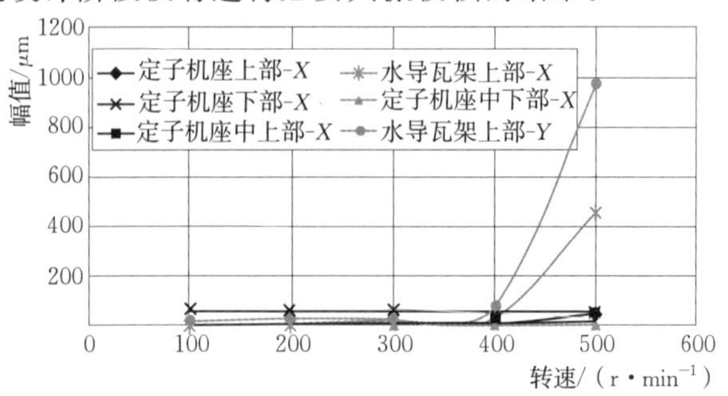

图 11.1　水导瓦架径向振动随转速的变化

注意一些结构设计的细节、加工精度和公差配合。例如：导轴承轴领和轴的配合，推力头与轴线的垂直度，推力头内孔和大轴的公差配合，保持导轴承间隙的稳定等。要使这些配合达到“恰到好处”的程度，需要加工精度有一定的保证。

也需要注意一些质量标准能否满足振动稳定性的要求，例如：水轮机顶盖的刚度，在满足轴向静态刚度要求的同时，还应考虑它是否满足轴向动态刚度（即振动）的要求。

2. 关注安装质量和质量标准

安装质量和标准是实现设备安全、稳定运行的关键条件之一。安装过程既是对部件制造偏差的修正机会，也具有产生新偏差的可能性。

机组的稳定运行相当程度上依赖于转动部分和固定支持部件的安装工艺和安装质量，例如：①轴线的曲折度、镜板的垂直度和翘曲度、三导同心度等；②盘车数据的可靠性；③发电机转子圆度、偏心度等。

3. 关注检修质量

在经过一定时间的运行后，设备及其部件可能出现各种缺陷或故障，就需要通过检修消除它们，以保持设备的正常功能和性能。

在机组的扩大性大修中，几乎包含了新机组安装时所有的项目、工序、工艺、标准等方面的内容，也具有新机组安装时所没有的内容，例如缺陷的检查、诊断、处理等。检修质量是保证机组继续长期安全、稳定运行的重要保障。

4. 关注运行管理水平

从振动稳定性的角度，运行管理最重要的任务有：①合理调度厂内各机组的负荷，使它们都能在稳定工况下运行；②管理好和用好机组诸多在线监测系统，随时了解和掌握机组及其部件的振动状态和变化，及时采取措施，维护和消除设备已经和可能出现的缺陷，使设备经常保持良好的状态。

对于系统的调度，在满足系统电力需要的前提下，也需要充分了解水电厂和水轮发电机组的特点，尽可能为水电厂的安全运行创造条件。

5. 充分利用在线监测系统

在线监测系统本质上是一种保护和预防装置。它可以实时显示机组的振动水平，可以在超标时报警，更重要的是可以根据持续的纪录预测振动或相应缺陷的发展速度，及时进行预防性维修。

许多事故表明，如果做好这方面的工作，有些事故也许是可以避免的。

11.1.2 设定振动区

“振动区”常常是用来泛指振动幅值比较大的工况区，但这里的振动区是指因振动幅值比较大而使机组不宜运行的工况范围。当某些工况下的强烈振动无法消除时，采用避开它运行是一个简单而有效的办法，设定振动区的目的也在于此。

振动区的形成有三种基本原因：一是由涡带压力脉动引起；二是由水体共振引起；三是由振动部件的共振引起。形成原因不同，振动区的设定也不完全相同。

通常的方法是根据振动幅值的大小和对安全运行的影响程度，将水轮发电机组的全运行范围划分成若干区，例如：①禁止运行区，表示机组不宜在此工况范围内停留或运行；②有限制的运行区，表示机组可以短时间在此工况范围内运行；③安全运行区，表示机组可以长时间运行并且保证安全的工况区。

但一般来说，上述方法只适用于由涡带压力脉动形成的振动区设定。对于由部件共振和水体共振形成的强烈振动区，常常是直接把它们定为禁止运行的工况区。

建立振动区需要具备一定的条件：①要有确定振动区的适当标准；②要有全工况范围的振动、摆度实测结果；③掌握每个电站的每个机组的具体振动情况。在目前的技术条件下，实现这些条件都不成问题。

选择适当的振动值是设定振动区的重要一环。

旋转机械中最主要的作用力是径向力，而径向力又都作用在导轴承上，因此，选择机组固定支持部件的径向振动位移幅值作为设定振动区的指标比较可靠和合理。

如果要设定的振动区是由水体共振引起的，则机组的垂直振动可能是设定振动区的代表性振动。

每台机组各部位的振动水平是不一样的，应选择幅值比较大而又比较稳定的部位的振动值做为设定振动区的代表。

由不同原因形成的振动区，其代表性部位的代表性振动值也不一样，需要根据机组的实际情况确定。

振动区的范围可以根据振动标准确定，并应符合每个电站、每台机组的实际振动情况。

设定振动区时也有一些需要注意的事项，例如：按涡带压力脉动幅值划分振动区时，需注意不宜把这种压力脉动出现的工况区都划为振动区，需要考虑它对机组运行的实际影响；在测量机组的振动值时，应消除所有影响机组振动水平的缺陷，使用于划分振动区的振动值都是在机组的正常状态下获得的；由其他原因形成的振动区也可采用这样的方法画出来。但由水体共振和振动部件共振出现的工况范围都比较小，也可以根据它们的特征频率划分振动区，即把与对应峰值的频率相同或相近的频率所对应的工况范围划为振动区。

11.2　振动的原则性预防

现有的研究结果和实践经验表明，只要做好预防工作，很多振动问题是可能避免的。

影响机组的振动稳定性的因素贯穿在水电站设计、建设和水轮发电机组设计、制造、安装、运行的全过程、全方位中。在《关于水轮发电机组振动的全过程、全方位预防》[1]一文中对此提出了建议，可以参考。

(1) 水轮机特征参数（主要指设计水头、额定水头，其次还有吸出高度等）的选择应考虑水轮发电机组对振动稳定性的要求。在《混流式水轮机水力稳定性研究》一书中有具体的建议。

(2) 在设备合同中应对机组的振动稳定性提出明确的指标和要求，并采用必要的措施予以落实。

（3）机组结构设计和制造阶段是采取各种保证机组振动稳定性措施的决定性阶段，应从水力、机械、结构的设计、制造等各方面保证设备及其零部件的质量，为今后机组的安全、稳定运行打下良好的基础。在可能的条件下，应为原型机组设计和保留各种可能有效的振动稳定性预防和处理措施。

（4）采用适当的标准提高安装质量。

（5）模型压力脉动试验时，重点关注的应当是避免各种异常压力脉动在原型水轮机上的出现，不必过分注意涡带压力脉动幅值的大小。

11.3 振动问题处理的原则性方法

振动问题处理具有两方面的任务：①对于水轮发电机组上已经出现的振动问题，需要在正确诊断的基础上采取适当措施予以处理；②对于一时不能消除的振动问题或影响因素，就要采取适当的措施以控制它对机组安全运行的影响。

技术上，振动问题处理的原则性方法有三个：降低激振力水平、提高振动体的刚度、避免共振。具体方法需要根据实际情况确定。

对于由机械缺陷引起的振动，唯一和最好的处理办法就是消除机械缺陷。

下面两节是振动问题处理中常用的两个具体方法，即综合平衡法和补气。

11.4 综合平衡法

机械振动学上关于旋转机械平衡问题及不平衡校正的基本概念、理论和方法都是以卧式机组为对象的，在“2.1.1.1 机械振动学中的不平衡”一节中已经作了介绍。

立式机组在结构上、转动部分的运动形式和导轴承的功能与受力上都与卧式机组有明显的不同，这些不同也影响到平衡的概念、理论、平衡校正方法及其效果。综合平衡法的概念和方法就是根据解决立式机组平衡校正问题的经验总结提出来的。经过一系列的实际应用，这种平衡方法的内涵和应用范围又得到了不断地完善和扩展。

综合平衡法概念的提出和初始应用是在20世纪80年代初，正式见诸文献是在2002年[2]。

11.4.1 立式机组结构和受力上的特点

1. 结构上的特点

从不平衡和配重的角度，立式机组有以下特点：

（1）结构上，转动部分更近似于一个以推力轴承为支点的摆，这决定了它在径向方向上比较灵活，受径向力的作用后容易产生位移或摆度。

（2）立式机组的推力轴承承担了转动部分的全部重量和所有的轴向力。这决定了它在轴向方向上的运动和振动需要克服很大的阻力。

（3）立式机组的导轴承仅仅承担来自转动部分的所有径向力（包括不平衡力），它的作用仅仅是把持机组转动部分，使其保持竖直的姿态，不产生超过规定的径向位移或振动。

(4) 发电机有悬垂式、半伞式或全伞式等多种型式，导轴承的数量可以是两个或三个，它们对径向力和径向力在各导轴承上的分配有决定性影响。

(5) 立式机组的水轮机和发电机转动部分构成一个整体，形成统一的轴线，对机组振动稳定性产生重要的影响。

(6) 受各导轴承和推力轴承的支撑或约束，同时也受到不同大小和分布的径向力的作用，立式机组在运行时的轴线（即动态轴线）可能呈现各种不同的姿态。反过来，动态轴线的不同姿态也为识别转动部分的受力和各轴承的状态提供了线索。

上述各方面都是与卧式机组显著不同的地方。这些不同既影响机组的振动特性，也影响转动部分不平衡及其校正。这就是“综合平衡法”提出的原因和背景条件。

2. 转动部分的受力状况

转动部分承受自身的不平衡力和导轴承的约束力。

立式机组承受的径向力由发电机和水轮机所有的导轴承共同承担。由于种种因素的影响，各导轴承的受力情况与理想情况可能相差较大。同样的，导轴承对转动部分的约束力也会相差较大。这是机组动态轴线姿态产生差异的原因，也是各导摆度、各导轴承径向振动差别较大的原因。前者（动态轴线姿态）就是综合平衡法的依据，后者（机组的振动、摆度）则是综合平衡法所需要改善的对象。

推力轴承主要承受的是来自转动部分的静态轴向力和动态轴向力。但由于摩擦力的存在，推力轴承实际上也会承受或吸收一部分径向力。在半伞式、无下导轴承的机组中，引起下机架径向振动的径向力就是由推力轴承传递而来的。

11.4.2 综合平衡法原理

1. 综合平衡法的提出及其原理

综合平衡法是根据转动部分的动态轴线姿态进行配重的方法。这种方法除可以对转动部分的典型机械不平衡进行校正外，还可以消除或改善转动部分上的其他机械缺陷对机组振动、摆度带来的不利影响。图11.2为用调整动态轴线姿态的方法减小水导摆度的夸张性示意图，也是说明综合平衡法与卧式机组平衡法差别的例子。

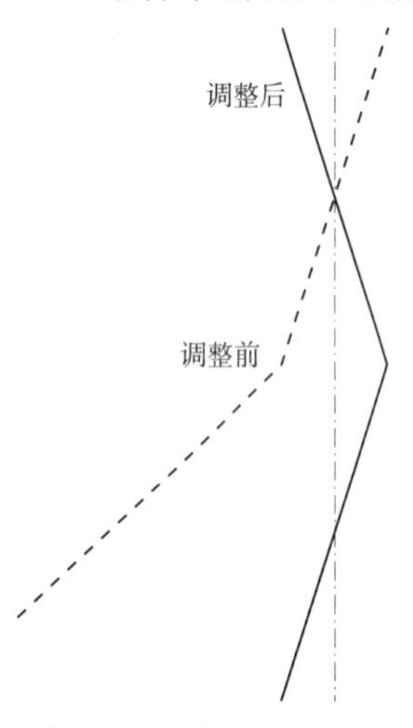

图11.2 调整动态轴线的姿态以减小水导摆度

图11.2虚线所示的基本情况是：发电机的上、下导摆度及相应机架的径向振动幅值都已相当小，表明发电机转子的平衡状况已经很好，但水导摆度很大。按照卧式机组的平衡理论，没有必要也不可能对发电机转子进行平衡处理。然而，水导摆度很大仍然影响机组的安全运行。应用综合平衡法，采用配重的方法，把动态轴线的姿态调整为图11.2实线所示的样子，问题就解决了。这是比较典型也比较简单的说明综合平衡法意义和应用的例子。

后面还有一些应用“综合平衡法”解决其他问题的实例。

综合平衡法应用的方法仍然是配重，但改变的是动态轴线的姿态。通过调整动态轴线姿态来减小大轴摆度和导轴承的径向振动。这就是综合平衡法与卧式机组平衡理论和方法的不同。

2. 综合平衡法的含义

综合平衡法中的“综合”，是指在这种方法中，需要综合考虑机组“典型不平衡”及以外的其他要求或影响因素。之所以仍然称为“平衡法”，是因为它既用于转动部分不平衡的校正，也仍然是用配重的方法解决或改善机组的其他相关不稳定现象。例如：

(1) 综合考虑机械、水力、电磁三种不平衡力的影响和要求。

(2) 综合考虑平衡对三导摆度的影响和要求。

(3) 综合考虑各种工况的影响和要求，包括暂态过程时的变化和要求。

(4) 综合考虑其他已经和可能出现的特殊情况或要求，并有助于发现影响不平衡现象的其他机械缺陷。

11.4.3 综合平衡法的基本方法

1. 综合平衡法的基本假定

综合平衡法也采用与卧式机组平衡校正相同或相近的假定，例如：

(1) 配重灵敏度系数（幅值变化量与配重量之比）等于常数。

(2) 两支点受力与作用力到两支点的距离成反比。

实际上，这些假定与实际情况并不完全符合。例如配重灵敏度系数并不等于常数，图 11.3 就是一个典型的例子，而且这种情况普遍存在。然而，在确定第二试加配重的配重量时，总要有一个配重灵敏度系数来做参考。这就是仍然采用这些假定的原因。

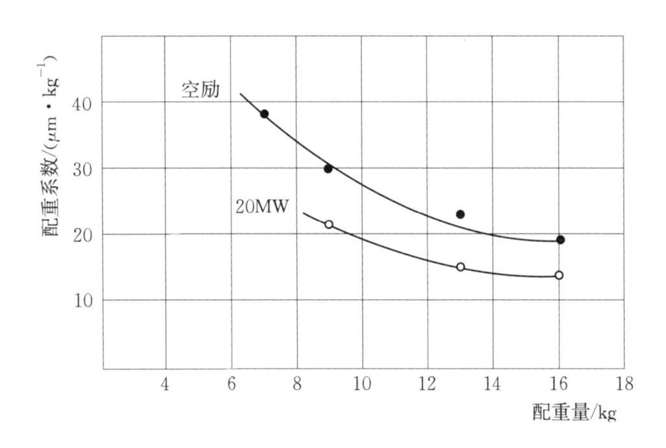

图 11.3 配重灵敏度系数随总配重量的增大而减小

2. 综合平衡法的依据和基本步骤

综合平衡法的依据是转动部分各导摆度的转频分量、相位及由它们构成的动态轴线姿态图（参见 8.2.7 节）。

尽管综合平衡法考虑或兼顾的因素比较多，但配重的基本步骤与常规平衡方法相同，通常经过三次或四次试加配重就能达到良好效果。

根据摆度或径向振动幅值最大的部位和相位进行配重，这是一个比较简单、有效的方法，并可贯彻配重的全过程。在需要进行力偶平衡时，也可以采用这样的单断面配重方法。但不论哪种情况，单断面配重时都需要考虑对其他断面摆度或振动的影响。

配重效果的判断准则是：各导摆度和相应的机架径向振动都在容许范围内，但本书作者还建议：除各导摆度在允许范围内以外，建议尽量减小发电机上、下机架径向振动的转频分量，且不必受振动标准的限制，使它们有更大的安全裕量。

3. 平衡处理中的一些具体问题

综合平衡法本身非常简单，但有时也会在实施过程中遇到困难或异常情况，简言之就是没有或不能达到预想的效果。究其原因，在排除了测试偏差的影响后，基本上都是由于机组存在某种或某些机械缺陷。

（1）配重后，动态轴线姿态不按预期目标变化。出现这种情况的主要原因是机组转动部分存在缺陷，例如推力头或导轴承滑转子松动等。

（2）运行一段时间后平衡状况发生了变化。这多半是由于转动部分的状态或机械缺陷是在经过一段时间的运行后发生了变化。

（3）如果转动部分存在别劲情况，配重也会出现不规律表现。

（4）避免在过速的条件下配重。认为在过速条件下配重可得到更好的平衡效果，这是一种误解。表 11.1 为一台机组在 120％相对转速下配重后的试验结果。它显示出两种重要的结果：①过速配重后，机组额定转速下的振动显著增大；②在过速到 130％时，上机架径向振动出现异常增大。

表 11.1　120％转速下配重前后上机架径向振动的比较　　单位：μm

相对转速/％	100	110	120	130
配重前	10	18	86	
配重后	51	41	21	219

出现上述情况的基本原因是：转动部分的转速比较接近其一临界转速，它的动力响应比较大，配量偏离线性关系较远。这台机组在过速到 140％（这属于正常过速范围）时，上机架径向振动幅值已经达到 1.06mm。

11.4.4　综合平衡法的应用和实例

【例 1】　改善动态轴线的姿态以减小大轴摆度

图 11.4 中的“a”线为一台高水头、高转速机组的动态轴线姿态图。

配重时需要考虑的情况是：在减小机组上导和下导摆度的同时，控制水导摆度的幅值在最小水平，以避免转轮迷宫间隙较大变化引起的自激弓状回旋。为此，决定将配重加在发电机转子的上端面。两次试加配重就达到了预期目的，如图 11.4 中的“b”线所示。

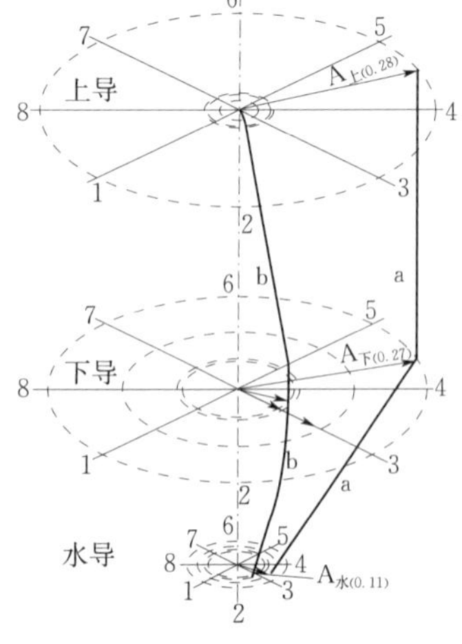

图 11.4　用配重调整动态轴线的姿态

【例 2】 改善两导轴承机组的推力摆度

试验机组为半伞式，没有下导轴承。由于上导和水导两个导轴承之间的距离比较长，在不平衡力的作用下容易在大轴的法兰部位产生较大摆度，如图 11.5（a）所示。

在未配重前，上导摆度转频值 256μm，推力摆度转频值 519μm，水导摆度转频值 93μm。配重后，三个部位的摆度转频值分别为 111μm、169μm 和 14μm。此时，上机架径向振动的转频幅值已经很小（22μm），表示不平衡力也已经很小。但推力摆度的通频值仍然达到 358μm，希望进一步减小。所以，下面的配重目的就不是单纯减小不平衡力了。

最后采用的是“过量配重”方法，使上机架径向振动的相位产生 180°变化，在不增大上机架径向振动幅值的条件下，使推力摆度进一步减小 [图 11.5（b）]。“过量配重”的效果是：推力摆度转频值减小为 134μm，通频值减小到 250μm，满足了电站的要求。带负荷后，机组的振动和摆度又进一步减小。图 11.5（a）、（b）两张图的比例不同，实际效果比图中更显著。

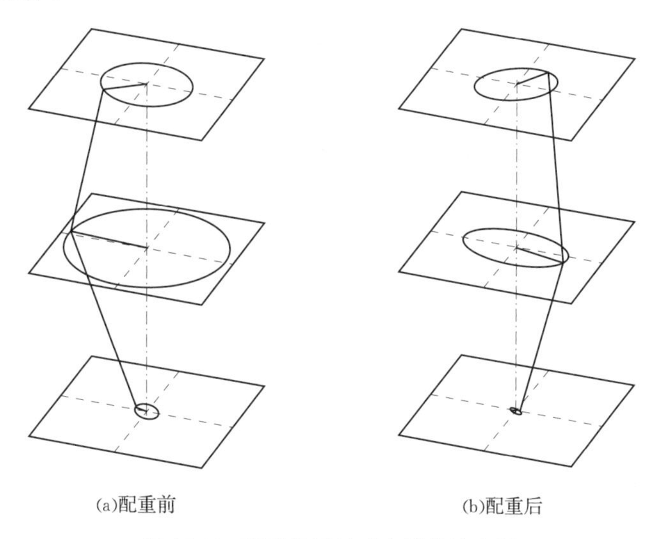

图 11.5 配重前后的动态轴线姿态图

由这台两导轴承机组的配重过程和结果得到的启示是：

（1）两导轴承机组按上机架径向振动的相位配重可达到更好的效果。

（2）按上机架径向振动的相位进行配重可以减小两导轴承机组的推力头摆度。

（3）随转频振动分量的减小，其他随机振动分量也相应减小。这显然是牵连影响的结果。

【例 3】 用综合平衡法改善动态轴线不稳定现象

南桠河电站 3 号机组的安装期间出现了如下情况：机组在试运行时大轴呈现不规律的晃动，摆度幅值忽大忽小。

在安装和盘车过程中，大轴摆度的方向和幅值都不稳定，大轴转动一周后，盘车百分表也不回复原处，稍触动大轴，百分表的读数就会发生变化。

经分析认为出现上述情况的原因在于：推力头内孔和大轴之间有一定的间隙（单侧

间隙达 0.07mm)。

现场试验还发现：①机组存在明显的机械、电磁和水力不平衡；②水力不平衡力和电磁不平衡力的方向接近相反。于是就出现了这样的情况：低负荷时摆度（特别是法兰摆度）方向主要取决于电磁不平衡力，大负荷时则主要取决于水力不平衡力，摆度、振动的大小和方向也随两种不平衡力的相对变化而变化，不同负荷下动态轴线呈现出近乎相反的姿态（图 8.50）。

当时现场的要求是：希望使机组能在 70%以上负荷时稳定运行，尽快实现发电效益。采用的处理办法就是用配重使大轴偏靠在导轴承一侧，以抵消水力不稳定的影响。实施结果完全达到了预期效果。后来消除推力头与大轴之间的间隙后，不稳定现象就消失了。

【例 4】　用综合平衡法消除下导轴领偏心的影响

第 10 章 10.1.3 节中已经介绍了这个例子，并说明是采用配重的方法消除了下导轴领偏心导致的大轴摆度增大、瓦温升高的影响。

配重共进行了 4 次，前 3 次用于改变下导摆度的方位，第 4 次用来减小上机架的水平振动。配重前、后振动、摆度的对比列于表 11.2。

表 11.2　　配重前后振动、摆度转频幅值的变化　　单位：μm

空转	上机架径向振动	下机架径向振动	上导摆度	下导摆度	水导摆度
未配重	38	23	69	194	43
配重后	11	6	61	39	38

各次配重后的动态轴线姿态如图 11.6 所示，可以看出各次配重后动态轴线姿态变化的过程和结果。

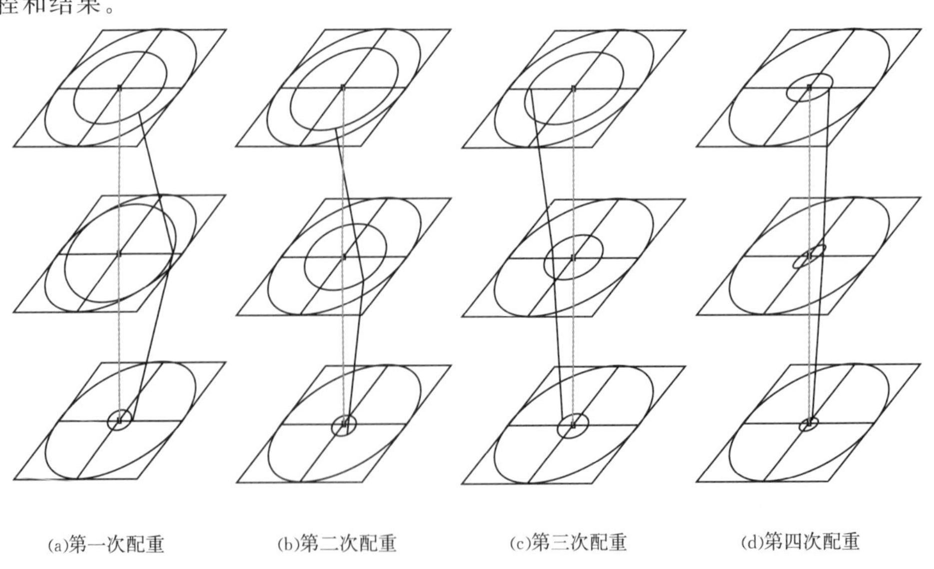

图 11.6　各次配重后的动态轴线姿态图变化

11.5 补气

补气常用来减小水轮机流道中的各种压力脉动。不同的压力脉动，补气减小压力脉动的原理、补气量、补气位置等都不相同。

国内外各研究单位，其中也包括中国水科院都对水轮机的尾水管补气进行了大量的模型和原型试验研究，目的是减小涡带压力脉动并取得了相当一致的结果。

11.5.1 补气量

国内外的模型和现场试验都得出：补气量超过一定值时，才能达到减小涡带压力脉动的效果。补气量不足时压力脉动幅值反而会增大，但可减小流动噪声。

补气量一般用大气压力下空气的容积流量 q_a 与水轮机额定流量 Q_r 之比的百分数 $\alpha=q_a/Q_r\times100\%$来表示。

在模型试验中可以得到两个临界补气量：

（1）第一临界补气量 α_{1c}，指涡带压力脉动幅值开始减小的最小补气量。只有当补气量大于这个临界补气量时，补气才会使涡带压力脉动减小。

（2）第二临界补气量 α_{2c}，指涡带压力脉动幅值完全消失时的最小补气量。

两个临界补气量与模型水轮机的参数和试验参数有关，其中与空化系数或吸出高度的关系最为密切，图 11.7 所示为设计水头、能量工况和最大涡带压力脉动幅值对应的开度下的试验结果。图 11.8 为不同补气量时的涡带压力脉动波形图，其中的图 11.8（b）显示的就是补气量不足时压力脉动幅值增大的情况。

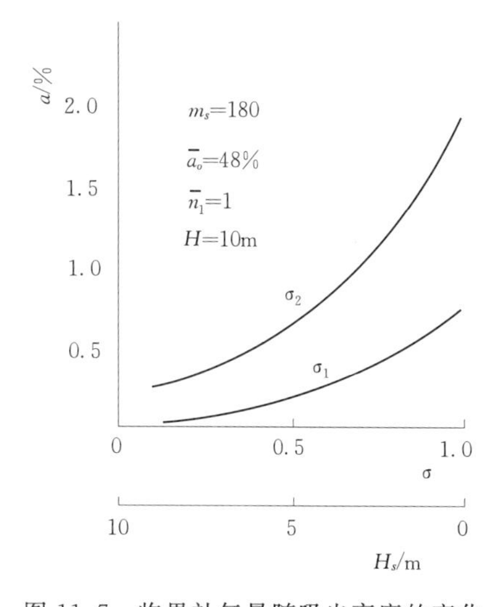

图 11.7　临界补气量随吸出高度的变化

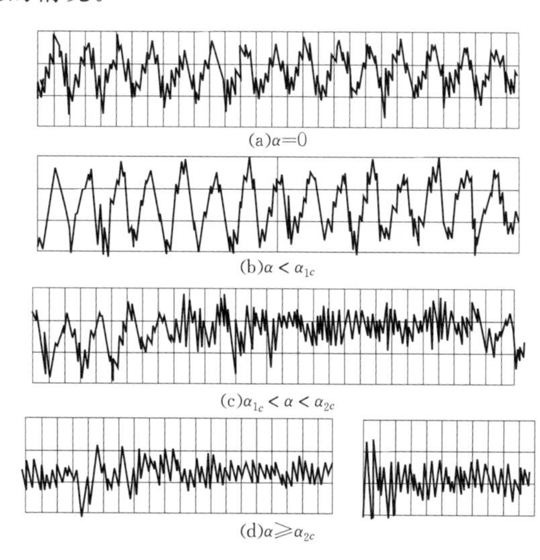

图 11.8　不同补气量时的涡带压力脉动波形图

11.5.2 补气减小或消除涡带压力脉动的机理

根据中国水科院在模型水轮机的补气试验中的观察和分析，影响涡带压力脉动幅值的是涡核的三个参数，即涡核直径、涡核偏心距和涡核的自转速度。试验观察表明，随补气的进行和补气量的逐渐增大，三个参数特别是涡核偏心距和涡核直径相应发生变化，是导致涡带压力脉动减小或消除的主要原因。

当补气量比较小（$\alpha<\alpha_{1c}$）时，在模型试验时可以观察到以下过程和情况：补气一开始，涡核中心的压力升高，并开始出现空腔，压力脉动幅值开始增大；随补气的持续进行，涡带空腔中的空气量不断地累积，空腔逐步增大，幅值相应增大；当空腔中的空气量足够大时，在涡核直径增大的同时，涡核偏心距开始减小，涡带压力脉动幅值开始减小；当涡核空腔直径增大到偏心距完全消除时，涡带压力脉动就完全消失；最后，当补气使涡核中的空气压力高于尾水压力时，空气从空腔的末端逸出，涡带重又恢复到补气开始前的情况。如果补气不断地进行，上述过程将重复出现。图 11.8（c）中“$\alpha_{1c}<\alpha<\alpha_{2c}$”波形图就是显示的这种情况和过程。

当补气量比较大（$\alpha>\alpha_{1c}$）时，如果不考虑补气开始时的暂态过程，补气使空腔的直径和偏心距基本保持稳定，涡带压力脉动的幅值也保持稳定，并比不补气时减小。与此同时的另一个过程是，补入的空气量和由空腔末端逸出的空气量保持相等。

综上所述，补气减小或消除涡带压力脉动的机理是：利用补气提高涡核内的压力，扩大涡核直径，并减小或消除涡核的偏心距，从而减小或消除尾水管涡带压力脉动赖以产生的偏心压力场。

11.5.3　原型水轮机的补气量

根据补气消除或减小涡带压力脉动的机理，需要的补气量应足以扩大涡核直径并使涡核的偏心距减小到一定程度。这就要求：补入尾水管的空气应具有一定的压力和流量。

原型水轮机的补气量，必须与原型水轮机尾水管涡核压力相对应。如果要根据模型试验结果换算到原型水轮机需要的补气量，首先需要确定模型和原型水轮机尾水管涡带涡核内压力的相似转换，还必须考虑补气开始后，涡核压力的升高对后续补气量的影响。

一些单位和研究人员已进行了这方面的试验和研究工作，也提出了相似换算的方法或公式。但实际操作起来还有不少困难。这些困难，归根结底还是模型与原型补气的相似不易确定和保证。

中国水科院关于原型水轮机补气量的研究，是把模型试验和现场试验结合起来进行的。几个原型电站水轮机的试验结果表明，当吸出高度大于－5m 时，原型水轮机的相对补气量不小于 2%时，涡带压力脉动就可以减小。

文献［3］给出三种水轮机的最优补气比为 1.5%～2.5%。这与中国水科院的试验结果和经验基本一致。

11.5.4　尾水管真空及自然补气

自然补气依靠尾水管内的真空将大气吸入尾水管，因此需要了解尾水管内真空的分布以确定出气管的位置、出气口位置和方向。

1. 尾水管内的静态压力分布

图 11.9 尾水管锥管横断面上平均压力的分布为中国水科院的模型试验结果，图中横坐标的“0”为尾水管中心。

在最优工况下，尾水管内的压力分布是比较均匀的，如图 11.9 中的曲线①所示。偏离最优工况后，由于水流圆周速度及其产生的离心力作用，尾水管内的压力分布就变成漏斗状，中心部位的静压力最低、边壁处压力最高或比较高，“漏斗”的形状也随工况的

变化相应发生变化，如图 11.9 中的②、③、④曲线所示。

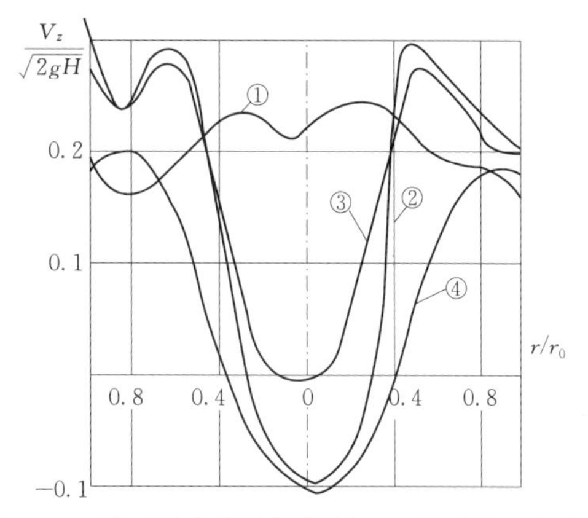

图 11.9　模型尾水管锥管横断面上的平均压力分布

补气后，尾水管中涡带空腔内的压力提高，并形成等压力区域；受空腔扩大的排挤，回流区和主水流区速度将增大。

2. 尾水管内的动力真空

所谓动力真空，就是水流绕流补气管时，由水流速度在管路侧面增大所产生的真空。各种试验都证实，被绕流管路上，与水流方向成 90°方向的真空最大或压力最低。图 11.10 所示为空气绕流圆管时沿圆管表面的压力分布。这是中国水科院在风洞试验中得到的结果。

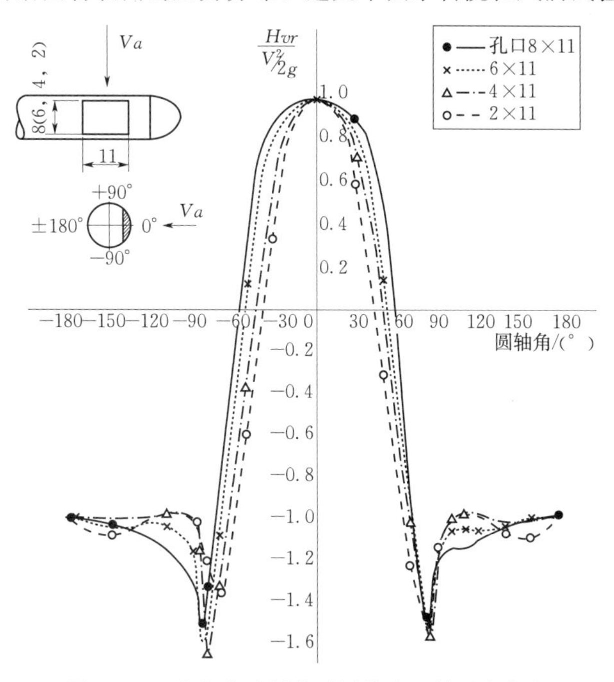

图 11.10　空气绕流圆管时圆管表面的压力分布

动力真空的大小取决于绕流补气管的水流速度。利用动力真空不受补气后静力真空减小的影响，可以得到更大、更稳定的补气量。动力真空在尾水管横截面上的分布，就是选择补气管出气口方向的依据。

中国水科院的模型试验结果表明：不同开度下，最大动力真空出现在距尾水管壁80%～90%半径处。在60%～90%尾水管半径范围，动力真空的变化梯度完全与主水流区水流的绝对速度变化梯度对应。

当按最大涡带压力脉动工况下水流确定补气管出气口开口方向时，最大动力真空出现在与竖直方向约成120°～130°的方向，约与试验工况下的水流方向成90°夹角。

3. 补气短管

短管补气是尾水管自然补气中的一种，它利用的是尾水管内主水流绕流补气短管形成的动力真空。结构上，短管比较简单，尺寸比较小，受力情况比较好，在采取根部加强的情况下，结构强度比较容易得到保证，适用于各种转轮直径的水轮机。图 11.11 为短管补气装置的出气管示意图。

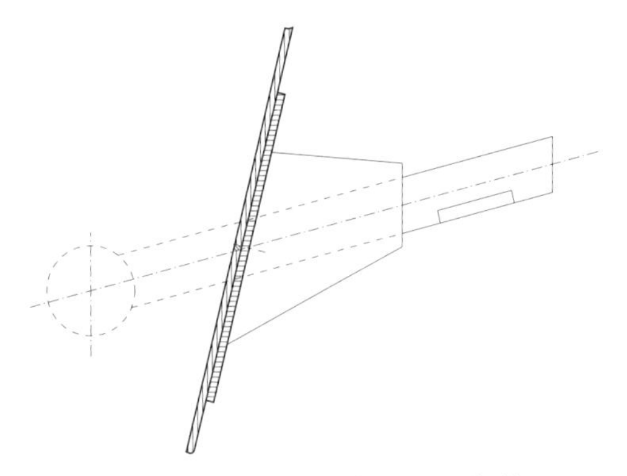

图 11.11 短管补气装置的出气管

尾水管内的真空有两个主要作用：一个是作为补气的动力，把外界的空气吸入尾水管；另一个是克服补气管路系统中的流动阻力。对于新设计电站的补气管路系统，在确定补气量的前提下，首先要合理选择风速，然后才能确定进气管直径。

阻力损失与风速的平方成正比。但是，风速越大，阻力损失越大。所以，风速的合理选择，实际上就是在补气量、管路直径与阻力损失三者之间进行综合平衡。

笔者为一个电站设计的短管补气系统时的方案是：在满足 2%补气量的前提下，风速选择为 25m/s，进气管直径为 $0.10D_1$。实践证明，达到了预期的效果。

早期投运电站的自然补气进气管直径大都在 $0.05D_1$ 上下，要满足 2%的补气量，风速要达到 100m/s，这实际上是不可能的。故补气量不足是这些电站自然补气的主要缺陷。

参考文献

[1] 李启章，崔燕. 关于水轮发电机组的全过程、全方位预防 [J]. 贵州水力发电，2003，17 (2)：57 - 59，64.

[2] 王海，李启章，郑丽媛. 水轮发电机转子动平衡方法及应用研究 [J]. 大电机技术，2002 (2)：12 - 16.

[3] 李启章. 水轮机的补气原理和技术 [J]. 水力发电，1980，4：32 - 37.

[4] 中西幸一，久保田乔，混流式水轮机尾水管的补气试验 [J] //中国科学院，水利电力部水利水电科学研究院. 水轮机水力振动译文集 [M]. 北京：水利电力出版社，1979.

第12章 专 题 问 题

专题问题是指与水轮发电机组振动相关的其他几个问题。

噪声是机械振动产生的一种结果和另一种表现形式，与机械振动相伴而生。

转轮叶片裂纹，既是水轮发电机组振动的结果，也近乎是机组振动的一种“无声无息”的表现形式。

盘车本不是本书应当涉及的内容，但它与水轮发电机组振动的关系十分密切，故从振动稳定性的角度提出一些看法和希望。

振动标准是衡量和评价振动水平的依据，了解并合理地应用振动标准也是需要关注的。

12.1 水电站中的噪声

噪声有两种可能的含义：①杂乱无章的声音，即幅值和频率都没有什么规律的声音；②不需要的声音，从这个角度说，任何声音都可能是噪声，例如一首美妙的音乐对于一个辗转反侧的失眠者，可能就是不可忍受的噪声。

声音的传播需要介质。在水电厂内，噪声的传播介质为空气、水和固体部件。

不同介质中声音的传播速度不同。标准状态（20℃、标准大气压）下，空气中的声速是334m/s，水中的声速是1450m/s，钢中的声速是5000m/s。

12.1.1 噪声的分类

1. 按噪声起源分类

按照噪声产生的原理，噪声分类如下：

（1）空气动力噪声。流体的流动、涡流、压力的突然变化、扰动等都可以产生这类噪声。

（2）机械噪声。机械噪声由固体部件的振动产生。在流体机械中，流体动力噪声和机械噪声共存。

（3）电磁噪声。电磁噪声由磁场脉动、磁致伸缩引起的电气部件或机械部件振动所产生。电站中最典型的例子就是发电机、变压器等的极频（100Hz及其倍频）噪声。

2. 按噪声频率特性分类

（1）有调噪声。有调噪声指噪声中有一个或若干个主频率的情况，但几个主频率不一定是谐和频率。转轮叶片卡门涡共振的噪声、极频电磁噪声等就是比较典型的有调噪声。

（2）无调噪声。无调噪声也称之为随机噪声或者白噪声。在比较广泛的频率范围内，各种频率成分同时存在。

3. 水电厂内的噪声分类

与机组振动的分类相似，从实用的角度，也建议将水电厂中的噪声分为常规噪声和异常噪声两种。

（1）常规噪声。常规噪声是指电站机组和辅助设备在正常运行状态下发出的各种噪声的总和。

（2）异常噪声。异常噪声是在设备运行状态不正常时发出的声音。例如水体和机械部件共振时产生的噪声

12.1.2 水电站中的噪声源

水电站内的噪声有多种来源。

1. 水轮机的噪声

水力因素产生的噪声是水电站中最重要的噪声之一，其中水轮机室中的噪声最有代表性。

正常情况下，水轮机中的噪声包括流动噪声、流体与过流部件的撞击、摩擦产生的噪声、机械振动噪声、空蚀噪声等，它们和水轮机的工况密切相关。异常情况下，还可能有固定导叶、转轮叶片出水边卡门涡共振产生的异常噪声，流道中水体共振及其引起的振动产生的噪声和暂态工况下的噪声等。

2. 发电机的噪声

发电机噪声的第一来源是通风噪声，在发电机层测到的噪声，就主要是通风噪声；其次是电磁激振力直接、间接产生的噪声。

3. 电气设备的噪声

电气设备的噪声主要是指各种变压器的噪声，主频率是100Hz，来自铁芯叠片的振动。

4. 辅助设备的噪声

辅助设备的噪声如各种水泵、油泵、空压机、通风机运行时的噪声等。

5. 其他噪声

其他噪声如水轮机的补气噪声。如果大轴中心补气或补气管的进气管设在厂房内时，补气噪声可能是比较大的。

6. 厂房及构件振动或共振产生的噪声

厂房的各种构件共振时，将会产生相当强的有调振动。

12.1.3 噪声测试[1]

水电厂的噪声测试主要目的有两个：一是进行环境噪声评价；另一个是分析异常噪声产生的原因。后者常常和机组的异常振动联系在一起。

1. 表示噪声的参数

（1）声压和声压级。表示噪声强度的参数有多个，最常用的是声压和声压级。

声波通过大气压力的起伏传播，起伏部分超过静压（平均压力）的量（有效值）就是声压，用 p 表示，单位是 N/m^2。声压表示声音的强弱，经常使用的麦克风（声传感器）也都是接收和转换声压的。

正常人耳刚刚能听到的声压叫听阈声压，其值为 $2\times10^{-5}N/m^2$。刚刚使人耳产生疼痛感觉的声压叫痛阈声压，其值为 $20N/m^2$。

人的听阈范围很大，通常用它的一种对数值来表示，这就是声压级，其表达式为

$$L_p = 20\lg\frac{p}{p_0} \quad (\text{dB})$$

式中：p_0 为 1000Hz 的听阈声压。

从听阈到痛阈，声压的变化达到 10^6 倍，用声压级表示式则为 0～120dB。

（2）频带。表示噪声频率特性的量叫频带或频谱。通常把声波频率范围（20～20000Hz）分成几个频段，即所谓频带或频程。噪声测量中常用的是倍频程和 1/3 倍频程。

2. 声级计（仪）

声级计是用来测量噪声的仪器，有模拟式和数字式两类，现在多采用数字式的。声级计包括麦克风、信号处理、指示仪表等几部分。有的声级计还带有频带分析部分。

麦克风是将声音转换成电气量的传感器。它有电动式、压电式和电容式三种。其中电容式的麦克风性能比较好：灵敏度高、频率线性范围大、输出稳定，受温度、湿度的影响很小。

在声学测量仪器中，通常设置 A、B、C 三种加权网络。A 模拟人耳对 40 方（方为响度级单位）纯音的响应，信号通过时，对 1000Hz 以下的信号有比较大衰减；B 模拟人耳对 70 方纯音的响应，对低频信号有一定的衰减；加权网络 C 模拟人耳对 100 方纯音的响应，对信号几乎没有衰减。其中 A 网络测得的噪声和人的感觉比较接近，故常用 A 网络测得的声级代表环境噪声的大小。

此外，声级计中还有一个“线性输出”（L 声级）功能。在此功能下，全频率范围的声压都会不被衰减地记录下来，以后根据需要再进行频率分析或加权分析。

3. 水电厂噪声的测量

（1）测点。厂房内噪声首选的测点为：发电机层发电机上方，水轮机室和尾水管进人门，还可选择蜗壳进人门或其他需要测量的地方。可根据测试目的具体设定。

（2）本底噪声及其修正。本底噪声就是被测噪声源不发声时周围环境的噪声。本底噪声随周围设备的运行状态而改变。本底噪声高于被测噪声时，噪声测量无法进行；当被测噪声高于本底噪声 10dB 时，测量结果不需修正，当被测噪声高于本底噪声的数值小于 10dB 时，应按规定方法进行修正。

4. 噪声测量结果实例

【例 1】　稳定工况下噪声随机组负荷的变化

图 12.1 为两个电站水轮机的噪声测量结果（闵占奎．刘家峡水电厂 1 号机大修后稳定性试验［R］．2003）和图 12.2（中国水科院试验数据）。

从这两个噪声测量结果可以看到：

（1）在全工况范围内，噪声随机组功率而变。这主要反映了水力因素的影响。

（2）最大噪声多出现在小负荷区。它主要反映水轮机在小开度区转轮进口水流的流态特征。

（3）最小噪声出现在涡带工况区，这是一个普遍规律，这和尾水管中气体空腔的吸收、缓冲作用有关。

（4）最优工况以上的大负荷区的噪声随功率而增大的趋势十分明显，这与空化噪声随水轮机流量的增大直接相关。这也是水轮机噪声随功率变化趋势的特点。

（5）线性测量和 A 声级测量的结果有明显的差别。

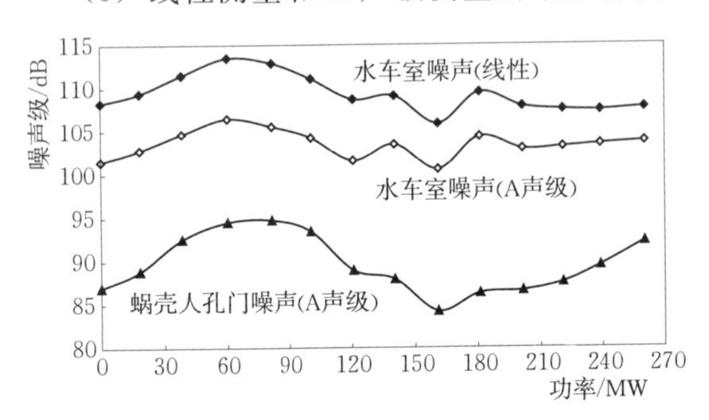

图 12.1 刘家峡电站 1 号水轮机噪声

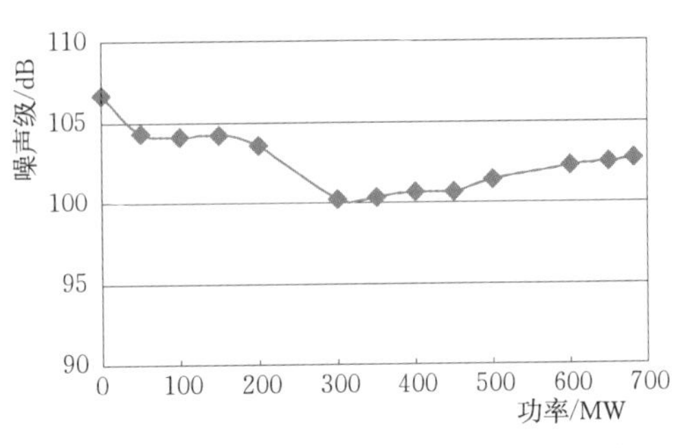

图 12.2 龙滩 6 号机水轮机室 L 声级噪声

【例 2】 异常压力脉动引起的噪声

图 12.3 为 9.3.5 节所讨论例子中出现的异常噪声的例子（奥技异电气技术研究所：三峡右岸电站 18 号机组运行状态分析评价报告，2009）。图上显示，在 100～300MW 工况区，最大 L 噪声级达 115dB。现场实测结果表明：这种异常噪声随功率的变化趋势与顶盖压力脉动完全相同，也具有相同的频率范围［参看图 9.18、图 9.19 和图 9.21（b）］。毫无疑问，这台机组的异常噪声是由顶盖压力脉动所引起。顶盖压力脉动产生的原因，请参看 9.3.5 节中的第 6 部分。

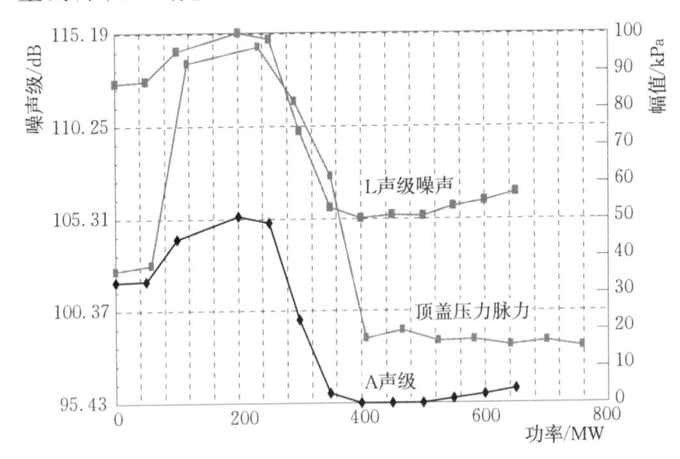

图 12.3 水轮机室噪声和顶盖、尾水管压力脉动

【例 3】 转轮叶片卡门涡共振引起的噪声

图 12.4（a）也是一幅水轮机室噪声随功率的变化趋势图（华中科技大学水机教研室课题组三峡电站 22 号机试验数据）。这张图最显著的特点是在 500～550MW 区间出现了很高的峰值。这表明，在这个功率范围出现了异常噪声。图 12.4（b）为对应最大噪声（550MW）时的三个部位的噪声谱，噪声的主频范围为 320～336Hz。转轮叶片出水边修型后，噪声峰值现象消失，表明噪声峰值是由转轮叶片的卡门涡共振所引起。

图 12.5 显示了转轮叶片卡门涡共振对水轮机顶盖及水导轴承振动的影响。

如果与图 4.45 比较一下就可发现，图 12.4 和图 12.5 都和它十分相像。这也显示了转轮叶片卡门涡共振情况下的噪声和机组振动具有共同的特征。

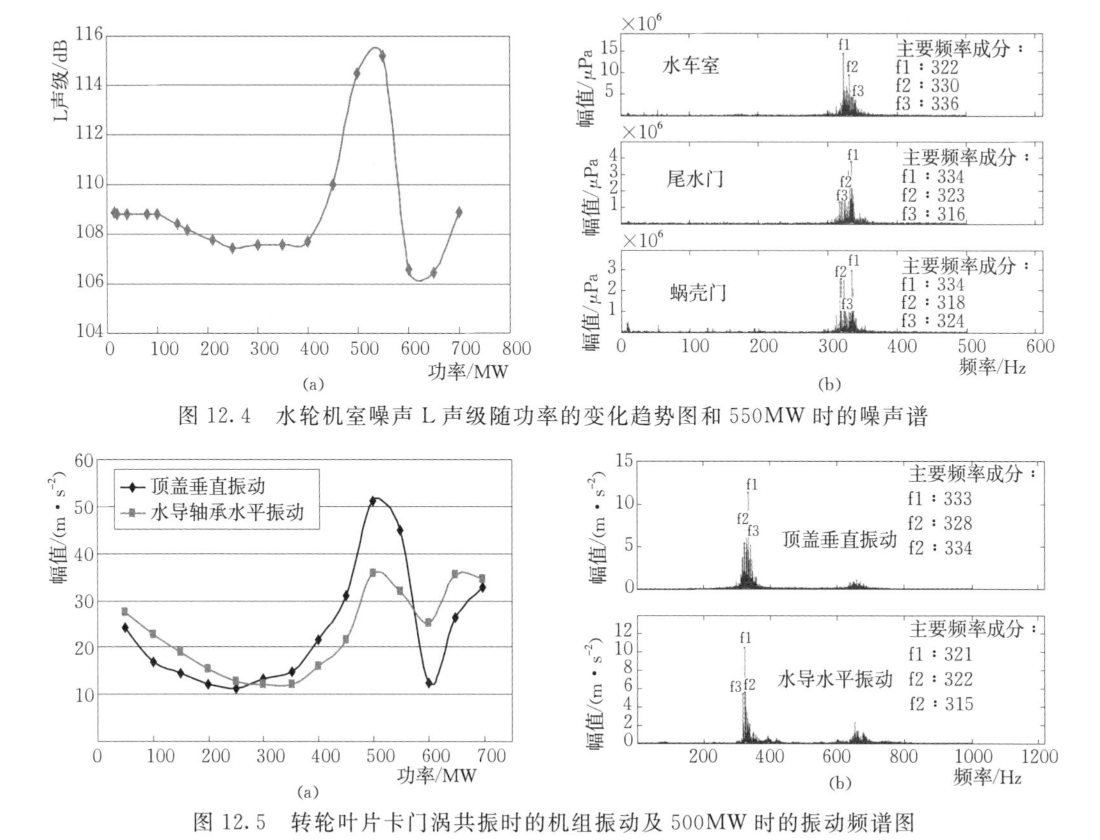

图 12.4　水轮机室噪声 L 声级随功率的变化趋势图和 550MW 时的噪声谱

图 12.5　转轮叶片卡门涡共振时的机组振动及 500MW 时的振动频谱图

【例 4】　过速情况下的噪声

图 12.6 为一台机组 3 个测点处的噪声随机组转速的变化波形图，测量结果显示：噪声大约为额定转速时的 3～5 倍。

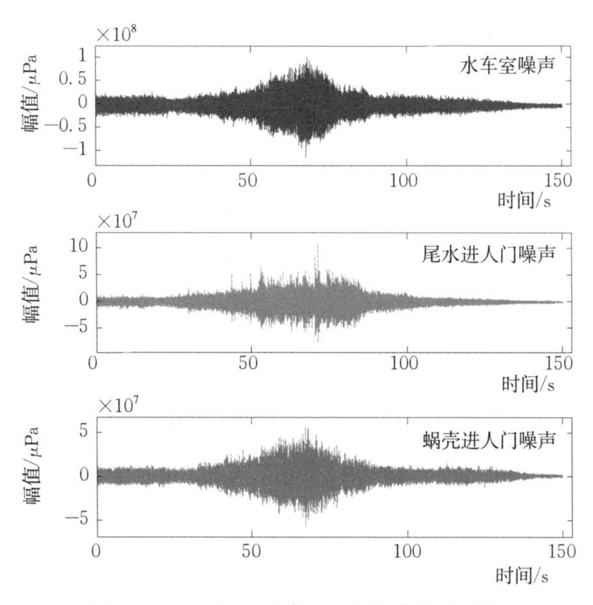

图 12.6　过速 152%过程中的噪声波形图

12.1.4　噪声评价

目前情况下，水电站中的噪声是不予控制的，处于“听其自然”的状态。长时期的实践结果也表明，常规噪声没有对设备造成明显的危害。对运行人员健康影响似乎也没有得到特别地关注。对于异常噪声，需要的往往是查明产生原因，并在可能条件下予以消除。

ISO提出了用A声级表示的噪声评价标准，标准包括如下内容：

(1) 听力保护的噪声容许标准。目的和宗旨是保护人耳的听力不受损害。

(2) 语言可懂度的噪声容许标准。目的是评价噪声对人之间语言交流的影响。

(3) 噪声干扰的评价标准。内容是关于噪声对人的生活、工作环境的影响。

国内也有相关标准，需要时可查阅。

12.2　关于转轮叶片裂纹

水轮机中最重要和较常产生裂纹的部件是转轮叶片，其次是固定导叶。裂纹的产生有系统性原因，并有较强的规律性；裂纹的产生也有偶然原因，例如由材质的偶然缺陷、加工过程中偶然出现的缺陷等，它们的产生具有随机性。

转轮叶片裂纹涉及三方面的因素：动载荷、材料的疲劳强度和转轮叶片承载动载荷的能力。共振（动力响应）是叶片裂纹产生的异常情况。

12.2.1　转轮叶片裂纹的一般特征

1. 转轮叶片裂纹的疲劳特征

转轮叶片由系统性原因产生的裂纹大都和叶片的振动联系在一起，裂纹断面显示出明显的疲劳裂纹特征。即使是与某种缺陷有关的裂纹，裂纹断面也同样具有疲劳裂纹特征。

疲劳断裂断面上最显著的形象特征是“贝壳纹”。贝壳纹显示出疲劳裂纹逐渐发展的过程；贝壳纹的中心则是裂纹的起点，它通常为叶片边缘部位有缺陷的地方。图12.7为两种类型水轮机转轮叶片的裂纹断面例子。

(a)混流式水轮机

(b)轴流式水轮机

图12.7　叶片裂纹断面上的贝壳纹

2. 叶片裂纹的位置特征

通常情况下，叶片裂纹都出现在动应力比较大的部位，这些部位往往也是静应力和动应力比较集中的地方。

混流式水轮机转轮叶片裂纹的位置，大都在叶片靠近上冠或下环的根部的焊接热影响区，由出水边处开始，图 12.8 就是比较典型的例子。

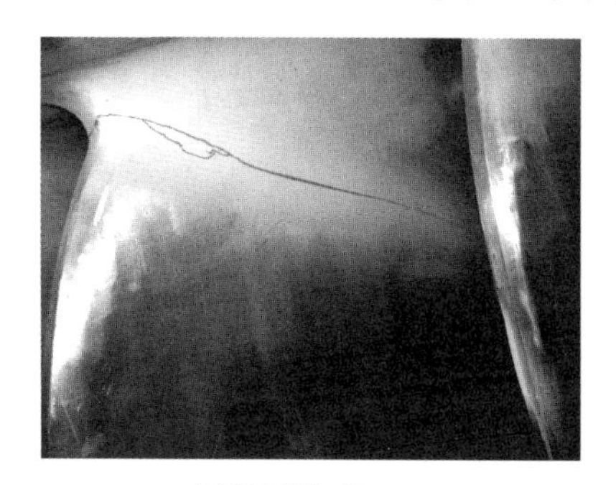

(a)上冠处裂纹(长460mm)

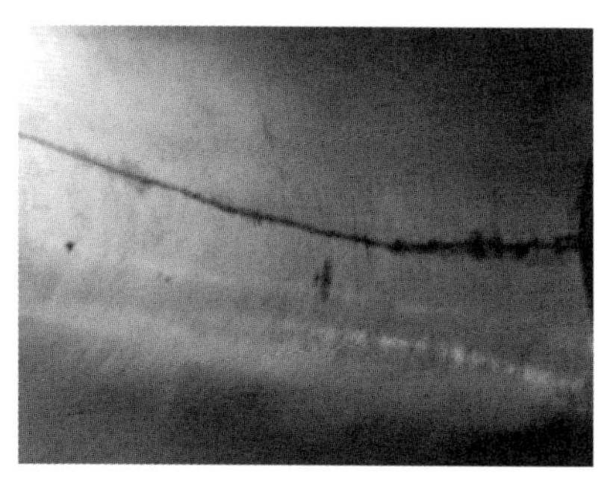

(b)下环处裂纹(长400mm)

图 12.8 转轮叶片裂纹的多发位置

轴流式水轮机转轮叶片裂纹主要出现在两个部位：一个是叶片根部与叶片法兰相交并靠近出水边的地方；另一个是出水边靠外缘的三角部位。图 12.9 为两个电站的两台轴流式水轮机转轮叶片在两个部位产生裂纹的例子。

冲击式水轮机水斗的裂纹和断裂大都出现在水斗的根部，这里也是静应力和动应力最大的部位。

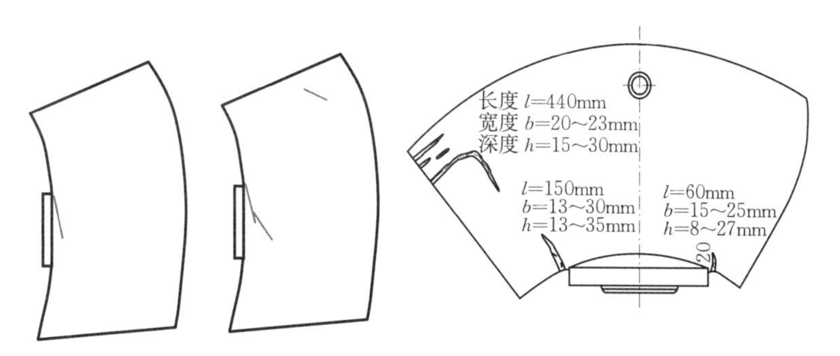

图 12.9 轴流式水轮机转轮叶片裂纹的典型位置

12.2.2 稳态工况下转轮叶片承受的动载荷

不同类型水轮机承受的动载荷及其来源的情况不同，但它们都直接或间接来自水力作用力。

1. 混流式水轮机转轮叶片的动应力

混流式水轮机转轮叶片承受的动载荷主要由各种压力脉动产生。

（1）常规压力脉动中的涡带压力脉动，如图 12.10 所示[2]。

（2）各种异常压力脉动，图 12.11[2]中的最大动应力来自类转频压力脉动。

（3）转动部分扭转共振引起的转轮叶片动应力，图 12.12 为一个例子。小浪底电站一台机组起动时，大轴扭转共振时的实测最大叶片动应力幅值达 235MPa，频率为 13Hz，与大轴的扭转振动固有频率相同。

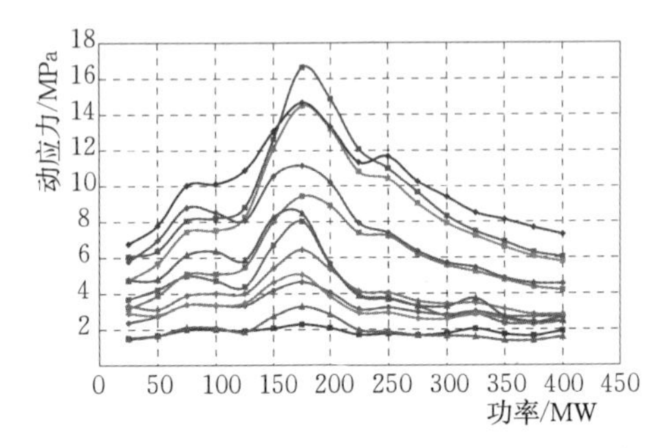

图 12.10　涡带压力脉动产生的动应力峰值

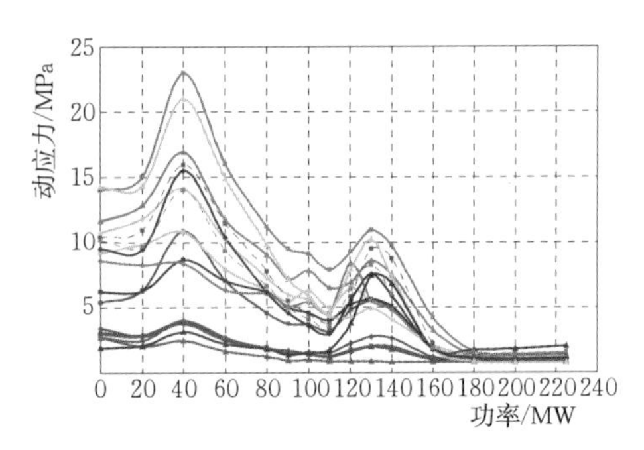

图 12.11　类转频压力脉动产生的动应力

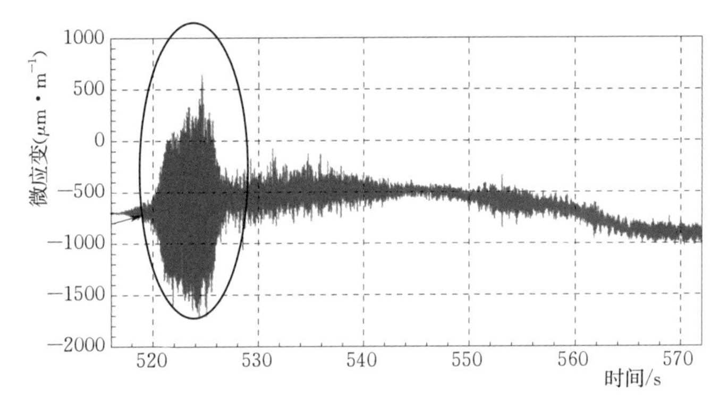

图 12.12　大轴扭转共振引起的叶片动应力峰值

(4) 卡门涡引起的转轮叶片动应力。图 12.13 右上侧的峰值动应力即为卡门涡共振所引起。共振频率 212Hz，最大分频值双振幅约 42MPa。

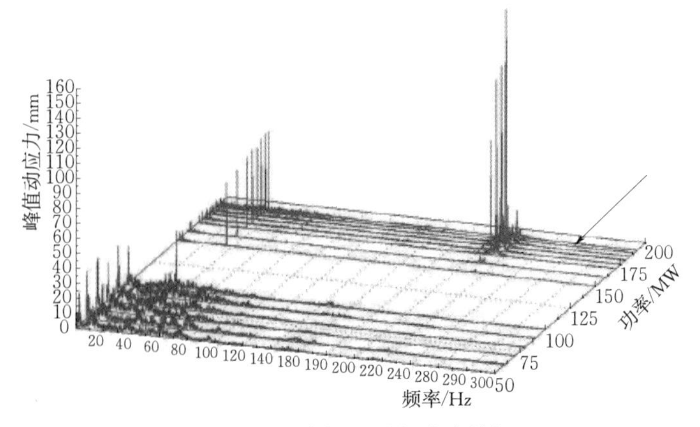

图 12.13　卡门涡引起叶片共振

2. 轴流转桨式水轮机转轮叶片的动应力

第 4 章 4.5.4 节图 4.46 和图 4.47 为一台轴流转桨式水轮机叶片动应力的实测结果，测量结果显示出良好的规律性。升负荷过程中的最大动应力幅值在 10～20MPa 之间。降负荷过程中的最大动应力幅值则为 20～40MPa 之间。它们都主要由卡门涡共振所引起，主频为 225Hz，次频为 295Hz。

12.2.3 暂态工况下转轮叶片的动应力

暂态过程中动载荷的变化与暂态过程的性质有关。起动和甩负荷两种过程中的动应力和动应力变化比较大，而且都有一个载荷突变的情况。

从转轮叶片疲劳裂纹的角度，主要关注的是暂态过程中动应力的幅值、频率和是否出现共振现象。暂态过程持续时间比较短，在这个过程中，动应力的频率及其幅值都是变化的，怎么合理地评价它们对叶片疲劳裂纹的影响也有待研究。下面仅介绍一些实测结果，它们也不代表所有水轮机的情况。

1. 起动过程中转轮叶片静应力和动应力的变化

【例 1】 大朝山电站机组的测量结果

图 12.14 为大朝山电站一台混流式水轮机起动过程中转轮叶片一个测点动应力幅值随时间的变化。可以看出：起动过程中，动应力变化比较大的过程出现在起动后的 10s 以内。最大动应力为 48MPa，出现在叶片出水边，远大于稳定工况下的最大动应力。

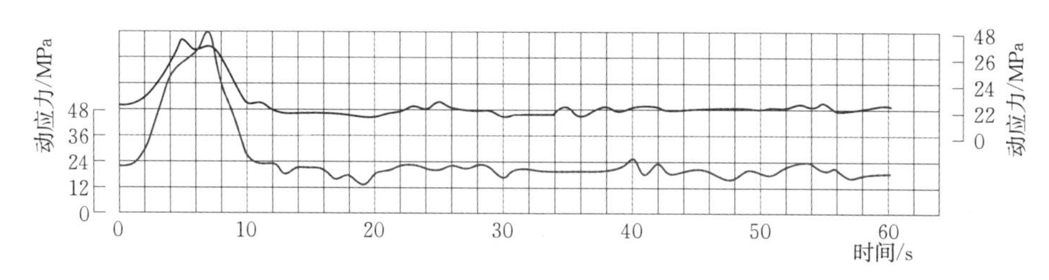

图 12.14 起动过程中转轮叶片动应力峰峰值

【例 2】 转桨式水轮机的测量结果

图 12.15 为一台轴流转桨式水轮发电机组起动过程中转轮叶片 4 个测点应力的波形图。过程中叶片动应力幅值最大为 21MPa。起动瞬间，也没有明显的冲击现象。

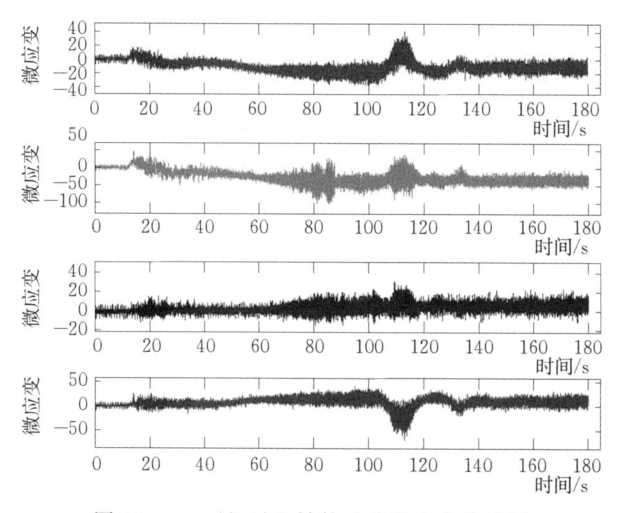

图 12.15 开机过程转轮叶片微应变波形图

2. 甩负荷过程中转轮叶片的应力变化

【例 3】 大朝山电站机组甩 100%负荷的测量结果

图 12.16 为大朝山电站机组甩 100%负荷过程中，部分转轮叶片测点应力变化的波形

图，图上显示：静应力和动应力变化比较大的时段约在过程开始后的 0～28s 范围内。最大静应力 62.4MPa，最大动应力幅值 32.0MPa。

数据还显示，甩负荷过程对叶片进、出口边动、静应力的影响比较大；上冠与下环相比，对下环的影响比较大，正面与背面相比，对背面的影响比较大。

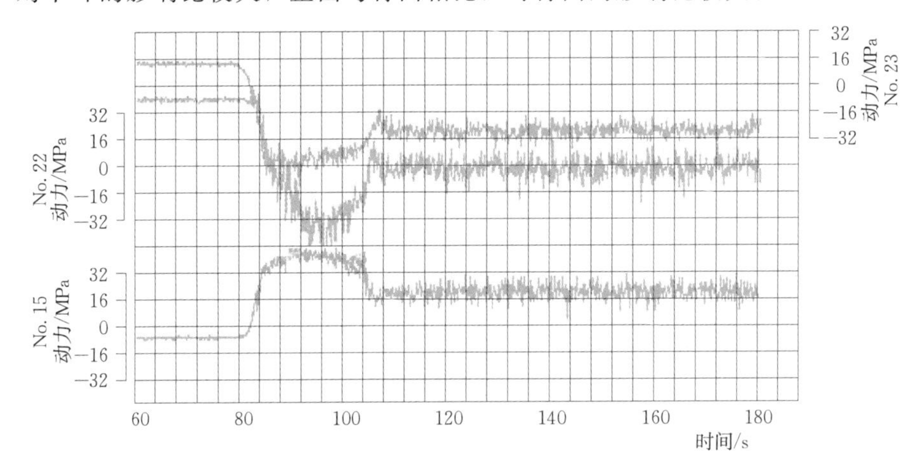

图 12.16　甩 100%负荷过程部分叶片应力测点波形图

【例 7】　转桨式水轮机组甩 100%负荷的测量结果

图 12.17 为一台转桨式水轮发电机组甩 100%负荷过程水轮机转轮叶片部分测点动应力的变化波形图。最大动应力幅值超过 60MPa，约为甩负荷前稳定工况时的 4～6 倍。

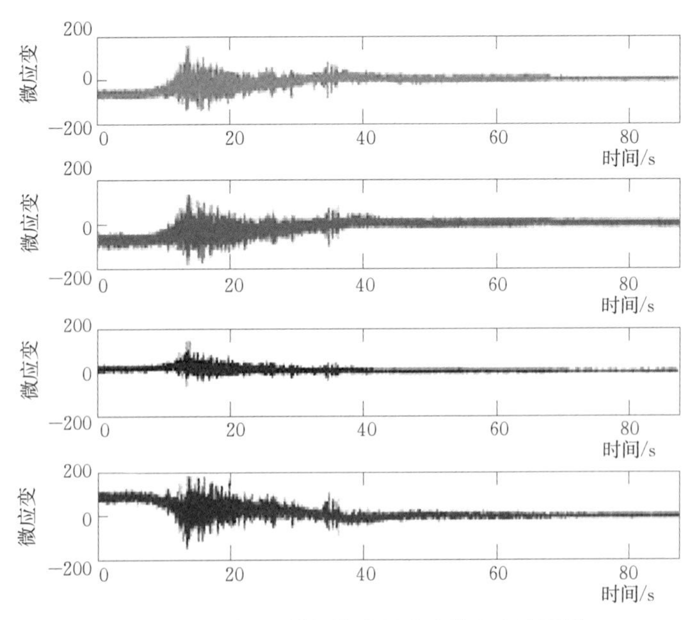

图 12.17　甩 100%负荷过程叶片微应变波形图

3. 停机过程转轮叶片出现共振时的动应力变化

图 12.18 为小浪底电站机组在停机过程中出现转轮叶片卡门涡共振的实例，共振约持续 13s，最大动应力约 290MPa。

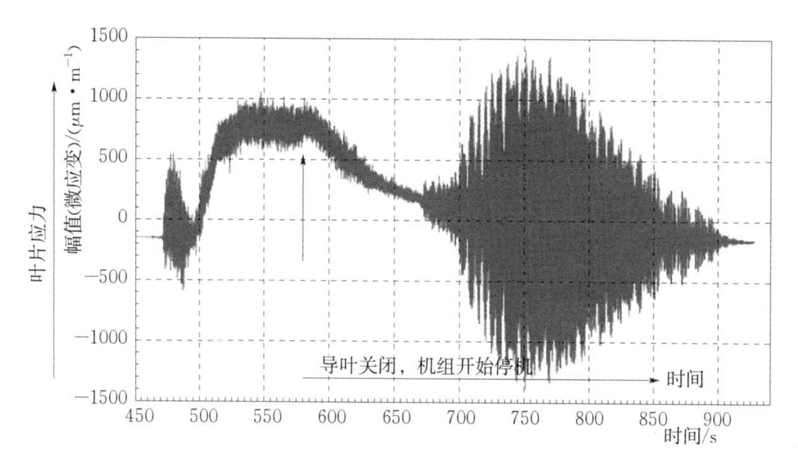

图 12.18　停机过程中叶片卡门涡共振时的动应力波形图

12.2.4　材料的疲劳强度

12.2.4.1　疲劳、疲劳裂纹和疲劳断裂

疲劳是一个人格化的专业术语，是指弹性材料在交变动载荷持续作用下出现裂纹或发生断裂的过程和结果。

断裂力学关于疲劳的机理和发展过程大致包括以下阶段：①材料的塑性变形，即当材料的局部受力超过材料的屈服极限时，材料就会发生塑性变形；②材料的脆化，在塑性变形中就包含一部分永久变形，在动载荷的反复作用下，材料的永久变形程度和范围不断扩展，其结果就是材料的脆化；③材料的微断裂，脆化后的材料不能用变形来平衡受力，于是局部应力增大，当局部应力超过材料的拉伸强度时，就会发生局部开裂；④应力集中，一旦微裂纹产生，应力集中就不可避免的出现，并加速材料脆化和开裂的过程；⑤断裂，随动载荷持续的作用，上述材料的脆化和微裂纹不断地累积、扩展，当开裂断面的应力大于材料的拉伸强度时，断裂就会发生。

上述疲劳破坏发生机理和发展过程表明，疲劳的发生，与材料承受的动载荷、材料的材质、材质缺陷和部件的工作环境等条件相关。

12.2.4.2　材料的疲劳强度

1. 名义疲劳强度 σ_{-10}

材料的名义疲劳强度是通过试件的疲劳试验得到的，并规定：经历10^7次应力循环后，材料不出现疲劳破坏的最大动应力，就定义为材料的名义疲劳强度，用σ_{-10}表示。

疲劳强度试验都是在“一定的条件”（见下节）下进行的，不同条件下得到的结果就会有一定的差别。

2. 实际疲劳强度 σ_{-1} 和许用疲劳强度 $[\sigma_{-1}]$

材料的疲劳强度受结构的载荷条件、材质、材质缺陷、工作环境、加工工艺等各方面因素的影响，这些影响用“削弱系数”或“折扣系数”来反映，即材料的实际疲劳强度等于材料的名义疲劳强度乘以“削弱系数”或“折扣系数”。

“削弱系数”或“折扣系数”都是指名义疲劳强度被减小的百分数。例如，某种钢材在水中的疲劳强度要比在空气中减小40%～60%，这40%～60%就是这个因素对材料名义疲劳强度的削弱系数或折扣系数。

如果影响材料疲劳强度的因素有 n 个，每个因素的削弱系数为 x_i，则该材料的实际疲劳强度为

$$\sigma_{-1}=\sigma_{-10}x_1x_2\cdots x_n$$

材料的许用疲劳强度等于实际疲劳强度除以所取的安全系数 a，即 $[\sigma_{-1}]=\sigma_{-1}/a$。

12.2.4.3　削弱材料疲劳强度的主要因素

影响疲劳强度的因素很多，一些比较重要的因素已经在试验室进行了试验研究，得到了一些数值结果。其中国外的一些试验研究结果已在相关杂志上作了比较系统的介绍。尽管实验室的模拟条件与实际情况有一定的差异，也与现代的技术水平不完全契合，但从这些试验结果中仍可看出这些因素的定性影响。

（1）环境介质的影响。诸多试验结果都表明，钢材在水中的疲劳强度要比在空气中减小一半以上。

（2）应力循环性质的影响。材料的名义疲劳强度都是在对称循环下得到的。试验结果表明，各种参数下的非对称循环和多频率不同组合情况下的疲劳强度，可能要降低 30%～50%，甚至是更多。

（3）铸件质量及铸造工艺的影响。有缺陷（例如带刻痕或切口）的试件、取自铸件内部或表面的试件，得到的疲劳强度数值都不一样。

（4）焊接的影响。焊接对焊接区和焊接热影响区材料的疲劳强度影响很大。有的试验结果得出，焊接可能使疲劳强度降低 50%以上。在所谓“比较理想”的条件下，焊接对材料疲劳强度的影响没有这么大，但影响是肯定存在的。转轮叶片的规律性裂纹都出现在焊接热影响区不是偶然的。

（5）试件尺寸的影响。试件尺寸越大，得到的疲劳强度越低。例如 0Cr12Ni 钢圆形试件的直径为 12mm、20mm 和 35mm 时，疲劳强度分别为 290MPa、240MPa 和 178MPa。

（6）试件形状的影响。圆形和矩形断面试件得出的疲劳强度也不一样。如上述 0Cr12Ni 材料，当试件尺寸为 50mm×70mm 的方形时，疲劳强度仅为 148MPa。

（7）不确定因素的影响。不确定因素既是指没有进行过定量试验的因素，也包括那些影响程度伸缩性很大而又不易定量的因素，例如材质缺陷、应力集中等。

上述试验结果表明，材料的实际疲劳强度可能要比名义疲劳强度低得多。要为所使用的材料确定一个比较合理、可靠的疲劳强度，需要十分慎重。

12.2.4.4　转轮材料的许用疲劳强度

也有一些研究者对转轮叶片材料的许用疲劳强度提出了建议。

文献［5］和部分其他研究者提出：转轮叶片材料的许用疲劳强度约为试验值（名义疲劳强度）的 10%，见表 12.1。

表 12.1　　转轮叶片材料的试验值与许用值　　单位：MPa

材料	试验值	许用值	许用值/试验值
0Cr13Ni4Mo	约 245	31	0.125
ZG20SiMn	179	20	0.114

12.2.5 转轮叶片疲劳裂纹产生的基本原因和预防

对于规律性产生的叶片疲劳裂纹，其产生的基本原因可归纳为两个：一个是转轮叶片承受动载荷的能力不足；另一个是对转轮叶片材料的疲劳强度估计过高。

几个裂纹现象比较严重的转轮叶片动应力实测结果（表12.2）显示，它们的最大动应力多在40MPa以下。它们充分验证了上述两个基本原因的正确性。

表12.2　　转轮叶片实测最大动应力　　单位：MPa

电站	大朝山	李家峡	棉花滩	岩滩①	萨扬	迪士林
动应力	31.5	32.3	32	48①	35	41①

①　有卡门涡共振产生的影响。

疲劳裂纹的原则性预防方法都是针对上述两个基本原因的，例如：减小易裂部位的动应力、局部加厚易裂部位的厚度等。事实上也已经有了这样的成功先例。

12.2.6 工艺原因产生的转轮叶片裂纹

图12.19为两个电站的型号相近的转轮叶片裂纹和损坏的情况。右侧转轮的直径为1.6m，额定水头242m；左侧转轮直径2.15m，额定水头411.5m，两转轮均有长短30枚叶片，额定转速600r/min。两个转轮投运的时间前后相差10余年，但它们的损坏情况却十分相似。

仅从照片看，断裂的性质像是脆断，但专业人员对叶片残片的观察印象是：存在疲劳破坏特征，也有碰磨、脆断和剪切的痕迹。

从历次的转轮裂纹观察的记录看，叶片裂纹的开始、发展和最后的掉块，还是有一个过程的，故残片断口存在疲劳裂纹特征很正常。

从电站的试验、检修和处理过程看：①断裂现象与机组的外在振动、摆度无关，机组的振动、摆度水平大致都在良好范围内，也没有显示出有异常振动的迹象；②机组在比较好的工况下运行，叶片仍然出现断裂现象。现场试验时也测到200～300Hz范围或更高频率的信号，它们可能来自卡门涡，但没有发现明显的共振迹象。

图12.19　两个转轮的损坏情况

1. 断裂原因的分析

从叶片断裂的情况和前后的过程看，叶片断裂可能由多方面的原因所引起。

（1）材料性质的影响。材料 ZG06Cr13Ni5Mo 的含碳量比较高，化学分析表明，实际含碳量（0.10）比规定的数值（<0.06）还高。高含碳量易于使材料脆化。

（2）转轮加工工艺的影响。叶片采用模压加工方式，模压加工倾向于使材料脆化，特别是在叶片厚度比较小的情况下，可能使整体叶片发生脆化。

转轮的组焊结构，不可避免地会使叶片根部（裂纹开始的部位）材质进一步脆化。如果组焊后的热处理工艺不够好，叶片承受动载荷的能力将明显降低。

（3）转轮结构设计方面的影响。转轮直径比较小，选择采用长短叶片方案时，转轮的组焊和打磨比较困难。

叶片厚度比较小，加重了模压、焊接对材质带来的不利影响。

叶片进口边形状可能不尽合理或打磨不到位，易在转轮进口产生比较强的压力脉动，使叶片承受较大的动载荷。

2. 处理措施

波罗电站采取的措施[6]包括：

（1）降低最优单位转速，改善水轮机运行工况。新转轮的模型试验结果是：最优单位转速由 66r/min 降低到 63.5r/min，最优效率提高 0.61%，空化性能和压力脉动与原转轮相当。

（2）采取降低转轮叶片动应力的措施，包括在叶片出水边的上冠与下环处加三角块，并加厚叶片出水边靠近上冠和下环处的厚度。其他靠近出水边的部位也分别加厚。

（3）严格控制转轮制造质量，严格执行工艺要求，包括控制模压的温度，控制焊接变形，控制组焊后的热处理温度和工艺等。

长短叶片转轮具有明显的优点，但模型试验结果显示，新转轮的水力稳定性与原转轮相当。因此，转轮损坏情况的消除，应主要是依赖于制造质量和工艺质量的控制和改善，以及所采取的降低动应力的措施。

12.2.7　铸造缺陷引起叶片裂纹的实例

铸造缺陷及其引起的裂纹具有比较明显的特征，图 12.20 为一个比较典型的实例：①裂纹会出现在应力比较低的部位［图 12.20（a）］；②存在大量的分布性铸造缺陷，例如气孔、夹渣、裂纹等［图 12.20（b）］；③材料内部存在杂质、组织疏松、偏析或大尺度裂纹［图 12.20（c）］。

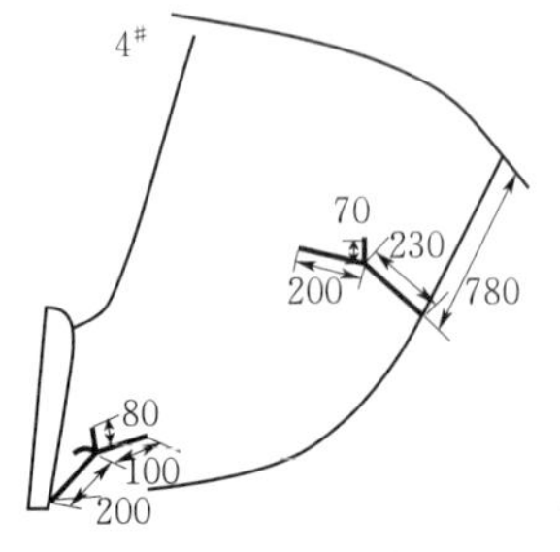

(a)出现在低应力区的裂纹

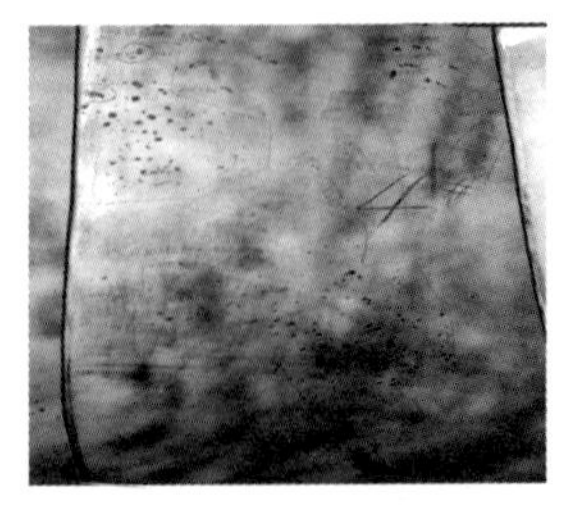

(b)分布性铸造缺陷

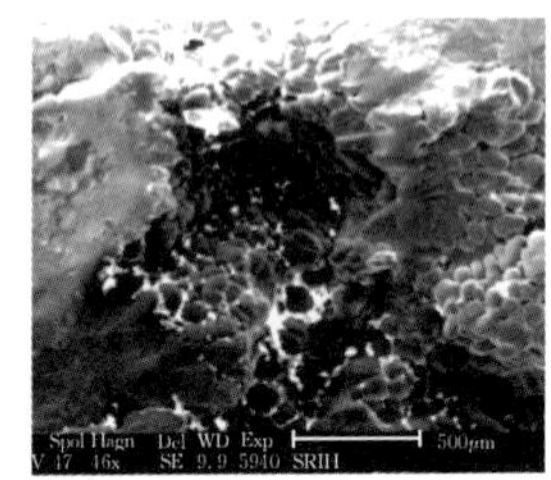

(c)材料金相缺陷

图 12.20　铸造缺陷及其引起的裂纹

计算和实测结果都表明，转轮叶片出水边中间部位的应力水平是很低的。图 12.21 所示为一台水轮机转轮叶片出水边动应力的分布实测结果。在图 12.20（a）所示部位显然不是叶片动应力最大的部位。

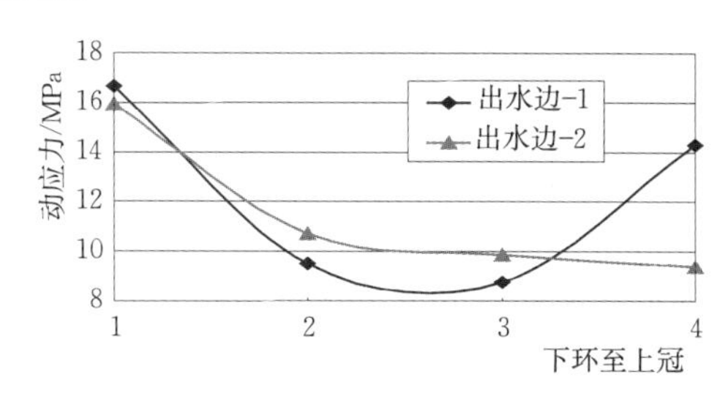

图 12.21　转轮叶片出水边的动应力分布实例

12.3　关于盘车

12.3.1　盘车及其与机组振动的关系

盘车既是安装过程中一项工作或工序的名称，也是这项工作的实施和工作过程。

盘车与机组振动有密切关系，这是本书关注盘车的主要目的。

（1）轴线曲折度和镜板的不垂直度将增大转动部分的摆度，并由此产生附加不平衡力。

（2）镜板的不垂直度可导致推力轴承，特别是刚性支撑的推力轴承受力不均匀，导致相当大的转频轴向激振力的产生，引起推力轴承部件的疲劳破坏。

（3）镜板的翘曲可能使机组的振动、摆度对扰动比较敏感，也是产生 2 倍转频分量振动的重要原因之一。

（4）盘车数据不可靠可导致各导轴承不同心，从而可能使大轴别劲，并由此产生附加的激振力，影响大轴摆度和机架的径向振动。

12.3.2　盘车的原理、条件及盘车质量的检验

1. 盘车原理

盘车依据的数学原理可追溯到中学里的代数学：任意曲线（这里假定为一平面折线）绕一个设定的旋转中心线（竖直线）旋转一周时，曲线上任意点（这里假定为折线的转折点）在垂直于旋转中心的平面上的轨迹或投影是一个圆［图 12.22（a）］，圆的半径等于该点到旋转中心的垂直距离，该圆就是该点的旋转轨迹图；将轨迹圆等分为 8 等份，分别编号为 1～8，相邻两条分割线的夹角为 $\pi/4$，则以 8 个点到包含 3 点、7 点的轴平面的距离为纵坐标，以相邻两点的夹角为 $\pi/4$ 的横坐标的 $X-Y$ 坐标系上，对应 8 点的连线为一正弦波［图 12.22（b）］，正弦波的单幅值等于质点到旋转中心的垂直距离。将曲线不同断面上对应相同旋转角度的各点到 3 轴、7 轴平面的距离连接起来，就可得到该曲线在对应轴平面上的投影［图 12.22（c）］。

在立式水轮发电机组中，轴线为折线，“设定的旋转中心线”为铅垂线，编号 1～8 称为盘车轴号，代表性测量断面为与各导轴承相对的轴领。上图可视为理想情况（镜板垂直于轴线，波浪度为零）下两段轴的盘车结果。

2. 盘车的基本条件

根据盘车原理可以得出，立式机组盘车有两个基本条件：①推力轴承始终保持水平；②转动部分始终保持自由状态。

如果不能同时满足这两个条件，盘车数据都不能反映轴线和镜板的实际状况。

3. 盘车数据正确性检验

盘车数据正确性可用图 12.22 进行判断。

(1) 轴线旋转一周时，固定测点处的数据随大轴旋转角度的变化应当是一条如图 12.22 (b) 所示的正弦曲线。

(2) 轴线在任意角度时在同一轴平面上的投影应当符合图 12.22 (c) 所示规律：例如，对于一条平面曲折的轴线，当轴线旋转到某一方向时投影的曲折度最大，则与该方向成 90°的轴线投影应为一条直线；与该方向成 180°的轴线投影应成中心对称。

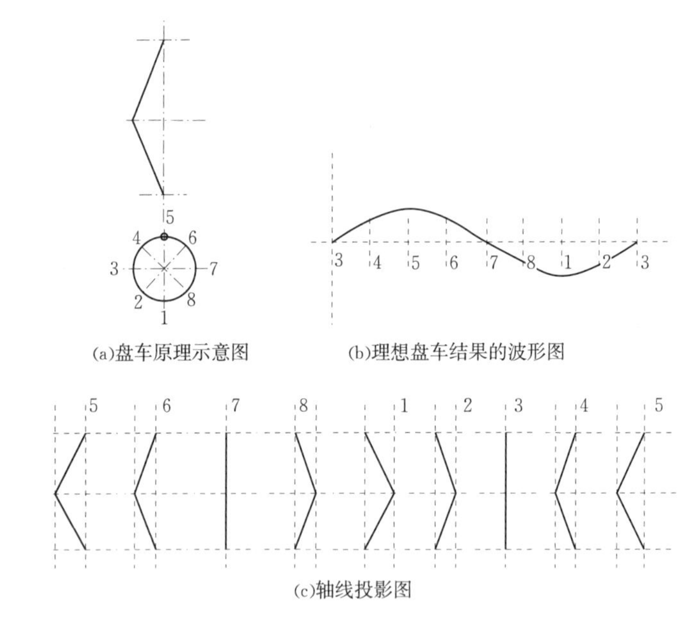

图 12.22　盘车原理及数据显示

4. 盘车数据及轴线分析实例

【例 1】　盘车数据比较规律的实例

图 12.23 是一个盘车结果比较合乎规律的例子（李向阳，王伟，冉小雷．仙游抽水蓄能电站机组盘车探讨［J］．水力机械技术，2013），表现在盘车波形图比较接近正弦曲线上。

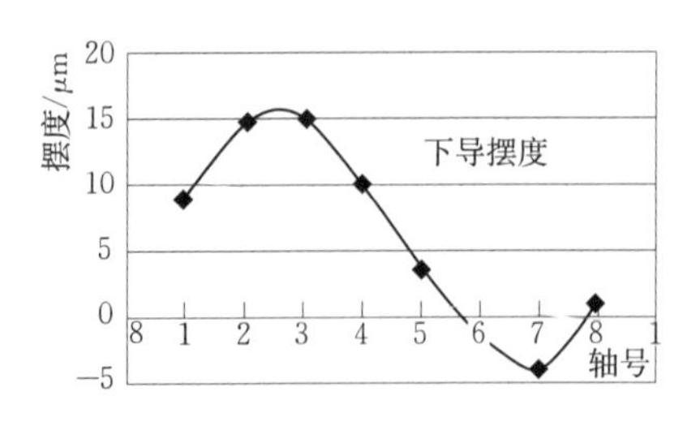

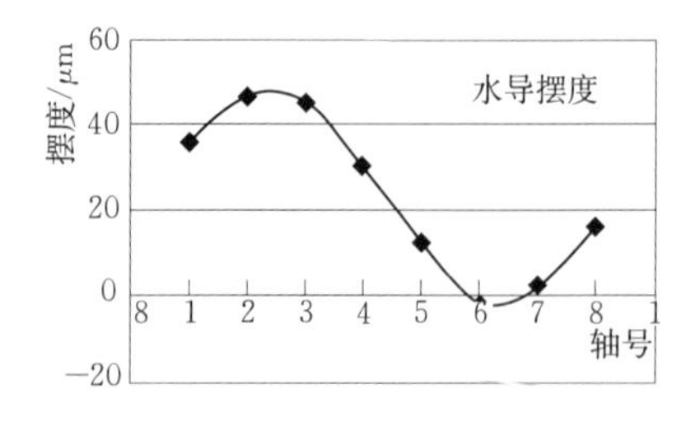

图 12.23　比较规律的盘车结果

从盘车数据中还可看到下述情况：①盘车时的推力轴承不水平度比较明显，这可从下导和水导的多数盘车摆度数值都是正值的特征判断；②镜板有一点不垂直度，轴线也有不大的曲折度，但大致都在允许范围内。

【例 2】 盘车数据不够合理的实例

图 12.24 为一个盘车结果不够合理的实例，它与另一个电站的一台机组的盘车结果（图 10.12）具有几乎相同的特点。

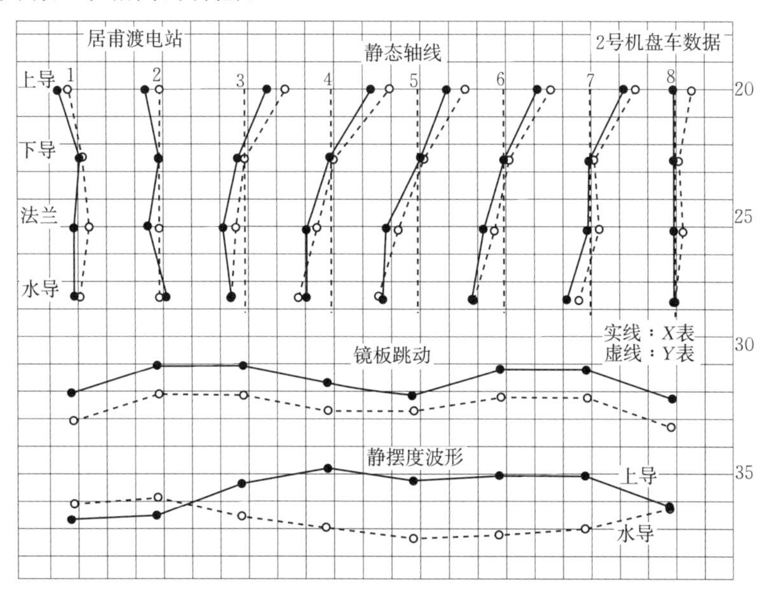

图 12.24 盘车数据及轴线缺陷分析

图 12.24 为根据盘车数据画的 3 组曲线。从 3 组曲线上可以看出盘车数据不符合规律的情况：

（1）静态轴线投影图显示 8 个位置的静态轴线投影图中的 5 个几乎完全相同。

（2）X 表在 8 号轴处（实线）、Y 表在 2 号轴处（虚线）得到的轴线投影图都是直线，但分别与它们相差 180°的 4 号和 6 号轴的投影图却都不是直线。

（3）相差 90°的 X 表和 Y 表所显示的镜板轴向跳动，不仅规律性完全相同，它们的相位也完全相同。

如果不考虑盘车数据的合理性或偏差，则图 12.24 显示出机组轴线存在下述缺陷：

（1）镜板旋转一周出现两个峰值和两个谷值，这表明镜板是翘曲的。

（2）上导和水导盘车摆度两者的相位完全相反，这表明镜板存在明显的不垂直度。

12.3.3 盘车结果不规律的可能原因

盘车结果不够规律的情况常会遇到，产生这种情况的原因有多种，表现形式也不相同。

（1）盘车时没有满足两项基本条件。这种情况比较常见，也是盘车结果不规律的基本原因。

（2）盘车方法存在缺陷。图 12.24 与图 10.12 具有几乎完全相同的图形。这可能与盘车方法（旋转转动部分的方法）有关。

（3）推力轴承、机组轴线存在缺陷。如推力头翘曲、轴领和推力头松动等，都可以使盘车数据异常。

12.4　关于振动评价和标准

振动稳定性是水轮发电机组安全运行的重要指标之一，振动评价就是对机组的振动水平及其对机组安全运行的影响进行判断，振动标准则是对振动水平的具体规定。

振动标准的拟定，特别是它的初期拟定，是一项涉及面比较广也比较复杂的工作。它需要考虑或回答许多问题，其中最根本的问题是，标准的理论和实践依据，其次也要考虑拟定标准的原则、标准需要考虑的因素、标准的内容、评价参数的选择，以及标准的使用、适用和限制等。

最早的振动标准出现在 1939 年，是为汽轮发电机组拟定的。最早的可用于水轮发电机组的振动标准是德国提出的 VDI－2056，苏联也提出了一个评价水轮发电机组振动的标准。我国 20 世纪 50 年代起采用的是苏联安装系统的标准。IEC 和 ISO 也分别提出了相关标准。

中国水科院也曾进行过振动标准的拟定或修订工作。对上述诸多问题也都有所涉及和考虑，也有一些这方面的认识和体会。

12.4.1　关于标准的依据

综合各种相关标准的拟定方法得到的结果是：振动标准最根本的依据是实践经验，即经过大多数机组的长期运行证明某种振动水平是安全的。这样得出的振动标准既能为电站运行部门所接受，也乐于为制造厂家所接受，并在技术上可以实现。

1. 中国水科院的实践经验

中国水科院的直接实践经验来自国内水轮发电机组的实测振动数据。水科院曾在数十个电站的上百台机组上进行过实测，国内很多单位也都进行过许多电站实测。这些实测结果的统计结果就构成了拟定振动标准的参考依据。

我们的间接实践经验来自已有的各相关国家或厂家的相关标准。他们的标准也都是以实践经验为依据的。参考这些标准就等于借鉴了这些标准编制者的实践经验。

2. 关于标准的理论依据

笔者也试图为拟定振动标准寻求某种理论依据。为此，罗列和分析了振动可能对电站和机组带来的危害，这种危害以什么样的形式出现，这种危害及其表现形式与机组代表性振动的关系等。

与振动直接相关的危害是振动部件的疲劳破坏。为此，中国水科院曾在几个大、中、小型电站和机组上进行了一系列的专门试验。

现场测试结果显示，机组主要振动部件的动应力水平是很低的。例如，刘家峡电厂机组，在强烈的小负荷振动区，上机架垂直振动幅值达到 1mm 以上时，它的动应力幅值仅为 14MPa；同样工况下，顶盖垂直振动幅值达 0.5mm 时，它的动应力仅为 22.4MPa。而正常运行情况下，振动部件的动应力更小。故这些部件的本体是不可能发生疲劳破坏的，也没有这样的先例。

许多事故或故障表明，产生疲劳破坏的常常是那些部件的连接部件，例如连接螺丝、焊缝等，而它们的安全是不用机械振动标准来直接规定的。

反过来说，如果按许用疲劳极限确定振动允许值，得到的允许值将达到目前允许值

的数倍到十几倍。这既没有必要，也不会被接受。

“转动部分与固定部分的碰撞”是与大轴摆度相关的问题。这种碰撞常常是由偶然原因引起的，并与加工、安装调整的偏差等多种因素相关。对于偶然产生的碰撞，不是用振动标准去限制它，而是要消除产生碰撞的因素。

最终结论是：不存在能以直接应用于振动标准拟定的理论依据。

12.4.2 拟定振动标准时的考虑因素

1. 标准的原则

在拟定振动标准的时，需要考虑或依据一些必要的原则，例如：安全性原则，这是不言而喻的；宽严适度的原则，既保证机组的安全，技术、经济上也要合理；适用面广而又有所区别的原则，需要适当兼顾不同机型、不同尺寸、不同工况等对振动标准的不同要求；还要考虑与已有标准和历史经验的适当衔接，以及便于使用等方面。

2. 考虑的因素

影响机组振动的因素很多，在拟定或修订振动标准时，不可能都考虑在内。但有些因素还是需要考虑的。例如：

（1）水轮发电机组的布置型式，这是指立式机组或是卧式机组。

（2）机组的尺寸和转速。对于小型和大型机组特别是巨型机组，采用同样的标准是不合理的。

（3）水轮机工况。例如，对于混流式水轮发电机组，可为涡带工况区的振动设定一个稍微宽松一点的标准并不影响机组的安全运行。对于轴流转桨式和贯流转桨式水轮机，应限制它们在非协联区运行等。

（4）随水轮发电机组结构的轻型化，其刚度将会降低，在同样的激振力作用下，机组的振动会增大。振动标准需要适应这一情况。

（5）利用速度式传感器进行固定部件振动测量是一个趋势。需要考虑的是：速度式振动传感器的非线性特性对测量结果的影响，与所选择振动评价参数的匹配等问题。

3. 评价参数的选择

振动参数有三个，即振动位移、振动速度和振动加速度。选择什么振动参数进行评价，需要根据评价对象的振动特性及其对振动的要求。在修订标准时，还要考虑传统习惯等其他方面的因素。

从测量技术方面来说，一般的原则是：高频信号用加速度传感器测量，低频信号用位移传感器测量，速度式传感器用于中频信号的测量，但这不是硬性规定。实际上，高、中、低频率的划分范围也因测量对象和用途的不同而有很大的差别。

水轮发电机组的振动，特别是其转速频率的振动，毫无疑问都属于低频范围。在相当长时期内，都是采用振动位移作为振动水平的衡量参数，国内、国外都是如此。

1949 年后，国内的水轮发电机组振动标准一直与苏联采用相同的标准，后虽然在数值上作了一些调整，但其基本规律并没有变化。

国外的振动标准多是以振动速度随转速频率的变化规律作为评价曲线的基本形式，并以不同的等振动速度线进行振动水平的分级。但是，由于水轮发电机组的转速频率大都在 10Hz 以下范围，等振动速度线对应的振动位移达到了极大的数值，于是不得不对低频段的等振动速度允许值曲线进行调整，从而完全失去了等振动速度的原则。而且，这些标准采用的振动评价参数，毫无例外的都是振动位移。

后来的或近期的ISO标准改用振动速度作为评价参数，这未必不可，但也不是完全没有问题的，也要考虑两种评价参数在实际应用上可能出现的不协调情况。

12.4.3　参考标准方案

毫无疑问，振动标准是经过一定的审批手续后才能施行的。这里给出的参考方案部分内容（图12.25），仅仅是表达了作者的一些理念和看法。

1. 固定支持部件的振动限值参考方案

这个方案主要具有如下特点：

（1）选择振动位移作为评价参数。

（2）在固定部件振动限值图上还附有等振动速度线。为由振动速度转换为振动位移提供方便，但需注意它的适用条件。

（3）为涡带工况单独设定了允许值标准。

（4）为上机架和下机架分别设定了允许值标准。

（5）这个标准方案也给出了正常运行、报警和紧急停机的振动限值方案。

2. 大轴摆度的限值建议

对于大轴摆度的允许标准，建议以不超过导轴承间隙为原则。即便是在一些需要放大导轴承间隙的情况下，也可采用这个规定。

3. 关于暂态工况下的振动限值

暂态工况下的振动水平差异很大，规定统一的数值限值比较困难。为此建议，在满足下述三个条件的情况下，可不考虑暂态工况下的振动评价。

（1）正常运行工况条件下，机组的振动水平满足振动标准的要求。

（2）暂态工况下，机组部件不出现任何共振现象或显著的动力放大效应。

（3）甩负荷或其他暂态工况下，机组的最大速率上升不超过规定数值。

12.4.4　评价标准的应用

在应用各种振动标准时，建议注意以下情况：

（1）振动标准具有“先天的”可伸缩性。这主要是因为，它是根据众多机组实际振动幅值的统计结果确定的。

但在振动允许值伸缩性的运用上也需加以限制。例如：在进行机组结构部件的振动设计时，其预测振动值不应超过规定的振动允许值；在设备安装、检修后的交接验收时，机组的振动值也不应超过允许值或双方商定的振动允许值。

（2）振动标准上规定的允许值并不是机组可以达到的最高振动水平。对于运行电站和机组，完全可以也可能使机组的振动达到更好的水平，使机组具有更多的安全裕量。

（3）一律将水电机组的振动当作转速频率的振动来评价，有时也不一定合理。水电机组的振动主频，有的高于转速频率，有的低于转速频率，它们对机组运行安全性的影响是不同的。

（4）在实施“无人值班”“少人值守”的运行方式时，设定报警限值或跳机限值是不可避免的。设定这些限值时需要考虑机组的实际振动稳定性水平。

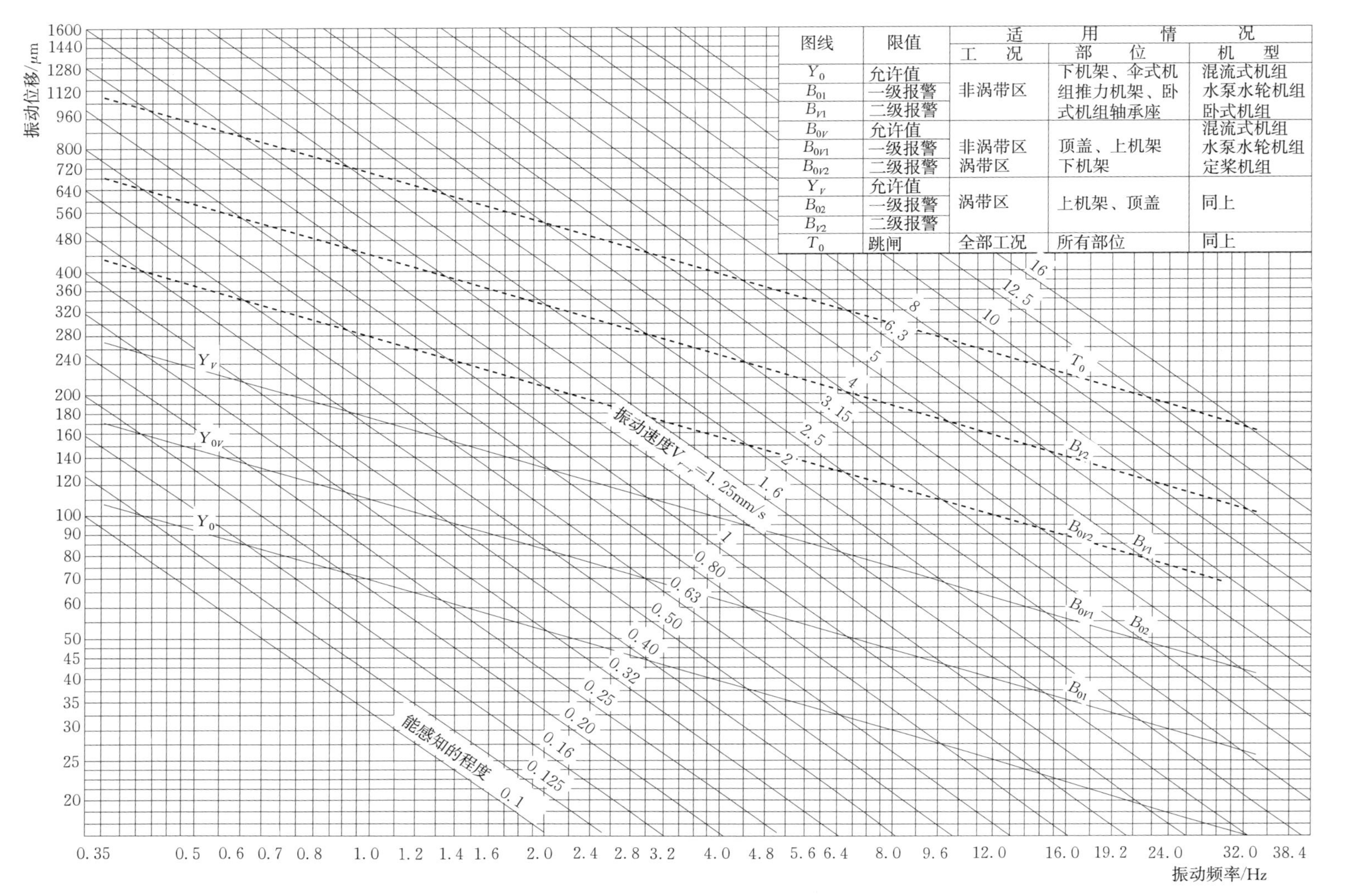

图12.25 固定支持部件振动限值方案

12.5 关于涡带压力脉动的参考标准

统计结果显示：在不采取任何措施的情况下，各种型号的混流式水轮机涡带压力脉动的最大幅值大致在 8～12m 水柱范围，其相对值则随水头的升高而减小，如图 12.26 所示。转轮的水力设计对它的影响很小。考虑到原型与模型水轮机涡带压力脉动之间的不完全相似，采用这种统计结果作为涡带压力脉动的参考标准是可行的。更进一步说，不对涡带压力脉动进行评价也不是不可以的。机组的主要振动部件承受这样的激振力也不成问题。

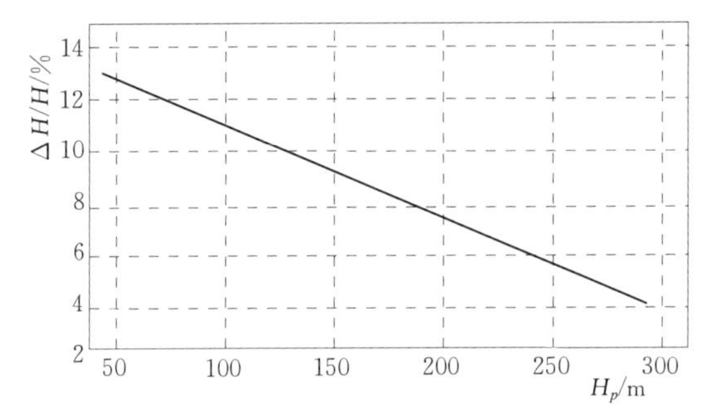

图 12.26 最大涡带压力脉动相对幅值随水头的变化趋势

下面是几个模型试验中遇到的相似问题，解决它们并不容易：

（1）电站装置空化系数相等不是模型与原型水轮机涡带压力脉动相似的条件。但鉴于原型水轮机的涡带压力脉动幅值具有比较确定的数值范围，也可不必太在意模型涡带压力脉动的评价问题。

（2）在电站装置空化系数下进行的模型水轮机补气试验所得到的补气量，与原型水轮机实际所需要的补气量相比，显著偏小。不可能减小原型水轮机的涡带压力脉动。

（3）在模型和原型水轮机中，出现异常压力脉动（例如涡带频率的水体共振产生的异常压力脉动）的原则性条件是一样的，但在具体数值上会有显著差异。故不能完全根据模型试验结果判断原型水轮机中是否出现同样的异常压力脉动。

参考文献

[1] 方丹群．空气动力噪声与消声器［M］．北京：科学出版社，1978.

[2] 万鹏，张克危，等．大型电站机组动应力试验研究［J］//本书编委会．第一届水力发电技术国际会议论文集［C］．北京：中国电力出版社，2006 (1)：1068－1074.

[3] 胡宝玉，张利新，钟光华．小浪底转轮叶片裂纹原因分析及处理措施［J］．中国水利，2004 (12)：41－43

[4] 郑民生，马新红，李文长．小浪底电站转轮裂纹原因及处理措施［J］．中国能源科学，2008，26 (5)：153－155.

[5] Barp B，Schweizer F，Flury E. Operating stresses on Kaplan turbine blades［J］. Water Power，1973，25 (5)：166.

[6] 王喜东，刘光宁，刘万江．波罗水力发电厂水轮机转轮的改造［J］．大电机技术，2009 (3)：34－37.

第13章　状态监测、状态诊断和状态检修

广义的状态检修应当包括状态监测、状态诊断和状态检修三部分，共同构成一个完整的系统。在这个系统中，状态监测是状态检修的基础，状态诊断是状态检修的技术核心，状态检修则是状态监测和状态诊断成果的利用。

实施状态检修提出已久，现状是：大多数大中型电站的机组都配备了在线监测系统；状态诊断正处在起步阶段，状态检修基本上还没有提上日程。

这里并不全面讨论状态检修的各种问题或技术，而是仅就其中的部分问题提出看法和建议，供仍在坚持进行这项工作的单位和人员参考。

13.1　关于状态监测

1. 状态

"状态"是指设备或部件完成或达到其应有的功能和性能的能力或水平。能达到的为"正常状态"，不能或不完全能达到的，为"不正常状态"或"不完全正常状态"。

因此，状态具有两方面的含义：一是"功能状态"，就是设备能做什么；二是"性能状态"，就是做得怎么样，能否达到设计指标。

2. 状态数据和状态的数据化

设备或其部件的状态需要用数据来表示，才能进行测量和分析，这就是"状态的数据化"，表示被监测设备或部件状态的数据就是"状态数据"，表示水轮发电机组振动稳定性状态的数据就是机组各代表性部件的代表性部位的振动、大轴摆度以及水轮机流道中代表性部位的压力脉动等。有些部件（例如连接螺丝或部件的连接部位）的状态不方便直接测量，就用被它们连接的部件的振动来间接显示。

3. 状态参数的获取

状态数据可通过在线监测系统获得，也可通过定期试验获得。

由监测系统或离线系统得到的数据需要进行分析（例如频谱分析）和处理，以得到更多或更方便使用的数据形式。

对历次测量数据进行随时间而变化的分析，以发现设备状态可能发生的变化。这是状态监测的要点和特点。

4. 振动在线监测系统

现在，国内已经有了多种相当完善和完备的在线监测系统，可以胜任目前在线监测和数据分析的要求。

13.2　关于状态诊断

1. 目的、任务、内容

状态诊断的本质就是把表示设备状态的数据和设备状态有机地联系起来，实现数据的状态化。诊断的过程则是数据的解读。

通过状态诊断确定机组目前的状态、目前状态相对于标准状态的变化、变化趋势、变化速度以及引起变化的原因，为及时进行维修或检修提供依据，这就是状态诊断的目的。故状态诊断更着重于对设备在一定时段中发生的变化、变化趋势和变化速度的判断上。

状态诊断可能包括的内容有：①确定设备目前的状态；②给出前一时段设备或部件状态的变化、变化趋势、变化速度；③分析状态变化原因；④预测达到门槛值的时间；⑤提出相关评价和建议。

2. 实施状态诊断的基本条件

（1）具有表示当前状态的数据。这些数据由状态监测系统提供，并具有需要的数据分析结果，例如：趋势图、频谱图、轴心轨迹图、动态轴线姿态图、各种数据表等。

（2）具有表示运行工况的数据。例如：导叶开度、水头或发电机功率等，有时也包括转速、励磁电流、尾水位等。

（3）具有相关的历史数据。例如：初始安装时的振动数据和各种安装、调试数据；历次大修后的各种数据。

（4）具有标准状态和状态标准数据。标准状态有两种：一种是新机组在通过一定时间的试运行后达到的状态；另一种是大修后机组的状态。

3. 状态诊断的基本过程

（1）对当前状态的诊断。这与一般振动问题的分析和诊断相同，包括：振动水平的评价，确定变化比较大的主要振动数据；对水力、机械、电磁三方面的影响进行评价，并确定主要影响因素；对主要影响因素及其对主要振动数据的影响作进一步分析。

（2）趋势分析与诊断。分析随运行时间变化的趋势，计算每个时段主要振动值增大的速度。

（3）状态变化的原因分析。一是检修后的状态变化原因分析；二是长时间运行引起的状态变化原因分析。

4. 状态诊断的基本方法

（1）与标准状态进行对比，从对比中确定表示状态的数据的变化。

（2）采用与常规或异常振动诊断方法相同的方法分析和确定状态变化的原因。

对于一个电站的一台机组，它的状态一般是比较简单和稳定的。这就为采用简易方法进行状态诊断创造了条件。这个方法的要点是利用两类趋势图：一种是机组的振动、摆度随功率的变化趋势图，作比较的趋势图应为在相同或相近的水头下获得；另一种是代表性测点的振动随时间的变化趋势图（参见图 13.1），代表性测点可选择幅值比较大或易于发生变化的部位，也应取相似工况下的数据。

5. 状态诊断实例

【例 1】 某台机组的导轴承温度明显降低的原因分析

1. 情况

一台机组的某个导轴承温度明显降低，分析其原因。

2. 基本原因分析

下述因素都可能引起温度的降低：

（1）相关导轴承的径向载荷（径向力）减小。

（2）冷却系统冷却参数发生变化（冷却水温度降低、流量增大）。

（3）油循环系统发生变化，冷却效果提高。

（4）温度计发生变化，指示数据不准确。

通过实地检查可确定冷却系统、油循环和温度计是否发生变化。

3. 径向振动是否减小的分析

油温的变化直接和导轴承所承受的径向力相关。径向力的变化（减小）有以下两种可能原因：①机组转动部分产生的径向力减小；②作用在该导轴承上的径向力分量发生了转移。

与前述过程类似，需要对每一种可能的因素进行具体分析。

不论哪种情况，都意味着转动部分或固定支持部分的状态出现了变化，而这种变化可能就是需要消除的缺陷。出现缺陷的原因或影响因素，则需要通过检查和分析确定。

4. 小结

上述例子说明了一个进行状态诊断的基本思路和过程：

（1）如果要对设备的状态或其某一参数（如振动、温度等）进行状态诊断，就需要对影响状态和参数的所有因素进行监测、检查和分析。

（2）机组是一个整体，任何一个局部状态或参数的变化都可能意味着机组其他相关部分的变化。因此，局部状态或参数的分析有时需要和机组整体状态的分析联系起来。

【例 2】 萨扬电站 2 号机实例

在国家电力监管委员会大坝安全监察中心发表的《俄罗斯萨扬水电站“8.17”事故分析与启示》中有一幅根据在线监测系统数据绘制的图（图 13.1），这是一个说明状态监测和状态诊断的典型实例。

图 13.1 为事故前 119 天期间的水导轴承径向振动幅值的监测结果。实测平均值应当是一个不长时段实测值的平均值，实测最大值为测量时段中出现的最大值。当两者比较接近时，表示设备的状态比较稳定；相反，当两者的差别比较大时，就表示设备的状态不够稳定；当两者的差别越来越大时，表示设备的状态在逐步恶化。从图 13.1 上可以看出：①在事故发生前的相当长时段，水导轴承的振动幅值（约 80μm）仍然在允许范围内，但已经出现逐渐增大的趋势，根据这个趋势可以推算出振动幅值超过规定值的时间；②自事故前约两个月时间起，水导轴承振动增大的趋势明显加快，实测平均值已超过规定的最大值，而且实测最大值和平均值差别越来越大，这表明水导轴承振动本身已很不

稳定；③事故前6天，水导轴承振动直线增大，表明水导轴承或其所在部件已经濒临崩溃的边缘。

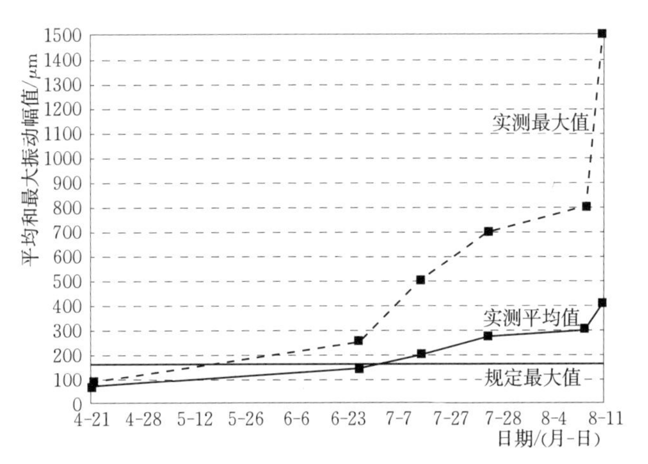

图13.1 事故前水导轴承径向振动的变化（2009年）

上述例子中可以比较清楚地表明状态诊断的目的、意义和基本方法，但每个电站和每台机组的监测部位以及表示状态变化的方法可以是不同的。

这个例子中并没有给出状态变化的原因，根据相关资料提供的数据判断：机组经常在比较恶劣的工况下运行，水轮机顶盖、水导轴承等的垂直振动比较强，导致顶盖圆周的固定螺栓发生疲劳断裂，进而导致事故发生。

13.3 关于状态检修

顾名思义，状态检修就是根据设备状态中不同程度的缺陷进行必要的维修或检修。它是对状态诊断结果的利用。

状态检修是区别于计划检修的一种比较科学的检修和运行管理模式。

通过状态监测和状态诊断，早期发现设备缺陷出现的苗头或缺陷发展的趋势和速度，进行必要的预防性维修或检修，以减小检修规模和减少检修工作量，提高设备的完好率和利用率。这是发电设备实现“安全第一、预防为主”原则的最好途径。

不管状态情况的复杂或简单，有了正确合理的诊断结果，实现和实施状态检修就比较容易了。重要的是，需要尽快满足实现状态检修的前提条件。

1. 配备和熟练地使用在线监测系统

配备必要的在线监测系统，这在当前已不是问题，但作为状态检修的基础，熟练地运用这个系统、熟练地进行数据处理，可能是更重要和需要加强的。

2. 状态诊断方法的研究和掌握

状态诊断是实现状态检修的基础和技术核心。

故障状态是设备状态的一种极限情况，状态诊断与振动故障诊断的思路和方法基本相同，如果已经有了振动问题诊断的知识和技术，进行状态诊断就不会有困难。

3. 人才的培养是实施状态检修的关键

提起状态诊断，常借助于“专家系统”或者现在的“大数据”技术。希望这样的“专家系统”和大数据技术能自动实现状态和故障的诊断。但已有的经验和目前的情况表明：①人工诊断的方法和技术是“专家系统”进行自动诊断的基础，没有这个基础，“专家系统”就不可能产生；②即使有了比较成熟的人工诊断技术，也未必能编制出广泛适用的“专家系统”。因此，人工诊断或者是计算机辅助下的人工诊断将是相当长时间内采用的方法，而相关人才的培养将是关键中的关键。

状态检修的实施，与社会的大环境密切相关，因而也与人、体制和机制密切相关，不完全是一个技术问题。目前，只要能充分发挥相关人员的技术潜力、充分发挥在线监测系统的功能，尽可能做好故障的预防，也可以实现电力生产“安全第一，预防为主”的目标。

卷后语

——经验和小结

在书名《水轮发电机组振动研究》上冠以“研究”一词，这是系列丛书的统一称呼。本书作者更倾向于称本书为《水轮发电机组振动诊断》。它是作者对水轮发电机组振动及其诊断诸多方面的学习、试验、研究和处理经验的小结和再认识。卷后语“经验和小结”正是体现这个意思。

“振动研究”的核心是振动诊断。本书所有内容都是围绕这个核心的。本书前半部分介绍水轮发电机组中激振力、振动部件的振动特性和环境条件；后半部分介绍水轮发电机组振动诊断的一些具体方法和实例，也简要介绍状态监测和状态检修方面的情况，这部分实际上是振动诊断技术的实际应用。

本书并不进行水轮发电机组振动的理论研究，主要是通过对各种相关因素和实例的分析，讨论解决实际振动问题的思路和具体方法。

对于希望或需要熟练地掌握振动诊断技术的读者，需要在掌握比较丰富的基本理论知识、积累丰富的实践经验和熟练地运用振动问题的分析、推理等方面“下足功夫”，也包括把本书所提供的各种知识、经验和方法，通过不断地思考和实践变为自己的知识和经验。

振动诊断过程就是对振动问题的方方面面进行分析、认识和梳理的过程。诊断过程所希望得到的结果则是振动的性质、产生的原因和机理的结论。振动分析可以没有结果或者得不出什么明确结果，而诊断不仅要进行分析，而且要给出明确结果。有了这样的结果，振动问题的处理才有可能。

分析过程还被称为逻辑推理过程。这个过程本质上都是研究者针对面临的问题对已有相关知识充分、灵活也可能是反复运用的过程。这当中，“对自己已有知识的充分而灵活地运用”是进行分析或推理最基本也是最重要的条件，也是对自己而言的新问题的研究过程。根据笔者的经验和体会，这也是水轮发电机组振动问题分析和诊断的难点和兴趣点所在。

不言而喻，书中所引用的某个机组的振动情况或数据都是过去的测量结果，并不代表机组现在的情况。

与《混流式水轮机水力稳定性研究》相同，实用化为本书重要的目标和宗旨。书中不仅对出现在水轮发电机组中的各种振动现象作了比较详细地说明，也提供了识别它们的方法，所提供的试验数据也为专业人员的进一步研究提供方便。此外，本书对所讨论的问题也都采用“说明”的方法，使它成为一本专业的“通俗读物”。

书中引用了众多试验、研究单位和研究人员的大量试验数据、报告和已经发表的文献。为彰显他们的成果，本书对这些资料采用了以下不同的说明方式：

（1）凡公开发表并查明出处的文章、报告，均以“参考资料”的方式按出现的先后次序编号列于每章的文后。

（2）没有公开发表或本书作者不掌握公开发表信息的情况下，将资料来源、作者、资料名称、提出时间等直接在文中注明。

尽管我们十分注意查明文献或资料的来源，但仍然有一些资料的出处没有查到，也可能存在个别漏查的情况。在这里我们一方面向相关作者表示衷心感谢，也同时深表歉意。

书中还有一些没有注明出处的资料，其中大部分是中国水科院或中国水科院参与试验研究的成果。中国水科院的研究成果构成了这本书的基本框架和主要内容，没有他们数十年来的实践和研究，就不会有本系列丛书的诞生，在这里也向中国水科院和相关的研究者表示敬意和感谢。

作者
2019 年 4 月